编审委员会

主　任　侯建国

副主任　窦贤康　陈初升
　　　　　张淑林　朱长飞

委　员（按姓氏笔画排序）

方兆本	史济怀	古继宝	伍小平
刘　斌	刘万东	朱长飞	孙立广
汤书昆	向守平	李曙光	苏　淳
陆夕云	杨金龙	张淑林	陈发来
陈华平	陈初升	陈国良	陈晓非
周学海	胡化凯	胡友秋	俞书勤
侯建国	施蕴渝	郭光灿	郭庆祥
奚宏生	钱逸泰	徐善驾	盛六四
龚兴龙	程福臻	蒋　一	窦贤康
褚家如	滕脉坤	霍剑青	

"十二五"国家重点图书出版规划项目

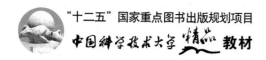中国科学技术大学 精品 教材

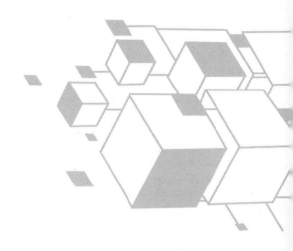

李业发　杨廷柱／编著

Introduction to Energy Engineering

能源工程导论

第2版

中国科学技术大学出版社

内 容 简 介

本书较详细地给出了工程热力学的一些基本概念,系统地阐述了能量的热平衡、㶲平衡、熵平衡理论以及各种效率的计算方法,介绍了各种节能技术的应用理论及方法.同时,本书也用一定的篇幅对太阳能、地热能、风能等新能源的应用理论及技术作了翔实的介绍,并对能源与环境污染、洁净煤燃烧技术及能源的科学管理方法进行了介绍,概述了能源的现状及前景.

本书可作为高等院校相关专业教材.

图书在版编目(CIP)数据

能源工程导论/李业发,杨廷柱编著. —2版. —合肥:中国科学技术大学出版社,2013.8
(中国科学技术大学精品教材)
"十二五"国家重点图书出版规划项目
ISBN 978-7-312-03297-4

Ⅰ.能… Ⅱ.①李… ②杨… Ⅲ.能源工业—高等学校—教材 Ⅳ.TK01

中国版本图书馆 CIP 数据核字(2013)第174153号

中国科学技术大学出版社出版发行
安徽省合肥市金寨路96号,230026
http://press.ustc.edu.cn
安徽省瑞隆印务有限公司印刷
全国新华书店经销

开本:710 mm×960 mm 1/16 印张:29.5 插页:2 字数:566千
1999年12月第1版 2013年8月第2版 2013年8月第2次印刷
定价:52.00元

总　　序

2008年，为庆祝中国科学技术大学建校五十周年，反映建校以来的办学理念和特色，集中展示教材建设的成果，学校决定组织编写出版代表中国科学技术大学教学水平的精品教材系列．在各方的共同努力下，共组织选题281种，经过多轮严格的评审，最后确定50种入选精品教材系列．

五十周年校庆精品教材系列于2008年9月纪念建校五十周年之际陆续出版，共出书50种，在学生、教师、校友以及高校同行中引起了很好的反响，并整体进入国家新闻出版总署的"十一五"国家重点图书出版规划．为继续鼓励教师积极开展教学研究与教学建设，结合自己的教学与科研积累编写高水平的教材，学校决定，将精品教材出版作为常规工作，以《中国科学技术大学精品教材》系列的形式长期出版，并设立专项基金给予支持．国家新闻出版总署也将该精品教材系列继续列入"十二五"国家重点图书出版规划．

1958年学校成立之时，教员大部分来自中国科学院的各个研究所．作为各个研究所的科研人员，他们到学校后保持了教学的同时又作研究的传统．同时，根据"全院办校，所系结合"的原则，科学院各个研究所在科研第一线工作的杰出科学家也参与学校的教学，为本科生授课，将最新的科研成果融入到教学中．虽然现在外界环境和内在条件都发生了很大变化，但学校以教学为主、教学与科研相结合的方针没有变．正因为坚持了科学与技术相结合、理论与实践相结合、教学与科研相结合的方针，并形成了优良的传统，才培养出了一批又一批高质量的人才．

学校非常重视基础课和专业基础课教学的传统，这也是她特别成功的原因之一．当今社会，科技发展突飞猛进、科技成果日新月异，没有扎实的基础知识，很难在科学技术研究中作出重大贡献．建校之初，华罗庚、吴有训、严济慈等老一辈科学家、教育家就身体力行，亲自为本科生讲授基础课．他们以渊博的学识、精湛的讲课艺术、高尚的师德，带出一批又一批杰出的年轻教员，培养了一届又一届优秀学生.入选精品教材系列的绝大部分是基础课或专业基础课的教材,其作者大多直接或间接受到过这些老一辈科学家、教育家的教诲和影响,因此在教材中也贯穿着这些先辈的教育教学理念与科学探索精神.

改革开放之初,学校最先选派青年骨干教师赴西方国家交流、学习,他们在带回先进科学技术的同时,也把西方先进的教育理念、教学方法、教学内容等带回到中国科学技术大学,并以极大的热情进行教学实践,使"科学与技术相结合、理论与实践相结合、教学与科研相结合"的方针得到进一步深化,取得了非常好的效果,培养的学生得到全社会的认可.这些教学改革影响深远,直到今天仍然受到学生的欢迎,并辐射到其他高校.在入选的精品教材中,这种理念与尝试也都有充分的体现.

中国科学技术大学自建校以来就形成的又一传统是根据学生的特点,用创新的精神编写教材.进入我校学习的都是基础扎实、学业优秀、求知欲强、勇于探索和追求的学生,针对他们的具体情况编写教材,才能更加有利于培养他们的创新精神.教师们坚持教学与科研的结合,根据自己的科研体会,借鉴目前国外相关专业有关课程的经验,注意理论与实际应用的结合,基础知识与最新发展的结合,课堂教学与课外实践的结合,精心组织材料、认真编写教材,使学生在掌握扎实的理论基础的同时,了解最新的研究方法,掌握实际应用的技术.

入选的这些精品教材,既是教学一线教师长期教学积累的成果,也是学校教学传统的体现,反映了中国科学技术大学的教学理念、教学特色和教学改革成果.希望该精品教材系列的出版,能对我们继续探索科教紧密结合培养拔尖创新人才,进一步提高教育教学质量有所帮助,为高等教育事业作出我们的贡献.

侯建国

中国科学技术大学校长
中国科学院院士
第三世界科学院院士

前　　言

人类的生存、社会的发展都离不开能源,所以能源一直是困扰着人们的一个大问题.随着常规能源的日益减少,怎样更有效、更合理地利用常规能源,开发利用新能源,特别是可再生能源,是关系到全人类的大事.

本书阐述了能源工程学领域的基本问题,以工程热力学的基本定律为基础,以传热学和燃烧学的基本原理为指导,详细地论述了能(热能)的量与质之间的关系,并深入地探讨了能源的转换和有效利用的内在联系.本书重点论述了能源合理利用和提高能源有效利用率的基本原理、主要途径和技术措施,并给出了一般常规的热能利用系统(设备)的分析计算和评价方法.本书还用较大的篇幅对太阳能、地热能、风能及其他可再生能源的形成、应用原理、能量转换及其应用技术、方法进行了详细的论述及分析.

本书可作为高等院校工程热物理专业及有关工科专业的本科生教材,也可供热能类专业的师生、各级能源管理机构及工业企业中的节能干部和工程技术人员参考.

本书由李业发组织和统稿,李业发编写了第一章、第二章、第四章、第六章、第七章、第八章及附录,杨廷柱编写了第三章、第五章和第九章.

本书由王永堂教授主审.在本书编写过程中,还得到了葛新石教授的关心和指导,作者对此深表感谢.

编著者
2013 年 6 月 26 日

目　次

总序 …………………………………………………………………………（ⅰ）
前言 …………………………………………………………………………（ⅲ）

第一章　能源概论 …………………………………………………………（1）
　第一节　能量及其种类 …………………………………………………（1）
　第二节　能源的分类和应用 ……………………………………………（3）
　　一、能源 …………………………………………………………………（3）
　　二、能源（能量）的转换、输送和储存 …………………………………（5）
　　三、能源在国民经济发展中的作用 ……………………………………（7）
　第三节　世界能源结构及发展趋势 ……………………………………（9）
　　一、能源发展史 …………………………………………………………（9）
　　二、世界能源储量及分布 ………………………………………………（9）
　　三、世界能源消费状况及未来趋势 ……………………………………（12）
　第四节　中国能源结构、现状、问题及解决方案 ………………………（14）
　　一、中国能源结构及现状 ………………………………………………（14）
　　二、我国能源生产及消费情况 …………………………………………（15）
　　三、我国能源结构的特点和存在的问题 ………………………………（16）
　　四、解决方案 ……………………………………………………………（17）
　第五节　能源需求的预测 ………………………………………………（18）
　　一、能源消费弹性系数法 ………………………………………………（18）
　　二、部门分析综合预测法 ………………………………………………（20）

第二章　能源开发利用中的热力学制约及能量平衡 …………………（22）
　第一节　热力学第一定律与能量守恒 …………………………………（22）

第二节 典型体系的热平衡分析及其效率表达式 ……………………（24）
    一、热平衡分析的基本参数 ………………………………………（24）
    二、典型热平衡体系的效率计算 …………………………………（27）
    三、具有余热回收的体系 …………………………………………（33）
    四、具有重热利用的体系 …………………………………………（41）
    五、具有余热和重热利用的体系 …………………………………（45）

第三节 热力学第二定律与能量的品位概念 ………………………（46）
    一、热力学第二定律的表达方式 …………………………………（46）
    二、卡诺循环及其效率 ……………………………………………（48）
    三、内燃机及其热力循环 …………………………………………（50）
    四、朗肯循环和电力生产的效率 …………………………………（56）
    五、熵和有效能 ……………………………………………………（60）

第四节 典型系统的㶲及其表达式 …………………………………（69）
    一、热量㶲和冷量㶲 ………………………………………………（69）
    二、闭口系统的㶲 …………………………………………………（71）
    三、（稳定流动）开口系统的㶲 …………………………………（73）
    四、气体的㶲 ………………………………………………………（75）
    五、化学㶲和燃料㶲 ………………………………………………（79）

第五节 㶲效率和㶲损失 ……………………………………………（90）
    一、㶲效率的定义 …………………………………………………（90）
    二、㶲效率的表达式 ………………………………………………（91）
    三、常用热工设备和装置的㶲效率 ………………………………（93）
    四、热交换系统的㶲损失 …………………………………………（95）
    五、炉内燃烧的㶲损失 ……………………………………………（98）
    六、蒸汽动力循环的㶲分析 ………………………………………（102）

第三章 太阳能的热转换及其应用 …………………………………（107）
第一节 地球的自转与公转 …………………………………………（107）
第二节 地理坐标与天球坐标 ………………………………………（109）
    一、地理坐标 ………………………………………………………（109）
    二、天球坐标 ………………………………………………………（111）

第三节　太阳角的计算 …………………………………………………… (114)
一、太阳高度角 ……………………………………………………… (114)
二、太阳方位角 ……………………………………………………… (116)
三、日出、日没的时角及日照时数 ………………………………… (117)
四、日出、日没的方位角 …………………………………………… (118)

第四节　斜面上的太阳光线入射角及日照起止时间 ………………… (118)
一、入射角 …………………………………………………………… (118)
二、斜面上的日照起止时间 ………………………………………… (121)

第五节　太阳时与钟时的换算 ………………………………………… (122)

第六节　太阳的跟踪 …………………………………………………… (124)
一、双轴跟踪 ………………………………………………………… (125)
二、单轴跟踪 ………………………………………………………… (127)

第七节　平板型太阳集热器 …………………………………………… (128)
一、概述 ……………………………………………………………… (128)
二、结构 ……………………………………………………………… (128)
三、平板型集热器的能量平衡方程 ………………………………… (130)
四、总热损系数 ……………………………………………………… (132)
五、通过半透明介质的辐射传递 …………………………………… (135)
六、平板型集热器的稳态模型 ……………………………………… (139)
七、平板型集热器的效率方程 ……………………………………… (146)
八、平板型集热器的设计考虑 ……………………………………… (148)
九、几种特殊形式的平板型集热器 ………………………………… (152)

第八节　太阳能热水系统 ……………………………………………… (161)

第九节　聚光型太阳集热器 …………………………………………… (167)
一、结构 ……………………………………………………………… (167)
二、聚光器的类型及聚光比 ………………………………………… (168)
三、真实条件下的焦面宽度 ………………………………………… (173)
四、复合抛物面聚光器（CPC） …………………………………… (174)

第十节　太阳能空气集热器 …………………………………………… (177)
一、空气集热器的类型 ……………………………………………… (177)
二、典型空气集热器的性能比较 …………………………………… (179)

第十一节 太阳能干燥 (183)
　一、自然对流型太阳能干燥器 (184)
　二、利用风机送风的太阳能干燥器 (188)
　三、温室型干燥器 (191)
第十二节 太阳能的其他主要应用 (192)
　一、太阳能采暖 (192)
　二、空调制冷 (194)
　三、太阳能热发电 (195)
　四、太阳能光电转换 (198)

第四章 地热能的利用 (203)
第一节 概述 (203)
第二节 地热基础知识及地热的分类 (207)
　一、地球的构造 (207)
　二、地热资源 (208)
第三节 地热发电系统 (211)
第四节 地热动力循环的热力学分析 (220)
　一、㶲和㶲效率 (221)
　二、循环参数变化的影响 (222)
　三、冷凝温度 (225)
　四、热交换器中的不可逆损失 (227)
第五节 地热的其他用途 (228)
　一、地热采暖空调 (229)
　二、地热养殖 (230)
　三、地热疗养 (231)

第五章 风能、海洋能的利用 (232)
第一节 风能 (232)
　一、概述 (232)
　二、风轮机的基本原理 (238)
　三、风力发动机 (246)
　四、风能制热 (249)

第二节 海洋能 (251)
    一、潮汐能 (252)
    二、波浪能 (258)
    三、海洋温差发电 (261)
    四、咸淡渗透浓度能 (264)
    五、海流能发电 (265)

第六章 生物质气化 (267)
  第一节 生物质气化特性 (268)
    一、几种生物质的元素组成和热值 (268)
    二、生物质原料与煤原料气化特性比较 (271)
  第二节 固定床气化炉煤气发生过程 (272)
    一、煤气发生炉类型 (272)
    二、上吸式气化炉煤气发生过程 (274)
  第三节 沿燃烧层高度煤气组成的变化 (278)
    一、氧化层反应 (278)
    二、还原层反应 (279)
  第四节 层式下吸式气化炉 (280)
    一、气化炉结构的特点及主要优点 (280)
    二、层式炉工作特点 (280)
    三、几种气化炉指标比较 (281)
  第五节 气化过程的指标及其影响因素 (282)
    一、煤气的组成和热值 (282)
    二、产气率 (287)
    三、气化强度 (288)
    四、原料的损失 (289)
    五、比消耗量 (290)
  第六节 煤气发生过程各项指标的计算 (291)
    一、原料温度及其热值的计算 (291)
    二、每公斤工作燃料产生的干煤气计算 (292)
    三、发生炉煤气中的含水量 (293)

四、气化 1 kg 燃料所需要的空气量 …………………………………… (294)
　　五、气化物质平衡 ……………………………………………………… (295)
　　六、煤气发生炉的气化效率 …………………………………………… (295)

第七节　煤气发生炉主要参数 ……………………………………………… (297)
　　一、煤气发生炉产量 …………………………………………………… (297)
　　二、煤气发生炉炉膛截面积 …………………………………………… (299)
　　三、燃料层的高度 ……………………………………………………… (300)
　　四、生产中使用的气化炉 ……………………………………………… (300)

第八节　水煤气 ……………………………………………………………… (303)
　　一、制造水煤气的主要反应 …………………………………………… (303)
　　二、理想水煤气和实际水煤气 ………………………………………… (304)

第九节　流化床气化炉 ……………………………………………………… (305)
　　一、流体通过颗粒状固定层的三阶段 ………………………………… (306)
　　二、实际流化过程 ……………………………………………………… (310)
　　三、流化床气化的应用前景 …………………………………………… (311)

第十节　生物质气化生成甲醇工艺 ………………………………………… (312)
　　一、甲醇的性质 ………………………………………………………… (312)
　　二、甲醇生产的方法 …………………………………………………… (313)
　　三、联醇生产技术 ……………………………………………………… (314)
　　四、甲醇的燃料特性 …………………………………………………… (315)

第七章　核能及其发电技术 ………………………………………………… (316)
　第一节　概述 ………………………………………………………………… (316)
　　一、核电的特点和概况 ………………………………………………… (316)
　　二、核电发展史 ………………………………………………………… (317)

　第二节　核物理和反应堆物理 ……………………………………………… (319)
　　一、原子和原子核 ……………………………………………………… (319)
　　二、核裂变 ……………………………………………………………… (321)

　第三节　核电站类型 ………………………………………………………… (324)
　　一、压水堆 ……………………………………………………………… (324)
　　二、沸水堆 ……………………………………………………………… (324)

三、重水堆 …………………………………………………… (324)
　　四、高温气冷堆 ……………………………………………… (326)
　　五、快中子堆 ………………………………………………… (326)
第四节　压水堆核电站主要流程及设备 ……………………… (327)
　　一、概述 ……………………………………………………… (327)
　　二、一回路系统 ……………………………………………… (329)
　　三、一回路组成及主要设备 ………………………………… (330)
　　四、二回路系统和设备 ……………………………………… (341)
第五节　电力系统及辅助设施 ………………………………… (344)
　　一、电厂与电网的连接 ……………………………………… (344)
　　二、辅助设施 ………………………………………………… (344)

第八章　节能技术与工程应用 ……………………………… (347)
第一节　节能概论 ……………………………………………… (347)
　　一、节能的基本概念 ………………………………………… (347)
　　二、节能是长期任务 ………………………………………… (348)
　　三、节能量的计算 …………………………………………… (349)
　　四、节能工作的关键 ………………………………………… (352)
第二节　工业窑炉节能 ………………………………………… (353)
　　一、工业窑炉的用途及分类 ………………………………… (353)
　　二、工业窑炉的主要经济指标 ……………………………… (354)
　　三、工业窑炉的热平衡 ……………………………………… (357)
　　四、窑炉本体的各项能量损失 ……………………………… (359)
　　五、提高工业窑炉热效率的途径 …………………………… (364)
第三节　热工设备与热力管道保温 …………………………… (374)
　　一、保温与节能 ……………………………………………… (374)
　　二、保温层厚度的确定 ……………………………………… (375)
　　三、保温材料及保温结构 …………………………………… (382)
第四节　工业余热的动力利用 ………………………………… (386)
　　一、余热动力利用的热力学分析 …………………………… (386)
　　二、余热动力利用的方式 …………………………………… (390)

· xi ·

第五节　热泵的工作原理及其应用 ································· (397)
　一、热泵的工作原理 ····································· (397)
　二、压缩式热泵 ··· (397)
　三、吸收式热泵 ··· (403)

第六节　化工生产中热回收系统的设计 ························· (406)
　一、热㶲图 ··· (407)
　二、热㶲线的复合 ······································· (408)
　三、热回收系统的热㶲线组合 ····························· (410)
　四、系统的㶲损失 ······································· (413)
　五、热㶲图的作用 ······································· (414)

第七节　热管的工作原理及其应用 ····························· (414)
　一、热管的工作原理及其种类 ····························· (415)
　二、热管的结构与形状 ··································· (416)
　三、热管传输能量的限制条件 ····························· (419)
　四、热管的传热热阻 ····································· (425)
　五、热管的应用 ··· (426)

第八节　节能技术措施的经济评价方法 ························· (432)
　一、评价标准 ··· (433)
　二、投资经济效果的计算方法 ····························· (435)

第九章　能源的环境污染与燃煤烟气治理技术 ················· (438)

第一节　能源与环境污染 ····································· (438)
　一、热污染 ··· (439)
　二、二氧化碳污染 ······································· (440)
　三、硫化物污染 ··· (440)
　四、氮化物污染 ··· (441)
　五、放射性污染 ··· (441)
　六、其他污染 ··· (442)

第二节　燃煤烟气治理技术 ··································· (442)
　一、电厂燃煤和烟气的特点 ······························· (443)
　二、烟尘治理技术 ······································· (444)

三、烟气脱硫技术 ………………………………………………………… (446)
四、NO_x 控制技术 ……………………………………………………… (447)
附录　常用单位换算表 …………………………………………………… (451)
一、长度、面积、容积、重量、压强单位换算 ………………………… (451)
二、比重单位换算 ………………………………………………………… (455)
三、比容单位换算 ………………………………………………………… (455)
四、温度单位换算 ………………………………………………………… (455)
五、压强单位换算 ………………………………………………………… (456)
六、功率单位换算 ………………………………………………………… (456)
七、功、能、热单位换算 ………………………………………………… (456)
八、冷量单位换算 ………………………………………………………… (457)
九、热工单位换算 ………………………………………………………… (457)
十、速度单位换算 ………………………………………………………… (457)
十一、黏滞系数单位换算 ………………………………………………… (457)
十二、运动黏滞系数单位换算 …………………………………………… (458)
十三、阻力单位换算 ……………………………………………………… (458)
十四、比热、热容量单位换算 …………………………………………… (458)
十五、导热系数单位换算 ………………………………………………… (458)

第一章 能源概论

第一节 能量及其种类

每当吃到一桌美味佳肴时,我们往往都对掌勺者赞不绝口.因为经过他的处理,将生的东西变成了熟的,将不能吃的东西变成了香甜可口的美食.这是一个变化的过程,在这个过程中,除了掌勺者的技术外,还有一个重要的"角色"——能量(热能),它是由燃料的燃烧释放出来的,如果没有能量,什么人也做不出美味佳肴来.在人类生活中,不仅炊事离不开能量,其他一切变化都离不开能量.无论是物理变化还是化学变化,以及形态、位置等等的任何一个微小改变,都伴随着能量的变化过程.人类从原始社会发展到今天文明发达、五彩缤纷的世界,是在消耗了大量能量的条件下取得的.

从当今社会来看,一个国家要发展,提高电气化、机械化和自动化水平,改善人民的物质文化生活条件,就意味着要消耗更多的能量.换句话说,一个国家人均能耗的多少,可直接反映出这个国家人民生活水平的高低.

综上所述,"能量"就是"产生某种变化(效果)的能力".反过来说,产生某种变化(效果)必然要伴随能量的消耗或转换.

目前,人类利用的能量有多种形式,但归纳起来有以下几种:

(1) 机械能.机械能包括宏观的动能和势能.机械能是人类最早认识和利用的能量,如风能、水能等.

(2) 热能.从微观上看,热能为分子运动中移动动能的平均值,分子运动包括分子的移动、转动和振动.热能宏观上表现为温度.地球上最大的热能资源应为地热能.

(3) 电能. 电能是由带电荷物体的吸力(或斥力)引发的能量. 目前使用的电能主要是由化学能或机械能转换来的. 另外, 电能也可由光电能转换, 或由热能直接转换(磁流体发电). 在自然界中, 还有雷电等电能.

(4) 辐射能. 物体以电磁波的形式发射出的能量称为辐射能. 物体单位表面积发射能量的大小为

$$Q = \delta \cdot \varepsilon \cdot T^4,$$

其中, δ 为斯蒂芬-波尔兹曼常数($\delta = 5.67 \times 10^{-8}\,\mathrm{W/(m^2 \cdot K^4)}$), ε 为物体表面的热发射率. 此外, 还有裂变物质所发射的电磁波射线, 如 α, β, γ 等. 太阳是最大的辐射源.

(5) 化学能. 化学能是在原子核外进行化学变化时释放出来的一种能量. 目前我们所利用的化学能有电池起电或具有正反应热的过程. 世界上所消耗的能量目前主要依靠的是放热反应, 即

$$C + O_2 = CO_2 + 32780\,\mathrm{kJ/kg},$$

$$H_2 + \frac{1}{2}O_2 = H_2O + 120370\,\mathrm{kJ/kg}$$

和少量的

$$S + O_2 = SO_2 + 9050\,\mathrm{kJ/kg}.$$

从以上式子可以看出, 燃烧同样物质的量的氢所释放的能量为碳的 3.67 倍. 所以, 一种矿物燃料的热值高低可以从其碳氢比 K_{CH} 看出, 碳氢比越高, 其热值越低. 例如, 燃油的 $K_{CH} = 6 \sim 9$, 烟煤的 $K_{CH} = 12 \sim 14$, 无烟煤的 $K_{CH} > 20$, 所以燃油的热值比无烟煤要高得多.

(6) 核能. 核能是由于物质原子核内结构发生变化而释放出来的巨大能量, 又称核内能. 与前述的 5 种能量不同的是, 核能不遵守质量守恒和能量守恒定律, 它所遵守的是艾恩斯坦定律:

$$Q = \Delta m \cdot c^2,$$

其中, Q 为释放出的能量, Δm 是质量的变化量, c 为光速.

核能可从两种不同的反应中得到:

① 核裂变反应. 目前, 核电站中主要依靠的反应是

$$^{235}_{92}\mathrm{U} + ^{1}_{0}\mathrm{n} \longrightarrow x + y + 2.5\,^{1}_{0}\mathrm{n} + 200\,\mathrm{MeV},$$

其中, x 为氙气 $^{140}_{54}\mathrm{X}$, y 为锶 $^{94}_{38}\mathrm{Sr}$. 每次反应损失的质量为

$$\Delta m = 3.57 \times 10^{-25}\,(\mathrm{g}),$$

每千克 $^{235}_{92}\mathrm{U}$ 有 2.6×10^{21} 个原子, 所以每千克 $^{235}_{92}\mathrm{U}$ 完全反应后释放出的能量为

$$Q = 2.6 \times 10^{21} \times 200 \times 1.602 \times 10^{-3}$$

$$= 8.33 \times 10^{10} \, (\text{kJ/kg}),$$

约相当于 2800 t 标准煤完全燃烧后释放出来的能量.

② 核聚变反应. 目前世界上所用的核聚变反应的原料为氢的两种同位素,即氘和氚. 主要有两种聚变反应:氘-氚反应和氘-氘反应. 前者的点火温度为 2×10^8 ℃,维持运行温度为 5×10^8 ℃;后者的点火温度为 4.4×10^7 ℃,维持运行温度为 1×10^8 ℃.

我国 1952 年的氢弹爆炸试验,先是发生裂变反应,其反应时间为几百万分之一秒,产生巨大的热能,使之达到聚变反应所需的温度,从而引发聚变反应. 其反应为

$$6\,{}_1^2\text{D} \longrightarrow 2\,{}_2^4\text{He} + 2\text{p} + 2\,{}_0^1\text{n} + 43.1 \, \text{MeV},$$

反应中损失的质量为

$$\Delta m = 7.64 \times 10^{-26} \, (\text{g}),$$

聚变反应所释放出的能量和裂变反应所释放出的能量相比为

$$\frac{Q_\text{聚}}{Q_\text{裂}} = \frac{43.1}{200} \cdot \frac{235}{12} \approx 4.22 \, (\text{倍}).$$

上式说明,消耗同样质量的原料,核聚变反应所释放的能量为核裂变反应的 4.22 倍. 即每消耗 1 kg 核聚变原料,产生约相当于 11 816 t 标准煤完全燃烧后所释放出的热能.

第二节　能源的分类和利用

所谓能源,是指能够直接或经过转换而提供能量的自然资源.

一、能源

目前可提供人类利用的能源很多,如薪柴、煤、石油、天然气、水能、太阳能、风能、地热能、波浪能、潮汐能、海流能、核能等.

在以上各种能源中,太阳的能量最大,它每年投射到地球表面上的能量是我们每年所消耗能量的上万倍,而且它是无污染、可再生的能源. 太阳能进入和离开地面的能流如图 1-2-1 所示.

如前所述,能源的种类非常多,为了便于利用,我们可以把地球上形形色色的能源按其来源分类归纳为图 1-2-2.

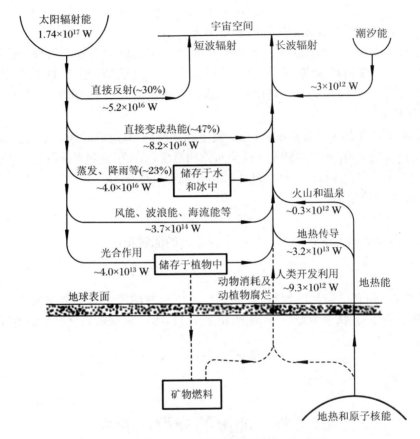

图 1-2-1 地球表面的能流

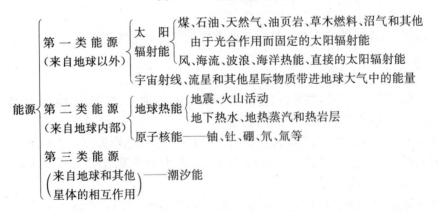

图 1-2-2 能源按来源分类

通常,我们把以现成的形式存在于自然界中的能源称为一次能源,把需要依靠其他能源来制作或生产的能源称为二次能源.一次能源还可以按照能否再生而进一步分类.所谓再生能源,就是不会随着它本身的转化或人类的利用而日益减少的能源.非再生能源是指那些随着人类的开发利用而越来越少的能源.其分类如图1-2-3 所示.

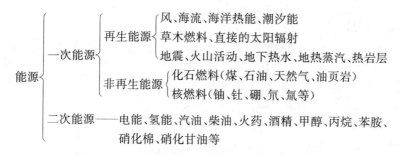

图 1-2-3　一次能源和二次能源、再生能源和非再生能源分类

总之,能源有各种各样的分类方法,但归纳起来,主要有以下几种:

(1) 按来源可分为:① 来自于太阳;② 来自于地球本身;③ 来自于地球和其他星体的相互作用.

(2) 按成因可分为:① 一次能源;② 二次能源.

(3) 按性质可分为:① 燃料能源;② 非燃料能源.

(4) 按使用状况可分为:① 常规能源;② 新能源.

(5) 按对环境有无污染可分为:① 清洁能源;② 非清洁能源.

二、能源(能量)的转换、输送和储存

人类利用能源,往往不是直接利用能源的本身(除了作为工业原料外),而是利用由能源直接提供或通过转换而提供的各种能量.能量本身也可以相互转换,形成我们所需的形态.比如,矿物燃料通过燃烧将化学能转变成热能,然后通过汽轮机将热能转换成机械能,再通过发电机将机械能转换成电能,等等.图 1-2-4 表示出了各种能源(能量)的转换和利用情况.

除了形态上的转换外,能量还有空间上的转换,即输送.能量的输送一是通过输送载能体——能源进行的.如石油的输送可通过火车、轮船、输油管道,达到转换化学能的空间位置的目的.煤炭、天然气等也是如此.电能是通过输电线路来实现电能的空间转换的.

此外,能量还有时间上的转换,即储存.比如,矿物燃料是将若干年前的太阳能

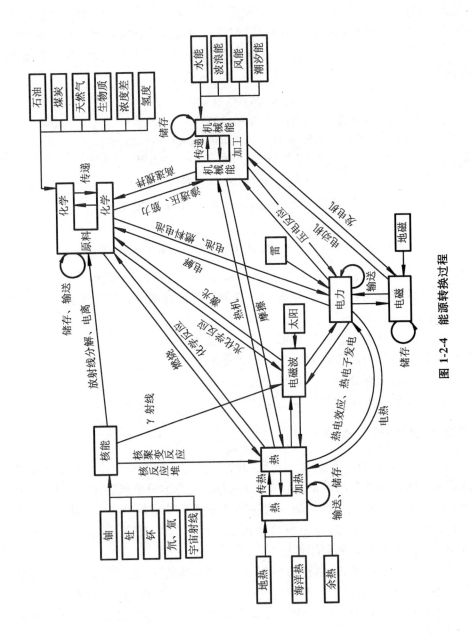

图 1-2-4 能源转换过程

储存起来,供我们今天的人类来开发利用.目前最难处理的是电能的储存.特别是我国,所用电能的绝大部分来自火力发电,而人们用电有高峰和低谷,在白天用电量大,在夜间用电量小,如果满足了白天的需求,夜间的电就用不了,这必然会造成热电厂锅炉压火、少发电,大大降低发电的效率,浪费能源.

目前,世界上储存电能的方法主要是使用改进的铅电池(500 MWh)、新型电池(500 MWh)、飞轮、压缩空气和抽水蓄能电站.用飞轮储电,即是在用电低谷时用多余的电能带动电动机转动巨大的飞轮,将电能转换成机械能,到用电高峰时再将机械能通过发电机转换成电能,预计一次可储电能 1000 MWh.利用压缩空气储能,即利用废弃的矿井,将进出口堵住,在用电低谷时,开动空气压缩机,将空气压缩到废矿井中,将电能转换成势能,到用电高峰时,再用压缩空气推动汽轮机发电,将势能转换成电能,一次可储电能 1 000 MWh.容量最大的是抽水蓄能电站,即建造两个有一定高度差的大水库,用电低谷时用电带动抽水机将低水位水库的水抽到高水位的水库中去,到用电高峰时再将高水位水库的水通过水力发电机发电后储存到低水位的水库中,如此周而复始,达到储存电能的目的.这种蓄能电站的系统效率为 65%～75%,其储能的容量可以很大.

三、能源在国民经济发展中的作用

能源是国民经济发展的重要物质基础,因为要发展就意味着要改变原来的面貌,也就是要变化,而世界上的一切变化都伴随能量的消耗,因此就需要能源.

在现代工业生产中,任何生产机器和运输工具的运转都需要有足够的机械动力来保证,没有能量(动力),任何先进的生产设备或运输工具都将成为一堆废铁.一个国家的工农业生产越发达,生产出的产品越多,它所消耗的能源也就越多,所以能源工业的发展水平与速度是衡量一个国家经济实力十分重要的标志.特别是对一些消耗大量一次能源的部门,如冶金、化工、电力等,影响尤其显著.

在现代农业中,农产品产量的大幅度提高需要消耗大量的能源.耕种、灌溉、收割、烘干、冷藏、运输等等,都需直接消耗能源.化肥、农药、除草剂的使用,又要间接消耗能源.例如,生产 1 t 合成氨需消耗相当于 2.5～3.0 t 标准煤的能源,生产 1 t 农药平均需要相当于 3.5 t 标准煤的能源.美国在农业现代化过程中,由平均每吨谷物的能源消耗量相当于 20 kg 标准煤增加到相当于 67 kg 标准煤,而每亩(0.0667 公顷)产量由平均 204 kg 增加到 486 kg.也就是说,亩产增加了 1.4 倍,而能耗却增加了 2.4 倍.因此,如果没有足够的燃料和动力提供,现代化的农业生产就无法进行.随着我国农业现代化程度的不断提高,农业机械化、电气化也正在飞速发展,对化肥、农药、除草剂等的需要也越来越多,没有能源工业的发展来加以保证,实现农业现代化就是一句空话.

在现代交通运输中,如果离开了煤炭、石油、电力,则无论是火车、轮船、汽车,还是飞机、电车等,都不可能行驶,何以谈得上运输物资和人员.如果没有能源工业的发展,交通运输事业也不可能发展.

在现代国防中,其动力来源除核能外,当前还没有其他能源能替代石油.现代国防中所使用的运输工具和武器,如汽车、坦克、摩托车等,都需要石油.就是现代化的喷气式飞机、火箭、导弹等,也都要耗费大量的石油资源.所以要实现国防现代化,也必须先发展能源工业.

随着人民生活水平的不断提高,日常生活中消耗的能源所占的比重也越来越大.在我们的生活中,衣、食、住、行,哪一样也离不了能源.在较发达的资本主义国家中,民用所消费的能源占国家全部能耗的20%以上,而我国目前只有10%左右,当然这些国家人民的生活水平比我国高得多.

纵观人类社会的发展历史,每一次大的工业革命或飞速发展都是以新的能源开发和广泛应用为先导的.

第一次工业革命是由于煤和石油的广泛使用.由于煤的使用,蒸汽机在工业中普遍应用,使生产逐步实现机械化和半机械化,大大地提高了生产率.由于石油的使用,有了内燃机,使动力机械效率更高、体积更小、功率更大,可以小型化.特别是随着交通运输事业的发展,出现了汽车、飞机等,如果没有石油,用煤来作飞机的动力源是不可想像的.

第二次大转折是电的广泛应用.19世纪70年代末,汽轮机和发电机的出现,促进了电力工业的飞速发展.电力的应用是能源科学技术的一次重大革命,它使燃料的热能被转换为电能,然后用于生产.电能被称为"能的万能形式",它便于集中供应,又便于分散应用,具有传输迅速和消耗低的特点,输送、使用、管理都非常方便,并能转化成多种形式的能量.列宁很早就说过,"共产主义就是苏维埃政权加电气化",可见电的重要性.在我们现在的社会里,到处都有电器产品、设备和元件,我们的生活时时刻刻都离不开电.由于电的广泛使用,才把人类带入高度文明的社会.

第三次大转折是石油消耗量的大幅度增加带动了世界经济的迅猛发展.这是因为石油和煤炭相比有许多优点:其一是石油勘探开采容易.建一个百万吨级的煤矿,需10年的时间和大量的资金,而开采石油要容易得多,投资要少得多.其二,石油用作燃料,其热值高,使用方便,运输方便,并且干净.其三,石油可以用作工业原料,以石油为原料的工业产品有五千多种.人们穿的、住的、用的,很多都是石油产品,甚至于吃的(医药)也有石油产品.资本主义国家的化工工业原料70%以上为石油.其四是石油可以加工成高级润滑油,为动力机械提高其单位重量的功率提供了有利条件.

许多资料都表明,一个国家的国民经济增长速度与这个国家所消耗能源的增长速度近似成正比关系.

特别是日本,第二次世界大战以后,其经济发展最快,平均每年增长 8.7%.尤其在 1955～1976 年的 20 年中,工业增长了 8.4 倍,平均年增长率高达 13.6%.这种高速度在历史上是少见的,究其原因,与其充足、优质的能源进口密切相关,其中大量进口石油起了重要作用.

第三节　世界能源结构及发展趋势

一、能源发展史

18 世纪前,人类直接利用风力、水力、畜力、生物质等天然能源.18 世纪蒸汽机的出现,促进了煤炭大规模开采使用,到 19 世纪的下半叶,出现了人类历史上第一次能源转换.到 1920 年,煤炭在一次能源的消费结构中占 62%,从此世界进入了"煤炭时代".

19 世纪 70 年代,电力代替了蒸汽机,电器工业迅速发展,煤炭在能源消费结构中的比重逐渐下降.1965 年,石油取代煤炭占据首位,世界进入了"石油时代".1979 年世界能源结构为:石油 54%、天然气和煤炭各占 18%,石油取代煤炭完成了能源的第二次转换.因此,石油是世界上利用最多的能源,并且面临着枯竭的危险.

化石燃料的大量使用破坏了生态环境,间接对人类的发展造成了不良的影响.因此,发展新能源,向多能源结构的过渡是人类不可避免的问题.

二、世界能源储量及分布

1. 煤炭

世界煤炭的储量比其他石化燃料要大,世界及主要国家煤炭已探明储量如表 1-3-1 所示.

表 1-3-1 2011年世界及主要国家煤炭已探明储量和产量

国家	储量(百万吨)	占世界储量比例(%)	产量(百万吨)	占世界产量比例(%)
美国	237295	27.6	993.8	12.9
俄罗斯	157010	18.2	333.35	4.30
中国	114500	13.3	3467.7	45.1
澳大利亚	76400	8.9	415.22	5.4
印度	60600	7.0	588.35	7.66
德国	40699	4.7	188.42	2.45
乌克兰	33873	3.93	86.85	1.13
哈萨克斯坦	33600	3.9	115.86	1.50
南非	30156	3.5	255.56	3.32
加拿大	6582	0.8	67.8	0.88
巴西	4559	0.53	56.28	0.73
其他国家	65664	7.64	1117.76	14.63
世界总计	860938	100	7686.95	100

从表1-3-1中可以看出煤炭主要分布在美国、中国、俄罗斯、澳大利亚、印度、德国等国家;如果用2011年的产量进行计算,世界煤炭预计还可以开采一百多年.

2. 石油

从目前探明的储量来看虽然没有煤炭多,由于其使用方便,热值高,可以作为很多种工业产品的原料,所以目前在世界上被大规模开采,按照目前开采速度,其开采寿命只有几十年.世界及主要国家石油已探明储量如表1-3-2所示.

表 1-3-2 2011年世界及主要国家石油已探明储量和产量

国家	储量(亿吨)	占总储量比(%)	产量(万吨)	占总产量比(%)
委内瑞拉	463	19.76	13600	3.5
沙特	365	15.58	55805	13.2
加拿大	282	12.03	16710	4.3
伊朗	208	8.88	21605	5.2
伊拉克	193	8.24	13990	3.4

续表

国家	储量(亿吨)	占总储量比(%)	产量(万吨)	占总产量比(%)
科威特	140	5.98	14325	3.5
阿联酋	130	5.55	16610	3.8
俄罗斯	121	5.18	51400	12.8
尼日利亚	61	2.60	12285	2.9
哈萨克斯坦	39	1.66	8776	2.1
美国	37	1.58	39205	8.8
卡塔尔	32	1.37	8615	1.8
巴西	22	0.94	10965	2.9
中国	20	0.85	20450	5.1
其他国家	230	9.82	111591	26.7
世界总计	2343	100	417922	100

3. 天然气

目前世界天然气探明的储量约为208.4万亿立方米,2011年的开采量为32760亿立方米;按照2011年的开采量估算,大约可以开采60年左右.世界及主要国家截至2011年的储量及2011年的产量如表1-3-3所示.

表1-3-3　2011年世界及主要国家天然气已探明储量和产量

国家	储量(万亿立方米)	占总储量比(%)	产量(亿立方米)	占总产量比(%)
俄罗斯	44.6	21.4	6070	18.5
伊朗	33.1	15.9	1518	4.6
卡塔尔	25.0	12.0	1468	4.5
土库曼斯坦	24.3	11.6	595	1.8
美国	8.5	4.1	6513	20.2
沙特	8.2	3.9	992	3.0
阿联酋	6.1	2.9	517	1.6
委内瑞拉	5.5	2.6	312	0.9

续表

国家	储量（万亿立方米）	占总储量比(%)	产量（亿立方米）	占总产量比(%)
尼日利亚	5.1	2.5	399	1.2
阿尔及利亚	4.5	2.2	780	2.4
澳大利亚	3.8	1.8	450	1.4
中国	3.1	1.5	1025	3.1
印度尼西亚	3.0	1.4	756	2.3
加拿大	2.0	1.0	1605	4.9
其他国家	31.6	15.2	9762	29.6
世界总计	208.4	100	32762	100

三、世界能源消费状况及未来趋势

1. 2001～2011年世界能源消费状况

2001～2011年世界能源消费量及消费结构状况如表1-3-4所示.

表1-3-4　2001～2011年世界能源消费量及消费结构状况（单位：十万吨油当量）

年代		2001	2002	2003	2004	2005	2006	2007	2008	2009	2010	2011
总消费量		94341	96140	99502	104495	107551	110484	113476	114928	113894	119777	122746
占总消费量的比例(%)	石油	38.1	37.8	37.2	36.9	36.3	35.7	35.3	34.7	34.3	33.7	33.1
	天然气	23.7	23.6	23.6	23.1	23.2	23.1	23.3	23.6	23.2	23.7	23.7
	煤炭	25.1	25.4	26.5	27.2	27.7	28.4	28.8	28.9	29.4	29.5	30.3
	核能	6.4	6.4	6.0	6.0	5.8	5.7	5.5	5.4	5.4	5.2	4.9
	水电	6.2	6.2	6.0	6.1	6.2	6.2	6.2	6.3	6.4	6.5	6.4
	其他	0.50	0.6	0.7	0.7	0.8	0.9	0.9	1.1	1.3	1.4	1.6

2. 2011年世界主要国家消费状况

各种能源数量如表1-3-5所示.

表 1-3-5　2011年世界及主要国家消费各种能源数量(百万吨油当量)

国家	石油	天然气	煤炭	核能	水电	可再生能源	总量
中国	461.8	117.6	1839.4	19.5	157.0	17.7	2613
美国	833.6	626.0	501.9	188.2	74.3	45.3	2269.3
俄罗斯	136.0	382.1	90.0	39.2	37.3	0.1	684.7
印度	162.3	55.0	295.6	7.3	29.8	9.2	559.2
日本	201.4	95.0	117.7	36.9	19.2	7.4	477.6
加拿大	103.1	94.3	21.8	21.4	85.2	4.4	330.2
德国	111.5	65.2	77.6	24.4	4.4	23.2	306.3
巴西	12.7	24.0	13.9	3.5	97.2	7.5	158.8
韩国	106.0	41.9	79.4	34.0	1.2	0.6	263.1
法国	82.9	36.3	9.0	100.0	10.3	4.3	242.8
伊朗	87.0	138.0	0.8	0	2.7	0.1	228.6
沙特	127.8	89.0	0	0	0	0	216.8
英国	71.6	72.2	30.8	15.6	1.3	6.6	198.1
意大利	71.1	64.2	15.4	0	10.1	7.7	168.5
世界总计	4059.1	2905.6	3724.3	599.3	791.5	194.8	12274.6

3. 发展趋势

世界能源消费在2009年走低后,2010年出现增长,全年一次能源消费总量同比增加5.6%,2011年世界能源消费总量为122.75亿吨油当量.在能源消费中化石燃料占一次能源的87.1%,仍然是消费主体.由表1-3-5可以看出目前石油仍然是主要的能源,但由于储量的不断减少,其所占的比例逐年有所减少.天然气随着开发和使用范围不断增加,其所占比例也会不断增加.煤炭资源相对比较丰富,虽然所占比例会不断有所下降,但在若干年内下降的幅度不会大.新能源所占比例会逐年增加,但由于资源和利用效率不尽如人意,其在若干年内,在世界能源消费中所占比例仍然很小.另外,世界能源消费结构和各国的资源状况密切相关.俄罗斯由于天然气资源丰富,其天然气消费占一次能源消费比例高达57%;中国的煤炭消费比例最高,达到70%左右;巴西的水电占一次能源消费比例高达39%;发达国家油气消耗仍然较高;法国的石油天然气占一次能源消费51%,核能比例高达39%.

第四节 中国能源结构、现状、问题及解决方案

一、中国能源结构及现状

从我国能源资源的分布来看,地区总量是北多南少,西富东贫;能源品种分布是北煤南水和西油气.资源分布和经济部局的矛盾,决定了中国能源的流向是由西向东和由北向南.

1. 煤炭资源分布

我国煤炭储量居世界前列,累计探明储量10063亿吨,保有储量为9863亿吨;据世界能源组织估计,我国煤炭可开采量占探明储量的19%,为1900亿吨.其分布面积很广,在全国2300多个县中有1458个有煤炭资源.但是90%的储量在秦岭淮河以北地区.从东西来看,85%分布于中西部.从地区来看,以山西为中心的华北地区煤炭储量占全国2/3以上,储量超过1000亿吨的有山西、陕西、内蒙古;200~1000亿吨的有新疆、贵州、宁夏、安徽和云南.

2. 石油资源分布

根据1993年全国油气资源评价,石油总资源量为940亿吨;中国石油资源以陆相藏油为主.全国分为6个含油气区:东部,主要包括东北和华北地区;中部,主要包括陕、甘、宁和四川地区;西部,主要包括新疆、青海和甘肃西部地区;南部包括苏、浙、皖、闽、粤、湘、赣、滇、黔、贵10省区;西藏区包括昆仑山脉以南,横断山脉以西的地区;海上含油气区,包括东海沿海大陆架及南海海域.中国石油资源的勘探程度还很低,勘探领域主要是陆相地层.

3. 天然气资源分布

中国天然气分布较广,但主要集中在中部和北部含油区;按探明储量统计,北部区占8.2%,中部区占84.3%,南方区占2%,西南区占1.9%,海域区占3.6%.按预测总量统计,中部区最多,占一半以上;海域区占8.4%~21.8%;北部区占10%以上;西南区和南方区相对较少.总体来说,陆上天然气资源主要分布在四川、陕甘宁和新疆南部,海上天然气资源集中在琼、东海和南海.

4. 我国能源储量分布

我国能源储量分布表如1-4-1所示.

表 1-4-1 我国能源储量分布

地区	石油(万吨)	天然气(亿立方米)	煤炭(亿吨)	风能可开发量(亿千瓦)	水能可开发量(亿千瓦)
全国	241191.60	31288.80	3336.20	2.53	3.79
东部	67193.80	6081.70	264.80		0.20
中部	81629.60	1053.70	1440.70		0.47
西部	66166.70	17572.70	1630.70	1.85	3.12
海域	26201.50	4780.70			

二、我国能源生产及消费情况

1．生产情况

我国 2001~2011 年各种能源生产情况如表 1-4-2 所示，从表中可以看出我国能源的生产发展很快，10 年中增加了 1.5 倍；特别是可再生能源和核能已经在能源消费中占有一定比例。

表 1-4-2 2001~2011 我国能源生产情况(十万吨油当量)

年代	2001	2002	2003	2004	2005	2006	2007	2008	2009	2010	2011
石油	1648	1669	1696	1741	1814	1848	1863	1904	1895	2030	2036
天然气	273	294	315	373	444	527	623	723	767	854	923
煤炭	8095	8538	10134	11741	13022	14064	15011	15571	16521	17977	19560
核能	40	57	98	114	120	124	141	155	159	167	195
水电	628	652	642	800	898	986	1098	1324	1393	1572	1634
其他	7	7	8	9	10	14	18	36	69	119	177
总计	10691	11217	12893	14778	16308	17563	18754	19713	20804	22719	24525

2．消费情况

我国 2001~2011 年能源消费状况如表 1-4-3 所示，总消费量在 10 年中增加了 1.6 倍，这是我国经济在这 10 年中飞速发展的需要；和表 1-4-2 相比较，可以看出在这十年中我国能源生产量只增加了 1.4 倍，说明我国能源进口越来越多；特别是石油生产量增加不大，但是消费量增加很多，说明我国石油对国外依存度很高，已经达到 50% 以上。

表 1-4-3 2001～2011 我国能源消费情况（十万吨油当量）

年代		2001	2002	2003	2004	2005	2006	2007	2008	2009	2010	2011
总消费量		10414	11058	12772	15125	16589	18318	19510	20418	22104	24027	26132
占总消费量的比例(%)	石油	21.9	22.4	21.3	21.1	19.8	19.2	18.9	18.4	17.6	18.1	17.4
	天然气	2.4	2.4	2.4	2.4	2.51	2.76	3.25	3.58	3.67	4.00	4.47
	煤炭	69.2	68.8	70.5	70.4	71.5	71.9	71.4	70.6	71.4	70.1	70.2
	核能	0.4	0.50	0.74	0.75	0.72	0.68	0.72	0.76	0.72	0.7	0.75
	水电	6.0	5.9	5.0	5.29	5.41	5.38	5.63	6.48	6.30	6.5	6.5
	其他	0.01	0.07	0.06	0.06	0.06	0.08	0.1	0.18	0.31	0.5	0.68

三、我国能源结构的特点和存在的问题

1. 以煤炭为主

从表 1-4-3 中的数据完全可以看出这一点,煤炭的消耗占总能耗的 70% 左右.而发达的资本主义国家,一般只占到 20% 左右.这样就导致了能源工业的落后,能源利用效率低.

2. 工业所占能耗比例大

工业部门能耗占总能耗接近 60%,这个比例比发达的资本主义国家高得多,这是由于我国重工业战线过长,能耗过高造成的.只有适当调整轻、重工业的比例,加快发展能耗低的高新技术产品,这种现象是完全可以改变的.

3. 几乎全部依靠常规能源

在 1993 年以前常规能源为 100%,从以上的表格中还可以看出即使到了 2011 年常规能源也要占到 92% 以上.从 1994 年开始,虽然有了新能源——核电投入生产,但是在我国总能耗中所占比例很小,而法国 1994 年的核电已占整个国家发电量的 75.5%.

4. 能源的有效利用率低

所谓能源的有效利用率,是包括整个系统,从能源的生产、运输、加工转换、储存,直到终端使用等各个环节的效率的乘积,即

$$\eta_{\text{tot}} = \prod_{i=1}^{n} \eta_i$$

上式的计算只考虑能量的数量,而没有考虑能量的质量.

我国的能源利用效率只有 34% 左右,而美国已接近 50%,日本也有 40%,都比我国

高得多,这是我国能源中存在的严重问题.如果我国能源利用率能够提高到 40% 以上,大约相当增加了 30% 的能源产量.所以对我国来说,提高能源利用率是十分重要的.

5. 我国能源资源储量大

已探明的煤炭储量位居世界第三,石油储量也很丰富,目前已探明的石油储量在 130 亿吨左右.已探明的天然气的储量在 3.1 万亿立方米左右.从这些基本数据看我国的能源资源储备很丰富,位居世界前列.但是我国人口众多,从人均占有来说就少得可怜.特别是石油的进口依存度已经达到 50%,随着经济的发展和人民生活水平的提高其依存度还会增加.另外是我国能源资源分布不均匀,煤炭资源大部分分布在北方,北煤南运的问题还会长期存在.

四、解决方案

1. 开发新能源,发展低碳经济

大力开发新能源,发展低碳经济,是解决能源危机的根本.所谓开发新能源是指开发太阳能、地热能、风能、海洋能、核能、生物能等可再生能源.目前经济建设中所用的化石能源,它们的不可再生性告诉我们必须寻找它们的替代品,因此开发新能源、发展低碳经济不仅仅是我们国家要重视的,也是世界各国都非常重视的一个问题.

2. 增加能源的科技投入,提高能源的利用率

我国一些关系到国计民生的企业如电力、钢铁、水泥等,能耗非常大,能源利用率低下,所以我们要最大限度地节约能源,提高能源的利用率.况且新能源的大规模开发也不是短期内能够实现的,而且新能源的成本很高,因此要加大科技投入,一方面发展新能源,另一方面努力提高企业的能源利用率.

3. 努力实现产业升级,制定能源节约利用的产业政策

我国存在严重的能源浪费现象,这是由我国的产业结构所决定的.目前,相对能耗低的第一产业和第三产业不发达,而第二产业是以能源密集型产业为主,能源消耗很大.长期以来我国经济的增长主要是依靠耗能高的第二产业,因此我们只有进行产业调整和升级,制定能源节约利用的产业政策,才能从根本上遏制我国的能源浪费现象.

4. 利用国际市场构筑我国能源安全体系

目前世界能源结构发展趋势已经发生根本变化,基本上不再依靠煤炭资源,消费结构主要以石油和天然气为主,同时积极开发可再生能源.世界能源结构的改变必然促使我们要进行能源结构的调整.目前我国的能源结构仍然过分地依靠煤炭资源,结构比例失衡,能源安全系数低.因此我们必须根据国际市场能源结构现状,优化我国能源结构体系,优化我国能源进出口体系,增加我们的能源安全系数.

第五节　能源需求的预测

能源需求预测,应在研究国内外历史和现实的经验、分析影响能源需求的各种因素及今后可能发生的变化趋势的基础上进行.因此所得数据,尤其是中远期的能源需求量,本身就是在一定假设条件下求得的,例如国民经济发展的可能速度、生产技术的改进、经济结构的变化、节能措施的实现等等.这些条件可能随时都会变化,因而预测的数据也要作相应的调整,使之更符合实际.虽然预测的数值并不就是计划指标,而是给出在一定条件下的发展趋势和范围,但它对于制定规划和政策,确定今后的研究方向还是十分重要的,能起到指导和参考的作用,遇到变化也可以确认其原因.如果没有预测,就会对未来的判断陷于盲目性,或走一步看一步,难以制定出正确的规划和政策.

能源需求的预测方法,目前还处于探索阶段.下面将对常用的方法进行简单的介绍.

一、能源消费弹性系数法

能源消费弹性系数是反映能源消费量增长率与国民经济增长率之间比例关系的一个量,其数值是某一时期的能源消费量平均年增长率与同期国民经济平均年增长率的比值,即

$$能源消费弹性系数 = \frac{年平均能源消费量增长率}{年平均国民经济增长率}.$$

也可表示为

$$c = \frac{\frac{dE}{E}}{\frac{dM}{M}} = \frac{a_E}{a_{GNP}}, \tag{1-5-1}$$

式中:

c——能源消费弹性系数;

E——能源消费量;

a_E——年平均能源消费增长率;

M——年国民生产总值;

a_{GNP}——年平均国民经济增长率.

国民经济指标,西方国家常用国民生产总值这个综合指标;我国常用工业总产值,有时用工农业总产值,或用国民收入(社会净产值)作为国民经济的主要指标:

国民生产总值 = 国民收入 + 固定资产折旧(按 5%国民收入计算)
              + 非物质生产部门的收入(按 8%国民收入计算).

为了研究能源消费弹性系数的变化因素,可以对其作如下分析:设

$$E = QM,$$

则

$$\frac{dE}{E} = \frac{dQ}{Q} + \frac{dM}{M}.$$

将上式代入(1-5-1)式,得

$$c = 1 + \frac{\frac{dQ}{Q}}{\frac{dM}{M}}, \tag{1-5-2}$$

式中:

Q——单位国民生产总值能耗;

$\frac{dQ}{Q}$——单位国民生产总值能耗的变化率.

从(1-5-2)式可以看出:

当 $\frac{dQ}{Q}=0$,即单位国民生产总值能耗没有变化时,$c=1$.也就是说,能源消费量增长率与国民生产总值增长率相等.

当 $\frac{dQ}{Q}>0$,即单位国民生产总值能耗越来越大时,$c>1$.也就是说,能源消费增长率大于国民生产总值的增长率.

当 $\frac{dQ}{Q}<0$,即单位国民生产总值能耗越来越低时,$c<1$.也就是说,能源消耗增长率小于国民生产总值的增长率.

哪些因素影响单位国民生产总值能耗,使 $\frac{dQ}{Q}$ 偏离零呢? 单位国民生产总值能耗是一个综合指标,由

$$E = MQ = \sum_{i=1}^{n} M m_i Q_i,$$

得出

$$Q = \sum_{i=1}^{n} m_i Q_i, \tag{1-5-3}$$

式中：

m_i——第 i 部门在国民生产总值中所占的比例；

Q_i——第 i 部门单位产值能耗．

从(1-5-3)式可以看出，国民经济结构的变化，即各部门在国民生产总值中所占比例的变化，直接影响单位国民收入能耗的变化．发展那些能耗少、产值高的部门，提高其在国民经济中的比例，可对单位国民生产总值能耗起降低作用．

各部门单位产值能耗主要与该部门的能源利用效率有关，同时也受其产品结构的影响．通过加强管理，采取技术措施，更新老设备，采用节能新设备、新工艺，以及发展高产值、低能耗的高档产品，对部门单位产值能耗都能起到降低作用．

从以上对能源消费弹性系数 c 的分析可以看出，要寻求未来一个时期较准确的能源消费弹性系数的值，就需根据未来各部门在国民生产总值中所占比例和各部门单位产值能耗进行计算．并且，在预测能源消费弹性系数时，往往已测算出能源的需求量，从而失去了能源消费弹性系数的意义．若用简单对比的方法来确定未来一个时期的弹性系数，则很难定量地说明问题．此外，能源消费弹性系数的数值范围很宽，可以在正、负无穷大之间变动，当能源消费年平均增长率和国民经济年平均增长率出现负值时，能源消费弹性系数将出现混乱．

二、部门分析综合预测法

部门分析综合预测法是通过对部门能源消费的分析，恰当地计算计划期内节能量和能源生产率提高的可能性，并根据经济结构变化的情况，综合预测能源需求量．它实际上是分部门的能源消费与生产总值的投入产出法，它的一般表达式为

$$\begin{aligned} E &= MQ \\ &= \sum M_i Q_i \\ &= \sum M m_i Q_i. \end{aligned} \tag{1-5-4}$$

一般来说，人民生活直接消费的能源与经济发展应有相关关系．但因我国 13 亿多人口中有绝大部分是农民，广大农村生活用能大部分是非商品能源，而且要延续相当长的一个时期，因此生活用能宜单独预测．又因国防和其他能源有各自的特殊性，故上式也可写为

$$E_0 = \sum M_{i0} Q_{i0} + E_{p0} + E_{a0}, \tag{1-5-5}$$

式中：

E_p——人民生活消费能源量;

E_a——国防及其他能源消费量;

下标"0"表示基期数.

则规划期能源需求量为

$$E_n = M_0(1+\alpha)^n Q_0(1-r)^n + E_{pn} + E_{an}$$
$$= \sum M_{i0}(1+\alpha_i)^n Q_{i0}(1-r_i)^n + E_{pn} + E_{an}, \quad (1\text{-}5\text{-}6)$$

式中:

α——国民收入年平均增长率;

n——规划期年份;

α_i——第 i 部门产值年平均增长率;

r——单位国民收入能耗下降率;

r_i——第 i 部门年节能率;

E_{pn}——规划期人民生活能源需要量;

E_{an}——规划期国防及其他部门能源需要量;

E_n——规划期内第 n 年的能源需要量.

利用这种方法,部门的划分需从现有的资料出发,并结合规划期可供利用的国民经济指标体系而定.一般来说,部门划分越细,预测的准确性越高.国外有人把工业部门分成 12 个或 45 个行业.我国根据目前的统计资料和计划指标体系,在预测近期和中期能源需要量时,可先按国民收入构成分五大物质生产部门.考虑轻、重工业的因素,则可分为农业、重工业、轻工业、建筑业、运输业、商业六大部门.分部门的节能率,应根据该部门在规划期内的节能措施和可能达到的节能量来计算.

为了研究由于经济结构的变化而少用能源的数量 ΔE,可用以下的数学模型:

$$\Delta E = \sum M_n m_{i0} Q_{i0} - \sum M_n m_{in} Q_{i0}$$
$$= M_n Q_0 - \sum M_n m_{in} Q_{i0}. \quad (1\text{-}5\text{-}7)$$

以上简要介绍了预测能源需求的方法,在科学研究部门计划建立的能源系统模型尚未问世之前,建议暂时先利用部门分析综合预测法进行全国(分地区)能源消费量的预测.它的优点是:能较全面地反映经济结构变化对能源消费量的影响;能较准确地计入由于加强管理、采取措施、提高能源利用率所取得的节能效果;现有统计数据和国民经济计划指标体系基本上能满足预测要求;对物质生产领域的能源和人民生活及其他能源分别预测,可以比较接近实际.

第二章　能源开发利用中的热力学制约及能量平衡

在第一章中我们已经谈到,目前世界能源的构成中,矿物燃料(煤、石油、天然气)占了绝大多数.矿物燃料中蕴藏的化学能一般都是通过燃烧过程释放出来,以热能的形式加以利用.但在很多场合,热能还必须转换成其他形态的能量,如机械能或电能.对于原子核能,一般也是经过原子核能—热能—机械能—电能几个步骤才能加以利用的,因而能源开发利用就不能不受能量转换规律的约束,不能脱离热力学的基本原则.我们都知道,一个效率为 60% 的锅炉的效率是很低的,而效率为 40% 的凝汽式火力发电厂却被认为"效率很高".同时,电能用来采暖时,效率虽然可达到 100%,但我们仍然认为这是一种浪费.这些都是用热力学观点衡量的结果.要合理利用能源,不可不研究热力学.

第一节　热力学第一定律与能量守恒

物质和运动守恒的概念,虽然早在 18 世纪中叶就已由俄国科学家罗蒙诺索夫提出来了,但是关于热是运动的一种形式、热和机械运动是可以相互转换的概念,直到一百多年以后才被物理学家们认识和接受.在此以前,"热素说"还占着统治地位.这种学说认为热是一种特殊的、没有质量的流质,称为"热素".物体的冷热取决于其中含"热素"的多少."热素"会从较热的物体流到较冷的物体中去.自然界中存在的热素既不能创造,也不能消灭,即"热素"守恒."热素说"把热看成是一种物质,否认它是物质运动的一种形式,否认热和物质的其他运动形式之间可以相互转换.

虽然运用"热素说"也可以解释不少热现象,但是在蒸汽机发明以后,"热素说"并不能解释热和机械运动之间的关系,它已成了科学发展的障碍.

最初用实验来驳斥"热素说"的是伦福德(Count Rumford,1753～1814)和戴维(Humphry Davy,1778～1829).伦福德发现在钻炮筒时,炮筒和铁屑的温度升高,产生大量的热,只要不断地钻,热量就不断产生,因而他断言:"热可由运动产生,它绝不是一种物质."但是,"热素学"的维护者们提出种种不能成立的说法,企图把伦福德的发现纳入"热素学"的轨道,死守他们的信条.1799 年,戴维在伦福德的启示下,进行了一个很有说服力的实验:他用两块冰在空中摩擦,并且使周围的温度低于冰块的温度,最后冰块化成了水.戴维的实验证明,由冰变水所需要的热量不可能是由外面进入的"热素",因为周围的温度更低;也不可能是由于比热变化而放出的"热素",因为水的比热要比冰高.这个实验雄辩地证明了"热素说"的错误,可惜的是,伦福德和戴维都没有找到热量和功的数量关系.

1842 年,德国医生迈耶(J. R. Meyer,1814～1878)发表了一篇论文,提出能量守恒的理论,认为热是能的一种形式,可与机械能相互转换,并从空气的定压比热和定容比热之差算出了热功当量.因为这不是直接的实验数据,他的理论还没有被当时的物理学界承认.热力学第一定律的最后奠定要归功于英国物理学家焦耳(J. P. Joule,1818～1889),他前后共用了二十多年时间,通过各种不同的方法测定热功当量,得到了一致的结果.到 1850 年,他的实验结果已使科学界公认了能量守恒定律的正确性.

热力学第一定律就是能量守恒定律,它有很多表达方式,例如:

热是能的一种,机械能变热能或热能变机械能的时候,它们的比值是一定的.

热可以变为功,功也可以变为热,一定量的热消失时,必产生一定量的功;消耗了一定量的功时,必出现与之对应的一定量的热.

当一个体系的状态经过一个循环的变化后,对这个体系所加入热量的代数和等于体系向外做功的代数和,它的数学表达式为

$$\oint dQ = A \oint dL, \tag{2-1-1}$$

式中:

$$A = \frac{1}{102}(kJ/(kg \cdot m)).$$

热力学第一定律还有一个简单的表达方式:第一类永动机是不可能制成的.

第二节 典型体系的热平衡分析及其效率表达式

从热力学角度分析能源有效利用的方法有热平衡分析法、循环分析法、熵平衡分析法、㶲平衡分析法等.

热平衡分析法是利用热能的数量平衡，对某个用能体系的用能完善程度（热效率）、能量的损失程度和原因作出分析，对节能的潜在能力、节能的方法和措施作出估计.

一、热平衡分析的基本参数

对所研究的任一体系来说，按热力学第一定律，必有

$$Q_s = Q_{ou} + Q_{st}, \quad (2\text{-}2\text{-}1)$$

式中：

Q_s——输入体系的能量；

Q_{ou}——输出体系的能量；

Q_{st}——体系储存的能量的增量.

热平衡表达式为

$$Q_s = Q_{ef} + Q_l, \quad (2\text{-}2\text{-}2)$$

式中：

Q_{ef}——有效利用的能量；

Q_l——损失的能量.

主要的参数有：

1. 热效率

热效率的表达式为

$$\eta = \frac{Q_{ef}}{Q_s} = 1 - \frac{Q_l}{Q_s}. \quad (2\text{-}2\text{-}3)$$

2. 节能的数量指标

（1）节能率

节能率的表达式为

$$\varepsilon = \frac{b_0 - b}{b_0} = 1 - \frac{b}{b_0}, \qquad (2\text{-}2\text{-}4)$$

或

$$\varepsilon = 1 - \frac{\dfrac{B}{G}}{\dfrac{B_0}{G_0}}, \qquad (2\text{-}2\text{-}5)$$

式中:

b——单位产品能耗;

B——总能耗;

G——产品数量.

需要注意的是,加下标"0"的量为采取节能措施前的各种参数,下同.

由于热平衡体系内热效率提高而导致的节能情况为

$$\varepsilon = \frac{Q_{s0} - Q_s}{Q_{s0}} = 1 - \frac{Q_s}{Q_{s0}}. \qquad (2\text{-}2\text{-}6)$$

由热效率的定义知

$$Q_{ef0} = \eta_0 \cdot Q_{s0},$$

所以

$$Q_{s0} = \frac{Q_{ef0}}{\eta_0},$$

同理

$$Q_s = \frac{Q_{ef}}{\eta},$$

所以

$$\varepsilon = 1 - \frac{Q_{ef}}{Q_{ef0}} \cdot \frac{\eta_0}{\eta}.$$

当 $Q_{ef} = Q_{ef0}$(通常都是这样)时

$$\varepsilon = 1 - \frac{\eta_0}{\eta}. \qquad (2\text{-}2\text{-}7)$$

(2-2-7)式的曲线形式示于图 2-2-1 中.图中同时标出了 $\Delta \eta = \eta - \eta_0 = 2\%$ 的曲线,线上点 A,B,C 和 D 分别表示热效率由 20% 提高到 22%、由 40% 提高到 42%、由 60% 提高到 62% 以及由 80% 提高到 82% 时的节能率分别为 9.1%,4.7%,3.2% 和 2.4%.显然,效率越低,节能的潜力越大.

(2) 节能量

分 3 种情况讨论,共有 3 种表达式:

① 已知采取节能措施前后的能量消耗量，即已知 Q_{s0} 和 Q_s，则其节能量为

$$\Delta Q_s = Q_{s0} - Q_s. \tag{2-2-8}$$

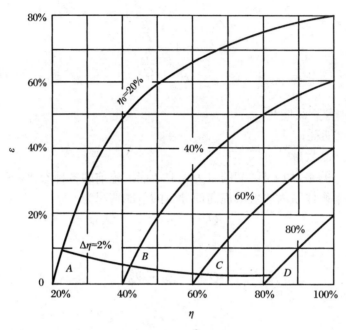

图 2-2-1　$\varepsilon = 1 - \dfrac{\eta_0}{\eta}$ 的曲线

② 已知采取节能措施前的能量消耗量和采取节能措施后的节能率，即已知 Q_{s0} 和 ε，计算其节能量。

将(2-2-8)式写成

$$\Delta Q_s = \frac{Q_{s0} - Q_s}{Q_{s0}} \cdot Q_{s0}, \tag{2-2-9}$$

再将(2-2-6)式代入上式，得

$$\Delta Q_s = \varepsilon \cdot Q_{s0}. \tag{2-2-10}$$

③ 已知采取节能措施后的耗能量和节能率，即已知 Q_s 和 ε，求节能量。

由(2-2-8)式和(2-2-10)式，可得

$$Q_{s0} = \frac{Q_s}{1 - \varepsilon},$$

于是

$$\Delta Q_s = Q_{s0} - Q_s$$
$$= \frac{Q_s}{1 - \varepsilon} - Q_s$$

$$= Q_s \cdot \frac{\varepsilon}{1-\varepsilon}. \tag{2-2-11}$$

在热平衡分析法中,除上述各基本公式外,通常还采用体系模型和体系热流图作为分析的辅助工具.

体系模型如图 2-2-2 所示,方框为体系边界,箭头指向边界者为向体系内输入能量,箭头离开边界者为体系向外输出能量.同时,用箭头的分支来表示能量的分流与汇合.

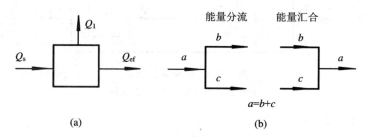

图 2-2-2 热平衡体系模型

体系热流图如图 2-2-3 所示,热流图不但形象地表示输入、输出体系能量的去向,而且能量的大小与图形的宽度是成比例的,从其宽窄就可以知道各部分能量所占的比例.

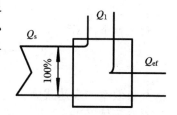

图 2-2-3 体系热流图

二、典型热平衡体系的效率计算

进行热平衡分析,首先要确立一个热平衡体系.这个体系在实际的生产或生活中,可能是一台机器,一台设备,也可能是设备中的某一个部件,还可能是多台机器或设备.所以,一个体系可以由几个甚至更多的较小体系——子体系组成,而本身有可能又是一个更大体系中的一个子体系.由子体系组成一个体系,有很多可能的形式,采用哪一种形式要根据实际情况的需要确定.其实,典型的组成形式只有几种.下面对典型的体系进行热平衡分析,给出其热效率的表达式.为了区别体系和子体系,子体系的边界用虚线表示.

1. 能源转换设备和用能设备组成的体系

在这个体系中,能源转换设备只转换能量的形式,而不向体系外输出有效能量,只有用能设备才向体系外输出有效能量.图2-2-4所示的体系由两个子体系 1 (能源转换设备)和 2(用能设备)组成.在体系中,输入能量 Q_{s1} 在 1 中转换成另一种能量，其量为 Q_{ef1}，并向体系外损失能量 Q_{l1}。Q_{ef1} 作为 2 的输入能量 Q_{s2}，向体系外输出有效能量 Q_{ef2}，并向体系外损失能量 Q_{l2}。由图中各量，可给出体系和子体系的热平衡方程为：

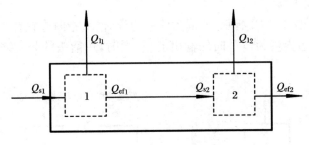

图 2-2-4　串联体系模型
1—能源转换设备；　2—用能设备

对于子体系 1
$$Q_{s1} = Q_{ef1} + Q_{l1};$$
对于子体系 2
$$Q_{s2} = Q_{ef2} + Q_{l2};$$
对于整个体系
$$Q_s = Q_{s1} = Q_{ef2} + Q_{l1} + Q_{l2}.$$

其热效率的表达式为：
对于子体系 1
$$\eta_1 = \frac{Q_{ef1}}{Q_{s1}};$$
对于子体系 2
$$\eta_2 = \frac{Q_{ef2}}{Q_{s2}} = \frac{Q_{ef2}}{Q_{ef1}};$$
对于整个体系
$$\eta = \frac{Q_{ef2}}{Q_s} = \frac{Q_{ef2}}{Q_{s1}}$$

$$= \frac{Q_{ef1}}{Q_{s1}} \cdot \frac{Q_{ef2}}{Q_{ef1}}$$

$$= \frac{Q_{ef1}}{Q_{s1}} \cdot \frac{Q_{ef2}}{Q_{s2}}$$

$$= \eta_1 \cdot \eta_2. \quad (2\text{-}2\text{-}12)$$

上式可以推广到由 $n-1$ 个能源转换设备和 1 个用能设备串联组成的包含 n 个子体系的体系,可得其体系的热效率为

$$\eta = \frac{Q_{ef}}{Q_s}.$$

因为只有最后一个子体系有有效能源输出体系,只有第一个子体系的输入能量是由体系外输入的,所以

$$Q_s = Q_{s1},$$
$$Q_{ef} = Q_{efn},$$

于是

$$\eta = \frac{Q_{efn}}{Q_{s1}}$$

$$= \frac{Q_{ef1}}{Q_{s1}} \cdot \frac{Q_{ef2}}{Q_{ef1}} \cdot \frac{Q_{ef3}}{Q_{ef2}} \cdot \cdots \cdot \frac{Q_{efn}}{Q_{ef(n-1)}}.$$

因在这种体系中有

$$Q_{efk} = Q_{s(k+1)},$$

所以

$$\eta = \eta_1 \cdot \eta_2 \cdot \cdots \cdot \eta_n. \quad (2\text{-}2\text{-}13)$$

2. 能源在一组设备中被逐级利用的体系

在此体系中,能源转换设备也向体系外输出有效能量,其体系模型图如图 2-2-5 所示.

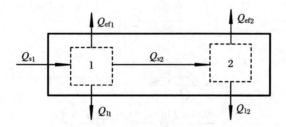

图 2-2-5 能源在两个设备中被逐级利用的体系模型
1—第一级用能设备; 2—第二级用能设备

由图 2-2-5 可以看出，其热平衡方程为：

对于子体系 1
$$Q_{s1} = Q_{ef1} + Q_{l1} + Q_{s2};$$

对于子体系 2
$$Q_{s2} = Q_{ef2} + Q_{l2};$$

对于整个体系
$$Q_s = Q_{s1} = Q_{ef1} + Q_{ef2} + Q_{l1} + Q_{l2}.$$

对于子体系 1 来说，Q_{s2} 既不是有效能量，也不是损失掉的能量，所以应把其看作是 Q_s 的一部分，是借道而过的。这样，体系模型可改为图 2-2-6 的形式。于是，热效率的表达式为：

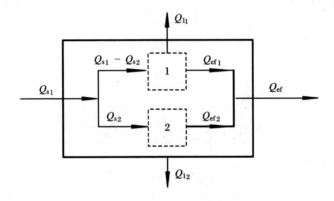

图 2-2-6　并联体系模型

对于子体系 1
$$\eta_1 = \frac{Q_{ef1}}{Q_{s1} - Q_{s2}};$$

对于子体系 2
$$\eta_2 = \frac{Q_{ef2}}{Q_{s2}};$$

对于整个体系
$$\eta = \frac{Q_{ef1} + Q_{ef2}}{Q_{s1}}$$
$$= \frac{\eta_1 \cdot (Q_{s1} - Q_{s2})}{Q_{s1}} + \frac{\eta_2 \cdot Q_{s2}}{Q_{s1}}$$
$$= w_1 \cdot \eta_1 + w_2 \cdot \eta_2. \tag{2-2-14}$$

式中，w_1，w_2 分别为子体系 1 和 2 的供给能量占总供给能量的份额，称为子体系能量的权.

从图 2-2-6 中的模型结构可以看出,其为一个"并联"而成的体系,此体系只有两个子体系.如果有 n 个子体系"并联",我们推导体系的热效率表达式为

$$\eta = \frac{Q_{ef1} + Q_{ef2} + \cdots + Q_{efn}}{Q_s}$$

$$= \frac{Q_{ef1}}{Q_s} + \frac{Q_{ef2}}{Q_s} + \cdots + \frac{Q_{efn}}{Q_s}.$$

由于

$$Q_{ef1} = \eta_1 Q_{s1},$$
$$Q_{ef2} = \eta_2 Q_{s2},$$
$$\cdots,$$
$$Q_{efn} = \eta_n Q_{sn},$$

而且

$$Q_{s1} + Q_{s2} + \cdots + Q_{sn} = Q_s,$$

则得

$$\eta = \frac{\eta_1 Q_{s1}}{Q_s} + \frac{\eta_2 Q_{s2}}{Q_s} + \cdots + \frac{\eta_n Q_{sn}}{Q_s}$$

$$= w_1 \cdot \eta_1 + w_2 \cdot \eta_2 + \cdots + w_n \cdot \eta_n$$

$$= \sum_{i=1}^{n} w_i \eta_i. \tag{2-2-15}$$

(2-2-15)式说明并联体系的热效率是所有子体系热效率的加权平均.

3. 串并联体系

在此体系中,既有不向体系外输出有效能量的能源转换设备,又有既是能源转换设备同时又向体系外输出有效能量的设备,同时还有能源利用设备.此体系模型如图 2-2-7 所示,我们同样可以把 Q_{s3} 看为 Q_{ef1} 的一部分,是借道而过的.这样,体系模型可以改为图 2-2-8 的形式.

其热平衡方程及热效率为:

对于子体系 1

$$Q_{s1} = Q_s = Q_{ef1} + Q_{l1},$$
$$\eta_1 = \frac{Q_{ef1}}{Q_s};$$

对于子体系 2

$$Q_{s2} = Q_{ef2} + Q_{l2},$$

$$\eta_2 = \frac{Q_{ef2}}{Q_{s2}};$$

对于子体系 3

$$Q_{s3} = Q_{ef3} + Q_{l3},$$
$$\eta_3 = \frac{Q_{ef3}}{Q_{s3}};$$

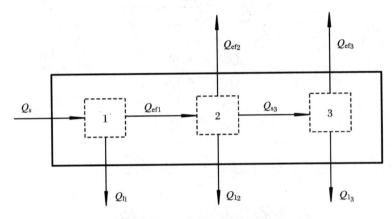

图 2-2-7 串并联体系模型

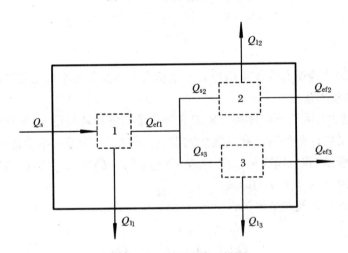

图 2-2-8 串并联体系模型

对于整个体系

$$\eta = \frac{Q_{ef2} + Q_{ef3}}{Q_s}.$$

将 η_2 和 η_3 代入上式，得

$$\eta = \eta_2 \cdot \frac{Q_{s2}}{Q_s} + \eta_3 \cdot \frac{Q_{s3}}{Q_s}$$
$$= w_2 \cdot \eta_2 + w_3 \cdot \eta_3. \qquad (2\text{-}2\text{-}16)$$

上式与(2-2-14)式相同．

再以 $Q_s = \dfrac{Q_{ef1}}{\eta_1}$ 代入(2-2-16)式，则

$$\eta = \eta_1(w_2'\eta_2 + w_3'\eta_3). \qquad (2\text{-}2\text{-}17)$$

式中，w_2' 和 w_3' 分别表示输入子体系 2 和子体系 3 的能量占子体系 1 输出的有效能量的份额．

三、具有余热回收的体系

任何用能设备或能源转换设备都有热损失．为了节约能源，提高热利用率，很多设备都有余热回收利用装置．

余热回收的用途可分为两类：其一，用于体系内部，称为闭式利用，通常用于预热被加工的物料或能源（主要用于燃烧用空气或气体燃料的预热）；其二，用于体系外部，称为开式利用，可用于供热、制冷、做功和发电等．

对于具有余热利用的体系，除列出其热平衡和热效率表达式外，还要计算其节能率和节能量．在各表达式中，η, Q_s, Q_{ef} 属于有余热利用体系参数；η_0, Q_{s0}, Q_{ef0} 属于原体系参数．有余热利用体系和原体系的可比条件为

$$Q_{ef0} = Q_{ef}.$$

1. 预热被加工的物料（闭式利用）

体系模型示于图 2-2-9，子体系 1 为主设备，子体系 2 为余热利用设备．预热物料所回收的能量 Q_{r1} 为有效能量，它是 Q_{ef} 的一部分．

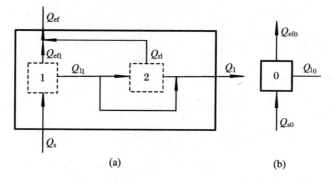

图 2-2-9 预热物料的余热利用体系模型

体系的热平衡方程为

$$Q_s = Q_1 + Q_{ef}$$
$$= Q_{ef1} + Q_1 + Q_{rl},$$
$$Q_{s0} = Q_{ef0} + Q_{l0}.$$

如果 $\eta_1 = \eta_0$，即在余热利用前后，其主设备的热效率不变，则节能量：

$$\Delta Q_s = Q_{s0} - Q_s$$
$$= \frac{Q_{ef0}}{\eta_0} - \frac{Q_{ef1}}{\eta_1}$$
$$= \frac{1}{\eta_0}(Q_{ef0} - Q_{ef1})$$
$$= \frac{1}{\eta_0} Q_{rl}. \qquad (2\text{-}2\text{-}18)$$

节能率：

$$\varepsilon = \frac{\Delta Q_s}{Q_{s0}}$$
$$= \frac{1}{\eta_0} \cdot Q_{rl} \cdot \frac{1}{\dfrac{Q_{ef0}}{\eta_0}}$$
$$= \frac{Q_{rl}}{Q_{ef}}, \qquad (2\text{-}2\text{-}19)$$

也可写成

$$\varepsilon = \frac{Q_{rl}}{\eta_0} \cdot \frac{1}{Q_s + \dfrac{Q_{rl}}{\eta_0}}$$
$$= \frac{1}{1 + \dfrac{1}{\dfrac{1}{\eta_0} \cdot \dfrac{Q_{rl}}{Q_s}}}. \qquad (2\text{-}2\text{-}20)$$

热效率：

$$\eta = \frac{\eta_0 \cdot Q_{s0}}{Q_s}$$
$$= \eta_0 \cdot \frac{Q_s + \dfrac{Q_{rl}}{\eta_0}}{Q_s}$$
$$= \eta_0 \left(1 + \frac{1}{\eta_0} \cdot \frac{Q_{rl}}{Q_s}\right). \qquad (2\text{-}2\text{-}21)$$

如果由于余热的利用,改善了主设备的燃烧等条件,提高了其热效率,即 $\eta_1 > \eta_0$,则节能量:

$$\Delta Q_s' = Q_{s0} - Q_s$$
$$= \frac{Q_{ef1} + Q_{rl}}{\eta_0} - \frac{Q_{ef1}}{\eta_1}$$
$$= \frac{Q_{rl}}{\eta_0} + \left(\frac{1}{\eta_0} - \frac{1}{\eta_1}\right)Q_{ef1}. \tag{2-2-22}$$

由(2-2-18)式和(2-2-22)式可以看出,由于提高了热效率,多节余了 $\left(\frac{1}{\eta_0} - \frac{1}{\eta_1}\right)Q_{ef1}$ 的能量.

节能率:

$$\varepsilon' = \frac{\Delta Q_s}{Q_{s0}}$$
$$= \frac{\Delta Q_s}{\frac{Q_{ef}}{\eta_0}}$$
$$= \frac{\eta_0}{Q_{ef}} \cdot \left[\frac{Q_{rl}}{\eta_0} + \left(\frac{1}{\eta_0} - \frac{1}{\eta_1}\right)Q_{ef1}\right]$$
$$= \frac{Q_{rl}}{Q_{ef}} + \left(\frac{1}{\eta_0} - \frac{1}{\eta_1}\right)\frac{Q_{ef1}}{Q_{ef}}. \tag{2-2-23}$$

与(2-2-19)式相比,可以看出节能率增加了 $\left(\frac{1}{\eta_0} - \frac{1}{\eta_1}\right)\frac{Q_{ef1}}{Q_{ef}}$.

热效率:

$$\eta' = \frac{Q_{ef}}{Q_s}$$
$$= \frac{Q_{ef}}{Q_{s0}} \cdot \frac{Q_{s0}}{Q_s}$$
$$= \eta_0 \cdot \frac{\frac{Q_{ef}}{\eta_0}}{\frac{Q_{ef} - Q_{rl}}{\eta_1}}$$
$$= \eta_1 \cdot \frac{1}{1 - \frac{Q_{rl}}{Q_{ef}}}. \tag{2-2-24}$$

与(2-2-21)式相比,因为 $\eta_1 > \eta_0$,所以 $\eta' > \eta$.

2. 余热预热燃料(闭式利用)

预热燃料的余热利用体系模型示于图 2-2-10，子体系 1 是主设备，子体系 2 是余热利用设备，由子体系 2 回收的能量 Q_{rl} 用于预热燃料，随能源供给能量 Q_s 一起进入子体系 1。

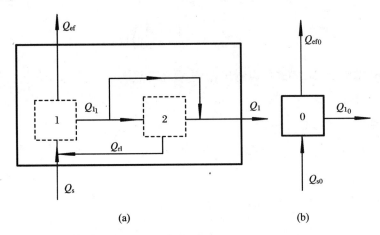

图 2-2-10　预热燃料的余热利用体系模型

体系的热平衡方程为：
对于原体系
$$Q_{s0} = Q_{ef0} + Q_{l0};$$
对于子体系 1
$$Q_s + Q_{rl} = Q_{ef} + Q_{l1}.$$
以上两式相减，并以 $Q_{ef} = Q_{ef0}$ 代入，得
$$Q_{s0} - Q_s = Q_{rl} + (Q_{l0} - Q_{l1}). \quad (2\text{-}2\text{-}25)$$

(2-2-25)式中，$Q_{l0} - Q_{l1}$ 是主设备预热燃料前后损失的能量之差，主设备的排烟损失和物理、化学不完全燃烧损失与燃料量(即供给的能量量)有关。因为余热的利用使燃料供应量减少，故上述损失相应减少。这样，有
$$Q_{l0} - Q_{l1} = Q_{s0}(q_2 + q_3 + q_4)_0 - Q_s(q_2 + q_3 + q_4)_1, \quad (2\text{-}2\text{-}26)$$
式中：
q_2——排烟损失率；
q_3——物理不完全燃烧损失率；
q_4——化学不完全燃烧损失率。
将(2-2-26)式代入(2-2-25)式，得

$$Q_{s0}[1-(q_2+q_3+q_4)_0] - Q_s[1-(q_2+q_3+q_4)_1] = Q_{rl}.$$

令

$$k_0 = 1-(q_2+q_3+q_4)_0,$$
$$k_1 = 1-(q_2+q_3+q_4)_1,$$

得

$$k_0 Q_{s0} - k_1 Q_s = Q_{rl}. \tag{2-2-27}$$

在 $k_1 = k_0$ 的条件下,有

节能量:

$$\Delta Q_s = Q_{s0} - Q_s = \frac{Q_{rl}}{k_0}. \tag{2-2-28}$$

节能率:

$$\varepsilon = \frac{\Delta Q_s}{Q_{s0}}$$

$$= \frac{\dfrac{Q_{rl}}{k_0}}{Q_s + \dfrac{Q_{rl}}{k_0}}$$

$$= \frac{1}{1 + \dfrac{1}{\dfrac{1}{k_0} \cdot \dfrac{Q_{rl}}{Q_s}}}. \tag{2-2-29}$$

热效率:

$$\eta = \frac{Q_{ef}}{Q_s}$$

$$= \frac{\eta_0 \cdot Q_{s0}}{Q_s}$$

$$= \eta_0 \left(\frac{Q_s + \dfrac{Q_{rl}}{k_0}}{Q_s} \right)$$

$$= \eta_0 \left(1 + \frac{1}{k_0} \cdot \frac{Q_{rl}}{Q_s} \right). \tag{2-2-30}$$

由(2-2-29)式和(2-2-30)式可以看出,节能率和热效率均随 $\dfrac{Q_{rl}}{Q_s}$ 的增加而增大,该比值表示预热燃料回收的能量占燃料供给量的份额.

在应用中,主设备的燃烧条件因预热燃料会有所改善,q_2 和 q_4 略有下降,即 $k_1 > k_0$,可获得附加节能效果.由(2-2-27)式知

$$Q_{rl} = k_0 Q_{s0} - k_1 Q_s,$$

所以

$$Q_{s0} = \frac{Q_{rl}}{k_0} + \frac{k_1}{k_0} Q_s.$$

节能量：

$$\begin{aligned}\Delta Q_s' &= Q_{s0} - Q_s \\ &= \frac{Q_{rl}}{k_0} + \left(\frac{k_1}{k_0} - 1\right) Q_s.\end{aligned} \quad (2\text{-}2\text{-}31)$$

由(2-2-28)式和(2-2-31)式可以看出，附加的节能量为 $\left(\dfrac{k_1}{k_0} - 1\right) Q_s$.

节能率：

$$\begin{aligned}\varepsilon' &= \frac{\Delta Q_s'}{Q_{s0}} \\ &= \frac{\dfrac{Q_{rl}}{k_0} + \left(\dfrac{k_1}{k_0} - 1\right) Q_s}{\dfrac{Q_{rl}}{k_0} + \dfrac{k_1}{k_0} Q_s} \\ &= \frac{Q_{rl}}{Q_{rl} + k_1 Q_s} + \left(1 - \frac{k_0}{k_1}\right) \cdot \frac{k_0 Q_s}{Q_{rl} + k_1 Q_s} \cdot \frac{k_1}{k_0} \\ &= \frac{Q_{rl}}{Q_{rl} + k_1 Q_s} + \left(1 - \frac{k_0}{k_1}\right)\left(1 - \frac{Q_{rl}}{Q_{rl} + k_1 Q_s}\right).\end{aligned} \quad (2\text{-}2\text{-}32)$$

热效率：

$$\begin{aligned}\eta &= \frac{Q_{ef}}{Q_s} \\ &= \frac{\eta_0 Q_{s0}}{Q_s} \\ &= \eta_0 \cdot \frac{\dfrac{k_1}{k_0} Q_s + \dfrac{Q_{rl}}{k_0}}{Q_s} \\ &= \eta_0 \left(\frac{k_1}{k_0} + \frac{1}{k_0} \cdot \frac{Q_{rl}}{Q_s}\right).\end{aligned} \quad (2\text{-}2\text{-}33)$$

与(2-2-30)式相比，因为 $\dfrac{k_1}{k_0} > 1$，所以热效率增加了 $\eta_0 \left(\dfrac{k_1}{k_0} - 1\right)$.

3. 余热开式利用

余热开式利用即回收的余热能量不用于本体系，而由某种载能体向外输出，作为他用．其体系模型如图 2-2-11 所示，子体系 1 为主设备，子体系 2 为余热利用设备.

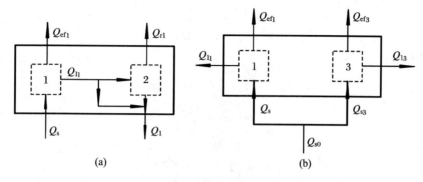

图 2-2-11 余热开式利用体系模型

此种余热利用的关键是要确立原体系.因为余热回收的能量是用于体系外的,如果没有余热回收,则需用另外一个子体系 3 来替代回收的能量 Q_{rl}.设子体系 3 的热效率 η_3 为已知,其消耗的能量应为 $Q_{s3} = \dfrac{Q_{rl}}{\eta_3}$.

体系的热平衡方程为

对于原体系:
$$Q_{s0} = Q_s + Q_{s3}$$
$$= Q_{l1} + Q_{ef1} + Q_{ef3} + Q_{l3}.$$

节能量:
$$\Delta Q_s = Q_{s0} - Q_s$$
$$= Q_{s3}$$
$$= \dfrac{Q_{rl}}{\eta_3}. \tag{2-2-34}$$

节能率:
$$\varepsilon = \dfrac{\Delta Q_s}{Q_{s0}}$$
$$= \dfrac{Q_{s3}}{Q_s + Q_{s3}}$$
$$= \dfrac{\dfrac{Q_{rl}}{\eta_3}}{Q_s + \dfrac{Q_{rl}}{\eta_3}}$$

$$= \frac{1}{1 + \frac{1}{\frac{1}{\eta_3} \cdot \frac{Q_{rl}}{Q_s}}}. \qquad (2\text{-}2\text{-}35)$$

热效率：

$$\eta = \frac{Q_{ef}}{Q_s}$$

$$= \frac{\eta_0 \left(Q_s + \frac{Q_{rl}}{\eta_3}\right)}{Q_s}$$

$$= \eta_0 \left(1 + \frac{1}{\eta_3} \cdot \frac{Q_{rl}}{Q_s}\right). \qquad (2\text{-}2\text{-}36)$$

上式中，η_0 为原体系的综合热效率，它是子体系 1 和子体系 3 的热效率的加权平均，即

$$\eta_0 = \eta_1 \cdot w_1 + \eta_3 \cdot w_3$$

$$= \eta_1 \cdot \frac{Q_s}{Q_s + Q_{s3}} + \eta_3 \cdot \frac{Q_{s3}}{Q_s + Q_{s3}}.$$

综合以上余热的 3 种利用形式，由(2-2-18)式、(2-2-28)式和(2-2-34)式，节能量可统一写成

$$\Delta Q_s = \lambda \cdot Q_{rl}. \qquad (2\text{-}2\text{-}37)$$

式中：

$$\lambda = \begin{cases} \dfrac{1}{\eta_0}, & \text{余热预热物料;} \\ \dfrac{1}{k_0}, & \text{余热预热燃料;} \\ \dfrac{1}{\eta_3}, & \text{余热开式利用.} \end{cases}$$

由(2-2-20)式、(2-2-29)式和(2-2-35)式，可将节能率统一写成

$$\varepsilon = \frac{1}{1 + \frac{1}{\lambda \cdot M}}. \qquad (2\text{-}2\text{-}38)$$

由(2-2-21)式、(2-2-30)式和(2-2-35)式，可将热效率统一写成

$$\eta = \eta_0(1 + \lambda \cdot M). \qquad (2\text{-}2\text{-}39)$$

以上两式中：

$$M = \frac{Q_{rl}}{Q_s}.$$

四、具有重热利用的体系

在前面的讨论中,回收的热量是从余热中获得的.但是,一个体系输出的有效能量 Q_{ef},对于另外一个体系可能就是输入的能量 Q_s.对这个体系来说,一部分能量被有效利用,另一部分就成了热损失,即为余热,但这部分余热也可以加以回收,用于原来的体系.其使用的方式和前面的余热利用一样,分闭式利用(预热燃料、预热物料)和开式利用.这种从输出的有效能量中又回收一部分加以利用的方式叫做"重热利用".

重热利用和余热利用相比,只要以同样方法用于同样目的,其节能效果是完全一样的,所以其节能量和节能率的表达式也完全一样.即

$$\Delta Q = \lambda \cdot Q_{rm}, \tag{2-2-40}$$

式中,Q_{rm} 为回收的重热量;

$$\varepsilon = \cfrac{1}{1 + \cfrac{1}{\lambda \cdot M}}, \tag{2-2-41}$$

式中,λ 的表达式同(2-2-37)式,且

$$M = \frac{Q_{rm}}{Q_s}.$$

重热利用的体系模型图如图 2-2-12 所示.

重热利用体系的效率如何计算?国家标准 GB 2588—81 中指出:当有效能量被重复利用时,应另行规定计算"效率"的方法.

由体系模型图,我们写出热平衡方程式为

$$Q_s + Q_{rm} = Q_{ef} + Q_{ll}. \tag{2-2-42}$$

在重热利用中,有两种不同的计算效率的方法.其一是与余热利用中完全一样,即

$$\eta' = \frac{Q_{ef}}{Q_s}. \tag{2-2-43}$$

所以,只要将余热利用中效率表达式中的 Q_{rl} 用 Q_{rm} 代替即可.这样

预热物料时:

$$\eta' = \frac{\eta_0}{1 - \cfrac{Q_{rm}}{Q_{ef}}}; \tag{2-2-44}$$

预热燃料时:

$$\eta' = \eta_0 \left(1 + \frac{1}{k_0} \cdot \frac{Q_{rm}}{Q_s}\right); \tag{2-2-45}$$

开式利用时：

$$\eta' = \eta_0 \left(1 + \frac{1}{\eta_3} \cdot \frac{Q_{rm}}{Q_s}\right). \tag{2-2-46}$$

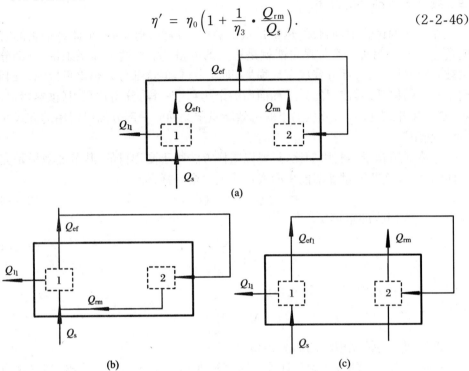

图 2-2-12 重热利用体系模型

(a) 预热物料 (b) 预热燃料 (c) 开式利用

1—主设备； 2—重热利用设备

但是，我们可将(2-2-42)式写为

$$Q_{ef} = Q_s + Q_{rm} - Q_{ll},$$

代入(2-2-43)式，则得

$$\eta' = \frac{Q_s + Q_{rm} - Q_{ll}}{Q_s}$$

$$= 1 + \frac{Q_{rm} - Q_{ll}}{Q_s}.$$

在余热利用中，因 Q_{rl} 为 Q_{ll} 的一部分，所以 $Q_{rl} < Q_{ll}$，则 η 永远小于1。而在上式中，因 Q_{rm} 为 Q_{ef} 中的一部分，所以 Q_{rm} 有可能大于 Q_{ll}，这样 $\eta' > 1$，故其不能叫做效率。所以就有了第二种定义式，即

$$\eta'' = \frac{Q_{ef}}{Q_s + Q_{rm}}$$

$$= 1 - \frac{Q_{ll}}{Q_s + Q_{rm}}. \tag{2-2-47}$$

在这个效率的定义下,其热效率及节能率的表达式为

预热物料时:

$$\eta'' = \frac{Q_{ef}}{Q_s + Q_{rm}}$$

$$= \eta_0 \cdot \frac{Q_{s0}}{Q_s + Q_{rm}}$$

$$= \eta_0 \cdot \frac{Q_s + \dfrac{Q_{rm}}{\eta_0}}{Q_s + Q_{rm}}$$

$$= \eta_0 \left(1 + \frac{1}{\eta_0} \cdot \frac{Q_{rm}}{Q_s}\right) \left[\frac{1}{1 + \dfrac{Q_{rm}}{Q_s}}\right]. \tag{2-2-48}$$

由上式的中间过程可得

$$\eta'' = \eta_0 \cdot \frac{Q_s + \dfrac{Q_{rm}}{\eta_0}}{Q_s + Q_{rm}},$$

所以

$$\frac{\eta_0}{\eta''} = \frac{\eta_0 Q_s + \eta_0 Q_{rm}}{\eta_0 Q_s + Q_{rm}}$$

$$= \frac{\eta_0 Q_s + \eta_0 Q_{rm} + Q_{rm} - Q_{rm}}{\eta_0 Q_s + Q_{rm}} \cdot$$

$$= 1 - \frac{(1 - \eta_0) Q_{rm}}{\eta_0 Q_s + Q_{rm}},$$

即

$$\frac{Q_{rm}}{\eta_0 Q_s + Q_{rm}} = \frac{1}{1 - \eta_0}\left(1 - \frac{\eta_0}{\eta''}\right). \tag{2-2-49}$$

由节能率的定义式,得

$$\varepsilon = \frac{\Delta Q_s}{Q_{s0}}$$

$$= \frac{\dfrac{Q_{rm}}{\eta_0}}{Q_s + \dfrac{Q_{rm}}{\eta_0}}$$

$$= \frac{Q_{rm}}{\eta_0 Q_s + Q_{rm}}. \quad (2\text{-}2\text{-}50)$$

将(2-2-49)式代入(2-2-50)式,得

$$\varepsilon = \frac{1}{1-\eta_0}\left(1 - \frac{\eta_0}{\eta''}\right). \quad (2\text{-}2\text{-}51)$$

用上述推导方法同样可以推导出重热预热燃料和重热开式利用的热效率和节能率的表达式,推导过程从略.

预热燃料时:

$$\eta'' = \eta_0\left(1 + \frac{1}{k_0} \cdot \frac{Q_{rm}}{Q_s}\right) \cdot \frac{1}{1 + \frac{Q_{rm}}{Q_s}}, \quad (2\text{-}2\text{-}52)$$

$$\varepsilon = \frac{1}{1-k_0} \cdot \left(1 - \frac{\eta_0}{\eta''}\right). \quad (2\text{-}2\text{-}53)$$

开式利用时:

$$\eta'' = \eta_0\left(1 + \frac{1}{\eta_3} \cdot \frac{Q_{rm}}{Q_s}\right) \cdot \frac{1}{1 + \frac{Q_{rm}}{Q_s}}, \quad (2\text{-}2\text{-}54)$$

$$\varepsilon = \frac{1}{1-\eta_3} \cdot \left(1 - \frac{\eta_0}{\eta''}\right). \quad (2\text{-}2\text{-}55)$$

以上重热的3种利用方法,其热效率、节能率在热效率的第二种定义下,可统一表示为

$$\eta'' = \eta_0(1 + \lambda' M') \cdot \frac{1}{1 + M'}, \quad (2\text{-}2\text{-}56)$$

$$\varepsilon = \left(1 - \frac{\eta_0}{\eta''}\right) \cdot \frac{1}{1 - \frac{1}{\lambda'}}. \quad (2\text{-}2\text{-}57)$$

以上二式中:

$$M' = \frac{Q_{rm}}{Q_s},$$

$$\lambda' = \begin{cases} \dfrac{1}{\eta_0}, & \text{预热物料时;} \\ \dfrac{1}{k_0}, & \text{预热燃料时;} \\ \dfrac{1}{\eta_3}, & \text{开式利用时.} \end{cases}$$

用第一种效率定义式,无论是重热利用还是余热利用(将 Q_{rm} 用 Q_{rl} 替换),其

节能率和余热(重热)利用前后热效率之间的关系都为

$$\varepsilon = 1 - \frac{\eta_0}{\eta} \tag{2-2-58}$$

或

$$\varepsilon = 1 - \frac{\eta_0}{\eta'}. \tag{2-2-58'}$$

用第二种效率定义式,则有 $\eta'' < \eta'$,(2-2-55)式中的第二个因子(即为(2-2-58')式)变小,而第一个因子是大于1的数,这样两个因子相乘的结果,保证了节能率 ε 在两种效率定义下的值一样.

五、具有余热和重热利用的体系

图 2-2-13 是一个隧道窑的示意图,它是生产砖、瓦、陶瓷等的装置.生产中,从上面投入燃料(能量)Q_s,产品在窑中间烧结成成品后,不是直接送到窑室外冷却,

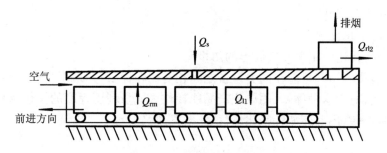

图 2-2-13 隧道窑示意图

而是再往前运送,利用产品的显热预热进窑助燃的空气,实际上是重热预热燃料.燃料在窑中间燃烧,释放热能,加热坯体,使其达到转化温度(1000 ℃以上).高温烟气向窑室后部流动,同时加热进窑的冷坯料,这实际上是烟气余热预热物料.到达窑尾的烟气温度还比较高,将其通过一个换热器,加热水产生蒸汽,用于生活(蒸煮食品、洗浴等),规模大的隧道窑也有的将其用于发电,这实际上是余热的开式利用.

上述只是一个余热、重热利用的简单例子.在化工、石油等生产部门,装置内部各设备之间的能量交换错综复杂,余热利用和重热利用均可多次出现,其体系模型如图2-2-14所示.

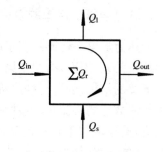

图 2-2-14 装置热平衡模型

对于这种体系,常用装置能量利用率

$$\eta = \frac{Q_{out} + \sum Q_r}{Q_s + Q_{in} + \sum Q_r}, \quad (2\text{-}2\text{-}59)$$

表示其能量利用程度. 式中, Q_{in} 是除 Q_s 外输入体系的能量,如化学反应放出的热能,大功率动力电转化的热能等,Q_{out} 是向体系外输出的有效能量,$\sum Q_r$ 是各种余热利用能量和各种重热利用能量之和. 在例中

$$\eta = \frac{\bar{c}_p \cdot G \cdot (T - T_a) + G \cdot r \cdot W + Q_{rm} + Q_{r1} + Q_{r2}}{Q_s + Q_{in} + Q_{rm} + Q_{r1} + Q_{r2}}, \quad (2\text{-}2\text{-}60)$$

其中

$$\bar{c}_p \cdot G \cdot (T - T_a) + G \cdot r \cdot W = Q_{out}.$$

式中：

G——生产产品的质量；

W——坯料含水率；

r——汽化潜热；

$\bar{c}_p$——平均比热；

Q_{in}——转化中化学反应放出的热量.

装置能量利用率只能在同类设备之间相对比较优劣,如果不是同类装置,就无法进行比较. 对于这种体系,用单位产品能耗作为能量利用程度的评价指标更为合适,比如生产砖,用万砖能耗来比较优劣,既简单又合理.

第三节 热力学第二定律与能量的品位概念

一、热力学第二定律的表达方式

热力学第一定律阐明了能量既不能创造也不能消灭以及能量在传递和转换时的数量关系,因而,指明了第一类永动机的不可能. 然而,热力学第一定律并没有排斥下述的幻想：创造一种热机,它可以从一个热源吸取热量,并连续不断地向外输出相应数量的机械功,这种热机就是所谓的第二类永动机. 如果第二类永动机可以制成,地球上就不存在能源问题. 例如,我们可以以海洋为热源,海洋共有 6.88×10^{20} t 的海水,如果水的温度降低 1℃,可放出 2.88×10^{24} kJ 的热量,约合 9.8×10^{16} t 标准煤,相当于目前全世界每年能耗的 10 万倍. 而且,任何发动机所做的功

最后都要转变为热能,而这些热能仍然会留在地球上,海洋中的水温因而也不会有什么降低.更何况海水还要不断吸收太阳能,温度即使降低,由地球上的能量平衡关系,也最终会升还到原来的温度.作为最后总的效果,这种发动机也是一种不必付出代价却能不断做功的永动机.当然和第一类永动机一样,也没有人能制造出来第二类永动机.

热力学第一定律给出了热能和机械能之间的当量关系,但并没有说明两者之间的不同,也没有说明两者之间转化的方向、条件和深度.再者,当两个温度不同的物体之间进行热量传递时,热力学第一定律指出了一个物体失去的能量必等于另一个物体得到的能量,但没有说明热量传递的方向.另外,在实践中我们都知道,热源的温度不同时,它们的使用价值也不同,我们称此为能源的品位不同.温度高的称为高品位能源,温度低的称为低品位能源.一个载热体,如果它的温度等于或接近于环境温度,不论它拥有热量的绝对值有多大,都没有什么使用价值.能源的这种温度与品位关系,在热力学的第一定律中没有得到反映.以上这些问题都将在热力学第二定律及其相关的定理中得到解答.

热力学第二定律有许多表达方式,这里只列举其中的两种:

(1) 克劳修斯(R. J. E. Clausius,1822~1888,德国物理学家)在1850年首先提出了完整的热力学第二定律:热不可能自发地、不付代价地从一个低温物体传到另一高温物体.

(2) 汤姆孙(W. Thomson,1824~1907,英国物理学家,1892年后称开尔文勋爵(Lord Kelvin))于1851年提出热力学第二定律的另一个重要的表达方式:不可能从单一热源吸取热量,使之全部变为有用的功,而不引起其他的变化.

克劳修斯的说法似乎更加直观,容易接受.在日常生活中,如果把一杯热水放在室内,人人都可以观察出来,水总是向周围空气中放热,直到其温度与周围空气的温度相等为止.反之,将一杯冰水放在空气中,则冰水总是从温度高于它的空气中吸热,它的温度同样会逐渐趋近于室温.冰水放在空气中而自行变得越来越冷或者热水自行变得越来越热的现象从来没有发生过.这当然也是不可想像的.

汤姆孙的说法则是对第二类永动机的明确否定.因而,热力学第二定律也可这样表达:第二类永动机是不可能制成的.

这个说法虽不如克劳修斯的说法那么直观,实际上两者却是完全等效的.假如汤姆孙的说法不能成立,也就是说,假如我们能从单一热源吸取热量,并使其全部变为机械功而不引起其他变化,那么我们就可以用摩擦生热的办法以所得的机械功来加热另一个温度更高的热源,于是总的效果就是热量从一个低温热源传到另一个高温热源,而对外界不产生任何影响,因而也就否定了克劳修斯的说法.反过来,如果违背了克劳修斯的说法,也就一定违背了汤姆孙的说法.以上的说明并不能算是对热力学第二定律的证明.事实上,热力学第一定律和第二定律都是经验的总结,不能用宏观的方法予以证明,而只能以统计的方法予以解释.

不论是热力学第一定律还是热力学第二定律,都是我们解决能源问题时不可跨越的基本约束,更不要去幻想发明第一、第二类永动机来解决能源问题.

二、卡诺循环及其效率

1824年,法国物理学家卡诺(N. L. S. Carnot,1796～1832)发表了一篇重要的论文《关于火的动力》,提出了著名的卡诺循环和卡诺定理.卡诺循环由两个定温过程和两个绝热过程组成,图2-3-1表示卡诺循环 P-V 图,组成卡诺循环的四个过程都是可逆的.

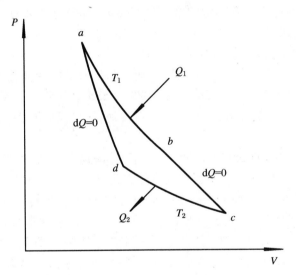

图 2-3-1 卡诺循环

a—b:定温膨胀过程.工质在温度 T_1 下,由同温度的热源吸入热量 Q_1.
b—c:绝热膨胀过程.工质的温度由 T_1 降为 T_2.
c—d:定温压缩过程.工质以温度 T_2 向同温度的低温热源放出热量 Q_2.
d—a:绝热压缩过程.工质的温度由 T_2 升至 T_1.

在这四个过程中,a—b 与 c—d 是系统向外作功的过程,c—d 与 d—a 则是外界向系统作功的过程.于是,循环的热效率为

$$\eta = \frac{Q_1 - Q_2}{Q_1}.$$

根据对理想气体定温过程和绝热过程的分析,可以证明

$$\eta = \frac{T_1 - T_2}{T_1}. \tag{2-3-1}$$

其中, T_1 和 T_2 是用热力学的绝对温度表示的热源和冷源的温度. 绝对温度和摄氏温度的数量关系为

$$T°(K) = t + 273.15(°C).$$

从卡诺循环的效率表达式,我们不难得出以下的结论:

(1) 卡诺循环的效率永远小于1. 因为我们既无法找到温度无限高的热源,也无法利用温度为绝对零度的冷源. 提高 T_1 或降低 T_2 都可以提高热效率. 但在实际应用中,我们所能找到的冷源,其温度很难低于环境温度. 也就是说,大幅度降低冷源的温度是不可能的,提高卡诺循环效率的主要途径是提高热源的温度.

如果我们把冷源的温度固定为20℃,则卡诺循环的效率和热源温度 T_H 的关系如图 2-3-2 所示.

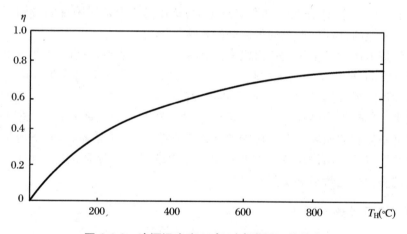

图 2-3-2　冷源温度为 20℃ 时卡诺循环的效率

对于蒸汽透平来说,目前可以达到的最高温度约为 540℃,当冷源温度为 20℃时,它的卡诺循环的效率为 64%. 实际上,现代火力发电厂的总效率约为 40%.

(2) 当卡诺循环时,若 $T_1 = T_2$,则循环的热效率为零. 这说明如果没有温差,就不可能用热能来产生机械动力. 因而由单一热源吸取热量来提供动力的发动机也是不可能制成的. 这实际上就是热力学第二定律的另一种表述方式.

"卡诺定理"可以表述为:

工作于两个温度确定的热源和冷源之间的所有可逆循环,不论采用什么工质都有相同的效率,这个效率是在这两个温度的热源和冷源之间工作的热机中所能

得到的最高效率,而不可逆循环的热效率恒小于此效率.

这里所说的可逆循环实际上就是卡诺循环的同义语,因为工作于两个温度确定的热源和冷源之间的可逆循环只可能是由定温过程和绝热过程组成的卡诺循环.

卡诺定理的正确性可以这样来证明:如果采用不同工质的卡诺机有不同的效率,那么我们用效率高的一个作正向循环(由外界得到热量,而向外界输出机械功),用效率低的一个作反向循环(即外界对其作功,而把热量从低温热源移向高温热源),于是两个卡诺循环机的联合作用是把热量由低温移向高温而不产生其他影响,这是对热力学第二定律的违背,也是不可能的.类似于这种情况,假设有一个不可逆机的效率高于卡诺机,我们同样可用不可逆机作正循环,而用卡诺机作反循环,得出和上面相同的结果,从而证明不可逆机的效率高于卡诺机是不可能的.

卡诺循环只是一种理想情况,实际上不可能造出完全遵循卡诺循环的热力发动机.首先,气体的定温膨胀和压缩是很难实现的.其次,当 T_1 和 T_2 相差较大时(这是提高效率所必须的),卡诺循环的 $P-V$ 图就非常地狭长.这就是说,为了达到一定的输出功率,卡诺机的体积必须很大,这在实践上是很困难的.最后,摩擦损失是不可避免的.所以,理想的可逆循环是达不到的.

虽然按卡诺循环工作的热机没有造出来,但卡诺循环为提高热机的效率指出了重要的方向,即尽量提高工质吸热时的温度以及尽量使工质膨胀到接近自然环境的温度再向外放热.这些都已成为热机设计中的指导原则.

因为一切热机的循环效率都不可能超过卡诺循环的效率,所以改进任何热机的方向都是使它的循环效率尽可能地接近卡诺循环.一切循环,其效率与相同的热源和冷源温度下卡诺循环效率的差别可以用来衡量这种循环的完善程度,这是卡诺循环的重要理论价值和实际意义.

三、内燃机及其热力循环

在热力发动机中,为了实现能量的转换,首先要通过燃烧过程把化学能转变为热能,然后再把热能转变为机械能.在蒸汽动力设备中,第一步在锅炉中实现,第二步则是在蒸汽机或汽轮机中实现的.蒸汽动力设备至今仍有重要意义,但由于提供单位功率的设备自重很大,因而在要求设备能够移动的某些场合,尤其是作为交通运输工具的发动机,蒸汽动力设备就显得过于笨重.所以,从 18 世纪末开始,就有人想制造燃料可以在气缸内燃烧的动力机,以减轻发动机的重量.这种化学能转变为热能和热能转变为机械能两个过程都在气缸内进行的动力机就称为内燃机.能够实际使用的内燃机一直到 19 世纪后半叶才制造成功.

1876 年,德国工程师鄂图(N. A. Otto,1832～1891)制成了以煤气为燃料的四冲程内燃机,此后,内燃机迅速得到改善,并得到了越来越广泛的应用.

鄂图的四冲程发动机所用的循环被称为鄂图循环,或者叫做定容加热内燃机循环,如图 2-3-3(a)所示.图 2-3-3(b)给出了这种循环的 P-V 图以及相应于四个冲程的示意图.0—1 为吸气过程,这时气缸吸入汽油(或煤气)和空气的混合物.

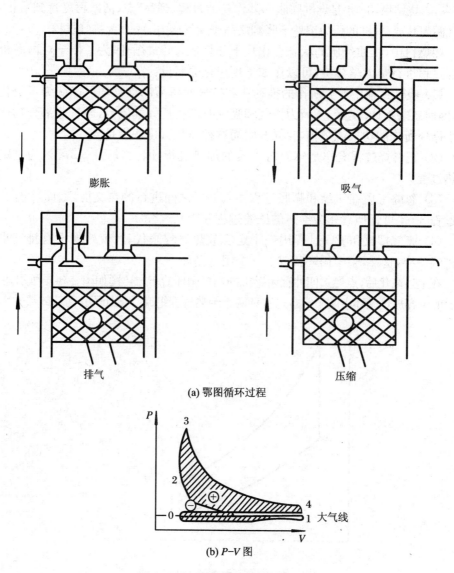

图 2-3-3　鄂图循环及其 P-V 图

到达点"1"后,进气阀关闭,活塞到达下止点,随后向反方向移动.1—2是压缩过程,混合气体被压缩后,在活塞将要到达上止点"2"时,混合气体被电火花点燃.因为混合气体在压缩过程中已达到很高的温度,点火后燃烧非常迅速,在活塞尚未向下运动前,气缸内的压力迅速上升,就是2—3所示的燃烧过程,这个过程接近于定容加热.到了"3"点,燃烧结束,3—4是燃气膨胀向外作功的过程.到"4"点,活塞再度达到下止点,排气阀门开放,气缸的压力突然下降到略高于大气压力.4—0为排气过程.

内燃机中,工质经历的状态变化是十分复杂的开式循环.为了便于对内燃机的循环过程进行热力学分析,可以作如下理想化的假设:

(1) 吸气过程中外界所作的推动功和排气时所需的推动功可以认为正负相抵消,因而忽略不计.实际上,因为排气和吸气时都接近大气压力,而且这部分功比起整个循环所作的功来说是相当小的,因而这种简化可以认为是合理的.

(2) 把燃烧过程看作是热源对工质的加热过程,因而过程2—3可认为是定容加热过程.

(3) 忽略工质在压缩和膨胀过程中与外界之间进行的热交换,因而过程1—2和过程3—4可近似看作为绝热的压缩过程和膨胀过程.

(4) 废气排放和吸气过程用一个定容放热过程来代替,就好像没有排气也没有进气一样,这样,整个循环就成了一个闭合循环.

在上述简化后,点燃式四冲程内燃机的理想循环的 $P-V$ 图如图2-3-4所示,图中所示的定容加热循环由两个定容过程和两个绝热过程组成.可以证明,循环的热效率为

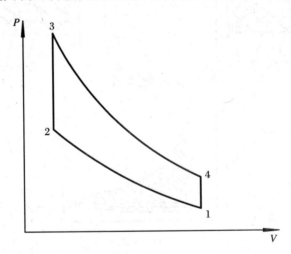

图 2-3-4 定容加热循环

$$\eta_t = 1 - \frac{1}{\varepsilon^{K-1}}. \tag{2-3-2}$$

其中，$\varepsilon = \dfrac{V_1}{V_2}$，叫做压缩比，它是绝热压缩前后气体的体积比. K 称为气体的绝热指数，它等于气体定压比热和定容比热的比值，即

$$K = \frac{c_p}{c_v} \tag{2-3-3}$$

气体的绝热指数随温度的改变而变化，温度升高时，K 值减小，因而效率降低. 当发动机的负荷过高时，会因为气体温度升高而导致效率降低.

定容加热循环的效率公式清楚地表明了压缩比对内燃机效率的影响，压缩比增大时，效率也提高. 图 2-3-5 表示了 ε 和 K 对效率的影响. 目前，汽油机的压缩比一般在 7～11 之间.

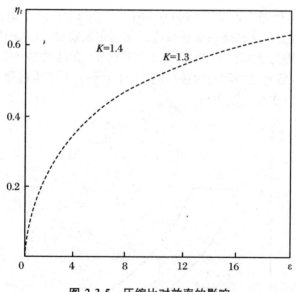

图 2-3-5 压缩比对效率的影响

实际的定容加热式内燃机效率只有百分之二十几，比图 2-3-5 所示的低得多. 这是因为，对于实际的循环，增加压缩比对提高内燃机的效率有利，但压缩比过高时，被压缩的可燃性气体温度可超过自燃温度（汽油约为 415 ℃），因而造成点火前不正常的燃烧，即"爆燃". 爆燃时，气缸内发生金属的撞击声音，气缸过热，发动机的功率和效率都要下降. 爆燃不但会缩短发动机的寿命，严重时甚至会发生事故. 提高压缩比同时又防止爆燃的措施之一是设法提高汽油的抗爆性能，汽油的抗爆

性能用它的辛烷值表示.异辛烷是优良的发动机燃料,它的抗爆性良好,辛烷值为100.正庚烷的辛烷值规定为0.将汽油的试样与由异辛烷和正庚烷配成的混合液在试验用的汽油机中进行比较,当油样的抗爆性和某一混合液相当时,该混合液中异辛烷的体积百分含量即为该汽油的辛烷值.汽油的辛烷值越高,它的抗爆性越好.目前常用的提高辛烷值的方法是在汽油中加入一种叫四乙铅的抗爆剂,这样虽然有利于提高发动机的压缩比和效率,以节省汽油,但却增加了汽车排气的污染问题.从减少对大气的污染出发,有人主张禁止使用含铅汽油.如何解决好节约汽油和防止大气污染之间的矛盾,目前是一个困难的问题.

为了增加压缩比以提高效率,同时又避免燃料的爆燃,使得吸入气缸并被压缩的只是空气,而不是空气和油的混合物,可在压缩终了时才喷入燃料(一般是柴油).因为这时空气已达到很高的温度,柴油喷入时即自行燃烧,而无须从外部点火.这种内燃机即称为压燃式内燃机.

狄塞尔(R. Diesel, 1858~1913)在 1893 年第一个得到了根据上述原理工作的柴油机的专利,至今这种柴油机还被称为狄塞尔发动机.狄塞尔发动机所采用的定压加热循环被称为狄塞尔循环,如图 2-3-6 所示.在这种循环中,燃烧过程是在压缩的过程终了,活塞已经回行时进行的,大体上是一个定压过程.除此以外,其他几个过程都和定容加热过程相同.

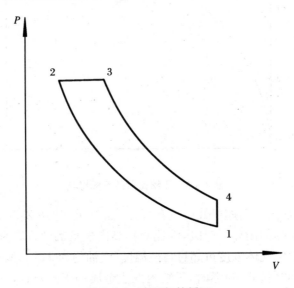

图 2-3-6 定压加热循环

早期的柴油发动机转速很低,柴油是由压缩空气喷入气缸的,柴油的雾化很好,燃烧的时间很短,柴油机内实现的基本上就是定压加热循环.

目前的柴油机采用高压油泵,把柴油升压后喷入气缸,这种机械喷雾的方法得到的柴油液滴比气力喷射的要大,柴油在进入气缸后需要更长的时间才能燃尽.另外,对于中、高速的柴油机,每一冲程的时间缩短,为了使柴油能够更充分地燃烧,需要提前喷油,也就是活塞将到达上止点时即行喷油,燃烧在接近定容的条件下进行.随后,活塞下行,燃烧继续进行,这时是近似的定压过程.这种循环过程理想化了的 $P-V$ 图如图 2-3-7 所示,这种先定容后定压的内燃机循环称为混合加热循环.

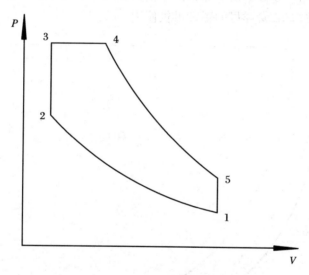

图 2-3-7 混合加热循环

热力学分析表明,当压缩比 $\dfrac{V_2}{V_1}$ 相等时,定容加热循环的效率高于混合加热循环.但因采用混合或定压加热循环的柴油发动机可以以更高的压缩比工作(通常为 13~18,高的可以达到 22),因此其效率还是高于使用定容加热循环的汽油机.

以上分析的都是四冲程的内燃机.还有一种两冲程的内燃机,活塞往返一次就完成一个循环.它与四冲程发动机的不同之处是在活塞到达下止点之前排气阀提前打开,活塞到达下止点并回行时略为推迟进气阀的关闭时间,在这一段时间内完成排气、扫气、进气的动作,因而省去了专门的排气和吸气冲程.比起四冲程发动机来,同样气缸容量和速度的二冲程发动机可以输出更大的功率.但是,二冲程发动机的效率也要低一些,只在小功率下使用.

四、朗肯循环和电力生产的效率

在各种动力机械中,蒸汽发动机的历史最为悠久.直到现在,蒸汽动力仍然发挥着巨大的作用,尤其是在电力的生产中,以蒸汽动力为基础的火力发电站占了绝大多数.大多数原子能发电站所用的循环也和火力发电站雷同,唯一的原则性区别是原子能电站中的反应堆代替了火电站中的锅炉.

在蒸汽动力设备中,作为工质的水在循环过程中发生相变,这是不同于前面讨论的内燃机的.图 2-3-8 给出了非常简单的水的 $P-V$ 图,在实用中,关于水和蒸汽的热力学性质,有非常详尽的图表可供使用.

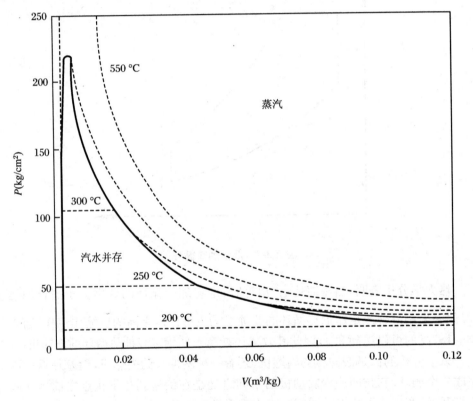

图 2-3-8　水的 $P-V$ 图

图 2-3-8 中,粗实线的左侧为液相区,右侧为汽相区,粗实线下面为汽水混合区,图上还标出了一些等温线.可以看出,当温度较高,例如 550 ℃ 时,整个曲线都在汽相区,说明水在这样的温度下通过加压是不能液化的.粗实线的最高点称为临

界点,它的对应压力是 225.65 kg/cm², 温度是 374.23 ℃, 比容是 0.0031 m³/kg. 高于临界点时, 汽相和液相已没有分界面. 在临界点以下, 粗实线之间的水平线则表示定压下的汽化或凝结过程. 这些定压线正好就是定温线. 因为在定压下液、汽并存的汽化和凝结过程是定温的, 因而在气体循环中难以实现的定温加热和定温放热过程在液—汽循环中就有实现的可能了. 从原则上来讲, 以饱和蒸汽为工质时是可以采用卡诺循环的, 图 2-3-9 中, $a—b—c—d—a$ 就表示水蒸气卡诺循环的 $P—V$ 图. $a—b$ 是定温膨胀过程, 加入的热量 Q_1 用来使液体汽化, 因而也导致体积的增加. $b—c$ 是绝热膨胀过程. $c—d$ 为定温放热过程, 一部分蒸汽凝结. $d—a$ 是绝热压缩过程.

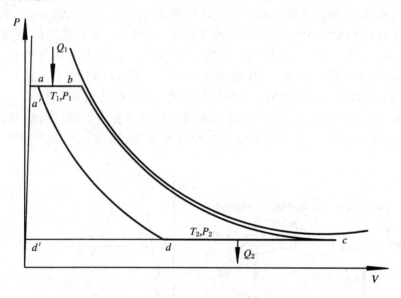

图 2-3-9 水蒸气的卡诺循环和朗肯循环

实际上, 在蒸汽动力装置中并不采用卡诺循环. 因为采用卡诺循环时只能使用饱和蒸汽, 加热温度不能超过临界温度, 同时, 放热温度总是受环境温度的限制, 因此温差总是不大, 卡诺循环的理论效率仍然不高. 另外, 在卡诺循环的冷却终点 d, 湿蒸汽的比容很大(例如, 在 0.04 个大气压时, 饱和蒸汽的比容要比水大 3 万多倍), 所需要的压缩机就很大, 而且在压缩汽水混合物时也存在着实际困难. 如果使得定温放热过程一直延续到全部蒸汽被凝结时才结束, 即到达图 2-3-9 中的 d' 点, 这个困难就可以避免. 因为这时的压缩过程 $d'—a'$ 变成了对水的升压, 可以在水泵中完成. 因为水是近乎不可压缩的, $(P \cdot dV \approx 0)$, 因而运转水泵的功率并不大. 图 2-3-9 中, a'—a—b 和 c—d'—a' 就是水蒸气的朗肯循环. 朗肯循环和卡诺循环最主要的不同就是, 在朗肯循环的放热过程中水蒸气是全部凝结的. 在朗肯循环中, 水泵所需要的功约为向外作功的 2%, 而以气体为工质的燃气轮机的压气机消耗了燃气轮机作功的 60%～70%.

前面已经提到, 水蒸气卡诺循环的上限温度不可能高于临界温度(374.23℃), 然而锅炉中的燃烧温度远远高于这个温度. 当我们不守住卡诺循环, 使蒸汽离开锅炉前在过热器中得到过热(过热的意思就是使蒸汽的温度高于所处的压力下的饱和温度), 则循环加热过程的平均温度得到了提高. 虽然这时的加热过程已不是定温的, 因而与上、下温限相同的卡诺循环相比, 效率的差距是加大了, 但是从提高效率的绝对值来说, 采用过热蒸汽循环是十分有利的. 过热蒸汽温度的提高, 主要是受到金属在高温下强度的限制, 在目前的条件下, 蒸汽动力装置采用的最高温度是570℃或略高. 进一步提高温度就要采用昂贵的材料, 经济上就不合算了. 采用过热器的蒸汽动力装置的示意图如图 2-3-10(a) 所示, 它的 P-V 图示于图 2-3-10(b). 提高蒸汽温度的另一个好处是使绝热膨胀的终点 5 在 P-V 图上的位置也向右移了, 因而蒸汽在通过汽轮机末级叶片时的温度下降(蒸汽的温度就是汽、水混合物中水的含量), 这对减少对叶片的侵蚀, 提高汽轮机的寿命是很重要的.

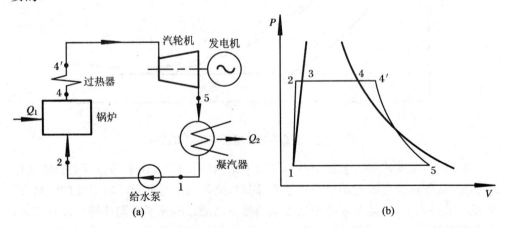

图 2-3-10 带过热器的蒸汽动力装置示意图

提高新蒸汽的压力也就是提高了加热过程的平均温度, 对提高循环效率也是有利的. 但是, 提高蒸汽压力时, 应相应地提高过热蒸汽的温度, 因为单方面地提高蒸汽压力会提高排气的含水量, 从而使汽轮机的工作条件恶化. 现代大型的火力发电厂的蒸汽压力已达到 150 kg/cm², 或更高.

实际的蒸汽动力循环装置的循环比图 2-3-10 所示的要复杂得多,为了提高整个循环的效率,并改善汽轮机的工作条件,几乎所有的蒸汽动力循环装置都采用了"回热循环",大型的高温高压装置往往采用"再热循环". 所谓回热循环,是指朗肯循环中2—3这一段给水的加热(这是在低于饱和蒸汽温度的温度下进行的)尽量用已在汽轮机中作了一部分功的蒸汽抽汽来完成,可以提高循环的效率."再热循环"是指将在汽轮机中膨胀至某一中间压力的蒸汽从汽轮机中引出,送到锅炉中特设的再热器中加热,使之再过热,然后再送回汽轮机. 采用再热循环可以在保证排汽的干度的同时,提高整个循环的参数,因而有利于汽轮机的安全工作和提高循环效率. 图 2-3-11 是有再热器并带有 1 次回热的简化装置图和 $P-V$ 图,实际的装置当然要复杂得多. 例如,国产 $3×10^5$ kW 火力发电机组就有 1 次中间再热(温度为 550 ℃)和 8 次回热加热.

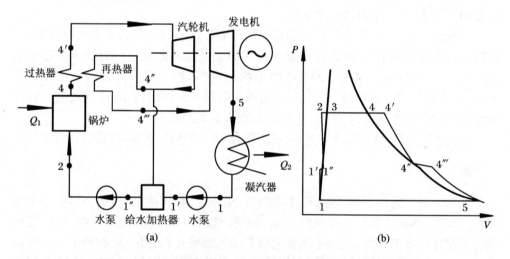

图 2-3-11 1 次中间再热和 1 次回热的蒸汽动力装置示意图

在 4″点,一小部分蒸汽被引出来与 1′点的给水混合,把给水加热到该点压力下的饱和温度,因而也就提高了进入锅炉时(2 点)的给水温度. 因为一部分蒸汽在 4″点被引走,每千克新蒸汽在汽轮机中作的功减少,但同时在凝汽器中放的热也减少,总的结果是提高了效率. 由于再热的作用,蒸汽在 4″点又被加热到 4‴点,其结果是蒸汽作功增加,并使排汽(5 点)的干度增加.

前面说到最新的大型火力发电机组的效率可以达到 40%. 乍一看来,这个效率不算高,但仍显著优于其他的常规动力机(内燃机、燃气轮机). 至于单机功率,其他热机更是无法相比了.虽然燃料电池、磁流体发电可以得到比火力发电厂更高的效率,但是由于存在一些技术困难,它们还不能取代火力发电厂的作用.

火力发电厂的效率由20世纪初的5%提高到(目前最高可达)40%,反映了火力发电技术的成熟,它的效率主要是由锅炉、汽轮机和发电机的效率决定的.大型锅炉的效率已达到90%,甚至更高,主要的热损是排烟的烟囱带走的热量.要进一步提高效率就是要进一步降低排烟温度,但排烟温度过低时,由于传热温差减少,需增加大量换热面积,经济上不一定合算.而且,排烟温度过低会使锅炉尾部发生结露,从而加速受热面的腐蚀.因而,显著提高锅炉的效率是困难的.

大型发电机的效率可达99%,几乎没有改善的潜力.汽轮机的循环效率最高为45%,表面看来还有大改进的可能,其实并非如此.因为向冷源放热是不可避免的,也不容易找到比环境温度更低的冷源;提高蒸汽参数又受到锅炉及汽轮机金属材料在高温下强度的限制;目前所采用的再热和回热循环已相当完善,设备和系统都已相当复杂,进一步改进已很有限.

总的结论是,火力发电厂的效率想要从目前已达到的最高水平再大幅度提高,在目前看来可能性不大.但这并不意味着我们在提高火力发电厂的经济性方面已无能为力,我国目前大型机组的发电效率约为35%,但和世界先进水平比还相差甚远,提高效率的潜力还很大.另外,通过改善管理和采用新技术,降低发电厂的自用电以及减少电能在输送和分配中的消耗也有重大的意义.

采用燃气、蒸汽联合循环和热能、电能联合生产的办法,可以提高燃料的利用率.

五、熵和有效能

热力学第一定律说明,能量既不能创造,也不会消失.但是,从热力学第二定律我们又知道,能量有高级与低级的区别.例如,电能、机械能都是高级的能量,它们能够全部地转变为热能,它们之间也能以很高的效率互相转化.热能则是低级的能量,从一个热源得到的热能不能持续地、全部地转变为机械能或电能.不同温度的热能转化为机械能的效率也是不同的,温度越低的热能,转化为机械能的份额也就越低.因而不同温度的热能,其可利用的程度也是不同的.显然,诸如焦耳这样的一些能量单位并不能表示出能量品位的高低.同样,我们平时常说的某一过程"耗能"若干,实际上指的并不是真正消耗了多少能量,因为能量仅仅只是降低了品位或贬值,而并没有被"消耗"掉.消耗掉的是能量的可利用性,它的贬值程度可以用有效能和熵来度量.有效能也称作有用能或㶲.我们可以说,焦耳是基于热力学第一定律用来计量能的数量的单位,而熵和有效能则是根据热力学第二定律用来度量能量的质量的尺度.

熵是一个十分重要的物理量,它的应用十分广泛.然而,熵又是一个比较抽象,不容易理解和掌握的物理量.因为熵不同于温度、压力、体积等其他物理量,熵既不能被我们感觉到,也不能用任何仪器去测量.

为了引出熵的概念,我们从工作于双热源之间的卡诺循环说起.假设热源的绝对温度为 T_1,冷源的绝对温度为 T_2,系统由热源得到的热量为 Q_1,向外作的功为 W,同时向冷源排放出热量 Q_2,则卡诺循环的效率为

$$\eta = \frac{W}{Q_1}$$
$$= \frac{Q_1 - Q_2}{Q_1}$$
$$= 1 - \frac{Q_2}{Q_1}$$
$$= 1 - \frac{T_2}{T_1}$$

本章第二节已经证明,卡诺循环是工作于 T_1 和 T_2 温度之间的一切热机可能得到的最高效率.由上式可得

$$\frac{Q_2}{Q_1} = \frac{T_2}{T_1}$$

或

$$\frac{Q_2}{T_2} = \frac{Q_1}{T_1}.$$

参看图 2-3-1,可得

$$Q_1 = \int_a^b \mathrm{d}Q,$$
$$Q_2 = -\int_c^d \mathrm{d}Q.$$

对于定温过程 $a-b$,有

$$\int_a^b \frac{\mathrm{d}Q}{T} = \frac{Q_1}{T_1}.$$

同样,对于定温过程 $c-d$,有

$$-\int_c^d \frac{\mathrm{d}Q}{T} = \frac{Q_2}{T_2}.$$

过程 $b—c$,$d—a$ 都是绝热的,传热量为零,即

$$\int_b^c \frac{\mathrm{d}Q}{T} = 0,$$
$$\int_d^a \frac{\mathrm{d}Q}{T} = 0.$$

于是,对于整个卡诺循环,有

$$\oint \frac{dQ}{T} = \int_a^b \frac{dQ}{T} + \int_b^c \frac{dQ}{T} + \int_c^d \frac{dQ}{T} + \int_d^a \frac{dQ}{T}$$

$$= \frac{Q_1}{T_1} + 0 - \frac{Q_2}{T_2} + 0,$$

即

$$\oint \frac{dQ}{T} = 0. \tag{2-3-4}$$

这个关系式很容易推广到任意的可逆循环.图 2-3-12 中的 1—A—2—B—1 表示一个任意的可逆循环.因为工质的温度是不断变化的,必须有无限多个热源和冷源,循环中的换热过程才能够可逆地实现.把整个循环用无限多条可逆绝热线分割成无限多个微元循环,那么每个微元循环(如 a—b—c—d—a)都可以看成是由两个可逆绝热过程和两个可逆定温过程组成的.也就是说,每个微元循环都是卡诺循环.因而对于每个微元循环,有

$$\oint \frac{dQ}{T} = 0.$$

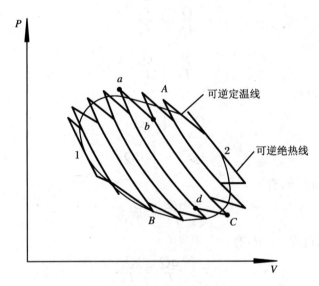

图 2-3-12 可逆循环

叠加后,对整个任意可逆循环 1—A—2—B—1,积分式

$$\oint \frac{dQ}{T} = 0$$

仍然成立,这个积分式就称为克劳修斯积分式.从这个积分式,我们得到一个十分重要的推论:工质不论经过什么样的可逆过程由 1 点到 2 点,$\int_1^2 \frac{\mathrm{d}Q}{T}$ 的数值不变.因为对于经过状态 1 和状态 2 的任意可逆循环 1—A—2—B—1,均有

$$\int_{1-A-2} \frac{\mathrm{d}Q}{T} = -\int_{2-B-1} \frac{\mathrm{d}Q}{T},$$

其中,途径 AB 是任意的.所以,$\int_1^2 \frac{\mathrm{d}Q}{T}$ 的数值与工质所经历的路线无关,只决定于工质的初态与终态.这是一个只有状态参数才有的特性,因而积分号内的量 $\frac{\mathrm{d}Q}{T}$ 是一个状态参数的微分,这个状态参数就是熵,通常用 S 表示.于是,对于可逆过程,有

$$\Delta S = \int \frac{\mathrm{d}Q}{T}, \tag{2-3-5}$$

$$\Delta S_{1-2} = \int_1^2 \frac{\mathrm{d}Q}{T}. \tag{2-3-6}$$

对于不可逆过程,情况就不一样了.图 2-3-13 所示的循环过程 1—A—2 是不可逆的,2—B—1 是可逆的,因而整个循环是不可逆的.由卡诺定理得到,一切工作于两个温度不确定的冷源和热源之间的不可逆循环,其效率总是小于卡诺循环的效率.因而,对于图 2-3-13 上某一个微小的不可逆循环 a—b—c—d—a,有

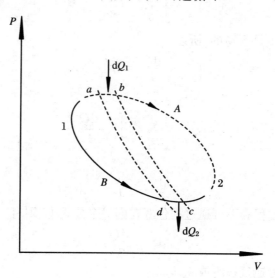

图 2-3-13　不可逆循环

$$1 - \frac{dQ_2}{dQ_1} < 1 - \frac{T_2}{T_1}.$$

不等式左边是循环 a—b—c—d—a 的效率,dQ_1 是热源给系统的热量,dQ_2 是系统给冷源的热量. 不等式右边是卡诺循环的效率,T_1 和 T_2 分别为热源和冷源的温度(需要注意,只有在可逆的吸热和放热过程中,系统的温度才对应地等于热源和冷源的温度). 于是

$$\frac{dQ_2}{dQ_1} > \frac{T_2}{T_1},$$

即

$$\frac{dQ_1}{T_1} - \frac{dQ_2}{T_2} < 0.$$

对 dQ_1,dQ_2 取代数值,系统吸热时 dQ 为正,系统放热时 dQ 为负,则

$$\frac{dQ_1}{T_1} + \frac{dQ_2}{T_2} < 0.$$

于是,对整个不可逆循环 1—A—2—B—1,有

$$\int_{1-A-2} \frac{dQ}{T} + \int_{2-B-1} \frac{dQ}{T} < 0$$

或

$$\oint \frac{dQ}{T} < 0.$$

因为过程 2—B—1 是可逆的,所以

$$\int_{2-B-1} \frac{dQ}{T} = S_1 - S_2.$$

于是

$$S_2 - S_1 > \int_{1-2} \frac{dQ}{T} \tag{2-3-7}$$

或

$$dS > \frac{dQ}{T}. \tag{2-3-8}$$

如果把可逆过程和不可逆过程包罗在同一个公式中,则有

$$dS \geq \frac{dQ}{T}, \tag{2-3-9}$$

式中的等号只在可逆过程时成立.

对于一个孤立系统,系统与外界没有热和功的交换,于是

$$dQ = 0,$$

$$dS \geqslant 0.$$

这就是孤立系统的熵增原理.

需要强调的是,熵是一个状态参数,只要初态和终态一定,熵的变化总是一定的,与过程的可逆与否无关.切不可把熵的原理理解为对于相同的初态和终态,工质在经过一个不可逆过程后,熵的变化会比经过可逆过程后来得大一些.

可以这样来理解孤立系统的熵增原理,设一个孤立系统由 A,B 两部分组成,如图 2-3-14 所示,它们的温度分别为 T_1 和 T_2,有微小的热量 dQ 由 A 传至 B.因为是孤立系统,没有外界的干预,因此 T_1 必大于 T_2.A,B 两部分熵的变化均与过程的可逆与否无关.

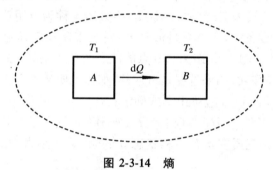

图 2-3-14 熵

对于 A,熵的减少为

$$\Delta S_A = \int \frac{dQ}{T_1};$$

对于 B,熵的增加为

$$\Delta S_B = \int \frac{dQ}{T_2}.$$

因为 $T_1 > T_2$,所以

$$\Delta S_B > \Delta S_A.$$

对于整个系统,有

$$\Delta S = \Delta S_B - \Delta S_A > 0.$$

只有当 $T_1 = T_2$ 时,才满足 $\Delta S_A = \Delta S_B$,即 $\Delta S = 0$,这时过程是可逆的.

由于没有外界干预,热量不会自动地由低温流向高温,因而 $\Delta S_B < \Delta S_A$ 或 $\Delta S < 0$ 的情况是不可能发生的.

应该注意,熵增原理只是对整个孤立系统来说的.对于系统内部的一个局部,它的熵可以增加,可以减少,也可以不增不减.

总之,对于一个孤立系统,总是朝着熵增加的方向变化,直到熵达到最大值,整个系统达到平衡状态为止.

克劳修斯把这个结论推广到整个宇宙,认为整个宇宙最终将达到同一温度,一切热的变化都会停止,从而变得一片死寂,这就是错误的"热寂论"."热寂论"之所以错误,在于它把基于有限空间和时间内观察的热力学规律推广到无限的、无所不包的宇宙.

孤立系统的熵增原理反映了能的自发贬值、蜕化过程.研究和发展能源技术的目的就在于与这种自发的贬值、蜕化过程作斗争,以便最大限度地利用能源资源.

熵的增加可以用来表示热力过程的不可逆程度.另外,还有一个热力学状态参数"有效能",可以用来度量热的可用性和作功能力.因而,有效能的减少也可以表示热力设备的完善程度及其经济性的优劣,有效能也称为可用功或㶲.

在常用的热力设备中,工质总是流动的.对于工质稳定地流入、流出的开口系统,假定进口状态为 1,出口状态为 0,0 点的状态与环境相同,系统除了与环境进行热交换外,还对外界作功.如果过程是可逆的,那么工质从状态 1 变化到状态 0 时,对外所作功的最大值 $W_{1-0.\max}$ 可由下式确定:

$$H_1 + Q_{10} = H_0 + W_{1-0.\max}. \tag{2-3-10}$$

其中,H_1,H_0 分别是工质在状态 1 和状态 0 的焓.焓是热力学的另外一个状态参数,它的定义式为

$$H = U + PV. \tag{2-3-11}$$

(2-3-11)式中,U 是工质的内能,它是分子的动能与势能的总和,PV 是工质流动时系统和外界交换的推进功,因而内能可以看成是随工质转移的能量.(2-3-10)式实质上就是稳定开口系统的能量平衡方程式.于是

$$W_{1-0.\max} = H_1 - H_0 + Q_{10}, \tag{2-3-12}$$

其中,Q_{10} 是过程中外界传入系统的热量,即

$$Q_{10} = \int_{1-0} \mathrm{d}Q.$$

因为过程是可逆的,由(2-3-6)式,有

$$S_0 - S_1 = \int_{1-0} \frac{\mathrm{d}Q}{T}.$$

因为换热是在定温下进行的,$T = T_0$,所以

$$Q_{10} = T_0(S_0 - S_1).$$

将上式代入(2-3-12)式,可得

$$W_{1-0.\max} = H_1 - H_0 - T_0(S_1 - S_0).$$

这里,工质从状态 1 到状态 0 可作的最大有用功就是工质在状态 1 的有效能,用

$E_{x.1}$表示. 对于任意状态下工质的最大作功能力, 可得到如下普遍式:

$$E_x = H - H_0 - T_0(S - S_0)$$
$$= (H - T_0 S) - (H_0 - T_0 S_0). \qquad (2\text{-}3\text{-}13)$$

很容易证明, 在可逆流动的情况下, 工质由状态 1 可逆变化到状态 2, 可作的最大功等于 1, 2 点工质有效能的差, 也就是有效能的减少, 即

$$W_{1\text{-}2.\max} = E_{x.1} - E_{x.2}.$$

对于温度为 T 的恒温热源的热量 Q, 其中可以转变为机械能的最大值, 也就是它的有效能, 已由本章第三节关于卡诺循环的效率确定, 即

$$E_x = Q\left(1 - \frac{T_0}{T}\right). \qquad (2\text{-}3\text{-}14)$$

现在来看有效能的损失. 如果过程 1—0 不是可逆的, 但系统仍只和环境之间有热交换, 能量平衡方程式依然成立, 即

$$H_1 + Q_{10} = H_0 + W_{1\text{-}0},$$
$$Q_{10} = \int_1^0 \mathrm{d}Q.$$

因为过程是不可逆的, 由(2-3-7)式, 有

$$S_0 - S_1 > \int_1^0 \frac{\mathrm{d}Q}{T_0},$$

或

$$(S_0 - S_1) - \int_1^0 \frac{\mathrm{d}Q}{T_0} = \Delta S_i,$$

其中, ΔS_i 是因为不可逆而引起的熵的增加. 于是

$$Q_{10} = T_0(S_0 - S_1) - T_0 \Delta S_i,$$
$$W_{1\text{-}0} = H_1 - H_2 - T_0(S_1 - S_0) - T_0 \Delta S_i,$$

即

$$W_{1\text{-}0} = E_{x.1} - T_0 \Delta S_i.$$

可见, 由于过程的不可逆, 损失的作功能力为

$$\Delta W = W_{1\text{-}0.\max} - W_{1\text{-}0} = T_0 \Delta S_i. \qquad (2\text{-}3\text{-}15)$$

因此, 功的损失是与熵的增量成正比的, 比例常数就是环境温度 T_0.

由以上讨论可知, 有效能和能量不同, 有效能在过程前后不总是守恒的. 由于可逆过程难以实现, 有效能总是趋于减少的, 其数量关系由(2-3-14)式给出. 热量的有效能表达式(2-3-14)式表明, 数量相同的热量, 因其温度 T 不同, 它们的有效能 E_x 是不同的. 当 T 等于环境温度 T_0 时, 不论热量的绝对数值有多大, 有效能都为零. 这一点突出地反映了能量品位的重要性. 我们在评价一个热力装置的优劣

时,习惯上沿用基于热力学第一定律的效率概念,如果我们把这一效率称为第一定律效率的话,则有

$$\eta_{1st} = \frac{系统或装置输出的功}{给予系统或装置的能量}.$$

第一定律效率并没有表示系统得到的或输出的能量的品位高低,因而是不完备的.当向一个系统或装置输入低品位的能量(如低温热能)而输出高品位的能量(如机械能)时,即使第一定律效率不高,此系统或装置仍可能是很完善的(指相当接近于卡诺循环效率);反之,当由高品位能量(如电能或机械能)得到低品位的热能时,即使第一定律效率很高(例如接近于100%),却仍是对能源的浪费.因此,我们可以引入热力学第二定律效率,以衡量热力设备的完善程度,即

$$\eta_{2nd} = \frac{得到的有效能}{输入的有效能} = \frac{E_{x.out}}{E_{x.in}}.$$

温度为 T 的热源输出的热能 Q(设环境温度为 T_0)通过卡诺循环可向外输出机械功 $Q\left(1-\frac{T_0}{T}\right)$,因此第一定律效率为

$$\eta_{1st} = \frac{Q\left(1-\frac{T_0}{T}\right)}{Q}.$$

尽管这是可能达到的最高效率,但 η_{1st} 的绝对值仍可能不高(取决于 T 和 T_0 的相对大小).然而,这个装置的第二定律效率为

$$\eta_{2nd} = \frac{Q\left(1-\frac{T_0}{T}\right)}{Q\left(1-\frac{T_0}{T}\right)} = 1,$$

却明确地反映了这是最完善的热机.

再看用电炉取暖的例子,它的第一定律效率为1,但是它的第二定律效率却极低.假设环境温度为 0 ℃(273 K),室温为 20 ℃(293 K),取暖所用热量为 Q,则得到的有效能为 20 ℃热能的有效能,即为 $\left(1-\frac{273}{293}\right)Q$,而输入的电能的有效能为 Q,则

$$\eta_{2nd} = \frac{Q\left(1-\frac{273}{293}\right)}{Q} = 6.8\%.$$

第二定律效率如此地低,说明按热力学的观点,在这种情况下,电能没有被合理利用.如果我们用低温热源(或其他过程的余热,或太阳能收集器得到的低温热

能等)或是用热泵来供给取暖所需的热量,第二定律效率将显著提高.

概括地说,能量虽然是守恒的,但有效能却不守恒.不同的能量在数量上可能相等,在品质上却迥然不同.

对于一切孤立系统,能总是自发地蜕化、贬值,熵趋于增加,而有效能却趋于损失.同时,要避免在可以用低品位能解决问题的情况下使用高品位能,以做到"能"尽其用.

第四节 典型系统的㶲及其表达式

一、热量㶲和冷量㶲

1. 热量㶲

热量是一个系统通过边界以传热的方式传递的能量.系统所传递的热量在给定的环境条件下,用可逆的方式所能作出的最大有用功称为该热量的㶲.为了计算可逆地加给一个系统的热量中的㶲,我们可以假设此热量可逆地加给一个以环境温度为低温热源的可逆热机,则此可逆热机所能作出的最大有用功就是该热量的㶲.如图 2-4-1 所示,设热机从系统吸取微元热量 ΔQ,向环境放出微元热量 $-\Delta Q_0$,作出微元有用功 ΔW_A.由热力学第一定律,有

$$\Delta Q = -\Delta Q_0 + \Delta W_A. \tag{2-4-1}$$

由热力学第二定律,有

$$\frac{\Delta Q}{T} + \Delta S_i = -\frac{\Delta Q_0}{T_0}. \tag{2-4-2}$$

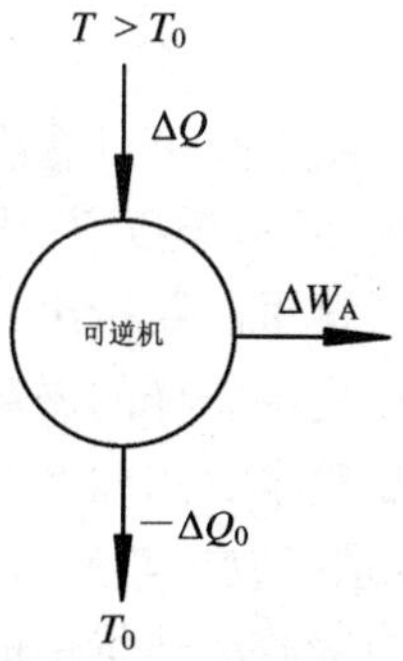

式中:

T——系统温度,在此作为热机的热源温度;

T_0——环境温度,在此作为热机的冷源温度;

ΔS_i——热机在完成循环的过程中因不可逆而引起的熵增.

将(2-4-1)式和(2-4-2)式联立,消去 ΔQ_0,得

$$\Delta W_A = \Delta Q - T_0 \frac{\Delta Q}{T} - T_0 \Delta S_i. \tag{2-4-3}$$

图 2-4-1 借可逆机计算热量㶲

设热机由状态 1 可逆地变化到状态 2 时从环境中吸收的热量为 Q,热机作出的有

用功为 W_A，则

$$W_A = Q - T_0 \int_1^2 \frac{dQ}{T} - T_0 \Delta S_i. \tag{2-4-4}$$

在可逆的条件下，有 $\Delta S_i = 0$，热机所作出的功为最大有用功。根据热量㶲的定义，此最大有用功就是可逆地加给系统的热量㶲 E_Q：

$$\begin{aligned} E_Q &= W_{A.\max} = Q - T_0 \int_1^2 \frac{dQ}{T} \\ &= \int_1^2 \left(1 - \frac{T_0}{T}\right) dQ. \end{aligned} \tag{2-4-5}$$

对于一个恒温热源，上式中的温度 T 为常数，则

$$\begin{aligned} E_Q &= W_{A.\max} \\ &= \left(1 - \frac{T_0}{T}\right) \int_1^2 dQ \\ &= \left(1 - \frac{T_0}{T}\right) Q. \end{aligned} \tag{2-4-6}$$

(2-4-5)式中的 $1 - \frac{T_0}{T}$ 正好是工作于 T 和 T_0 之间的卡诺循环的热效率，在此称为卡诺系数，即有

$$\eta_c = 1 - \frac{T_0}{T}. \tag{2-4-7}$$

于是，热量㶲可以写成如下的形式：

$$E_Q = \int_1^2 \eta_c dQ$$

或

$$\Delta E_Q = \eta_c \cdot \Delta Q. \tag{2-4-8}$$

由上式可以看出，热量㶲等于该热量与卡诺系数的乘积。吸收热量时的温度 T 越高，环境温度 T_0 越低，则卡诺系数以及热量中的㶲值就越大。

这里需要指出，在热量㶲的计算公式的推导中，并没有规定可逆热机中的工质应该完成怎样的循环，而且热量㶲与是否借助于热机无关。也就是说，热量中的㶲是热量本身的固有特性。所以，当一个系统吸收热量时，同时吸收了该热量的㶲；反之，系统放出热量时，同时也放出了该热量的㶲。但是，如果通过可逆热机，就可以将所吸收的热量中的㶲以循环功的形式表示出来。

2. 冷量㶲

冷量也是热量，它是系统在低于环境温度的温度下通过边界所传递的热量。所以，冷量㶲也就是温度低于环境温度的热量㶲。为了计算可逆地加给一个系统的冷

量㶲,可以设想将冷量 $\Delta Q'$ 加给一个工作在 T_0 和 T 之间的可逆机,此可逆机可以作出的有用功就是该冷量㶲.设可逆机向环境放出热量 $-\Delta Q$,在此仍设可逆机对外作出有用功 ΔW_A,如图 2-4-2 所示.由图可知,冷量㶲为

$$E_Q' = W_{A.\max}$$
$$= Q' - T_0 \int_1^2 \frac{\mathrm{d}Q'}{T}$$
$$= \int_1^2 \left(1 - \frac{T_0}{T}\right) \mathrm{d}Q'. \qquad (2\text{-}4\text{-}9)$$

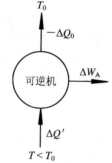

图 2-4-2 借可逆机计算冷量㶲

由(2-4-9)式可知,因 $T < T_0$,可逆地加给一个系统的冷量㶲为一个负值,即可逆机要消耗有用功.冷量㶲为一个负值,意味着系统从冷物体或冷库中吸收冷量时放出了㶲,而放出冷量的冷物体或冷库则得到了㶲.所以,与热量㶲不同的是,冷量㶲流的方向和冷量流的方向是相反的.

冷量㶲也是冷量的一个固有特性,与是否借助于可逆机无关.但是,如果采用一个可逆热机,那么从低于环境温度的物体或冷库中取出冷量㶲,就可以可逆热机所消耗的最小有用功表现出来.

和热量㶲一样,冷量㶲也可以写成卡诺系数与该冷量的乘积,即

$$E_{Q}' = \int_1^2 \eta_c \mathrm{d}Q'$$

或

$$\Delta E_Q' = \eta_c \cdot \Delta Q'. \qquad (2\text{-}4\text{-}10)$$

在此,因 $T < T_0$,所以卡诺系数以及单位冷量的冷量㶲为一负值.吸取冷量时的温度越低,环境温度越高,则卡诺系数以及单位冷量的冷量㶲的绝对值越大,其卡诺系数的绝对值是可以大于 1 的.

综上所述,高于环境温度的热源一般具有正的㶲,当热源放出热量时,可以用它来作出有用功;反之,向热源传输热量时,要消耗有用功.低于环境温度的冷物体(或冷库)也可具有正的㶲,当冷库吸收冷量时,可以用它来作出有用功;反之,从冷库制取冷量时,则要消耗有用功.

二、闭口系统的㶲

任意封闭系统所储存的能量有宏观动能、宏观势能以及内能.根据能量㶲的一般性定义,可以如下定义封闭系统的㶲:任一封闭系统从给定状态可逆地变化到环境状态,并只与环境交换热量时所作出的最大有用功称为给定状态下封闭系统的

㶲. 已知宏观动能和宏观势能全是㶲,因此下面只讨论封闭系统的内能㶲. 一般所说的封闭系统的㶲,在不加说明时就是指封闭系统的内能㶲.

设定初始状态下封闭系统的参数为 P, T, u, s,而环境状态下系统的参数为 P_0, T_0, u_0, s_0,除环境外没有其他的热源,如图 2-4-3 所示. 因为封闭系统从任意给定状态 (P, T) 变化到环境状态 (P_0, T_0) 时只与环境有热量交换,所以复合系统为绝热系统,其能量平衡方程式为

$$\Delta W_A = -(dU + dU_0). \tag{2-4-11}$$

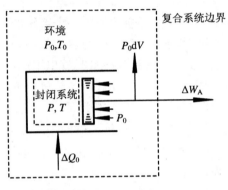

图 2-4-3 封闭系统

式中:
　　dU——封闭系统的内能增量;
　　dU_0——环境的内能增量;
　　ΔW_A——通过系统边界所作出的有用功.
对于环境,能量平衡方程式为

$$-\Delta Q_0 = dU_0 + (-P_0 dV), \tag{2-4-12}$$

或

$$dU_0 = -\Delta Q_0 + P_0 dV;$$

复合系统的熵平衡为

$$\Delta S + \Delta S_0 = \Delta S_i. \tag{2-4-13}$$

式中:
　　ΔS_i——系统进行不可逆过程的熵增;
　　ΔS——封闭系统的熵增;
　　ΔS_0——环境的熵增.
可知

$$\Delta S_0 = -\frac{\Delta Q_0}{T_0}, \tag{2-4-14}$$

将上式代入(2-4-13)式,得

$$\Delta Q_0 = T_0 \Delta S - T_0 \Delta S_i. \tag{2-4-15}$$

将上式代入(2-4-12)式,得

$$dU_0 = P_0 dV - T_0 \Delta S + T_0 \Delta S_i. \tag{2-4-16}$$

再将上式代入(2-4-11)式,得系统的有用功为

$$\Delta W_A = -dU + T_0 \Delta S - P_0 dV - T_0 \Delta S_i. \tag{2-4-17}$$

在可逆的条件下,有

$$\Delta S_i = 0,$$

且有用功取最大值.由(2-4-17)式,得

$$dW_{A.max} = -dU + T_0 dS - P_0 dV. \tag{2-4-18}$$

再由封闭系统的给定状态到环境状态对上式进行积分,所得的最大有用功就是封闭系统的㶲,或简称内能㶲,为

$$E_u = W_{A.max} = U - U_0 + P_0(V - V_0) - T_0(S - S_0). \tag{2-4-19}$$

将 $U = H - PV$ 代入上式,则得封闭系统的内能㶲为

$$E_u = W_{A.max} = H - H_0 - T_0(S - S_0) - V(P - P_0). \tag{2-4-20}$$

于是,单位质量封闭系统的比㶲为

$$e_u = u - u_0 + P_0(v - v_0) - T_0(s - s_0). \tag{2-4-21}$$

由上可知,封闭系统的内能㶲不仅与系统状态有关,并且与环境状态有关.只有当环境状态一定时,它才是一个状态参数.

当封闭系统只与环境交换热量时,从状态1可逆地变化到状态2所能作出的最大有用功可由(2-4-18)式的积分求得.对于单位质量,则得

$$\begin{aligned}
w_{A.max} &= u_1 - u_2 + P_0(v_1 - v_2) - T_0(s_1 - s_2) \\
&= [u_1 - u_0 + P_0(v_1 - v_0) - T_0(s_1 - s_0)] \\
&\quad - [u_2 - u_0 + P_0(v_2 - v_0) - T_0(s_2 - s_0)] \\
&= e_{u.1} - e_{u.2}.
\end{aligned} \tag{2-4-22}$$

由上式可知,在给定的环境下,封闭系统从初态可逆地变化到终态所能作出的最大有用功,只与初状态和终状态有关,而与具体过程无关.亦即,封闭系统在可逆的状态变化中,㶲的减少全部转变为对外作出的有用功.要注意的是,这一结论只适用于除环境外没有其他热源参与的情况.

三、(稳定流动)开口系统的㶲

工程上大量的热工设备或装置都属于稳定流动的开口系统,如图2-4-4所示.

在无其他热源的情况下,稳定流动(开口)系统所作的有用功的能量来源是流入系统时稳定物流的㶲.根据㶲的一般定义,可把稳定流动系统的㶲或稳定物流的㶲定义为:稳定物流从任一给定状态流经开口系统,以可逆方式转变到环境状态,并且只与环境交换热量时所能作出的最大有用功.

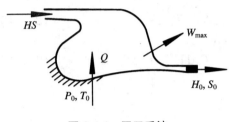

图 2-4-4 开口系统

设稳定物流在流入开口系统时的状态参数为 P, T, s, h,流速为 v,高度为 z;流出系统时的环境状态参数为 P_0,$T_0, s_0, h_0, v_0 = 0, z_0 = 0$.设在微元状态变化过程中稳流系统从环境吸热 ΔQ_0,作出有用功 ΔW_A.由于假设开口系统的边界固定不变,所以系统与环境大气没有功量交换,开口系统的轴功就是有用功.这样,稳流系统的能量平衡方程式为

$$\Delta Q_0 = dH + \frac{1}{2}m dv^2 + mg dz + \Delta W_A; \qquad (2\text{-}4\text{-}23)$$

熵平衡方程式为

$$\frac{\Delta Q_0}{T_0} + \Delta S_i = \Delta S. \qquad (2\text{-}4\text{-}24)$$

式中,ΔS_i 为稳定流动系统由于过程内外不可逆损失而引起的熵增.将(2-4-24)式代入(2-4-23)式,则得

$$\Delta W_A = - dH + T_0 \Delta S - \frac{1}{2}m dv^2 - mg dz - T_0 \Delta S_i. \qquad (2\text{-}4\text{-}25)$$

当稳流系统为可逆过程时,$\Delta S_i = 0$,所以有用功可取最大值.由(2-4-25)式得

$$\Delta W_{A.\max} = - dH + T_0 dS - \frac{1}{2}m dv^2 - mg dz. \qquad (2\text{-}4\text{-}26)$$

从给定的进口状态积分到环境状态,并已知在环境状态下 $v_0 = 0, z_0 = 0$,所得最大有用功就是稳流(开口)系统的㶲:

$$E = W_{A.\max} = H - H_0 - T_0(S - S_0) + \frac{1}{2}mv^2 + mgz. \qquad (2\text{-}4\text{-}27)$$

单位质量稳流的比㶲为

$$e = h - h_0 - T_0(s - s_0) + \frac{1}{2}v^2 + gz. \qquad (2\text{-}4\text{-}28)$$

当我们不考虑或忽略不计宏观动能和宏观势能时,或者已知宏观动能和宏观势能全是㶲,而只需考虑稳定物流的焓这一种形式能量的㶲时,由(2-4-28)式,得

稳定物流系统的焓㶲为

$$e_h = h - h_0 - T_0(s - s_0). \tag{2-4-29}$$

在稳定物流系统只与环境交换热量,即除环境外没有与其他热源交换热量的条件下,稳流(开口)系统从状态 1 可逆地变化到状态 2 所能作出的最大有用功,可由(2-4-26)式经积分求得

$$W_{A.1-2.\max} = H_1 - H_2 - T_0(S_1 - S_2)$$
$$+ \frac{1}{2}m(v_1^2 - v_2^2) + mg(z_1 - z_2). \tag{2-4-30}$$

对于单位质量而言,有

$$w_{A.1-2.\max} = h_1 - h_2 - T_0(s_1 - s_2)$$
$$+ \frac{1}{2}(v_1^2 - v_2^2) + g(z_1 - z_2)$$
$$= e_{h_1} - e_{h_2} + \frac{1}{2}(v_1^2 - v_2^2) + g(z_1 - z_2). \tag{2-4-31}$$

当不计宏观动能和位能时,有

$$w_{A.1-2.\max} = e_{h_1} - e_{h_2}.$$

上式说明,在除环境外没有与其他热源交换热量的条件下,稳定物流从初态可逆变化到终态,所能作出的最大有用功只与初、终状态有关,并且等于稳定物流的㶲的减少.也就是说,稳定物流在可逆状态变化中㶲的减少全部转变为对外作出的有用功.

四、气体的㶲

1. 理想气体的㶲

给定状态下稳定物流的㶲(焓㶲)为

$$e = h - h_0 - T_0(s - s_0). \tag{2-4-32}$$

从状态 1 可逆地变化到状态 2 时㶲的变化为

$$\Delta e = e_1 - e_2 = h_1 - h_2 - T_0(s_1 - s_2).$$

上式适用于任何物流,适用于实际气体和液体,当然也适用于理想气体.

对(2-4-32)式进行微分,得

$$de = dh - T_0 ds. \tag{2-4-33}$$

又热力学的微分方程为:

$$dh = c_p dT + \left[V - T\left(\frac{\partial V}{\partial T}\right)_P\right]dP, \tag{2-4-34}$$

$$dS = \frac{c_p}{T}dT - \left(\frac{\partial V}{\partial T}\right)_P dP. \tag{2-4-35}$$

将(2-4-34)式、(2-4-35)式代入(2-4-33)式,得

$$de = dh - T_0 ds$$

$$= c_p\left(1 - \frac{T_0}{T}\right)dT + \left[V - (T - T_0)\left(\frac{\partial V}{\partial T}\right)_P\right]dP. \tag{2-4-36}$$

因为㶲 e 为状态参数,只与初态和终态有关,所以 de 的积分只是两个端点状态的函数,与积分路径无关,故可选择任意一条路径或任何一条组合路径积分. 现选择如图 2-4-5 所示的端点 (P, T) 和环境状态点 (P_0, T_0) 间的简单组合路径 O—a—A 进行积分,图中的组合积分路径是由等压过程(P_0 = 常数)O—a 和等温过程(T = 常数)a—A 组成的. 这样,有

$$de = de(T) + de(P).$$

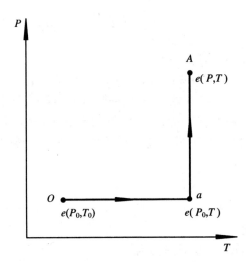

图 2-4-5 P-T 图

由

$$e(T) = \int_{T_0}^{T} de(T),$$

将(2-4-36)式代入上式,得

$$e(T) = \int_{T_0}^{T} c_p\left(1 - \frac{T_0}{T}\right)dT. \tag{2-4-37}$$

又由

$$e(P) = \int_{P_0}^{P} \mathrm{d}e(P),$$

将(2-4-36)式代入上式,得

$$e(P) = \int_{P_0}^{P} \left[V - (T - T_0)\left(\frac{\partial V}{\partial T}\right)_P \right] \mathrm{d}P.$$

利用理想气体的状态方程 $V = \dfrac{TR}{P}$,得

$$\frac{\partial V}{\partial T} = \frac{R}{P}.$$

代入上式,则得

$$\begin{aligned} e(P) &= \int_{P_0}^{P} \left(\frac{TR}{P} - \frac{TR}{P} + \frac{T_0 R}{P} \right) \mathrm{d}P \\ &= \int_{P_0}^{P} \frac{T_0 R}{P} \mathrm{d}P \\ &= R \ln \frac{P}{P_0}. \end{aligned} \qquad (2\text{-}4\text{-}38)$$

所以,理想气体的比㶲为

$$\begin{aligned} e &= e(T) + e(P) \\ &= \int_{T_0}^{T} c_p \left(1 - \frac{T_0}{T}\right) \mathrm{d}T + R \ln \frac{P}{P_0}. \end{aligned} \qquad (2\text{-}4\text{-}39)$$

式中,R 为气体常数.

由(2-4-37)式,因 $c_p > 0$,且当 $T > T_0$ 时,$1 - \dfrac{T_0}{T} > 0$,$\mathrm{d}T > 0$;当 $T < T_0$ 时,$1 - \dfrac{T_0}{T} < 0$,$\mathrm{d}T < 0$,所以不论 T 高于环境温度还是低于环境温度,热量㶲都为正.由(2-4-38)式可以看出,压力㶲有正有负.

2. 不同条件下气体的㶲

(1) 常压气体的比㶲 ($P = P_0$)

当气体的压力等于环境压力时,气体温度为 T 时的比㶲为

$$e = e(T).$$

由(2-4-37)式,得

$$\begin{aligned} e = e(T) &= \int_{T_0}^{T} c_p \left(1 - \frac{T_0}{T}\right) \mathrm{d}T \\ &= \int_{T_0}^{T} c_p \mathrm{d}T - T_0 \int_{T_0}^{T} c_p \frac{\mathrm{d}T}{T} \end{aligned} \qquad (2\text{-}4\text{-}40)$$

或
$$e = h - h_0 - T_0 \int_{T_0}^{T} c_p \frac{dT}{T}. \tag{2-4-41}$$

当比热取常数时,有
$$\begin{aligned} e &= c_p \int_{T_0}^{T} \left(1 - \frac{T_0}{T}\right) dT \\ &= c_p \left[(T - T_0) - T_0 \ln \frac{T}{T_0}\right] \\ &= (h - h_0)\left[1 - \frac{T_0}{T - T_0} \cdot \ln \frac{T}{T_0}\right]. \end{aligned} \tag{2-4-42}$$

(2-4-42)式中的第二项只是温度的函数,与物质的性质无关. 所以,当物质的比热约为常数时,可以用(2-4-42)式计算其比㶲. 对于空气、100 ℃以上的烟气及水等,均可按(2-4-42)式计算.

(2) 气体的压力 ($T = T_0$)

假设高于环境压力 P_0 的理想气体作等温稳定流动,设入口压力为 P,温度为 T_0 (等于环境温度), $P > P_0$,单位时间的流量为 n(mol)(容积流量为 V). 如果不考虑进出口动能的变化,则系统对外界可能作出的最大有用功 $W_{A.max}$ 可按以下步骤导出:

由理想气体的状态方程
$$PV = nRT,$$
因为 T 为常数,所以有
$$PdV = -VdP.$$
式中,PdV 即为气体对外界所作的有用功 dW. 考虑过程是可逆进行的,则有
$$W_{A.max} = \int_{P_0}^{P} dW = \int_{P}^{P_0} VdP.$$

上式中
$$V = \frac{nRT}{P},$$
$$V_0 = \frac{nRT_0}{P_0},$$

所以
$$W_{A.max} = -nRT_0 \int_{P}^{P_0} \frac{dP}{P} = nRT_0 \ln \frac{P}{P_0}. \tag{2-4-43}$$

为了保证气体在系统中作等温膨胀,设想由环境向系统供热 Q. 因为供热在环境温度下进行,这样做不会使气体㶲发生变化. 气体单位时间内流入系统的㶲 E

等于 $W_{A.\max}$，当容积流量 $V = 1\text{ Nm}^3$ 时，其比㶲，即压力㶲为

$$e = R'T_0 \ln \frac{P}{P_0}. \tag{2-4-44}$$

式中，R'（1 Nm³ 的气体常数）为 0.371 kJ/(Nm³·K).

在计算气体的㶲时，通常引入参数 λ：

$$\lambda = \frac{e}{h - h_0}, \tag{2-4-45}$$

称为品位系数，或称可用能系数. 在一般情况下，它是物质和温度的函数. 在研究能量转换时，λ 对转换效率有重要影响.

当物质的比热为常数时，λ 只是温度的函数，与物质的种类和物质所处的相没有关系. 由 (2-4-42) 式可得

$$\lambda = 1 - \frac{T_0}{T - T_0} \ln \frac{T}{T_0}. \tag{2-4-46}$$

上式是在系统的压力 P 等于环境压力 P_0 时得出的.

五、化学㶲和燃料㶲

相对于不完全平衡环境状态，系统所具有的㶲称为物理㶲，用 E_{ph} 表示. 相对于完全平衡环境状态，在 P_0 和 T_0 下的系统由于化学不平衡所具有的㶲称为化学㶲，用 E_{ch} 表示. 相对于完全平衡的环境状态，系统所具有的㶲是物理㶲与化学㶲之和，即

$$E = E_{ph} + E_{ch}$$

或

$$E = (H - H_0) - T_0(S - S_0) + E_{ch}. \tag{2-4-47}$$

1. 化学反应㶲

确定物质的化学㶲时，总要首先确定化学反应系统的最大有用功. 对于化学反应系统，内能除了内热能以外，还包括化学内能. 总的内能仍用 U 表示，总的有用功仍用 W_A 表示. 因此，当稳定流动系统进行一个化学反应过程时，其能量平衡方程式仍具有与仅有物理过程时相同的形式：

$$Q = \Delta H + W_A. \tag{2-4-48}$$

式中，Q 为化学反应系统与外界的热交换量，称为反应热；$\Delta H = H_2 - H_1$ 为化学反应系统焓的变化，简称反应焓. 其中，H_1 为反应物流的总焓，是反应物流的焓之和，即

$$H_1 = \sum n_i H_i;$$

H_2 为生成物流的焓的总和，即

$$H_2 = \sum n_j H_j.$$

$n_i H_i$ 和 $n_j H_j$ 分别为各反应物流和生成物流的摩尔数和摩尔焓.例如,对于化学反应系统

$$2CO + O_2 = 2CO_2, \tag{2-4-49}$$

反应焓的变化为

$$\Delta H = H_2 - H_1 = 2H_{CO_2} - (2H_{CO} + H_{O_2}).$$

如果化学反应过程在定温条件下进行,则化学反应系统的熵平衡方程式为

$$\Delta S = \frac{Q}{T} + \Delta S_i. \tag{2-4-50}$$

将上式中的 Q 代入(2-4-48)式,得

$$W_A = -(\Delta H - T\Delta S) - T\Delta S_i. \tag{2-4-51}$$

当化学反应在可逆条件下进行时,$\Delta S_i = 0$,系统作出的最大反应有用功为

$$W_{A.\max} = -(\Delta H - T\Delta S). \tag{2-4-52}$$

式中,$\Delta S = S_2 - S_1$,为化学反应系统熵的变化,简称反应熵.其中,S_1 为反应物流的总熵,是各反应物流的绝对熵之和,即

$$S_1 = \sum n_i S_i;$$

S_2 为生成物的总熵,是各生成物流的绝对熵之和,即

$$S_2 = \sum n_j S_j.$$

将(2-4-52)式改写为

$$\begin{aligned} W_{A.\max} &= -[(H_2 - TS_2) - (H_1 - TS_1)] \\ &= -(G_2 - G_1) \\ &= -\Delta G. \end{aligned} \tag{2-4-53}$$

式中,G 为自由焓,ΔG 为化学反应系统自由焓的变化,简称反应自由焓.其中,G_1 为反应物的总自由焓,是各反应物的自由焓之和,G_2 为生成物的总自由焓,是各生成物的自由焓之和.

由(2-4-53)式可知,在可逆定温反应过程中,稳定流动系统作出的最大反应有用功(㶲)等于系统自由焓的减少.反应有用功的获得主要是由反应物在化学反应过程中释放的化学能转变来的.

在化学热力学中,规定了一个化学标准状态($P = 1$ atm,$T = 298.15$ K),而得到了一些标准的热力学数据,如标准生成焓 ΔH_f^0,标准绝对熵 S^0,标准生成自由焓 ΔG_f^0 等.这样,可以统一引用标准热力学数据的表值进行计算,如表2-4-1和表2-4-2所示.

表 2-4-1　有机物质的标准热力学数据表(1 atm, 298.15 K)

名称	分子式	状态	c_p $\left(\dfrac{J}{mol \cdot K}\right)$	ΔH_f^0 $\left(\dfrac{kJ}{mol}\right)$	ΔG_f^0 $\left(\dfrac{kJ}{mol}\right)$	S^0 $\left(\dfrac{kJ}{mol \cdot K}\right)$	ΔH_c^0 $\left(\dfrac{kJ}{mol}\right)$	E_{ch}^0 $\left(\dfrac{kJ}{mol}\right)$
甲烷	CH_4	g	35.77	−74.85	−50.79	186.19	890.46	830.17
乙烷	C_2H_6	g	52.68	−84.67	−32.89	229.50	1559.92	1493.81
丙烷	C_3H_8	g	73.47	−103.85	−23.49	269.92	2220.08	2149.04
丁烷	C_4H_{10}	g	98.70	−126.15	−17.15	310.13	2877.20	2801.13
戊烷	C_5H_{12}	g		−146.44	−8.37	348.95	3536.23	3557.06
戊烷	C_5H_{12}	l	207.53	−173.05	−9.41	263.26	3509.62	3454.60
己烷	C_6H_{14}	g		−167.09	−0.29	388.37	4194.85	4109.58
己烷	C_6H_{14}	l	194.85	−198.83	−4.31	295.90	4163.22	4105.48
庚烷	C_7H_{16}	g		−187.82	6.23	427.82	4853.63	4763.56
庚烷	C_7H_{16}	l		−224.39	1.13	328.54	4817.03	4756.57
正辛烷	C_8H_{18}	g		−208.45	16.53	466.74	5512.34	
辛烷	C_8H_{18}	l	253.93	−249.96	6.61	360.79	5470.08	5407.91
异丁烷	C_4H_{10}	g	96.53	−134.52	−20.92	294.64	2868.83	
异戊烷	C_5H_{12}	g		−154.48	−14.64	343.60	3528.20	
异己烷	C_6H_{14}	g		−174.31	−5.02	380.54	4190.42	
苯	C_6H_6	g		82.93	129.66	269.20	3301.59	
甲苯	C_7H_8	g		50.00	122.29	319.75	3948.03	
乙苯	C_8H_{10}	g		29.79	130.58	360.46	4607.23	
甲醇	CH_3OH	g		−201.26	−161.92	237.66	763.97	
乙醇	C_2H_5OH	g		−231.13	−168.62	282.43	1409.29	
甲醇	CH_3OH	l		−238.64	−166.32	126.78	727.82	716.74
乙醇	C_2H_5OH	l		−277.64	−174.77	160.67	1366.95	1354.60
丙醇	C_3H_7OH	g		−261.13	−159.83	307.11	2062.84	
丙醇	C_3H_7OH	l		−310.96	−162.47	179.92	2012.97	2003.81
丙酮	C_2H_6CO	l		−248.20	−155.48	200.42	1789.92	1783.89

注："状态"栏中：g—气体；l—液体.

表 2-4-2 无机物质的标准热力学数据表(1 atm, 298.15 K)

物 质 (分子式)	状 态	c_p $\left(\dfrac{J}{mol \cdot K}\right)$	ΔH_f^0 $\left(\dfrac{kJ}{mol}\right)$	ΔG_f^0 $\left(\dfrac{kJ}{mol}\right)$	S^0 $\left(\dfrac{kJ}{mol \cdot K}\right)$	E_{ch}^0 $\left(\dfrac{kJ}{mol}\right)$
$AgNO_3$	c	92.97	−123.14	−32.18	140.92	
Al_2O_3	c	78.95	−1669.82	−1576.44	50.99	
$Al_2(OH)_3$	amorp		−1472.80			
$BaCl_2$	c	75.27	−860.08	−810.88	125.52	
$BaCO_3$	c	85.31	−1218.83	−1138.91	112.13	63.01
$BaSO_4$	c	101.72	−1465.27	−1353.14	132.22	32.55
C(石墨)	c	8.53	0	0	5.69	410.54
C(金刚石)	c	6.11	1.89	2.86	2.42	
CO	g	29.12	−110.50	−137.28	197.91	275.36
CO_2	g	37.11	−393.52	−394.39	213.64	20.13
$CaCO_3$	c	81.80	−1123.22	−1128.79	92.89	0
$CaCl_2$	c	72.55	−794.98	−750.21	113.70	11.24
CaO	c	42.76	−635.56	−604.18	39.71	110.33
$Ca(OH)_2$	c	87.36	−986.61	−896.78	76.08	52.96
$CaSO_4$	c	99.48	−1432.72	−1320.33	106.59	
Cl_2	g	33.77	0	0	222.95	
$Cu(NO_3)_2$	c		−307.11			
$CuSO_4$	c	101.82	−769.87	−661.92	113.28	
F	g		134.81	117.83	158.49	308.03
$FeCl_3$	c		−405.02			
Fe_2O_3	c	103.54	−822.18	−741.00	89.87	
Fe_3O_4	c	143.17	−1117.15	−1014.23	146.30	96.81
FeS_2	c	61.49	−177.78	−166.53	53.09	
H_2	g	28.80	0	0	130.46	235.00
H_2O	g	33.52	−241.60	−228.38	188.52	
HCl	g		−92.22	−95.17	186.50	45.73

续表

物 质 (分子式)	状 态	c_p $\left(\dfrac{\text{J}}{\text{mol}\cdot\text{K}}\right)$	ΔH_f^0 $\left(\dfrac{\text{kJ}}{\text{mol}}\right)$	ΔG_f^0 $\left(\dfrac{\text{kJ}}{\text{mol}}\right)$	S^0 $\left(\dfrac{\text{kJ}}{\text{mol}\cdot\text{K}}\right)$	E_{ch}^0 $\left(\dfrac{\text{kJ}}{\text{mol}}\right)$
H_2S	g	34.15	−17.49	−32.99	205.45	804.48
H_2SO_4	l	138.70	−811.34			
H_2CO_3	aq		−698.74	−623.43	191.03	
Hg	g		60.78	31.73	174.72	
$KMnO_4$	c	119.00	813.39	−713.81	171.55	
KNO_3	c	96.10	−492.05	392.75	132.80	
KOH	c		−425.86			
K_2SO_4	c	129.71	−1433.72	−1316.40	175.56	
$MgCO_3$	c	75.41	−1113.00	−1029.29	65.63	22.57
MgO	c	37.70	−601.84	−569.58	26.75	124.52
$Mg(OH)_2$	c	76.87	−9.24	−833.77	63.08	
$MgSO_4$	c	96.31	−1278.24	−1173.64	91.54	58.19
N_2	g	29.05	0	0	191.31	0.67
NH_3	g	35.48	−46.15	−16.62	188.14	336.36
NH_4Cl	c	83.98	−315.09	−203.69	94.47	
NH_4NO_3	c		−364.79			
$(NH_4)_2SO_4$	c	187.36	−1179.33	−900.38	220.08	
$NaCl$	c	49.62	−402.64	−383.66	72.31	
Na_2CO_3	c	110.31	−1130.96	−1047.70	135.85	89.87
$NaOH$	c		469.61	−419.18	49.74	
Na_2SO_4	c	127.49	−1384.52	−1266.86	149.35	62.83
O_2	g	29.30	0	0	205.02	
SO_2	g	39.79	−296.61	−300.08	248.29	306.23
SiO_2	c	44.35	−859.41	−805.02	41.84	

注:"状态"栏中:g—气体;l—液体;c—结晶;aq—水溶液;amorp—无定形.

2. 气体扩散㶲

对于环境空气中的各组分来说,在 P_0, T_0 下的化学㶲也就是扩散㶲,它仅仅是由于其成分或分压力大于环境空气中该组分的成分或分压力而具有的. P_0, T_0 下的气体可逆定温地转变到其在环境空气中的分压力 P_i^0 时所能作出的最大有用功,称为该气体的扩散㶲. 理想气体的扩散㶲可由(2-4-53)式导出:

$$\begin{aligned} E_d &= W_{A.\max} \\ &= -\Delta G \\ &= -(\Delta H - T_0 \Delta S) \\ &= T_0 \Delta S \\ &= -mRT_0 \ln \frac{P_i^0}{P_0}. \end{aligned} \qquad (2\text{-}4\text{-}54)$$

对于单位质量气体,扩散㶲为

$$e_d = -RT_0 \ln \frac{P_i^0}{P_0}. \qquad (2\text{-}4\text{-}54')$$

气体的摩尔扩散㶲为

$$E_d = -R_M T_0 \ln \frac{P_i^0}{P_0} = -R_M T_0 \ln \psi_i^0. \qquad (2\text{-}4\text{-}54'')$$

式中, ψ_i^0 为环境空气中组分 i 的摩尔成分或浓度. 在一定的 T_0 下, ψ_i^0 为定值,因而,环境空气中各纯气体的扩散㶲也是一个定值. 由(2-4-54)式可知, $\psi_i^0 < 1$,所以扩散㶲总是正值. P_0, T_0 下的环境空气中的纯气体可逆扩散到环境空气中所能够作出的最大有用功(相当于从 P_0 可逆定温膨胀到 P_i^0 所作的功)转变为环境空气的㶲;反之,将环境空气可逆分离成 P_0, T_0 下的各纯气体时必须消耗的最小有用功,也称为最小分离功,转变为各纯组分的㶲.

3. 燃料的化学㶲

P_0, T_0 下的燃料与氧一起稳定流经化学反应系统时,以可逆的方式转变到完全平衡的环境状态所能作出的最大有用功,称为燃料的化学㶲,简称燃料㶲,用 E_f 表示.

燃料可逆氧化反应系统如图 2-4-6 所示. 反应物燃料和氧在 P_0, T_0 下各自进入反应系统,生成的 CO_2, H_2O 等仍在 P_0, T_0 下离开系统. 在反应系统中进行可逆的定温、定压氧化反应过程,系统只与环境交换热量. 化学反应的㶲平衡方程式为

$$E_f + n_{O_2} E_{O_2} = W_{A.\max} + \sum n_j E_j. \qquad (2\text{-}4\text{-}55)$$

式中, E_f 为燃料的摩尔㶲; n_{O_2}, E_{O_2} 为 1 摩尔燃料完全氧化反应所需的氧的摩尔数

和氧的摩尔㶲；n_j, E_j 分别为相应于 1 摩尔燃料的各生成物的摩尔数和摩尔㶲.

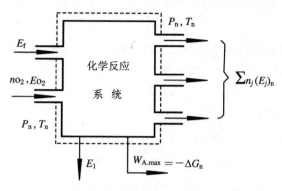

图 2-4-6　燃料可逆氧化反应系统的㶲平衡

在标准化学状态($P_0 = 1 \text{ atm}, T_0 = 298.15 \text{ K}$)下，将(2-4-52)式和(2-4-53)式代入(2-4-55)式中，则燃料的标准摩尔化学㶲为

$$(E_f)_n = -\Delta G_n + \sum n_j (E_j)_n - n_{O_2}(E_{O_2})_n$$

或

$$(E_f)_n = -(\Delta H_n - T\Delta S_n) + \sum n_j(E_j)_n - n_{O_2}(E_{O_2})_n. \quad (2\text{-}4\text{-}56)$$

式中，ΔH_n 为燃料氧化反应的标准反应焓. 在燃烧产物中，如果 H_2O 以气态存在，则燃料焓与燃料的负低发热量相等；如果 H_2O 为液态，则反应焓与燃料的负高发热量相等.

由(2-4-55)式和(2-4-56)式可知，燃料可逆氧化反应过程的最大有用功并不就是燃料的化学㶲.

当环境状态的 P_0, T_0 不同于标准状态时，燃料的化学㶲也要发生变化. 一般来说，P_0 的变化是很小的，对燃料㶲的影响可以忽略不计. 当环境温度 T_0 变化不大时，仍可使用标准状态下的数据；当环境温度变化较大时，燃料的化学㶲由下式计算：

$$E_f = \sum n_j E_j - n_{O_2} E_{O_2} - \Delta G. \quad (2\text{-}4\text{-}57)$$

式中，E_{O_2} 和 E_j 为 P_0, T_0 下气体的扩散㶲.

工程上常用的所谓燃料的化学㶲，也就是指标准燃料㶲. 在工程应用中，为了简化计算，常采用一些既简化、实用，又有较高精度的工程计算式. 例如：

气体燃料的化学㶲(比㶲)为

$$e_f = 0.950 Q_H, \quad (2\text{-}4\text{-}58)$$

式中，Q_H 为气体燃料的高位发热量.

液体燃料的化学㶲(比㶲)为

$$e_f = Q_L\left(1.0038 + 0.1365\frac{H}{C} + 0.0308\frac{O}{C} + 0.0104\frac{S}{C}\right), \quad (2\text{-}4\text{-}59)$$

式中,Q_L 为液体燃料的低位发热量;C, H, O, S 分别为碳、氢、氧、硫的质量分率.

此外,更简单的工程实用计算式为

$$e_f = 0.975 Q_H, \quad (2\text{-}4\text{-}60)$$

式中,Q_H 为液体燃料的高位发热量.

固体燃料的化学㶲(比㶲)为

$$e_f = Q_L\left(1.0064 + 0.1519\frac{H}{C} + 0.0616\frac{O}{C} + 0.0429\frac{N}{C}\right), \quad (2\text{-}4\text{-}61)$$

式中,Q_L 为固体燃料的低位发热量;C, H, O, N 分别为碳、氢、氧、氮的质量分率.

更简单、实用的计算式为

$$e_f = Q_L + rw, \quad (2\text{-}4\text{-}62)$$

式中,r 为环境温度下水的汽化潜热;w 为燃料的工作质水分.

4. 元素和化合物的化学㶲

借助可逆化学反应系统的㶲平衡方程式,不仅可以确定燃料的化学㶲,而且可以确定元素或单质以及化合物的化学㶲.实际上,有的燃料是单质,如 C, H_2 等;有的燃料是化合物,如 CO, CH_4, C_8H_{16} 等.化合物除为有机化合物外,还可是无机化合物.由于碳氢类燃料燃烧所需的氧气或空气,以及燃烧产物 CO_2, H_2O, N_2, O_2 等都是环境大气的基准物组分,它们的化学㶲都是已知值,即 P_0, T_0 下各纯组分的扩散㶲.因此,只要知道反应自由焓的变化,就可以确定燃料的化学㶲.在确定元素或单质以及化合物的化学㶲时,尚要规定地壳、海水等基准物的化学组成,它们相互处于热力学平衡状态.与空气的各组分一样,它们在 P_0, T_0 和各自组成下的㶲值为零.考虑到实际固态物体的扩散㶲无法利用,P_0, T_0 下各纯固态基准物的㶲值为零,因而可以有两种标准,由此确定的元素或化合物的㶲值也会有些差别.

当给定元素(或化合物)与基准物(或已知㶲值的物质)可逆反应生成其他基准物(或已知㶲值的物质),并能求得反应自由焓的变化时,可以由可逆反应的㶲平衡方程式求得该元素(或化合物)的化学㶲.例如,可以应用下列可逆反应确定元素 Ca 的化学㶲:

$$Ca + \frac{1}{2}O_2 + CO_2 = CaCO_3,$$

其㶲平衡方程式为

$$(E_{Ca})_n = (E_{CaCO_3})_n - \frac{1}{2}(E_{O_2})_n - (E_{CO_2})_n - \Delta G_n.$$

其中,O_2 和 CO_2 的㶲是已知的,就是扩散㶲;$CaCO_3$ 为基准物,其㶲为零.CO_2 和 $CaCO_3$ 的标准生成自由焓可由表 2-4-2 查得,而 Ca 和 O_2 的标准生成自由焓为零,因此,反应自由焓的变化也是可以求得的.

在上例中,我们由表 2-4-2 查得

$$(\Delta G_f^0)_{CO_2} = -394.39 (\text{kJ/mol}),$$

$$(\Delta G_f^0)_{CaCO_3} = -1\,128.79 (\text{kJ/mol}),$$

$$(E_{O_2})_n = 3.95 (\text{kJ/mol}),$$

$$(E_{CO_2})_n = 20.11 (\text{kJ/mol}).$$

于是有

$$\Delta G_n = -1\,128.79 - (-394.39)$$
$$= -734.4 (\text{kJ/mol}),$$

$$(E_{Ca})_n = 0 - \frac{1}{2} \times 3.95 - 20.11 + 729.7$$
$$= 707.62 (\text{kJ/mol}).$$

即 Ca 的标准化学㶲为 707.62 kJ/mol.

5. 混合气体及可燃混合气体燃料的㶲

与确定混合气体熵的方法类似,混合气体的㶲可以利用同温度同压力下各组成气体的㶲来计算.首先确定 P_0,T_0 下混合气体的㶲.如图 2-4-7 所示为混合系统的㶲平衡,在 P_0,T_0 下的摩尔化学㶲为

$$E_{ch.m} = \sum \psi_i^m E_{ch.i} + R_M T_0 \sum \psi_i^m \ln \psi_i^m. \tag{2-4-63}$$

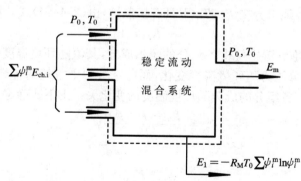

图 2-4-7 混合系统的㶲平衡

式中,$\psi_i^m = \dfrac{P_i^m}{P}$;$P_i^m$ 为混合气体中各组分的分压力;$E_{ch.i}$ 为各气体组分在 P_0,T_0 下

的化学㶲. 等号右边的第二项为几种混合气体绝热混合时的㶲损失.

相对于完全平衡环境状态,任意温度和压力下混合气体的㶲由下式计算:

$$E_m = (H - H_0)_m - T_0(S - S_0)_m + E_{ch.m}$$

或

$$E_m = \sum \psi_i^m [(H - H_0)_i - T_0(S - S_0)_i]$$
$$+ \sum \psi_i^m E_{ch.i} + R_M T_0 \sum \psi_i^m \ln \psi_i^m. \qquad (2\text{-}4\text{-}64)$$

式中,$(H - H_0)_i$ 和 $(S - S_0)_i$ 为混合气体各组分的摩尔焓的变化和摩尔熵的变化.

也可将上式写成

$$E_m = \sum \psi_i^m E_i + R_M T_0 \sum \psi_i^m \ln \psi_i^m, \qquad (2\text{-}4\text{-}65)$$

式中,$E_i = (H - H_0)_i - T_0(S - S_0)_i + E_{ch.i}$ 为相对于完全平衡环境状态混合气体中各组分在 P,T 下的㶲,它是物理㶲和化学㶲之和.

这里要指出的是,当只研究组成固定不变的混合气体㶲的变化时,并不需要计算混合气体的化学㶲或各组分的化学㶲,以及混合过程的㶲损失,因为它们是不变的常数,它们在混合气体的㶲变化的计算中消去了.

可燃混合气体燃料是几种可燃纯气体,如 H_2, CO, CH_4, C_2H_4 等,和一些非可燃气体,如 CO_2, N_2, O_2, H_2O 等的混合物,属于上述的混合气体. 所以,可燃混合气体燃料的化学㶲仍可用(2-4-63)式来计算. 在任意 P,T 下,可燃混合气体燃料的㶲可以用(2-4-64)式和(2-4-65)式来计算.

6. 燃气的㶲

含 C,H,O,N 化学组成的燃料在过量空气中完全燃烧,其燃气由 CO_2, H_2O, O_2, N_2 等组成. 各纯组分在 P_0, T_0 下具有扩散㶲,由(2-4-54)式计算为

$$E_{d.i} = - R_M T_0 \ln \psi_i^0. \qquad (2\text{-}4\text{-}66)$$

式中,ψ_i^0 为环境饱和湿空气中各组分的摩尔成分,其值随环境温度变化. 这是因为空气中水蒸气的分压力随环境温度变化,而湿空气中干空气的各组分的成分是固定不变的. 湿空气各组分的成分随环境温度的变化关系由下式确定:

$$\psi_i^0 = \frac{P_0 - P_s(T_0)}{P_0} \psi_i$$

或

$$\psi_i^0 = \frac{P_i^0}{P_0}. \qquad (2\text{-}4\text{-}67)$$

式中,ψ_i 为干空气中各组分的摩尔成分,$P_s(T_0)$ 为环境温度 T_0 下水蒸气的饱和压力. 因此,对于给定的环境温度,ψ_i^0 为定值,$E_{d.i}$ 也是定值. 空气中的 $\psi_{H_2O}^0 = \frac{P_s}{P_0}$

由(2-4-63)式,完全燃烧的燃气在 P_0,T_0 下的化学㶲为

$$E_{\text{ch.m}} = \sum \psi_i^{\text{m}} E_{\text{d.}i} + R_{\text{M}} T_0 \sum \psi_i^{\text{m}} \ln \psi_i^{\text{m}}. \qquad (2\text{-}4\text{-}68)$$

将(2-4-66)式代入上式,得

$$E_{\text{ch.m}} = -R_{\text{M}} T_0 \sum \psi_i^{\text{m}} \ln \psi_i^0 + R_{\text{M}} T_0 \sum \psi_i^{\text{m}} \ln \psi_i^{\text{m}}$$

$$= R_{\text{M}} T_0 \sum \psi_i^{\text{m}} \ln \frac{\psi_i^{\text{m}}}{\psi_i^0},$$

或

$$E_{\text{ch.m}} = R_{\text{M}} T_0 \sum \psi_i^{\text{m}} \ln \frac{P_i^{\text{m}}}{P_i^0}. \qquad (2\text{-}4\text{-}69)$$

式中,P_i^{m} 为在 P_0,T_0 下燃气各组分的分压力.

(2-4-69)式表明,当燃气或混合气体中只含有环境空气的组分时,其在 P_0,T_0 下的化学㶲就是燃气各组分的分压力在 T_0 下可逆地扩散到环境分压力时所作的有用功之和,故燃气的化学㶲也是一种扩散㶲.

在任意的温度和压力下,燃气的㶲为

$$E_{\text{m}} = (H - H_0)_{\text{m}} - T_0 (S - S_0)_{\text{m}} + R_{\text{M}} T_0 \sum \psi_i^{\text{m}} \ln \frac{P_i^{\text{m}}}{P_i^0}$$

或

$$E_{\text{m}} = \sum \psi_i^{\text{m}} [(H - H_0)_i - T_0 (S - S_0)_i]$$

$$+ R_{\text{M}} T_0 \sum \psi_i^{\text{m}} \ln \frac{\psi_i^{\text{m}}}{\psi_i^0}. \qquad (2\text{-}4\text{-}70)$$

在此需要指出的是,只计算固定组成燃气的㶲变化时,可以不必考虑燃气的扩散㶲,因为它是一个常数,在㶲变化的计算中消去了.

7. 湿空气的㶲

湿空气为干空气和水蒸气的混合物.如果规定当地、当时环境湿空气的㶲为零,其在 P_0,T_0 下具有相对湿度 φ_0,则在 P_0,T_0 下,相对湿度为 φ 的湿空气就具有扩散㶲.由(2-4-69)式,1 mol 湿空气的扩散㶲为

$$E_{\text{ch.m}} = R_{\text{M}} T_0 \left[\psi_{\text{v}} \ln \frac{\psi_{\text{v}}}{\psi_{\text{v}}^0} + (1-\psi_{\text{v}}) \ln \frac{1-\psi_{\text{v}}}{1-\psi_{\text{v}}^0} \right]. \qquad (2\text{-}4\text{-}71)$$

含 1 mol 干空气的湿空气的扩散㶲为

$$E'_{\text{ch.m}} = \frac{E_{\text{ch.m}}}{1-\varphi_{\text{v}}} = R_{\text{M}} T_0 \left[\frac{\psi_{\text{v}}}{1-\psi_{\text{v}}} \ln \frac{\psi_{\text{v}}}{\psi_{\text{v}}^0} + \ln \frac{1-\psi_{\text{v}}}{1-\psi_{\text{v}}^0} \right]. \qquad (2\text{-}4\text{-}72)$$

式中,$\psi_{\text{v}}^0 = \dfrac{\varphi_0 P_{\text{s}}(T_0)}{P_0}$ 为环境湿空气中水蒸气的摩尔成分;$1-\psi_{\text{v}}^0$ 为环境湿空气中

干空气的摩尔成分;$\psi_v = \dfrac{\varphi P_s(T)}{P_0}$ 为实际湿空气中水蒸气的摩尔成分;$1-\psi_v$ 为实际湿空气中干空气的摩尔成分;$P_s(T_0)$ 为 T_0 下水蒸气的饱和压力.

在任意 P,T 及相对湿度 φ 下,1 mol 湿空气的㶲为

$$\begin{aligned}E_m =\ & \psi_v[(H-H_0)_v - T_0(S-S_0)_v] \\ & + (1-\psi_v)[(H-H_0)_a - T_0(S-S_0)_a] \\ & + R_M T_0\left[\psi_v \ln\dfrac{\psi_v}{\psi_v^0} + (1-\psi_v)\ln\dfrac{1-\psi_v}{1-\psi_v^0}\right].\end{aligned} \quad (2\text{-}4\text{-}73)$$

上式中,H 和 S 为摩尔焓和摩尔熵.

由(2-4-72)式可知,P_0,T_0 下的干空气($\psi_v = 0$)具有正㶲.

第五节 㶲效率和㶲损失

一、㶲效率的定义

㶲是在环境条件下能量中能够用来转变为有用功的那部分能量.在可逆过程中没有㶲损失,但任何不可逆过程都有㶲损失.过程的不可逆性越大,其㶲损失的比例也越大.㶲的总量随不可逆过程的进行而不断减少.从㶲的概念出发,在人类生活和生产中进行的各种过程,不是消耗足够量的能量就能实现的,而是必须在能量中有足够的㶲才能实现.一般所说的能量要合理使用,实际上指的不是能量的数量,而是㶲.例如,为在设备中实施某种过程所提供的能量中的㶲要尽量得到充分利用,或在完成一个特定过程时要耗费尽量少的㶲.总之,在实际的能量转换过程中,应尽量减少㶲的损失.

对于在给定的条件下进行的过程来说,㶲损失的大小能够用来衡量该过程的热力学完善程度.㶲损失大,表明过程的不可逆性大,离相应的可逆过程远.但是,㶲损失是损失的一个绝对数量,并不能比较在不同条件下过程进行的完善程度,不能用来评价各类热工设备或热力过程中㶲的利用程度.为此,一般用㶲效率来表达在热力系统或热工设备中㶲的利用程度,或系统中进行热力过程的热力学完善程度.

在系统或设备中进行的过程,被利用或收益的㶲 E_g 与支付或耗费的㶲 E_p 的比值定义为该系统或设备的㶲效率,用 η_e 表示:

$$\eta_e = \frac{E_g}{E_p}. \qquad (2\text{-}5\text{-}1)$$

工程用的热工设备或装置一般都属稳定流动的开口系统,进行着稳流过程.因此,在以下的叙述中,如不加说明,则所说的系统或设备都是指稳定流动系统.

根据热力学第二定律,任何不可逆过程都要引起㶲损失,但是系统或过程必须遵守㶲平衡的原则,所以耗费㶲与收益㶲之差即为㶲损失:

$$E_l = E_p - E_g. \qquad (2\text{-}5\text{-}2)$$

因此,㶲效率可以写成

$$\begin{aligned}\eta_e &= \frac{E_p - E_l}{E_p}\\ &= 1 - \frac{E_l}{E_p}\\ &= 1 - \xi. \qquad (2\text{-}5\text{-}3)\end{aligned}$$

式中,ξ 称为㶲损失系数.由以上式子可以看出,㶲效率是耗费㶲中被利用的份额,而㶲损失为耗费㶲的损失份额.

由热力学第二定律可知,对于可逆过程:

$$\eta_e = 1;$$

对于不可逆过程:

$$\eta_e < 1.$$

可逆过程是热力学上最完善的过程,所以㶲效率反映了实际过程接近可逆过程的程度,表明了过程的热力学完善程度,或㶲的利用程度.

㶲效率反映㶲的利用程度,它是从能量的质或品位来评价一个设备或热力过程的完善程度,所以它是评价各种实际过程热力学完善程度的统一标准或统一尺度,这是应用㶲概念的特殊意义.

二、㶲效率的表达式

在用㶲效率的定义式确定㶲效率时,必须首先确定系统或过程中的耗费㶲或收益㶲.一般来说,一个系统的输入㶲不一定就是耗费㶲,输出㶲不一定就是收益㶲.在所有向系统输入或从系统输出的㶲中,哪些㶲组成耗费㶲,哪些㶲组成收益㶲,需视各类热工设备和装置而定.即使对于某一具体的设备,也要根据所分析的目标和当时的工作条件来确定.因此,㶲效率的表达式可能是多样的.

根据㶲平衡方程式,在耗费㶲和收益㶲中必须包含所有向系统输入的㶲和从系统输出的㶲,并且输入㶲和输出㶲中的任一项㶲只能在耗费㶲或收益㶲中出现一次.

在任一能量转换过程中,系统或设备与外界之间有能量和物质的交换,相应地也有㶲的交换.系统可以从外界输入㶲,也可以向外界输出㶲.按㶲的作用来分,一般可以将外界分为3类,如图2-5-1所示.一类为向系统或设备提供耗费㶲的能源或㶲源 A,一类是㶲的主要收益户 B,另一类为㶲的辅助收益户 C.系统从㶲源输入㶲 E_A^+,这是耗费㶲的主要来源,但也可以有部分㶲 E_A^- 输回给㶲源.系统向㶲的主要收益户 B 输出㶲 E_B^-,这是收益㶲的主要部分,但系统也可以从主要收益户输入㶲 E_B^+.同理,系统向㶲的辅助收益户输出㶲 E_C^-,但也可以从辅助收益户输入㶲 E_C^+.这样,系统从㶲源得到的净输入㶲为 $E_A^+ - E_A^-$,系统向主要收益户的净输出㶲为 $E_B^+ - E_B^-$,系统向辅助收益户的净输出㶲为 $E_C^+ - E_C^-$.

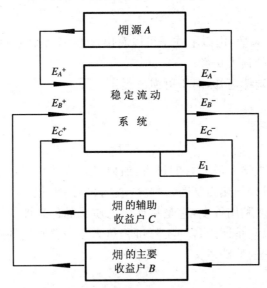

图 2-5-1 稳定流动系统的㶲平衡

这样,所研究的稳流系统的㶲平衡方程式为

$$E_A^+ + E_B^+ + E_C^+ = E_A^- + E_B^- + E_C^- + E_1. \qquad (2\text{-}5\text{-}4)$$

式中,任一项输入㶲和输出㶲都可以包括稳定物流㶲 E、热量㶲 E_Q 和功㶲 E_W,即有

$$\begin{aligned}E_i &= \left(E + \frac{1}{2}mv^2 + E_Q + E_W\right)_i \\ &= (E + E_Q + E_W)_i.\end{aligned} \qquad (2\text{-}5\text{-}5)$$

式中没有考虑物流的势能㶲,对于 E_A^+ 和 E_B^-,上式的括号中至少有一项不为零.对于其他㶲流,括号中的 4 项都可以为零.

可将(2-5-4)式的㶲平衡方程式改写为

$$(E_A^+ - E_A^-) = (E_B^- - E_B^+) + (E_C^- - E_C^+) + E_1 \qquad (2\text{-}5\text{-}6)$$

或

$$(E_A^+ - E_A^-) - (E_C^- - E_C^+) = (E_B^- - E_B^+) + E_1. \qquad (2\text{-}5\text{-}7)$$

将(2-5-4)式、(2-5-5)式、(2-5-6)式和(2-5-2)式相对照,可以看出耗费㶲和收益㶲有不同的内容,从而㶲效率也就有不同的表达形式.由(2-5-4)式可得

$$\eta_e^{\mathrm{I}} = \frac{E_A^- + E_B^- + E_C^-}{E_A^+ + E_B^+ + E_C^+}; \qquad (2\text{-}5\text{-}8)$$

由(2-5-6)式可得

$$\eta_e^{\mathrm{II}} = \frac{(E_B^- - E_B^+) + (E_C^- - E_C^+)}{E_A^+ - E_A^-}; \qquad (2\text{-}5\text{-}9)$$

由(2-5-7)式可得

$$\eta_e^{\mathrm{III}} = \frac{E_B^- - E_B^+}{(E_A^+ - E_A^-) - (E_C^- - E_C^+)}. \qquad (2\text{-}5\text{-}10)$$

㶲平衡方程式除可写成(2-5-6)式和(2-5-7)式外,还可以写成其他不同的形式,从而耗费㶲和收益㶲有不同的内容,㶲效率也可以有其他不同的表达形式.但是,对于常用的热工设备或装置,以上 3 种效率的 3 种表达形式已能满足要求.

三、常用热工设备和装置的㶲效率

对于不同的热工设备或装置,其㶲效率的形式可能是不同的.对于某一个具体的热工设备或装置,究竟取以上几种形式的㶲效率中的哪一种作为其㶲效率,要视热工设备的任务、所分析的目标以及工作条件而定.有时,对同一设备和装置,需要同时取不同形式的㶲效率来分析.对于几种常见的热工设备或装置,其耗费㶲、收益㶲和㶲效率列于表 2-5-1 中.

通过对热工设备的㶲分析,可以知道各设备㶲损失或㶲损失率的分布情况,从而知道系统㶲效率低的原因所在.系统中各设备或装置的㶲效率大小提供了改善设备的不可逆性,以减小㶲损失,提高㶲效率的可能性或潜力.

表 2-5-1　常用热工设备的㶲效率

热工设备	耗费㶲	收益㶲	㶲效率
锅　炉	$m_f e_f$	$m_v(e_2-e_1)$	$\dfrac{m_v(e_2-e_1)}{m_f e_f}$
燃烧室	$m_f e_f$	$m_g e_g - m_a e_a$	$\dfrac{m_g e_g - m_a e_a}{m_f e_f}$
透　平	$m(e_1-e_2)$	W	$\dfrac{W}{m(e_1-e_2)}$
压缩机或泵	W	$m(e_2-e_1)$	$\dfrac{m(e_2-e_1)}{W}$
节流阀	me_1	me_2	$\dfrac{e_2}{e_1}$
闭口蒸汽动力循环	$\int_1^2\left(1-\dfrac{T_0}{T}\right)\mathrm{d}Q$	W	$\dfrac{W}{\int_1^2\left(1-\dfrac{T_0}{T}\right)\mathrm{d}Q}$
燃气轮机装置	$m_f e_f$	W	$\dfrac{W}{m_f e_f}$
压缩式制冷机	W	$\left(1-\dfrac{T_0}{T_L}\right)Q'$	$\dfrac{\left(1-\dfrac{T_0}{T_L}\right)Q'}{W}$
吸收式制冷机	$\int_1^2\left(1-\dfrac{T_0}{T_H}\right)\mathrm{d}Q$	$\left(1-\dfrac{T_0}{T_L}\right)Q'$	$\dfrac{\left(1-\dfrac{T_0}{T_L}\right)Q'}{\int_1^2\left(1-\dfrac{T_0}{T_H}\right)\mathrm{d}Q}$
蒸汽喷射式制冷机	$m(e_1-e_2)$	$\left(1-\dfrac{T_0}{T_L}\right)Q'$	$\dfrac{\left(1-\dfrac{T_0}{T_L}\right)Q'}{m(e_1-e_2)}$
空气压缩变热器	W	$\left(1-\dfrac{T_0}{T_H}\right)Q$	$\dfrac{\left(1-\dfrac{T_0}{T_H}\right)Q}{W}$
表面式换热器	$m_H(e_1-e_2)$	$m_L(e_4-e_3)$	$\dfrac{m_L(e_4-e_3)}{m_H(e_1-e_2)}$
暖气取暖	$m(e_1-e_2)$	$\left(1-\dfrac{T_0}{T_H}\right)Q$	$\dfrac{\left(1-\dfrac{T_0}{T_H}\right)Q}{m(e_1-e_2)}$
电热取暖	$W=Q$	$\left(1-\dfrac{T_0}{T_H}\right)Q$	$1-\dfrac{T_0}{T_H}$

四、热交换系统的㶲损失

热交换装置和系统的种类繁多,广义来说,锅炉的燃烧装置和工业炉等都伴有传热过程,亦属于热交换装置. 任何热交换系统都属于有限温差下的传热过程. 在不考虑外部损失的条件下,在有限温差下,热量总是自发地从高温物体传向低温物体. 所传热量的温度水平或卡诺系数愈高,它的㶲部分就愈大. 所以,高温物体放出的热量中的㶲大,而低温物体吸收的热量中的㶲小. 因此,有限温差下的传热使㶲的总量减少,即有㶲损失. 我们利用热量㶲的计算式计算不可逆传热过程引起的㶲损失,也可以用数学表达式来表示. 设高温物体的温度为 T_H,低温物体的温度为 T_L,且它们可以随着热量的传递而发生变化. 如图 2-5-2 所示,当两个热接触的物体通过它们的分界面传递微元热量 ΔQ 时,高温物体放出的热量㶲为

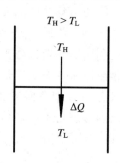

图 2-5-2 有限温差下的传热系统

$$\Delta E_{Q.H} = \Delta Q_H - T_0 \frac{\Delta Q_H}{T_H}, \qquad (2\text{-}5\text{-}11)$$

低温物体吸收的热量㶲为

$$\Delta E_{Q.L} = \Delta Q_L - T_0 \frac{\Delta Q_L}{T_L}. \qquad (2\text{-}5\text{-}12)$$

因为传热时

$$\Delta Q_H = \Delta Q_L = \Delta Q,$$

因此,因传热温差引起的㶲总量的减少(㶲损失)为

$$\begin{aligned}\Delta E_l &= \Delta E_{Q.H} - \Delta E_{Q.L} \\ &= T_0 \Delta Q \left(\frac{1}{T_L} - \frac{1}{T_H}\right) > 0.\end{aligned} \qquad (2\text{-}5\text{-}13)$$

上式说明,有限温差下的不可逆传热过程必有㶲损失.

(2-5-13)式不但适用于物体温度高于环境温度的传热,也适用于物体温度低于环境温度时的传热.

(2-5-13)式还可以写成

$$\Delta E_l = T_0 \Delta Q \frac{T_H - T_L}{T_H T_L}. \qquad (2\text{-}5\text{-}14)$$

式中,T_H 为高温物体的温度;T_L 为低温物体的温度. 由上式可知,在传热过程中,传递单位热量的㶲损失不仅与温度差($T_H - T_L$)成正比,而且与高、低温物体的绝对温度的乘积成反比. 传热温差越大,其㶲损失越大. 在传热温差相同的情况下,高温

时的㶲损失要比低温时小.如果要求㶲损失不超过某一定值,那么在温度水平高(例如蒸汽锅炉)的情况下,允许采用较大的温差;反之,在温度水平低(如低温换热器)的情况下,只允许采用较小的传热温度差.这一点具有很大的实用意义.这是因为传递一定量的热量时,换热器的面积与冷、热流体的温差成反比,所以,低温换热器比高温换热器的传热面积要大,造价要高,但可减少过多的㶲损失和过高的运行费用.

(2-5-14)式中的 T_H 和 T_L,一般是随着热量的传递而变化的.因而,要通过积分才能求得传递一定热量的㶲损失,这往往是困难的.所以,换热器的㶲损失一般都是利用㶲平衡方程来求解.如图 2-5-3 所示为一逆流式换热器,质量流量为 m_H 的热流体从状态 1 放热变化到状态 2,质量流率为 m_L 的冷流体从状态 3 吸热变化到状态 4.在整个换热器的任意截面上,都有 $T_H > T_L$.以整个换热器为热力系统,系统内部进行不可逆传热过程,传递的热量为 Q.设换热器和环境为绝热的,并不计及冷、热流体的动能和势能的变化,由冷、热流体的能量平衡得

$$Q = H_1 - H_2 = H_4 - H_3$$

或

$$Q = m_H(h_1 - h_2) = m_L(h_4 - h_3). \quad (2\text{-}5\text{-}15)$$

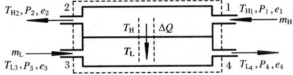

图 2-5-3 换热器的㶲平衡

换热器的㶲平衡方程式为

$$E_l = E_1 + E_3 - (E_2 + E_4)$$
$$= (E_1 - E_2) - (E_4 - E_3). \quad (2\text{-}5\text{-}16)$$

将(2-4-29)式和(2-5-15)式代入上式,得

$$E_l = T_0[(S_4 - S_3) - (S_1 - S_2)]. \quad (2\text{-}5\text{-}17)$$

(2-5-16)式表明,换热器的㶲损失等于热流体㶲的减少量与冷流体㶲的增加量之差.同时,由(2-5-17)式也可以看出,㶲损失仍等于换热器的熵增与环境绝对温度的乘积.

当冷、热流体的流量 m_L 和 m_H、进、出口流体的温度和压力均为已知时,可以由以上两式求得传热量 Q 和㶲损失 E_l.(2-5-15)式至(2-5-17)式也适用于冷、热流体存在阻力或压力损失的场合.此时的㶲损失不仅有温差引起的㶲损失,而且还包括摩擦阻力引起的㶲损失.如果不计流体的摩擦阻力或流体不存在内部不可逆

因素,则冷、热流体进行定压过程,流体㶲的变化等于热量㶲,并可以在 $\eta_e - Q$ 图上用面积表示. 如图 2-5-4 所示,即有

$$E_1 - E_2 = \int_2^1 \left(1 - \frac{T_0}{T_H}\right) dQ$$

$$= \int_2^1 \eta_{e.H} dQ$$

$$= \text{面积 } 12651, \quad (2\text{-}5\text{-}18)$$

$$E_4 - E_3 = \int_3^4 \left(1 - \frac{T_0}{T_L}\right) dQ$$

$$= \int_3^4 \eta_{e.L} dQ$$

$$= \text{面积 } 43654. \quad (2\text{-}5\text{-}19)$$

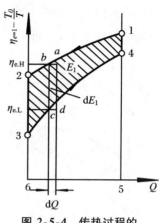

图 2-5-4 传热过程的 $\eta_e - Q$ 图

这样,换热器传热过程引起的㶲损失可以由下式表示:

$$E_l = \int_2^1 \eta_{e.H} dQ - \int_3^4 \eta_{e.L} dQ$$

$$= \text{面积 } 12341. \quad (2\text{-}5\text{-}20)$$

如果沿换热器截面能分别求出冷、热流体的温度,并在 $\eta_e - Q$ 图上作出冷、热流体的变化曲线,则不仅可以得到冷、热流体㶲的变化和总的损失,而且可以得到换热器各不同截面处㶲损失的分布情况,这对于改善换热器的设计和传热过程,以及减少㶲损失是有实际意义的. 例如,用不同压力的饱和蒸汽来加热水(图 2-5-5(b))比只用一个压力的饱和蒸汽加热水(图 2-5-5(a))可以明显地减少㶲损失.

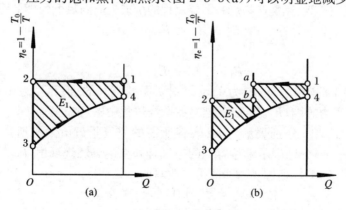

图 2-5-5 传热过程的改善

对于低温换热器,如图 2-5-6 所示,设 $T_H < T_0, T_L < T_0$. 由于冷流体得到冷

量,其㶲减少;热流体放出冷量,其㶲增加.同理,在不计流体内部阻力损失时,流体㶲的变化等于冷量㶲.此时,卡诺循环系数 $\eta_e = 1 - \dfrac{T_0}{T}$ 为负值,图 2-5-6 为这种情况下的 $\eta_e - Q$ 图.换热过程的㶲损失为

$$E_1 = (E_3 - E_4) - (E_2 - E_1)$$
$$= \int_4^3 \left(1 - \dfrac{T_0}{T_L}\right) dQ - \int_1^2 \left(1 - \dfrac{T_0}{T_H}\right) dQ$$
$$= \int_4^3 \eta_{e.L} dQ - \int_1^2 \eta_{e.H} dQ$$
$$= 面积\ 43654 - 面积\ 12651$$
$$= 面积\ 12341. \tag{2-5-21}$$

上式表明,低温换热器的㶲损失等于冷流体㶲的减少量与热流体㶲的增加量之差.

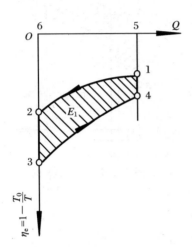

图 2-5-6 低温传热过程的 $\eta_e - Q$ 图

五、炉内燃烧的㶲损失

(锅炉或工业炉的)炉内燃烧是一个伴随传热和散热的复杂过程.为了单独计算由于燃料燃烧过程的不可逆性引起的㶲损失,也要像研究炉内换热那样,运用绝热燃烧的概念,建立绝热燃烧过程的热平衡方程式和㶲平衡方程式.所谓绝热燃烧,是指在燃烧过程中与外界没有任何的热量传递或散热,燃料燃烧所放出的全部热量被燃烧产物(烟气)所吸收的理想情况.在这种条件下,送入炉中的燃料㶲、助燃空气㶲、燃烧产物㶲和燃烧过程的㶲损失应满足下列㶲平衡方程式:

$$E_f + E_a = E_{g.ad} + E_{l.c} \tag{2-5-22}$$

或

$$E_{l.c} = E_f + E_a - E_{g.ad}. \tag{2-5-23}$$

式中,E_f 为 1 kg 燃料的㶲;E_a 为 1 kg 燃料所需的空气的㶲;$E_{g.ad}$ 为 1 kg 燃料完全燃烧生成的产物的㶲;$E_{l.c}$ 为 1 kg 燃料在燃烧过程中的㶲损失.

如果以 V_a,V_g 分别表示每 kg 燃料所需的空气量(Nm³)和所产生的烟气量(Nm³),以 e_a,e_{ad} 分别表示单位容积的空气㶲和在绝热燃烧温度 T_{ad} 下的容积烟气㶲(比㶲)(kJ/Nm³),则(2-5-23)式可以改写为

$$E_{l.c} = E_f + V_a e_a - V_g e_{ad}. \tag{2-5-24}$$

如果考虑燃料的显热㶲 E_f^p,则 E_f 可由下式表示:

$$E_f = E_f^0 + E_f^p = E_f^0 + c_{p.f}\left[(T_f - T_0) - T_0 \ln \dfrac{T_f}{T_0}\right].$$

式中,T_f 为燃料的温度;$c_{p.f}$ 为燃料的比热,对于固体燃料,$c_{p.f}$ 可取 1.047 kJ/(kg·K),对于液体燃料,$c_{p.f}$ 可取 1.88 kJ/(kg·K);E_f^0 为燃料的化学㶲.

V_a 和 V_g 由燃烧计算确定,所以

$$E_a = V_a e_a = V_a c_{p.a}\left[(T_a - T_0) - T_0 \ln \frac{T_a}{T_0}\right].$$

式中,T_a 为空气的温度;$c_{p.a}$ 为空气的定压平均容积比热.

燃烧产物的比㶲 e_g 是 T_g 的函数,$e_g = f(T_g)$.烟气温度不太高时(如锅炉的排烟),可以使用平均比热,并不会引起很大误差.但是,在计算高温(一般在 1400 ℃ 以上)的烟气时,则必须考虑比热受温度变化的影响,这样,就要使用下列一般性表达式计算 E_g:

$$E_g = V_g\{[H_g(t_g) - H_g(t_0)] - T_0[S_g(T_g) - S_g(T_0)]\}. \quad (2\text{-}5\text{-}25)$$

其中:

$$H_g(t) = \sum_i r_{gi} H_{gi}(t), \quad (2\text{-}5\text{-}26)$$

$$S_g(T) = \sum_i r_{gi} S_{gi}(T), \quad (2\text{-}5\text{-}27)$$

$$r_{gi} = \frac{V_{gi}}{\sum_i V_{gi}} = \frac{V_{gi}}{V_g}. \quad (2\text{-}5\text{-}28)$$

上述 3 式中,r_{gi} 表示烟气中各种成分的容积份额,$H_{gi}(t)$ 和 $S_{gi}(T)$ 分别表示各种成分以 0 ℃ 为基准的焓值(kJ/Nm³)和压力为 $P = 0.09806$ MPa 时的绝对熵值(kJ/(Nm³·K)).

根据燃气性质表在不同的温度区,H_{gi} 和 S_{gi} 的值可分别按下列公式计算:

(1) 0 ℃ $\leqslant t \leqslant$ 1400 ℃ 时

$$H_{gi} = a_{1i} t + b_{1i} t^2, \quad (2\text{-}5\text{-}29a)$$

$$S_{gi} = A_{1i} \ln T + B_{1i} T + C_{1i}. \quad (2\text{-}5\text{-}29b)$$

(2) 1400 ℃ $\leqslant t \leqslant$ 2000 ℃ 时

$$H_{gi} = a_{2i} t + b_{2i}, \quad (2\text{-}5\text{-}30a)$$

$$S_{gi} = A_{2i} \ln T + B_{2i}. \quad (2\text{-}5\text{-}30b)$$

(3) 2000 ℃ $\leqslant t \leqslant$ 3000 ℃ 时

$$H_{gi} = a_{3i} t + b_{3i}, \quad (2\text{-}5\text{-}31a)$$

$$S_{gi} = A_{3i} \ln T + B_{3i}. \quad (2\text{-}5\text{-}31b)$$

式中,温度 t 和 T 的单位分别为 ℃ 和 K,各种成分气体的计算系数由表 2-5-2 给出.

表 2-5-2 （2-5-29)式至(2-5-31)式中的系数值

			空气	N_2	O_2	CO	H_2O	CO_2	SO_2	H_2
H_{gi} (kJ/Nm³)	0℃≤t≤1400℃ $H_{gi}=a_{1i}t+b_{1i}t^2$	a_{1i}	1.285	1.273	1.327	1.281	1.465	1.788	1.892	1.273
		$b_{1i}\times 10^4$	1.222	1.193	1.440	1.285	2.554	3.957	3.349	6.071
	1400℃≤t≤2000℃ $H_{gi}=a_{2i}t+b_{2i}$	a_{2i}	2.612	1.599	1.687	1.616	2.290	2.692	2.604	1.523
		b_{2i}	-226	-230	-239	-226	-662	-528	-377	-234
	2000℃≤t≤3000℃ $H_{gi}=a_{3i}t+b_{3i}$	a_{3i}	1.662	1.628	1.742	1.645	2.436	2.747	2.650	1.616
		b_{3i}	-327	-289	-348	-285	-955	-636	-469	-419
S_{gi} (kJ/Nm³)	0℃≤t≤1400℃ $S_{gi}=A_{1i}\ln T+B_{1i}T$ $+C_{1i}$	A_{1i}	1.218	1.206	1.247	1.210	1.327	1.570	1.708	1.239
		$B_{1i}\times 10^4$	2.45	2.39	2.88	2.57	5.11	7.91	6.70	1.21
		C_{1i}	1.637	1.608	1.956	1.846	0.708	0.352	1.139	-1.269
	1400℃≤t≤2000℃ $S_{gi}=A_{2i}\ln T+B_{2i}$	A_{2i}	1.612	1.599	1.687	1.616	2.290	2.692	2.604	1.524
		B_{2i}	-0.879	-0.917	-0.833	-0.741	-5.589	-6.665	-4.396	-3.182
	2000℃≤t≤3000℃ $S_{gi}=A_{3i}\ln T+B_{3i}$	A_{3i}	1.662	1.629	1.742	1.645	2.437	2.747	2.650	1.616
		B_{3i}	-1.269	-1.143	-1.252	-0.967	-6.720	-7.084	-4.752	-3.893

如以 T_{ad} 表示绝热燃烧温度,则由(2-5-25)式可得 $E_{g.ad}$ 的计算公式为

$$E_{g.ad} = \{[H_g(t_{ad}) - H_g(t_0)] - T_0[S_g(T_{ad}) - S_g(T_0)]\}. \quad (2\text{-}5\text{-}32)$$

其中,T_{ad} 由绝热过程的热平衡方程式确定:

$$\sum_i V_{gi}[H_{gi}(t_{ad}) - H_{gi}(t_0)] = Q_L + H_f^p + H_a. \quad (2\text{-}5\text{-}33)$$

式中,Q_L,H_f^p,H_a 分别为每 kg 燃料的低位发热量、热焓和助燃空气的焓。这样,由(2-5-32)式可以分别求出各温度范围的 t_{ad}:

当 $0\,\text{℃} \leqslant t_{ad} \leqslant 1400\,\text{℃}$ 时,将(2-5-29a)式代入(2-5-33)式,则得

$$\sum_i V_{gi}[(a_{1i}t_{ad} + b_{1i}t_{ad}^2) - (a_{1i}t_0 + b_{1i}t_0^2)]$$

$$= Q_L + H_f^p + H_a. \quad (2\text{-}5\text{-}34)$$

上式可以改写为

$$\sum_i V_{gi}(a_{1i}t_{ad} + b_{1i}t_{ad}^2) - \sum_i V_{gi}(a_{1i}t_0 + b_{1i}t_0^2)$$

$$- (Q_L + H_f^p + H_a) = 0. \quad (2\text{-}5\text{-}35)$$

上式中,对于一个已知的燃料和环境状态,左边第二项和第三项为已知。分别设

$$\sum_i V_{gi}(a_{1i}t_0 + b_{1i}t_0^2) = M,$$

$$Q_L + H_f^p + H_a = N,$$

则(2-5-35)式可以写为

$$t_{ad}\sum_i V_{gi}a_{1i} + t_{ad}^2\sum_i V_{gi}b_{1i} - (M + N) = 0. \quad (2\text{-}5\text{-}36)$$

对于一种确定的燃料,$\sum_i V_{gi}a_{1i}$ 和 $\sum_i V_{gi}b_{1i}$ 为已知数,设为 B 和 A,则(2-5-36)式可写为

$$At_{ad}^2 + Bt_{ad} - (M + N) = 0.$$

上式为一元二次方程,解此方程,并取正根,得

$$t_{ad} = \frac{-B + \sqrt{B^2 + 4A(M+N)}}{2A}. \quad (2\text{-}5\text{-}37)$$

以相应的表达式代入,则

$$t_{ad} = \frac{\sum_i V_{gi}b_{1i}}{2\sum_i V_{gi}a_{1i}}$$

$$+ \frac{\sqrt{(\sum_i V_{gi}b_{1i})^2 + 4\sum_i V_{gi}a_{1i}\sum_i V_{gi}(a_{1i}t_0 + b_{1i}t_0^2 + Q_L + H_f^p + H_a)}}{2\sum_i V_{gi}a_{1i}}.$$

当 $1400\ ℃ \leqslant t_{ad} \leqslant 2000\ ℃$ 时，由(2-5-33)式和(2-5-30a)式,得

$$\sum_i V_{gi}[a_{2i}t_{ad} + b_{2i} - (a_{1i}t_0 + b_{1i}t_0)] = Q_L + H_f^p + H_a.$$

解上述方程,则得

$$t_{ad} = \frac{Q_L + H_f^p + H_a + t_0\sum_i V_{gi}(a_{1i} + b_{1i}t_0) - \sum_i V_{gi}b_{2i}}{\sum_i V_{gi}a_{2i}}. \quad (2\text{-}5\text{-}38)$$

同理,可解得 $2000\ ℃ \leqslant t \leqslant 3000\ ℃$ 时的绝对燃烧温度

$$t_{ad} = \frac{Q_L + H_f^p + H_a + t_0\sum_i V_{gi}(a_{1i} + b_{1i}t_0) - \sum_i V_{gi}b_{3i}}{\sum_i V_{gi}a_{3i}}. \quad (2\text{-}5\text{-}39)$$

将利用以上几个式子求得的 t_{ad} 代入(2-5-32)式,经计算后求得 $E_{g.ad}$,再代入(2-5-23)式,即可计算燃烧过程的不可逆损失 $E_{l.c}$.

由此,可以计算出燃烧过程的㶲效率为

$$\eta_{ex.c} = \frac{V_g e_{g.ad}}{E_f + V_a e_a}$$

$$= 1 - \frac{E_{l.c}}{E_f + E_a}. \quad (2\text{-}5\text{-}40)$$

六、蒸汽动力循环的㶲分析

蒸汽动力循环系统是稳定流动系统.工质经过系统的各个设备或过程完成循环,其各点参数(包括㶲值)都不随时间改变,这样可以写出整个循环的㶲平衡方程式,计算出㶲损失.循环系统的总㶲损失必定等于组成循环的每个设备或过程的㶲损失之和.

图 2-5-7 是蒸汽动力系统的朗肯循环简图,图 2-5-8 为其 $T\text{-}s$ 图.其㶲平衡方程式为

$$E_b = W_t - W_p + E_l, \quad (2\text{-}5\text{-}41)$$

$$E_l = W_{t.l} + E_{con.l} + E_{p.l}. \quad (2\text{-}5\text{-}42)$$

式中,E_b 表示循环工质在锅炉中得到的㶲；W_t 为汽轮机输出的功；W_p 为给水泵消耗的功；E_l 为循环系统的㶲损失(除锅炉以外)；$E_{t.l}$ 为汽轮机的㶲损失；$E_{con.l}$ 为冷凝器的㶲损失；$E_{p.l}$ 为给水泵的㶲损失.分别求出以上 3 个设备的㶲损失,即可求出 E_l.

汽轮机(绝热过程)的热平衡方程为

$$W_t = G_s(h_1 - h_2); \quad (2\text{-}5\text{-}43)$$

㶲平衡方程为

$$G_s(e_1 - e_2) = W_t + E_{t.1}, \qquad (2\text{-}5\text{-}44)$$

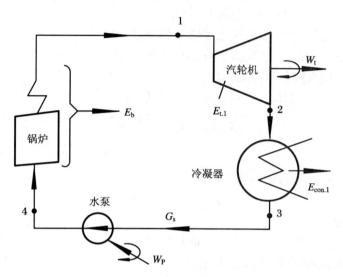

图 2-5-7　朗肯循环系统

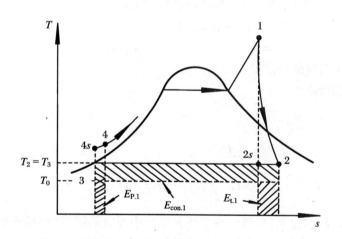

图 2-5-8　朗肯循环的 T—s 图

即为

$$G_s[h_1 - h_2 - T_0(s_1 - s_2)] = W_t + E_{t.1}.$$

将(2-5-43)式代入(2-5-44)式,得

$$E_{t.1} = G_s(e_1 - e_2) - W_t$$

$$= G_s \cdot T_0(s_2 - s_1). \tag{2-5-45}$$

冷凝器(等温冷凝过程,即 $T_2 = T_3$)的热平衡方程为

$$G_s(h_2 - h_3) = Q_{con} = x_2 \cdot r_{s2} \cdot G_s, \tag{2-5-46}$$

式中,x_2 为乏汽的干度;r_{s2} 为汽化潜热.㶲平衡方程为

$$E_{con.1} = E_{con} = G_s[h_2 - h_3 - T_0(s_2 - s_3)]. \tag{2-5-47}$$

将(2-5-46)式代入(2-5-47)式,得

$$\begin{aligned}E_{con.1} &= G_s[x_2 \cdot r_{s2} - T_0(s_2 - s_3)]. \\ &= G_s(s_2 - s_3) \cdot \left[\frac{x_2 \cdot r_{s2}}{s_2 - s_3} - T_0\right] \\ &= G_s(s_2 - s_3) \cdot (T_2 - T_0). \end{aligned} \tag{2-5-48}$$

水泵(绝热过程)的热平衡方程为

$$W_p = G_s(h_1 - h_3); \tag{2-5-49}$$

㶲平衡方程为

$$G_s(e_4 - e_3) = W_p - W_{p.1}. \tag{2-5-50}$$

将(2-5-49)式代入(2-5-50)式,得

$$E_{p.1} = G_s \cdot T_0(s_4 - s_3). \tag{2-5-51}$$

由(2-5-45)式、(2-5-48)式和(2-5-51)式,得

$$\begin{aligned}E_1 &= E_{t.1} + E_{con.1} + E_{p.1} \\ &= G_s[T_2(s_2 - s_3) - T_0(s_1 - s_4)]. \end{aligned} \tag{2-5-52}$$

如图 2-5-8 中斜线部分的面积所示.

循环的㶲效率为

$$\begin{aligned}\eta_{ex} &= \frac{W}{E_b} \\ &= \frac{E_b - E_1}{E_b} \\ &= 1 - \frac{G_s[T_2(s_2 - s_3) - T_0(s_1 - s_4)]}{E_b}. \end{aligned} \tag{2-5-53}$$

上述循环的㶲效率,是只考虑工质在循环中吸收的能量(热量或㶲),而不是燃料所提供的能量(㶲)情况下得到的.如果把锅炉考虑在内,计算出有效功和燃料发热量的比率,则这个比率称为蒸汽动力厂或蒸汽动力装置的总效率.有效功和化学能是同品位的能量,因此,无论是按热平衡计算还是按㶲平衡计算,两种分析方法得到的蒸汽动力装置的总效率应该是一致的.

对于如图 2-5-9 所示的朗肯循环蒸汽动力厂,其㶲平衡方程为

$$E_f + V_a e_a = W_t - W_p + E_l, \quad (2\text{-}5\text{-}54)$$

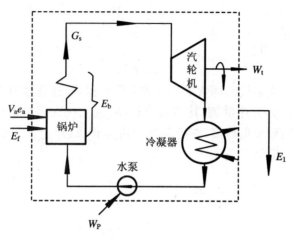

图 2-5-9 朗肯循环系统

其总㶲效率(蒸汽量等于供水量)为

$$\begin{aligned}\eta_e' &= \frac{W_t - W_p}{E_f + V_a e_a} \\ &= \frac{G_s(e_1 - e_4)}{E_f + V_a e_a} \cdot \frac{W_t - W_p}{G_s(e_1 - e_4)} \\ &= \eta_e^b \cdot \eta_e^t. \end{aligned} \quad (2\text{-}5\text{-}55)$$

式中,E_f 为燃料㶲;e_a 为助燃空气的比㶲;η_e^b 为锅炉的㶲效率;η_e^t 为其他装置的总㶲效率.

热平衡方程为(略去空气的显热)

$$Q_L = (W_t - W_p) + Q_l, \quad (2\text{-}5\text{-}56)$$

式中,Q_L 为燃料的低位发热量;Q_l 为总的热损失.

总热效率为

$$\begin{aligned}\eta_h' &= \frac{W_t - W_p}{Q_L} \\ &= \frac{G_s(h_1 - h_4)}{Q_L} \cdot \frac{W_t - W_p}{G_s(h_1 - h_4)} \\ &= \eta_h^b \cdot \eta_h^t. \end{aligned} \quad (2\text{-}5\text{-}57)$$

忽略燃料的物理㶲和空气的㶲,则

$$E_f + V_a e_a \approx E_f^0,$$

$$E_f^0 = Q_L + T_0 \Delta S.$$

因为 $T_0 \Delta S$ 和 Q_L 相比非常小,可以略去.这样,由(2-5-55)式得

$$\eta_e' \approx \frac{W_t - W_p}{Q_L},$$

与(2-5-57)式相比,则

$$\eta_e' \approx \eta_h'.$$

即蒸汽动力循环厂或装置的㶲效率和热效率几乎相等.这是因为在循环过程中,在锅炉中由化学㶲转变为热量㶲,其热效率很高(现代化大锅炉的热效率高达90%以上),而㶲效率相对要低得多.在冷凝器中恰恰相反,热量损失很大,而㶲损失很小(因为 T_2 和 T_0 相差很小).

第三章 太阳能的热转换及其应用

太阳能是指太阳辐射出的能量.在地球上,除了原子核能和地热能外,太阳是各种能量(矿物燃料能、风能、水能等)的来源.

太阳是一个炽热的大气体球,直径为 $1.39×10^6$ km,它表面的有效温度约为 6000 K,中心温度估计在 $8×10^6 \sim 4×10^7$ K 之间,压力约为 $1.96×10^{13}$ kPa.在这样的高温高压下,太阳内部持续不断地进行着核聚变反应,使太阳内部产生数百万度的高温,这正是太阳向空间辐射出巨大能量的源泉.上述的聚变反应可以持续数千亿年,所以太阳能实际上是一种取之不尽、用之不竭的能源.太阳的总辐射功率约为 $3.75×10^{26}$ W,一年中地球表面可获得的太阳能约为 $6×10^{17}$ kWh,相当于人类一年中所消耗能源的几万倍.同时,太阳能是无污染的清洁能源,而且不需要输送.因此,在目前世界性能源短缺和对环境保护要求日益严格的情况下,太阳能的应用具有很重要的意义.所以,现在许多国家都花费大量的资金、人力、物力加紧对太阳能利用的研究.

第一节 地球的自转与公转

虽然太阳常数为 1353 W/m²,但到达地球表面的太阳辐射能量在不同的季节、不同的时间和不同的地点是不相同的,其直接受下列因素的影响:

(1) 天文因素:日地距离,太阳的赤纬、时角;
(2) 地理因素:经度及纬度,海拔高度;
(3) 几何因素:太阳的高度,接收辐射面的倾角及方位;
(4) 物理因素:大气的衰减,接收辐射表面的性质.

在地球上，一天中有昼夜之分，一年之中又有春夏秋冬之分。这种自然现象，都是由于地球的自转以及地球绕太阳的公转引起的。

地球每天由西向东绕着通过它本身南极和北极的一根假想的轴线——地轴自转一周，即 360°，形成一昼夜。一昼夜又分为 24 小时，所以地球每小时自转 15°。

地球除了自转以外，还绕太阳循着偏心率很小的椭圆轨道（通常称为黄道）运行，称为公转。公转一周为一年。由于地球的自转轴与公转运行的轨道面（黄道面）的法线倾斜成 23°27′ 的夹角，而且在地球公转时自转轴的方向始终不变，总是指向天球的北极，这就使得太阳的直射位置有时偏北，有时偏南，形成了地球上的四季变化。图 3-1-1 是以春分、夏至、秋分、冬至 4 个典型季节日代表地球公转的行程图。春分日和秋分日，阳光垂直照射在地球的赤道位置上，见图 3-1-1。夏至日，阳光垂直照射在北纬 23°27′ 的地球表面上，在南极圈（南纬 66°33′）内的地区整日见不到太阳。冬至日，则太阳垂直照射在南纬 23°27′ 的地球表面上，在北极圈（北纬 66°33′）内的地区整日见不到太阳。地球绕太阳一周历时一年，为 365 天 5 小时 48 分 46 秒，天文学上称这一周期为 1 回归年。

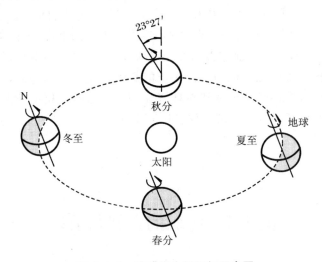

图 3-1-1 地球绕太阳运行示意图

由于地球绕太阳运行的轨道是一个椭圆轨道，所以地球和太阳之间的距离一年之内是有变化的。1 月初，地球过近日点，那时它离太阳比日地平均距离小 1.7%；7 月初，地球过远日点，那时它离太阳比日地平均距离大 1.7%；4 月初和 10 月初，地球与太阳的距离等于日地平均距离。日地平均距离为 1.495×10^8 km，一年中日地距离的变化约为 5×10^5 km。由于到达地球表面的太阳辐射强度与距离的平方成反比，所以它引起太阳辐射到达地面的能量变化的年平均值在 ±3.5% 之内。

第二节　地理坐标与天球坐标

一、地理坐标

地球近似为圆形球体,地球上任何地点的位置都是用地理坐标的经度和纬度来表示的.地球自转轴和地球表面的交点,分别叫做地球的"北极"P和"南极"P'(见图 3-2-1).通过球心、垂直于自转轴的大圆圈 QQ' 叫做地球的"赤道",它将地球分为南、北两半球.通过地球表面一点 M、平行于赤道的小圆圈 HMH' 即为"纬度圈".该点的铅垂线和赤道面的夹角 φ 称为"地理纬度".自赤道向两极各分 $90°$,分别称为北纬和南纬.

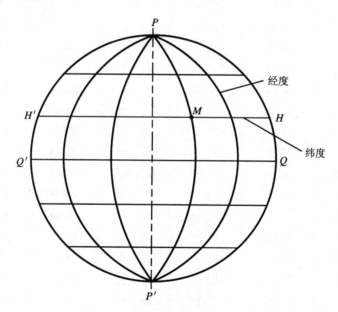

图 3-2-1　地理坐标

通过南、北极且垂直于赤道的大圆圈称为"经度圈",亦称"子午圈",简称经度.1884 年,国际协商决定,全世界的地理经度都以英国伦敦格林威治天文台所在的子午圈为经度的零度线,亦称"本初子午线".地理经度以本初子午线为起点,向东分 180°,称东经;向西分 180°,称西经.

引进地理坐标后,地球上任何点的位置都可用经纬度来表示.我国主要城市的经纬度列于表 3-2-1 中.

表 3-2-1 我国主要城市经纬度表

地 点	北 纬	东 经	地 点	北 纬	东 经
北 京	39°57′	116°19′	厦 门	24°27′	118°04′
上 海	31°12′	121°26′	台 北	25°02′	121°31′
天 津	39°06′	117°10′	高 雄	22°37′	120°15′
石家庄	38°04′	114°26′	郑 州	34°43′	113°39′
唐 山	39°40′	118°07′	洛 阳	34°40′	112°30′
邯 郸	36°36′	114°28′	开 封	34°50′	114°20′
保 定	38°53′	119°34′	武 汉	30°38′	114°17′
太 原	37°55′	112°34′	宜 昌	30°42′	111°05′
大 同	40°00′	113°18′	长 沙	28°15′	112°50′
呼和浩特	40°49′	111°41′	衡 阳	27°53′	112°53′
包 头	40°34′	109°50′	西 宁	36°35′	101°55′
沈 阳	41°46′	123°26′	广 州	23°00′	113°13′
旅 顺	38°54′	121°38′	合 肥	31°53′	117°15′
鞍 山	41°07′	122°57′	海 口	20°00′	110°25′
南 昌	28°40′	115°58′	拉 萨	29°43′	91°02′
柳 州	24°20′	109°24′	乌鲁木齐	43°47′	87°37′
南 京	32°04′	118°47′	南 宁	22°48′	108°18′
成 都	30°40′	104°04′	兰 州	36°01′	103°53′
长 春	43°52′	125°20′	西 安	34°15′	108°55′
吉 林	43°52′	126°32′	银 川	38°25′	106°16′
杭 州	30°20′	120°10′	济 南	36°11′	116°58′
福 州	26°05′	119°18′	重 庆	29°30′	106°33′
徐 州	34°19′	117°22′	贵 阳	26°34′	106°42′
哈尔滨	45°45′	126°38′	青 岛	36°04′	120°19′
苏 州	31°21′	120°38′	宁 波	29°54′	121°32′
昆 明	25°02′	102°43′	无 锡	31°40′	120°44′
鸡 西	45°17′	130°57′			

二、天球坐标

所谓天球,就是指人们站在地球表面,仰望天空,平视四周时看到的一个假想球面.根据相对运动的原理,太阳就好像在这个球上面周而复始地运动一样.要确定太阳在天球上的位置,最方便的办法是采用天球坐标系.天球坐标同地理坐标一样,要选择一些基本参数.

(1) 天轴与天极

首先以地平面上的观察点为球心,以日地平均距离为半径作天球.通过天球中心 O 作一直线 POP' 与地球的自转轴相平行(当我们略去地球的半径时,此轴和地球的自转轴为同一轴线),这条轴线叫做"天轴".天轴和天球交于 P 和 P',其中,与地球北极对应的叫"北天极",与地球南极对应的叫"南天极",如图 3-2-2 所示.

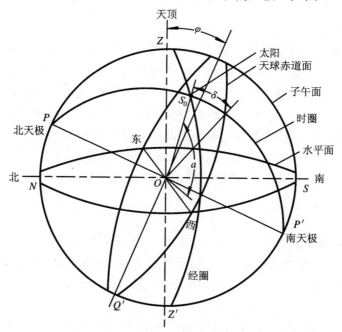

图 3-2-2 天球系统

天轴是一条假想的直线,由于地球绕地轴旋转是等速运动,即每小时 15°角,天球在旋转的过程中,只有南、北两个天极点是固定不动的.北极星大致位于北天极附近,始终处于我们的北边,常可用来判别方向.

(2) 天赤道

通过天球球心 O 作一平面与天轴相垂直,显然它和地理赤道是相平行的.这个平面和天球相交所截出的大圆 QQ' 叫做"天赤道".

(3) 时圈

通过南、北天极 P',P 和太阳 S_0 的大圆圈 PS_0P' 叫"时圈",它和天赤道是相互垂直的.由于天赤道到太阳的角距离是用相应于这个圈的赤纬来度量的,因而又称其为"赤纬圈".

(4) 天顶和真地平

通过天球球心 O 作一直线和观察点的水平面相垂直,它和天球的交点为 Z 和 Z'.其中,Z 正好位于观察者的头顶,称为"天顶";与 Z 相对应的 Z' 点叫"天底".通过球心 O 且与 ZZ' 相垂直的平面在天球上所截的大圆圈 SN 叫"真地平",或叫"数学水平面".

(5) 经圈和天子午圈

通过观察者天顶 Z 的大圆称为地平经圈,简称经圈,它与真地平是相垂直的,因此又叫"垂圈".而经过天顶 Z 和天极 P 的特殊圈 $PNP'S$ 通常称为"天子午圈",它与真地平交于 N 和 S.靠近北极的点 N 叫做"北点",而与北点相对应的点叫做"南点".若观察者面向北,其右方距南、北两点各为 $90°$ 的点 E 叫"东点",与东点相对应的点叫"西点",且东、西两点正好是天赤道和真地平的交点.

了解了天球上的基本点和圈以后,球面上的位置就可以用这些基本点和圈所组成的天球坐标系来确定.在确定太阳在天球上的位置时,常用的坐标系是赤道坐标系和地平坐标系.

(1) 赤道坐标系

赤道坐标系是以天赤道 QQ' 为基本圈、以天赤道和天子午圈的交点 Q 为原点的天球坐标系.在这个坐标系中,北天极 P 是基本圈的极,所有经过 P 点的大圆都垂直于天赤道.显然,通过 P 点和球面上的太阳(点 S_0)的半圆亦垂直于天赤道,两者相交于 B 点,见图 3-2-3.

在赤道坐标系中,太阳 S_0 的位置由下列两个坐标确定:

第一个坐标为圆弧 $\overset{\frown}{QB}$,称为"时角",以 ω 表示.时角是从天子午圈上的 Q 点算起,即从太阳时正午时算起,按顺时针方向为正,反时针方向为负,也就是时角上午为负,下午为正.它的数值等于离正午的时间(小时)乘以 $15°$.

第二个坐标为圆弧 $\overset{\frown}{RS_0}$,叫做赤纬,以 δ 表示.赤纬 δ 自天赤道算起.对于太阳来说,向北天极由两分日的 $0°$ 变化到夏至日的 $+23°27'$,向南天极则由两分日的 $0°$

变化到冬至日的 $-23°27'$. 太阳赤纬随季节的变化如图 3-2-4 所示. 根据 Cooper 方程，δ 值可由下式计算：

$$\delta = 23.45\sin\left(360 \times \frac{284+n}{365}\right). \qquad (3\text{-}2\text{-}1)$$

式中，n 为一年中的第几天数. 如春分时 $n = 81$，则 $\delta = 0$.

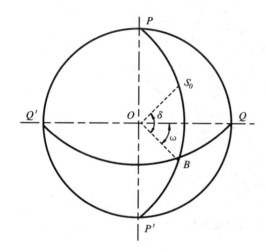

图 3-2-3　赤道坐标系　　　　　图 3-2-4　太阳赤纬的年变化

δ 值也可由从春分日算起的第 d 天的太阳赤纬计算：

$$\delta = 23.45\sin\left(\frac{2\pi d}{365}\right). \qquad (3\text{-}2\text{-}2)$$

由于太阳年际间的变化很小，对于太阳能的计算而言，可以忽略不计.

(2) 地平坐标系（水平坐标系）

地平坐标系是以真地平为基本圈、以南点为原点的天球坐标系. 在地平坐标系中，天顶 Z 是基本圈的极，所有经过天顶 Z 的大圆圈都垂直于真地平. 这两者的交点为 M，如图 3-2-5 所示.

在地平坐标系中，太阳 S_0 的位置是由下面两个坐标确定的：

第一个坐标为天顶角，即圆弧 $\widehat{ZS_0}$ 对应的角 $\angle ZOS_0$，以 Q_Z 表示. 天顶角也可用地平高度，即太阳高度角来表示，即圆弧 $\widehat{S_0M}$ 对应的中心角 $\angle S_0OM$，记为 α_s. 由图 3-2-5 可以看出：

$$Q_Z + \alpha_s = 90°. \qquad (3\text{-}2\text{-}3)$$

第二个坐标是方位角，即圆弧 $\widehat{SM}$，以 γ_s 表示. 并取南点 S 为起点，向西（顺时针方向)计算为正,向东(逆时针方向)为负.

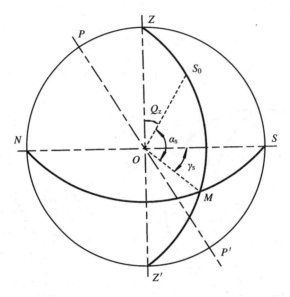

图 3-2-5 地平坐标系

第三节 太阳角的计算

无论是哪一种形式的太阳能收集器,都必然要涉及太阳的高度角、方位角以及日照时间等的计算问题. 太阳向量 S 与地平面的夹角 α_s 就是太阳高度角, S 在地平面上的投影与南北方向线之间的夹角 γ_s 就是太阳的方位角,如图 3-3-1 所示.

下面选用地平坐标系来推导出太阳的高度角和方位角的计算公式.

一、太阳高度角

图 3-3-1 给出了天球坐标系中的天极 P、天顶 Z 和太阳 S_0 所构成的球面三角形 PZS_0.

在这个球面三角形 PZS_0 中,天极 P 的地平高度角 α_P 等于该地的地理纬度 φ, 如图 3-3-1 所示. 设我们位于纬度为 φ 的 O 点仰望天空,这时天顶在 OZ 方向,作

出 O 点的真地平 SN，不难看出
$$\angle NOP = \angle QOZ,$$
即
$$\alpha_P = \varphi.$$
也就是说，$\widehat{NP} = \varphi$。另外，$\widehat{BS_0} = \delta$，球面角 $\angle ZPS_0$ 是太阳的时角，即 $\omega = \widehat{QB}$。

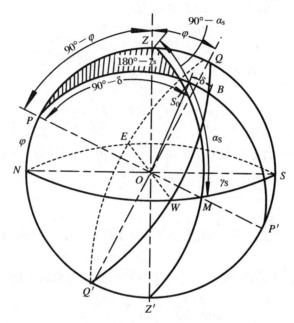

图 3-3-1　天球坐标系中的球面三角形

注意到上述关系，可得
$$\widehat{PS_0} = 90° - \delta,$$
$$\widehat{ZS_0} = \theta_Z,$$
$$\widehat{ZP} = 90° - \varphi,$$
$$\angle ZPS_0 = \omega,$$
$$\angle S_0 ZM = \gamma_s.$$
由球面三角形的余弦公式，有
$$\cos\theta_Z = \cos(90° - \varphi)\cos(90° - \delta) \\ + \sin(90° - \varphi)\sin(90° - \delta)\cos\omega, \tag{3-3-1}$$
化简后得

$$\cos\theta_Z = \sin\varphi\sin\delta + \cos\varphi\cos\delta\cos\omega.$$

将 $\theta_Z + \alpha_s = 90°$ 代入上式,得

$$\sin\alpha_s = \sin\varphi\sin\delta + \cos\varphi\cos\delta\cos\omega. \tag{3-3-2}$$

上式即为太阳高度角的计算公式,只要知道日期(δ)、时间(ω)和位置(φ),即可求出 α_s.

太阳正午时 $\omega = 0$,则(3-3-2)式化简为

$$\sin\alpha_s = \cos(\varphi - \delta). \tag{3-3-3}$$

因为

$$\cos(\varphi - \delta) = \sin[90° \pm (\varphi - \delta)],$$

所以

$$\alpha_s = 90° \pm (\varphi - \delta). \tag{3-3-4}$$

(3-3-4)式中,当 $\varphi > \delta$ 时,取负号;当 $\varphi < \delta$ 时,取正号.即在北半球,当正午太阳在天顶以南时取负号,当正午太阳在天顶以北时取正号.很显然,在 $\varphi = \delta$ 时,有

$$\alpha_s = 90°.$$

二、太阳方位角

在球面三角形 PZS_0 中,太阳方位角和球面角 $\angle PZS_0$ 互补,即

$$\angle PZS_0 = 180° - \gamma_s. \tag{3-3-5}$$

由球面三角形的正弦定理,球面三角形边的正弦和其对角的正弦成正比,即得

$$\frac{\sin(90 - \delta)}{\sin(180 - \gamma_s)} = \frac{\sin\theta_Z}{\sin\omega}, \tag{3-3-6}$$

化简后得

$$\sin\gamma_s = \frac{\cos\delta\sin\omega}{\sin\theta_Z}$$

$$= \frac{\cos\delta\sin\omega}{\cos\alpha_s}. \tag{3-3-7}$$

利用球面三角形的余弦公式,则可得到太阳方位角的另一表达式:

$$\cos(90° - \delta) = \cos(90° - \alpha_s)\cos(90° - \varphi)$$
$$+ \sin(90° - \alpha_s)\sin(90° - \varphi)\cos(180° - \gamma_s),$$

化简后得

$$\cos\gamma_s = \frac{\sin\alpha_s\sin\varphi - \sin\delta}{\cos\alpha_s\cos\delta}. \tag{3-3-8}$$

α_s 可由(3-3-2)式求得.

利用上述两个公式,根据地球纬度、太阳赤纬及观察时间,即可求出任何地区、

任何季节某一时刻的太阳方位角.

另外,求太阳方位角 γ_s 和太阳高度角 α_s,可以利用太阳轨迹的平面投影图.每个不同纬度的地区都有一幅投影图,图 3-3-2 即为北纬 30°地区的太阳轨迹平面投影图.图中,同心圆为高度角 α_s,半径方向为方位角 γ_s,圆弧线为赤纬 δ,半圆弧线为时角 ω.由当天的赤纬和某时刻的时角的交点可求出当日当时的太阳高度角和方位角.

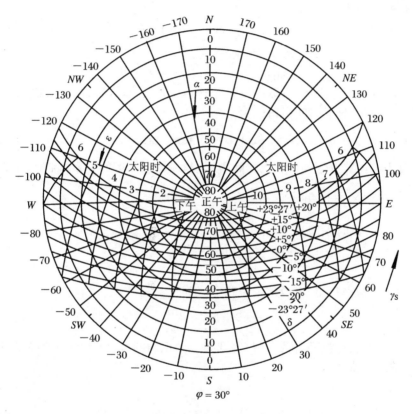

图 3-3-2 北纬 30°地区太阳轨迹平面投影图

三、日出、日没的时角及日照时数

太阳视圆面在出没地面瞬间,如不考虑地面的曲率及大气折射的影响,太阳高度角 $\alpha_s=0$.将 $\alpha_s=0$ 代入(3-3-2)式,得

$$\sin\varphi\sin\delta + \cos\varphi\cos\delta\cos\omega = 0,$$

即

$$\cos\omega_\odot = -\tan\varphi\tan\delta. \quad (3\text{-}3\text{-}9)$$

式中,$\omega_\odot$ 为日出、日没时角,因余弦为偶函数,所以 $\omega_\odot$ 有正有负,负为日出时角,正为日没时角.对于某一个确定的地点来说,φ 为定值,所以 $\omega_\odot$ 只是 δ 的函数.一年之内,日出、日没时角是随着 δ 的变化而改变的.

对于赤道至北极圈(或南极圈)的地区,当
$$-1 \leqslant \tan\varphi\tan\delta \leqslant 1$$
时,解(3-3-9)式,则
$$\omega_\odot = \arccos(-\tan\varphi\tan\delta), \quad (3\text{-}3\text{-}10)$$
$$\omega_{\odot.r} = \omega_\odot,$$
$$\omega_{\odot.s} = \omega_\odot.$$

求出时角 $\omega_\odot$ 后,除以地球的自转角速度 $15°/h$,即得出日出、日没的时间.因此,一天中可能的日照时间(日长)为
$$N = \frac{2}{15}\arccos(-\tan\varphi\tan\delta). \quad (3\text{-}3\text{-}11)$$

有时为了计算方便,时角(以时间表示)与赤纬和纬度的关系可制成列线图.

四、日出、日没的方位角

因日出、日没时太阳高度角 $\alpha_s = 0$,则
$$\sin\alpha_s = 0,$$
$$\cos\alpha_s = 1.$$
代入(3-3-8)式,得日出、日没的方位角公式为
$$\cos\gamma_{s.0} = -\frac{\sin\delta}{\cos\varphi}. \quad (3\text{-}3\text{-}12)$$

上式对日出、日没都有两个解,要选择一个正确的解.对于北半球,夏半年取负值,冬半年取正值.

第四节 斜面上的太阳光线入射角及日照起止时间

一、入射角

众所周知,太阳能收集器是倾斜放置的.到达收集器表面的太阳能量以及透明

盖板的透过率都随太阳的入射角改变而改变.

斜面上太阳光线的入射角,如图3-4-1所示,是太阳射线 l 与斜面法线 n 的夹角 θ_T.

这里,我们选取斜面的法线 n 在 Oxy 水平面上的投影方向与空间直角坐标系的 x 轴相重合,这样,z 轴的方向即为天顶的方向.令斜面法线和太阳入射光线均通过坐标原点 O,SN 是通过原点 O、在 Oxy 平面内表示地球南北极的方向线(S 点为南点,N 点为北点),则 β 代表斜面与水平面的夹角,即斜面的倾角(面向南时倾角为正);γ_s 代表太阳光线的投影线与南北方向线之间的夹角,即太阳方位角;α_s 代表太阳射线及其在水平面上的投影线之间的夹角,即太阳高度角;γ_n 代表斜面法线在水平面上的投影线与南北方向线的夹角,即斜面的方向角.斜面方向角与太阳方位角一样,按顺时针方向计量.

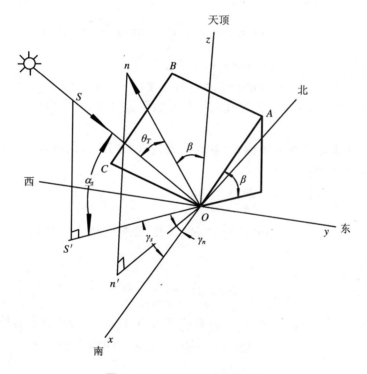

图 3-4-1　斜面上的太阳辐射

从图 3-4-1 中易见,斜面法线 n 和太阳射线 l 的 3 个方向余弦表达式为

$$\cos(\widehat{n,x}) = \cos(90°-\beta) = \sin\beta,$$

$$\cos(\hat{\pmb{n},\pmb{y}}) = \cos 90° = 0,$$

$$\cos(\hat{\pmb{n},\pmb{z}}) = \cos\beta;$$

$$\cos(\hat{\pmb{l},\pmb{x}}) = \cos\alpha_s\cos(\gamma_s - \gamma_n), \qquad (3\text{-}4\text{-}1)$$

$$\cos(\hat{\pmb{l},\pmb{y}}) = \cos\alpha_s\cos[90° + (\gamma_s - \gamma_n)]$$
$$= -\cos\alpha_s\sin(\gamma_s - \gamma_n),$$

$$\cos(\hat{\pmb{l},\pmb{z}}) = \cos(90° - \alpha_s) = \sin\alpha_s.$$

根据两个矢量夹角的余弦公式,即可写出斜面上太阳光线入射角 θ_T 的余弦:

$$\cos\theta_T = \cos(\hat{\pmb{n},\pmb{l}})$$
$$= \cos(\hat{\pmb{n},\pmb{x}})\cos(\hat{\pmb{l},\pmb{x}}) + \cos(\hat{\pmb{n},\pmb{y}})\cos(\hat{\pmb{l},\pmb{y}})$$
$$+ \cos(\hat{\pmb{n},\pmb{z}})\cos(\hat{\pmb{l},\pmb{z}})$$
$$= \sin\beta\cos\alpha_s\cos(\gamma_s - \gamma_n) + \cos\beta\sin\alpha_s. \qquad (3\text{-}4\text{-}2)$$

上式表明,斜面上的太阳光线入射角是太阳高度角、方位角以及斜面的倾角、方向角的函数.

如果将太阳高度角的表达式(3-3-2)式代入太阳方位角的表达式(3-3-8)式,则太阳方位角的表达式为

$$\cos\gamma_s = \frac{\sin\alpha_s\sin\varphi - \sin\delta}{\cos\alpha_s\cos\varphi}$$
$$= \frac{(\sin\varphi\sin\delta + \cos\varphi\cos\delta\cos\omega)\sin\varphi - \sin\delta}{\cos\alpha_s\cos\varphi},$$

化简得

$$\cos\gamma_s = \frac{\sin\varphi\cos\delta\cos\omega - \cos\varphi\sin\delta}{\cos\alpha_s}. \qquad (3\text{-}4\text{-}3)$$

再将(3-4-3)式及(3-3-2)式和(3-3-7)式代入(3-4-2)式,并进行重新排列整理,得

$$\cos\theta_T = A\sin\delta + B\cos\delta\cos\omega + C\cos\delta\sin\omega, \qquad (3\text{-}4\text{-}4)$$

式中:

$$A = \sin\varphi\cos\beta - \cos\varphi\sin\beta\cos\gamma_n,$$
$$B = \cos\varphi\cos\beta + \sin\varphi\sin\beta\cos\gamma_n,$$
$$C = \sin\beta\sin\gamma_n.$$

对于给定地区和固定的倾斜面来说,表征地理位置的纬度 φ 以及倾角 β、方向

角 γ_n 是已知的. 于是,(3-4-4)式中的 A,B,C 为常数.

由上式可见,某一地区固定的太阳能收集器的太阳入射光线的入射角仅仅是太阳赤纬和时间的函数.利用这一公式,可以计算出任何地区、任何季节、任何倾斜面上的太阳光线的入射角,从而对太阳能收集器的设计作最佳选择.

对于北半球来说,太阳能收集器通常是朝南放置的.对于这些面向赤道的收集器,其方向角 $\gamma_n = 0$,于是

$$A = \sin(\varphi - \beta),$$
$$B = \cos(\varphi - \beta),$$
$$C = 0,$$

因此

$$\cos\theta_T = \sin(\varphi - \beta)\sin\delta + \cos(\varphi - \beta)\cos\delta\cos\omega. \tag{3-4-5}$$

当太阳能收集器朝南、水平放置时,$\gamma_n = 0, \beta = 0$,则

$$\cos\theta_T = \sin\varphi\sin\delta + \cos\varphi\cos\delta\cos\omega. \tag{3-4-6}$$

当太阳能收集器朝南、倾角等于当地的纬度(这里常用的放置方法)时,$\gamma_n = 0, \varphi = \beta$,则

$$\cos\theta_T = \cos\delta\cos\omega. \tag{3-4-7}$$

二、斜面上的日照起止时间

斜面上的日照起止时间与水平面上的日出、日没时间是不同的.斜面上的日照时间在太阳能工程中是一个重要问题,它是影响到达收集器表面上的太阳辐射量的一个主要因素.

当太阳光线与斜平面平行时,太阳光线的入射角 $\theta_T = 90°$.这一瞬间斜面上的太阳辐射量为零,并以此表示斜面上的日照开始或结束时间.这时,由于

$$\cos\theta_T = \cos 90° = 0,$$

(3-4-4)式变为

$$A\sin\delta + B\cos\delta\cos\omega + C\cos\delta\sin\omega = 0. \tag{3-4-8}$$

对于北半球,朝南放置太阳能收集器,即 $\gamma_n = 0$,由(3-4-5)式得

$$\sin(\varphi - \beta)\sin\delta + \cos(\varphi - \beta)\cos\delta\cos\omega = 0. \tag{3-4-9}$$

则日照结束时的时角 ω_c 为

$$\cos\omega_c = -\tan(\varphi - \beta)\tan\delta. \tag{3-4-10}$$

如采用倾角等于当地纬度的方式放置,即 $\varphi = \beta$,则由(3-4-7)式得

$$\cos\theta_T = \cos\delta\cos\omega_c = 0,$$

所以

$$\omega_c = \pm 90°.$$

有了临界角 ω_c 后,还不能确定斜面上的日照起止时间,还必须和日出、日没的时角 $\omega_\odot$ 相比较. 如果

$$|\omega_\odot| \geq |\omega_c|,$$

则取 ω_c 为日照起止时间; 如果

$$|\omega_\odot| < |\omega_c|,$$

则取 $\omega_\odot$ 为日照起止时间.

在北半球,对于朝南倾斜放置的太阳能收集器来说,有

$$\beta < 90° + \varphi - \delta.$$

冬半年时

$$\omega_{c.r} = -\omega_\odot,$$
$$\omega_{c.s} = \omega_\odot;$$

夏半年时

$$\omega_{c.r} = -\omega_c,$$
$$\omega_{c.s} = \omega_c.$$

所以,倾斜面上的日照时数为

$$N = \frac{2}{15}\omega_{c.s}(h).$$

第五节 太阳时与钟时的换算

在上述讨论中,采用的时间都是太阳时,它与钟表所指的时间(标准时)是有差别的,有的地区差别甚至是很大的. 下面讨论太阳时与钟时的换算关系.

时间的计量是以地球自转周期为依据的,昼夜循环现象给了我们测量时间的一种尺度. 我们将太阳视圆面中心连续两次上中天的时间间隔定为一个"真太阳日",1个真太阳日被分为24个"真太阳时",或简称为"太阳时".

地球每天自转一周,计为24太阳时. 由于地球的公转,地球每天沿黄道又向前运行了一段,大约需要再向前自转1°左右,才能到达前一天中午所指向的太阳方向. 所以,当太阳第二次到达观察点正南方时,地球的自转已大于360°了. 实际上,地球自转一周不是24小时,而是比24小时小. 此外,地球公转的轨道是椭圆的,地

球在近日点(1月)时,其运行角速度快些,一昼夜多自转 $1°1'10''$;在远日点(7月)时,运行速度慢一些,一昼夜少自转 $57'11''$.因此,一年中太阳日的长短不一.观察证实,每年9月16日中午到9月17日中午只有23小时59分39秒,而12月23日中午到12月24日中午却有24小时0分30秒.同样一个太阳日,最长和最短相差51秒,可见太阳时不是一种均匀的时间标准,用于日常计量时间很不方便.

为了得到既均匀又适合于日常生活的时间,在天文学计算理论上,假设一个假想点,它每年和真太阳时同时从春分点出发,由西向东在天球赤道上以均匀速度运行,运行一周后和真太阳时同时回到春分点,两者一年中的行程完全一样.这个假想点称为"平太阳时",太阳连续两次中午的时间间隔称为"平太阳日",1平太阳日分为24平太阳时,这个时间系统称为"平太阳时",这就是钟表所指示的时间.

平太阳日的日长等于一回归年里真太阳日日长的平均值,这样便把日长固定下来了.

真太阳时与平太阳时两者的时刻差值称为时差 E,以分钟表示,即

$$E = \tau_\odot - \tau. \tag{3-5-1}$$

式中:

$\tau_\odot$——真太阳时;

τ——平太阳时.

平太阳时和真太阳时的差别不大,一年四次两者相一致,最大差只不过16分钟,如图3-5-1所示.

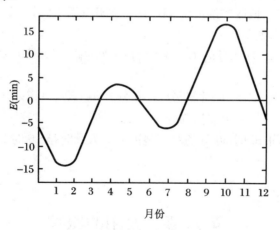

图 3-5-1　E 值

真太阳时和平太阳时都是以时角计算的,而时角是以天子午圈为起点计算的.

对于地球上不同经度的地点,它们的子午圈是不相同的,所以世界上每个地方都有当地的真太阳时和平太阳时.如果没有一个统一的标准,在日常使用上也会带来很大的不便.为此,国际规定,以英国格林威治天文台的子午线(即本初子午线)处的平太阳时为世界时间的标准,称为"世界时".

由于地球不停地自西向东自转,同一瞬间各地方的时刻不一样,它们之间的差值与纬度无关,只取决于两地的经度之差.我国东西经度的跨度为63°(东经72°~东经135°),全国一律采用东经120°经圈上的平太阳时作为我国的标准时,叫做"北京时间".北京时和世界时相差8个小时,即北京时等于世界时加上8小时.

用北京时表示的我国某一经度地区的平太阳时可用下式表示:

$$\tau = 标准时间 - \frac{l_{st} - l_{loc}}{15},\qquad(3\text{-}5\text{-}2)$$

式中:

l_{st}——标准地方时的子午线经度;

l_{loc}——某一地区的地方经度.

将(3-5-1)式代入(3-5-2)式,得

$$\tau_\odot = 北京时 + E - 4(120 - l_{loc}) \qquad(3\text{-}5\text{-}3)$$

或

$$北京时 = \tau_\odot - E + 4(120 - l_{loc}). \qquad(3\text{-}5\text{-}4)$$

因地球4分钟转1°,因此上式中最后一项的单位为分.

例如,已知北京地区的经度为116°19′,求相应于12月5日北京时间10时30分的北京地区的真太阳时.

由图可查出,12月5日的$E = +10$分钟.将$l_{loc} = 116°19′$和E值代入(3-5-3)式,得

$$\tau_\odot = 10时30分 + 10分 - 4(120 - 116.3)$$
$$= 10时25分.$$

即相应于北京时间10时30分的北京地区的真太阳时是10时25分.

第六节 太阳的跟踪

太阳辐射的能量到达地球时密度比较低,在大气层外垂直于太阳入射光线的

平面上也只有 1353 W/m², 经大气层的反射、散射、吸收后, 到达地球表面上的能量密度更低. 在某一倾斜面上所能接收到的辐射总量(见图 3-6-1)为

$$I = I_b \cos\theta_T. \tag{3-6-1}$$

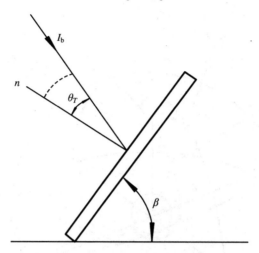

图 3-6-1 倾斜面上的太阳辐射

从上式可以看出, 要想增加到达斜面上的太阳辐射能量的强度, 必须减少 θ_T. 又因为太阳入射光线的方向是随时改变的, 要达到减小 θ_T 的目的, 必须采用跟踪太阳的手段.

对太阳进行跟踪的方法很多, 但不外乎采用确定太阳在天球上位置所用的两种坐标系统, 即赤道坐标系和地平坐标系, 并分为双轴跟踪和单轴跟踪.

一、双轴跟踪

1. 赤道坐标系跟踪(极轴式全跟踪)

如图 3-6-2 所示, 极轴为一平行地球自转轴的可以转动的轴. 另一根轴与极轴垂直, 并东西向水平放置, 称为赤纬轴.

太阳能收集器朝南放置时, 由(3-4-5)式得

$$\cos\theta_T = \sin(\varphi - \beta)\sin\delta + \cos(\varphi - \beta)\cos\omega\cos\delta. \tag{3-6-1}$$

当地球自西向东以每小时 15° 的角速度转动时, 太阳能收集器以每小时 15° 的角速度由东向西绕平行于地球自转轴的极轴转动, 这样太阳能收集器自身(相对于太阳)的时角 ω 为零. 则(3-6-1)式变为

$$\cos\theta_T = \sin(\varphi - \beta)\sin\delta + \cos(\varphi - \beta)\cos\delta$$

$$= \sin(\varphi - \beta - \delta). \tag{3-6-2}$$

要使 $\cos\theta_T$ 最大,需 $\theta_T = 0$,即

$$\varphi - \beta - \delta = \theta_T = 0,$$

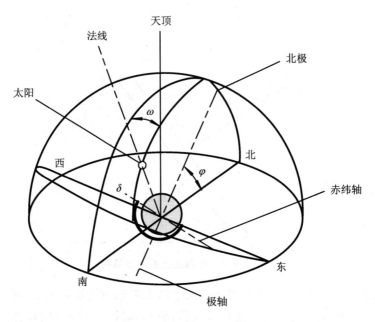

图 3-6-2 极轴式全跟踪

亦即倾角

$$\beta = \varphi - \delta. \tag{3-6-3}$$

因 φ 为当地纬度,固定不变,所以可改变倾角 β 的大小来平衡 δ 的变化,使太阳能收集器绕东西向的赤纬轴转动而改变倾角. 因赤纬在一天中的变化不大,所以可以根据跟踪精度的要求,间隔若干天调整一次太阳能收集器的倾角.

2. 地平坐标系跟踪

此跟踪方法是跟踪太阳的高度角 α_s 和方位角 γ_s,所以此种太阳能收集器有一根垂直于水平面的方位轴和一根平行于当地水平面的俯仰轴,如图 3-6-3 所示.

由(3-4-2)式可知,斜面的入射角余弦为

$$\cos\theta_T = \sin\beta\cos\alpha_s\cos(\gamma_s - \gamma_n) + \cos\beta\sin\alpha_s.$$

跟踪时,将太阳能收集器绕垂直于水平面的轴 Z 转动,使 $\gamma_n = \gamma_s$,则上式变为

$$\cos\theta_T = \sin\beta\cos\alpha_s + \cos\beta\sin\alpha_s$$

$$= \sin(\beta + \alpha_s). \tag{3-6-4}$$

将太阳能收集器绕平行于水平面的轴 N 转动,改变 β,使
$$\beta + \alpha_s = 90°,$$

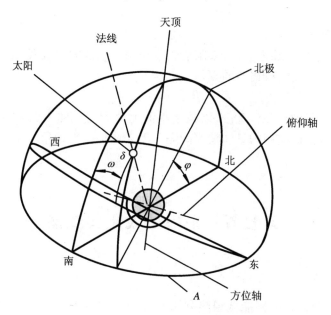

图 3-6-3　高度角—方位角式全跟踪

即
$$\beta = 90° - \alpha_s, \tag{3-6-5}$$
则 $\theta_T = 0$,于是
$$\cos\theta_T = 1.$$

因为 γ_s 和 α_s 随时都在改变,而且它们变化的速率随时都不同,所以难以实现自动跟踪。调整 γ_n 和 β 的时间间隔随所需的跟踪精度而定。此种跟踪,最典型的应用就是太阳灶。

二、单轴跟踪

单轴跟踪都是采用赤道坐标系,也就是跟踪时角 ω 或跟踪赤纬 δ。跟踪的方法是将太阳能收集器朝南,使倾角 $\beta = \varphi$,则由(3-4-7)式得
$$\cos\theta_T = \cos\omega\cos\delta. \tag{3-6-6}$$

1. 跟踪时角

将太阳能收集器固定在一根平行于地球自转轴的极轴上,使用时,以每小时 15° 的角速度自东向西转动,以抵消地球的转动角速度,即使太阳能收集器相对于

太阳的角速度为零. 这样, (3-6-6)式变为

$$\cos\theta_T = \cos\delta. \tag{3-6-7}$$

上式说明其入射角等于赤纬.

2. 跟踪赤纬

这是最简单的跟踪方法. 将太阳能收集器绕一东西方向放置、平行于水平面的赤纬轴转动, 使太阳能收集器的倾角

$$\beta = \varphi - \delta.$$

随着 δ 的变化, 随时改变倾角 β, 以减小斜面上太阳光线的入射角. 由于赤纬的日变化量很小, 可根据应用的具体情况间隔若干天调整一次倾角.

第七节 平板型太阳集热器

一、概述

平板型集热器是太阳能低温热利用系统中的关键部件, 它是一种将太阳辐射能转变为热能来加热工质的特殊热交换器. 之所以称为"平板型", 是因为集热器吸收太阳辐射能的面积与其采光窗口的面积相等. 由于实际的平板型集热器含有工质的流道, 所以并不一定呈平板形状.

与聚焦型集热器相比, 平板型集热器具有结构简单, 固定安装(不需要跟踪), 直射和漫射两部分辐射能都可接收的优点. 但因它没有聚焦功能, 一般工作温度在 100 ℃ 以下.

目前, 平板型集热器已广泛用于太阳能热水系统以及建筑物的采暖和空调, 已成为新兴太阳能工业的主要产品.

二、结构

典型的平板型太阳集热器的结构如图 3-7-1 所示, 它由以下主要部件构成:

(1) 黑色的吸热表面

一般为金属板制作而成, 也可由黑色非金属材料制成. 有的为了提高吸收率, 减小热损, 采用选择性表面.

(2) 载热介质的流道

当载热介质流过时将吸热面的热传递给介质. 为了减少热阻, 要求流道和吸热

面要有良好的结合.

(3) 保温材料

放置在吸热板的侧面与背面,以减少吸热板通过侧面和背面向环境的热损.

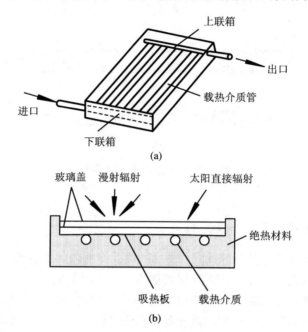

图 3-7-1 平板型集热器

(4) 透明盖板

一般采用 3 毫米厚的平板玻璃,有时也采用特弗隆板.

(5) 密封式盒体

一般选用金属材料,要求有较好的强度和防腐性能.

平板型集热器的吸热表面与流体通道的组合称为吸热板,并可概括为 3 种基本类型,如图 3-7-2 所示.

(1) 管板式

管子与吸热板以捆扎、焊接或紧配合方式连接.吸热板与流体间的传热性能与管板间的结合状况有很大关系.管板式吸热板的热容量一般都较小.

(2) 扁盒式

吸热表面本身又是通道的一个组成部分.显然,其传热性能一般较好,但有热容量较大的缺点.

(3) 管翼式

通道本身带有吸热翅片.

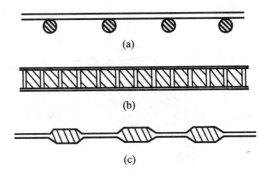

图 3-7-2 吸热板的基本类型
(a) 管板式 (b) 扁盒式 (c) 管翼式

三、平板型集热器的能量平衡方程

平板型集热器是一种特殊的热交换器,其吸热板内的流体能与远离地球的宇宙空间进行能量交换,因此,它对外界的散热损失不可忽略.

平板型集热器的性能可用一能量平衡方程来描述,该方程表示吸热板所吸收的投射太阳辐射能分配成有用收益和各种损失.即

$$Q_a = Q_u + Q_l + Q_s, \tag{3-7-1}$$

式中:

Q_a——集热器吸收的太阳辐射能;

Q_u——集热器的有用收益;

Q_l——集热器对周围环境的热损失;

Q_s——集热器储存的能量.

其中:

$$\begin{aligned} Q_a &= A_c\{[HR(\tau\alpha)]_b + [HR(\tau\alpha)]_d\} \\ &= A_c HR(\tau\alpha) \\ &= A_c I_0(\tau\alpha), \end{aligned} \tag{3-7-2}$$

式中:

A_c——集热器的采光面积;

H——投射在任何方位的水平面上单位表面积的直射或漫射辐射;

R——水平面上直射或漫射辐射转换到集热器采光面上的转换因子;

($\tau\alpha$)——盖板系统对于直射或漫射辐射的透过率与吸收率的乘积;

角码 b——直射漫射;

角码 d——漫射漫射;

I_0——投射至集热器采光面上的太阳总辐射密度.

$$Q_s = M_c \frac{dT}{d\tau}, \tag{3-7-3}$$

式中:

M_c——集热器的热容量;

T——温度;

τ——时间.

对于稳定状况,$\frac{dT}{d\tau} = 0$,即 $Q_s = 0$.

$$Q_l = A_c U_l (T_p - T_a), \tag{3-7-4}$$

式中:

U_l——吸热板对环境的总热损系数;

T_p——吸热板温度;

T_a——环境温度.

在稳定状况下,(3-7-1)式可以写成

$$Q_u = A_c [I_0(\tau\alpha) - U_l(T_P - T_a)]. \tag{3-7-5}$$

通常,吸热板的温度取决于集热器的结构形式和载热工质的进口温度等,是一系列参数的函数,难以通过简单的计算或实测来确定.因而集热器的热损项往往用载热工质的进口温度或平均温度表示,这时集热器的热平衡方程(3-7-5)式就变为

$$Q_u = F' A_c [HR(\tau\alpha) - U_l(T_{f.m} - T_a)] \tag{3-7-6}$$

或

$$Q_u = F_R A_c [HR(\tau\alpha) - U_l(T_{f.i} - T_a)]. \tag{3-7-7}$$

式中:

F'——集热器的效率因子;

F_R——集热器的热转移因子;

$T_{f.m}$——流体的平均温度;

$T_{f.i}$——流体的进口温度.

用(3-7-6)式或(3-7-7)式表示集热器的能量平衡方程,简单明了,而且将集热器复杂的设计和运行等问题集中归纳于 F' 和 F_R 这两个因子,为集热器的技术经济分析和优化设计提供了合理的模型.

集热器的热性能以集热效率来表征. 瞬间集热效率定义为

$$\eta = \frac{Q_u}{A_c I_0}, \tag{3-7-8}$$

某一段时间间隔内的平均集热效率为

$$\eta_m = \frac{\int_0^\tau Q_u d\tau}{\int_0^\tau A_c I_0 d\tau}. \tag{3-7-9}$$

式中, $I_0 = HR$, 即投射到集热器单位采光表面上的太阳总辐射密度.

四、总热损系数

集热器的效率和热损失总是联系在一起的. 当已知集热器的热损失系数和集热器板温时, 便可确定集热器的热损失, 即

$$Q_l = U_l A_c (T_p - T_a). \tag{3-7-10}$$

对于单层盖板的集热器, 其热网络图如图 3-7-3 所示, 其散热热流图如图 3-7-4 所示.

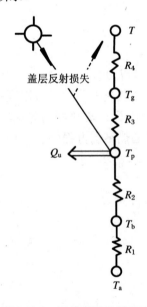
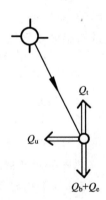

图 3-7-3　吸热板的热网络图　　图 3-7-4　吸热板的散热热流图

集热器的总热损失由顶部、背部、侧面 3 部分的热损失组成, 即

$$Q_l = Q_t + Q_b + Q_e$$

$$= A_c U_t(T_p - T_a) + A_c U_b(T_p - T_a) + A_e U_e(T_p - T_a)$$
$$= A_c U_l(T_p - T_a). \tag{3-7-11}$$

式中：

U_t——顶部热损失系数；

U_b——背部热损失系数；

U_e——侧面热损失系数.

其中：
$$U_l = U_t + U_b + \frac{A_e}{A_c} U_e,$$

式中：

A_e——侧面面积.

由图 3-7-4 可以得出：
$$U_t = (R_3 + R_4)^{-1},$$
$$U_b = (R_1 + R_2)^{-1}.$$

由于侧面的保温结构一般和背部相同，所以
$$U_e \approx (R_1 + R_2)^{-1},$$

其中：
$$R_1 = \frac{l_b}{h_b}, \tag{3-7-12}$$
$$R_2 = \frac{1}{k_b}, \tag{3-7-13}$$

式中：

h_b——背部外表面和环境的换热系数；

l_b, k_b——背部、侧面保温材料的厚度和导热系数.
$$R_3 = [h_{r.p-g} + h_{c.p-g}]^{-1}, \tag{3-7-14}$$

式中：

$h_{r.p-g}, h_{c.p-g}$——吸热板和盖板间的辐射及对流换热系数. 其中：
$$h_{r.p-g} = \frac{\sigma(T_p^2 + T_g^2)(T_p + T_g)}{\frac{1}{\varepsilon_p} + \frac{1}{\varepsilon_g} - 1},$$

式中：

σ——斯蒂芬-波尔兹曼常数；

T_g——盖板温度；

ε_p——吸热板的热发射率；

ε_g——盖板的热发射率.

$$R_4 = [h_{c.g-a} + h_{r.g-\infty}]^{-1}, \qquad (3\text{-}7\text{-}15)$$

式中：

$h_{c.g-a}, h_{r.g-\infty}$——盖板和环境的对流换热系数及盖板对天空的辐射换热系数.其中：

$$h_{r.g-\infty} = \varepsilon_g \sigma [T_g + T_{sky}](T_g^2 + T_{sky}^2) \frac{T_g - T_{sky}}{T_g - T_a},$$

$$h_{c.g-a} = 5.7 + 3.8v (\text{W}/(\text{m}^2 \cdot ^\circ\text{C})).$$

式中：

v——风速(m/s)；

T_{sky}——天空温度.若用环境温度来表示,则 $T_{sky} = 0.0552 \times T_a^{1.5}$.也可表示为：在夏天, $T_{sky} = T_a - 6$；在冬天, $T_{sky} = T_a - 20$.

由以上的表达式可以看出,顶部热损系数是 $T_p, T_g, \varepsilon_g, \varepsilon_p, v$ 以及集热器倾角等的函数,要用迭代方法去求解,十分复杂.为了简化计算,可采用经验关系式,即

$$U_t = \left[\frac{N}{\frac{344}{T_p}\left(\frac{T_p - T_a}{N + F}\right)^{0.31}} + \frac{1}{h_{g-\infty}}\right]^{-1}$$

$$+ \frac{\sigma(T_p + T_a)(T_p^2 + T_a^2)}{[\varepsilon_p + 0.0425N(1-\varepsilon_p)]^{-1} + \left(\frac{2N+f-1}{\varepsilon_g}\right)^{-N}}. \qquad (3\text{-}7\text{-}16)$$

式中：

N——盖板层数；

ε_p——玻璃盖板的热发射率,一般取 0.88.

其中：

$$f = (1.0 - 0.04h_{g-a} + 5.0 \times 10^{-4}h_{g-a}^2)(1 + 0.058N).$$

以上对顶部热损失的讨论是以玻璃盖板不透过长波辐射为前提的.如用塑料盖板来替代玻璃(常采用特弗隆板),则必须考虑由吸热板和天空直接进行红外辐射的热损失,从而对 U_t 加以修正.

对于一层能部分透过红外辐射的盖板,在集热器吸热板与天空间的直接净辐射换热为

$$Q_{r.p-sky} = \tau_c \varepsilon_p \sigma (T_p^4 - T_{sky}^4). \qquad (3\text{-}7\text{-}17)$$

式中：

τ_c——盖板对红外辐射的透过率,并假定其与辐射源的温度无关.

在考虑红外辐射损失的情况下,顶部的热损失率为

$$U_t' = 4\tau_c \varepsilon_p \overline{T}^3 \frac{T_p - T_{sky}}{T_p - T_a} + U_t, \quad (3\text{-}7\text{-}18)$$

式中:

$$4\overline{T}^3 = (T_p + T_{sky})(T_p^2 + T_{sky}^2).$$

五、通过半透明介质的辐射传递

1. 辐射在交界面上的反射

当太阳光线入射至透明盖层时,伴随着发生吸收、反射和透过现象.太阳入射光线首先出现的是盖板上层表面的反射.

根据菲涅尔定律,太阳直射光由介质1(折射率为 n_1)到达介质2(折射率为 n_2)时,平均反射率由图3-7-5可知为

$$\frac{I_\rho}{I_0} = \bar{\rho} = \frac{1}{2}\left[\frac{\sin^2(\theta_2 - \theta_1)}{\sin^2(\theta_2 + \theta_1)} + \frac{\tan^2(\theta_2 - \theta_1)}{\tan^2(\theta_2 + \theta_1)}\right], \quad (3\text{-}7\text{-}19)$$

$$\frac{n_1}{n_2} = \frac{\sin\theta_2}{\sin\theta_1}.$$

式中:

θ_1,θ_2——入射角和折射角;

n_1,n_2——折射率.

空气的折射率 $n_a \approx 1$,玻璃对太阳光的平均折射率 $n_g \approx 1.58$.

当 $\theta_2 \approx \theta_1 \approx 0$ 时,有

$$\bar{\rho} = \left(\frac{n_1 - n_2}{n_1 + n_2}\right)^2.$$

对于界面一侧为空气的情况,有

$$\bar{\rho} = \left(\frac{n-1}{n+1}\right)^2.$$

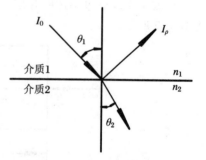

图 3-7-5 在折射率为 n_1 和 n_2 的介质中的入射角和折射角

每层盖层都有两个界面,如图3-7-6所示.如果只考虑反射,不计盖层的吸收时,其单层盖层的透过率为

$$\tau_{\rho,1} = (1-\rho)^2 + (1-\rho)^2\rho^2 + (1-\rho)^2\rho^4 + \cdots$$

$$= (1-\rho^2)\sum_{k=0}^{\infty}\rho^{2k}$$

$$= \frac{1-\rho}{1+\rho}. \tag{3-7-20}$$

在有 n 层盖层时

$$\tau_{\rho.n} = \frac{1-\rho}{1+(2n-1)\rho}. \tag{3-7-21}$$

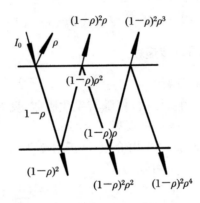

图 3-7-6 辐射在单盖层中的传递

2. 辐射在半透明介质中的吸收

当太阳光线通过半透明介质时,不但有反射损失,而且还部分被盖层吸收,如图 3-7-7 所示.

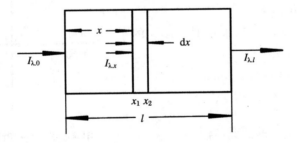

图 3-7-7 辐射在半透明介质中的吸收

入射光线通过 $\mathrm{d}x$ 距离,其被吸收部分为

$$\mathrm{d}I_{\lambda.x} = -k_\lambda I_{\lambda.x}\mathrm{d}x, \tag{3-7-22}$$

式中:

k_λ——消光系数.

分离变量,则(3-7-22)式变为

$$\frac{dI_{\lambda.x}}{I_{\lambda.x}} = -k_\lambda dx,$$

积分得

$$\ln \frac{I_{\lambda.l}}{I_{\lambda.0}} = -k_\lambda l.$$

所以,通过厚度为 l 的盖层后,在只考虑盖层吸收时,其透过率为

$$\tau_\lambda = \frac{I_{\lambda.l}}{I_{\lambda.0}} = e^{-k_\lambda l}.$$

对于全波长,有

$$\tau_a = \frac{I_l}{I_0} = e^{-kl}. \tag{3-7-23}$$

3. 入射辐射在半透明介质中的透过

现在将盖层的反射和吸收同时加以考虑,如图 3-7-8 所示.由图可知:

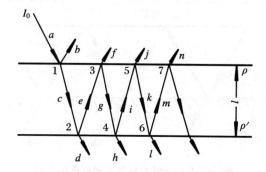

图 3-7-8 半透明介质对投射辐射的反射和透射

$$b = \rho I_0,$$
$$d = I_0(1-\rho)\tau_a(1-\rho),$$
$$f = I_0(1-\rho)\tau_a^2 \rho'(1-\rho),$$
$$h = I_0(1-\rho)\tau_a^3 \rho'\rho(1-\rho'),$$
$$j = I_0(1-\rho)^2 \tau_a^4 \rho'^2 \rho,$$
$$l = I_0(1-\rho)\tau_a^5 \rho'^2 \rho^2 (1-\rho').$$

透过盖层的部分为

$$I_\tau = d + h + l + \cdots$$
$$= I_0 \tau_a (1-\rho)(1-\rho') \sum_{n=0}^{\infty} \tau_a^{2n} \rho'^n \rho^n$$

$$= I_0 \frac{\tau_a(1-\rho)(1-\rho')}{1-\rho\rho'\tau_a^2}. \tag{3-7-24}$$

当 $\rho = \rho'$ 时,为

$$I_\tau = \frac{\tau_a(1-\rho)^2}{1-\rho^2\tau_a^2}I_0. \tag{3-7-25}$$

在考虑吸收和反射后,单层盖板的透过率为

$$\tau = \frac{I_\tau}{I_0} = \frac{\tau_a(1-\rho)^2}{1-\rho^2\tau_a^2}. \tag{3-7-26}$$

4. 透过吸收乘积

当投射辐射透过盖板后,入射辐射在吸热板上大部分被吸收,也有小部分被反射,如图 3-7-9 所示. 其透过吸收乘积(单层盖层)为

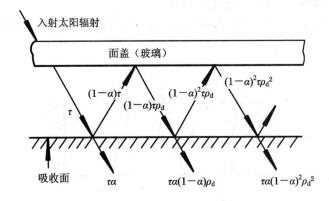

图 3-7-9 辐射经盖层到吸收面的吸收

$$(\tau\alpha)_e = \tau\alpha + \tau\alpha(1-\alpha)\rho_d + \tau\alpha(1-\alpha)^2\rho_d^2 + \cdots$$

$$= \tau\alpha \sum_{j=1}^{\infty}(1-\alpha)^j\rho_d^j$$

$$= \frac{\tau\alpha}{1-(1-\alpha)\rho_d}, \tag{3-7-27}$$

式中:

α——吸热板的吸收率;

ρ_d——玻璃盖板的漫反射率(对于单层玻璃盖板,$\rho_d = 0.16$)

对于有多层盖板的太阳能集热器,其有效透过吸收率可用以下关系式表示:

$$(\tau\alpha)_e = \tau\alpha + a_1(1-e^{-k_1 l_1}) + a_2\tau_1(1-e^{-k_2 l_2})$$

$$+ a_3\tau_1\tau_2(1-e^{-k_3 l_3}) + \cdots, \tag{3-7-28}$$

式中:

$a_1 = 0.23$（单层盖层）；或 $a_1 = 0.17, a_2 = 0.63$（双层盖层）；
l——盖层厚度；
k——盖层消光系数；
τ——盖层的透过率.

六、平板型集热器的稳态模型

图 3-7-10 是典型的管板式吸热板的温度分布示意图.吸热翅片吸收太阳能并转化为本身的热能（内能），沿着翅片长度方向向管子导热，然后以对流的方式将能量传给载热工质.因此，两管子间板的温度必然高于管壁温度.同时，由于管内流体获得了能量，其温度沿流动方向逐渐上升，它又会影响到吸热翅片在流动方向上的温度分布.整个吸热板上的温度分布是二维的，受太阳辐射强度、吸热板的形状和结构与载热工质的进口温度及流量等因素制约.详细分析吸热板对载热工质的传热过程，求解其温度分布是一个很复杂的问题.欲从求解吸热板的平均温度入手来计算集热器的有用收益也是相当困难的.

为了简化计算，将吸热板的二维温度分布分解成流动方向（即 y 方向）和管子间（即 x 方向）两个互相独立的一维温度场，从而可以导出以流体进口温度表示集热器热损失的集热器能量平衡方程及集热器热转移因子 F_R 的解析式.

在 HWB 模型的分析中，作了以下重要合理的假设：
(1) 传热过程是稳定的；
(2) 吸热板为管板结构；
(3) 上、下联箱占吸热板的面积很小，可忽略；
(4) 联箱给各管提供均匀的流量分布；
(5) 就盖板对集热器的影响而言，盖层系不吸收太阳能；
(6) 管子周围的温度梯度可忽略；
(7) 热物性与温度无关；
(8) 集热器采光面上的灰尘和污物可以忽略；
(9) 集热器吸热板上的阴影可以忽略.

1. 管子间的温度分布和集热效率因子

在分析两管间的温度分布时，假定吸热板在流动方向上的温度梯度可暂不考虑.这样，在忽略薄板温度梯度的前提下，可以将两管中心和管基之间的区域的传热问题作为典型的"肋片问题".管板式吸热板示意图如图 3-7-10(a)所示.

宽度为 dx、长度为 1 的吸热板微元体的导热方程为

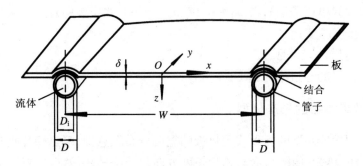

(a) 管板式吸热板

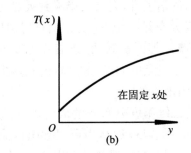

(b)

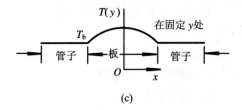

(c)

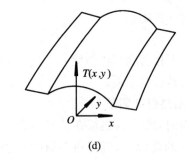

(d)

图 3-7-10 管板式吸热板的温度分布示意图

$$\frac{\mathrm{d}^2 T}{\mathrm{d}x^2} + \frac{q_{\text{net}}}{k\delta} = 0. \tag{3-7-29}$$

式中，q_{net} 是外界加给微元体的净热流：

$$q_{\text{net}} = I_0(\tau\alpha)_e - U_1(T - T_a). \tag{3-7-30}$$

将(3-7-30)式代入(3-7-29)式，得

$$\frac{\mathrm{d}^2 T}{\mathrm{d}x^2} + \frac{I_0(\tau\alpha)_e - U_1(T - T_a)}{k\delta} = 0. \tag{3-7-31}$$

(3-7-31)式的通解为

$$T = C_1 e^{mx} + C_2 e^{-mx} + \frac{S}{U_1} + T_a, \tag{3-7-32}$$

式中：

$$m = \sqrt{\frac{U_1}{k\delta}},$$

$$S = I_0(\tau\alpha)_e,$$

C_1，C_2 为积分常数．

对于吸热板，边界条件为：

$$\left.\frac{\mathrm{d}T}{\mathrm{d}x}\right|_{x=0} = 0, \tag{3-7-33}$$

$$\left.T\right|_{x=\frac{W-D}{2}} = T_b. \tag{3-7-34}$$

其中，T_b 为肋基处温度，是一个未知的定值．

由(3-7-33)式和(3-7-34)式求出 C_1 和 C_2 后，代入(3-7-32)式，便可得到吸热翅片沿 x 方向的温度分布为

$$T = T_b \cdot \frac{\cosh mx}{\cosh \frac{W-D}{2}mh}$$

$$+ \left(T_a + \frac{S}{U_1}\right) \cdot \left[1 - \frac{\cosh mx}{\cosh \frac{W-D}{2}mh}\right]. \tag{3-7-35}$$

单位长度的管子从其两侧的吸热翅片获得的导热热流为

$$q_{\text{f.m}}' = 2k\delta \cdot \left.\frac{\mathrm{d}T}{\mathrm{d}x}\right|_{x=\frac{W-D}{2}}. \tag{3-7-36}$$

对(3-7-35)式求微分，并代入上式，得

$$q_{\text{f.m}}' = (W - D) \cdot F \cdot [S - U_1(T_b - T_a)]. \tag{3-7-37}$$

式中：

D——管子外径；

F——肋片效率：

$$F = \frac{\tan\dfrac{m(W-D)}{2}h}{\dfrac{m(W-D)}{2}}. \qquad (3\text{-}7\text{-}38)$$

上述矩形截面直肋的肋片效率函数如图 3-7-11 所示。

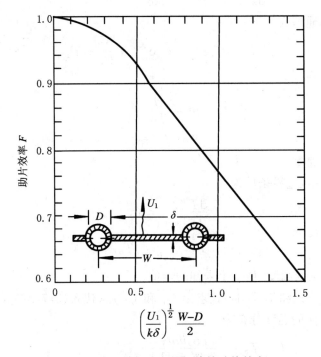

图 3-7-11 管板式吸热翅片的肋片效率

单位长度管子所获得的有用收益为

$$q_{\text{tube}}' = D[S - U_1(T_b - T_a)]. \qquad (3\text{-}7\text{-}39)$$

单位长度集热器的有效收益为

$$\begin{aligned}q_u' &= q_{f.m}' + q_{\text{tube}}' \\ &= [(W-D)F + D][S - U_1(T_b - T_a)]. \end{aligned} \qquad (3\text{-}7\text{-}40)$$

q_u' 最终将传给管中的流体。

对于管子位于吸热翅片下部，两者靠焊接结合的管板式吸热板，其 q_u' 从吸热翅片传到载热流体要经过 3 个串联热阻，即管板间的结合热阻，管壁导热热阻，管

内壁与流体间的对流热阻.对于金属管子,其管壁的导热热阻可忽略,这时,从吸热翅片到流体的有用收益可以表示为

$$q_u' = \frac{T_b - T_f}{\dfrac{1}{h_{f.i}\pi D_i} + \dfrac{1}{c_b}}. \tag{3-7-41}$$

式中:

c_b——管板间的结合热导;

$h_{f.i}$——管内对流换热系数.

D_i——管内径.

将(3-7-37)式和(3-7-41)式联立,消去 T_b 后得

$$q_u' = WF'[S - U_l(T_f - T_a)]. \tag{3-7-42}$$

其中:

$$F' = \frac{\dfrac{1}{U_l}}{W\left\{\dfrac{1}{U_l[D + (W-D)F]} + \dfrac{1}{c_b} + \dfrac{1}{\pi D_i h_{f.i}}\right\}}, \tag{3-7-43}$$

称为集热器的效率因子.其物理意义可通过下列两式理解:

$$q_u' = W[S - U_l(T_p - T_a)]$$

或

$$q_u' = WF'[S - U_l(T_f - T_a)],$$

其中:

$$F' = \frac{S - U_l(T_p - T_a)}{S - U_l(T_f - T_a)}$$

$$= \frac{\text{单位长度集热器实际获得的有用收益}}{\text{吸热板温度为流体温度时单位长度集热器的有用收益}}.$$

$$\tag{3-7-44}$$

从(3-7-43)式理解,F'为流体到环境的传热系数与吸热板到环境的传热系数的比值.管板式集热器吸热翅片的肋片效率小于 1.由于存在一定的管板间结合热阻和管内流体的对流换热热阻,使得 T_p 恒高于 T_f,故 $F'<1$.只有当 T_p 接近于 T_f 时,$F'\approx 1$.因此,集热器的效率因子 F' 是表征集热器对载热流体传热性能优劣的无因次参量.从(3-7-43)式可以看出,对 F' 有决定性影响的是肋片效率 F,$\dfrac{U_l}{c_b}$ 和 $\dfrac{U_l}{h_{f.i}}$.它们都是温度的弱函数.故对于一个确定的集热器设计,F' 基本上是定值.

对于不同结构的吸热板,其集热器效率因子的表达式也不同.用上述相同的分

析方法,可得图 3-7-12 中 3 种结构的 F' 的表达式：

(1) 对于图 3-7-12(a)中结构：

$$F' = \cfrac{1}{\cfrac{WU_1}{\pi D_i h_{f.i}} + \cfrac{1}{\cfrac{D}{W} + \cfrac{1}{\cfrac{WU_1}{c_b} + \cfrac{W}{(W-D)F}}}} ; \quad (3\text{-}7\text{-}45)$$

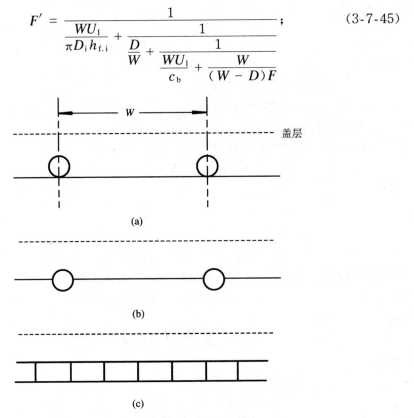

图 3-7-12 几种不同结构的吸热板

(2) 对于图 3-7-12(b)中结构：

$$F' = \cfrac{1}{\cfrac{WU_1}{\pi D_i h_{f.i}} + \cfrac{W}{D + (W-D)F}} ; \quad (3\text{-}7\text{-}46)$$

(3) 对于图 3-7-12(c)中结构：

$$F' = \cfrac{1}{1 + \cfrac{U_1}{h_{f.i}}} . \quad (3\text{-}7\text{-}47)$$

2. 流动方向上的温度分布和集热器的热转换因子

在求得流动方向上单位长度集热器的有用收益后,就可以计算流量为 $\dot{m}$ 和进

口温度为 $T_{f.i}$ 的流体进入集热器并经太阳加热后所达到的出口温度 $T_{f.o}$,从而计算出整个集热器的有用收益.

参看图 3-7-13,可以写出管子的微元长度 dy 中流体的能量平衡方程为
$$\dot{m}c_p dT_f = q_u' dy = WF'[S - U_l(T_f - T_a)]. \tag{3-7-48}$$

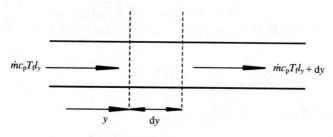

图 3-7-13 流体微元的能量平衡

假设 F' 和 U_l 与位置无关,则流体在进口温度为 $T_{f.i}$ 时,其沿流动方向的温度分布为
$$\frac{T_f - T_a - \dfrac{S}{U_l}}{T_{f.i} - T_a - \dfrac{S}{U_l}} = \exp\left(\frac{U_l W F' y}{\dot{m}c_p}\right). \tag{3-7-49}$$

设管长为 l,在 $y = l$ 处流体的出口温度为
$$T_{f.o} = T_a + \frac{S}{U_l} - \left[\frac{S}{U_l} - (T_{f.i} - T_a)\right]\exp\left(-\frac{F'U_l}{Gc_p}\right). \tag{3-7-50}$$

式中,G 为单位集热面流量,即
$$G = \frac{\dot{m}}{Wl}.$$

从流体通过集热器所获得的能量,可求出集热器的有用收益为
$$Q_u = \dot{m}c_p(T_{f.o} - T_{f.i})$$
或
$$q_u = Gc_p(T_{f.o} - T_{f.i}). \tag{3-7-51}$$

将(3-7-50)式代入(3-7-51)式,得
$$q_u = F_R[S - U_l(T_{f.i} - T_a)], \tag{3-7-52}$$

其中:
$$F_R = \frac{Gc_p}{U_l}\left[1 - \exp\left(-\frac{F'U_l}{Gc_p}\right)\right], \tag{3-7-53}$$

称为集热器的热转移因子.引入了 F_R 后,集热器的能量平衡方程中的热损项就可

用已知的流体进口温度 $T_{f.i}$ 来表示.

根据(3-7-51)式和(3-7-52)式,F_R 可写成

$$F_R = \frac{\dot{m} c_p (T_{f.o} - T_{f.i})}{A_c [S - U_l (T_{f.i} - T_a)]}$$

$$= \frac{\text{集热器获得的实际有用收益}}{\text{集热器吸热板温度等于流体进口温度时的有用收益}}.$$

(3-7-54)

为进一步理解 F_R 的含义,可将 F_R 解析为

$$F_R = F' F''.$$
(3-7-55)

F'' 称为集热器的流动因子,其表达式为

$$F'' = \frac{G c_p}{F' U_l} \left[1 - \exp\left(-\frac{F' U_l}{G c_p}\right) \right].$$
(3-7-56)

显然,F_R 是综合反映集热器吸热板的传热性能和载热流体流动传热对集热器热性能的影响的无因次参量.当流体以进口温度 $T_{f.i}$ 进入集热器时,其吸热板的平均板温 T_p 远比 $T_{f.i}$ 要高,在热损系数 U_l 为定值的情况下,T_p 比 $T_{f.i}$ 高出的程度取决于吸热板传热性能的好坏(即 F')和流体流量的大小(即 F'').

七、平板型集热器的效率方程

集热器在稳态工况下的瞬时效率方程由

$$Q_u = A_c F_R [I_0 (\tau \alpha)_e - U_l (T_{f.i} - T_a)]$$

和效率的定义

$$\eta = \frac{Q_u}{A_c I_0}$$

得

$$\eta = F_R (\tau \alpha)_e - F_R U_l \frac{T_{f.i} - T_a}{I_0}.$$
(3-7-57)

假设 U_l 是不随温度变化的定值,则(3-7-57)式是随 $\dfrac{T_{f.i} - T_a}{I_0}$ 变化的直线方程.

瞬时效率方程也可用流体的平均温度来表示.根据(3-7-42)式,单位长度集热器的有用收益,用流体的局部温度表示为

$$q_u' = W F' [(\tau \alpha)_e I_0 - U_l (T_f - T_a)].$$

假设 F' 和 U_l 为沿流体流动方向不变的定值,则整个集热器的有用收益为

$$Q_u = \int_0^L q_u' \mathrm{d}y$$
$$= \int_0^L WF'[(\tau\alpha)_e I_0 - U_1(T_f - T_a)]\mathrm{d}y$$
$$= WF'L[(\tau\alpha)_e I_0 - U_1(T_{f.m} - T_a)]. \tag{3-7-58}$$

式中,流体的平均温度定义为

$$T_{f.m} = \frac{1}{L}\int_0^L T_f \mathrm{d}y. \tag{3-7-59}$$

用流体的平均温度表示的瞬时效率方程可写为

$$\eta = F'(\tau\alpha)_e - F'U_1 \frac{T_{f.m} - T_a}{I_0}. \tag{3-7-60}$$

将(3-7-42)式代入(3-7-59)式中,完成积分后,得流体的平均温度为

$$T_{f.m} = T_{f.i} + \frac{Q_u}{A_c U_1 F_R}\left(1 - \frac{F_R}{F'}\right). \tag{3-7-61}$$

将(3-7-51)式代入上式,得

$$T_{f.m} - T_{f.i} = k(T_{f.o} - T_{f.i}), \tag{3-7-62}$$

其中:

$$k = \frac{Gc_p}{F'U_1}\left(\frac{1}{F''} - 1\right), \tag{3-7-63}$$

$$F'' = \frac{Gc_p}{F'U_1}\left[1 - \exp\left(-\frac{F'U_1}{Gc_p}\right)\right].$$

将上式中方括号内的函数展开成级数,用前2项作近似计算,则有

$$1 - \exp\left(-\frac{F'U_1}{Gc_p}\right) \approx -\frac{F'U_1}{Gc_p}\left(1 - \frac{1}{2}\frac{F'U_1}{Gc_p}\right).$$

将 F'' 近似地写成

$$F'' \approx 1 - \frac{1}{2}\frac{F'U_1}{Gc_p}, \tag{3-7-64}$$

于是

$$k \approx \frac{Gc_p}{2Gc_p - F'U_1}. \tag{3-7-65}$$

当 $Gc_p \gg F'U_1$ 时,$k \approx \frac{1}{2}$。这时才可以近似地将流体沿流动方向的温度分布看成是线性分布,流体的平均温度可以取进、出口温度的平均值,即

$$T_{f.m} = \frac{1}{2}(T_{f.i} + T_{f.o}).$$

集热器的瞬时效率方程可以分别标绘在纵坐标为 η、横坐标为 $\dfrac{T_{f.i} - T_a}{I_0}$ 和纵坐标为 η、横坐标为 $\dfrac{T_{f.m} - T_a}{I_0}$ 的直角坐标系中,如图 3-7-14 所示.

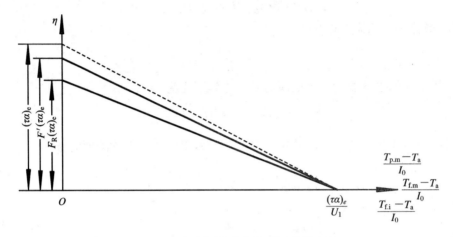

图 3-7-14 平板型集热器的瞬时效率曲线

当集热器无有用收益输出时,即 $Q_u = 0$ 时,$\eta = 0$,可得出

$$T_0 = \overline{T}_p = T_{f.m} = T_{f.i}$$
$$= T_a + \frac{I_0(\tau\alpha)_e}{U_1}. \tag{3-7-66}$$

这时,集热器的温度 T_0 称为"平衡温度",其值取决于太阳辐射强度、环境温度和集热器的热损系数以及透过率与吸收率的乘积.平衡温度表征集热器在一定的气象条件下输出有用收益的能力.

集热器的瞬时效率方程全面地描述了集热器的结构(F',U_1,$(\tau\alpha)_e$)、流体的参数($T_{f.i}$,$\dot{m}$)和外界气候因素(I_0,T_a,U)对集热器性能的影响,为集热器的优化设计和合理运行奠定了理论基础,也是太阳能低温热利用系统设计的重要原始资料.

八、平板型集热器的设计考虑

平板型集热器作为太阳能热利用的产品,必须具有良好的热性能和耐久性,且成本要低.设计者必须综合以上 3 个方面的要求,以获得最小的成本与单位能量的比值,或最大的成本效率.

根据集热器的特定用途和工作环境进行总体设计是必要的.

图 3-7-15 是几种典型的平板型集热器的瞬时效率曲线,各自代表不同的有利

工作区域.对用于夏季游泳池加热的集热器,其环境温度较高,而且要求的水温低,流量大,故可采用无盖层设计,见图中 A 类.它充分发挥了该集热器在 $\frac{T_{\text{f.m}} - T_a}{I_0}$ 为 $0 \sim 0.02 \text{ m}^2 \cdot \text{℃/W}$ 区域内高效率的优点,而且成本也低.对在春、夏、秋三季能用于产生 $40 \sim 45 \text{℃}$ 低温生活热水(用于洗澡)的集热器,采用单层盖板和普通黑漆层比较经济.从图中可看出,在 $\frac{T_{\text{f.m}} - T_a}{I_0}$ 较低的区域,选择性涂层取得的收益不显著.对用于工业用热水(约 $60 \sim 70 \text{℃}$)或全年使用的生活用水系统,集热器的工作区域移至 $0.08 \sim 0.12 \text{ m}^2 \cdot \text{℃/W}$,就应考虑采用选择性涂层或双层盖板.

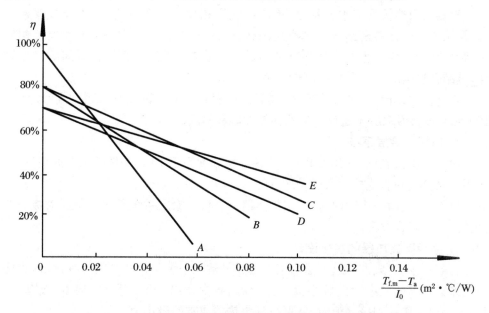

图 3-7-15 几种典型的平板型集热器的瞬时效率曲线

A—无盖层,普通黑涂层; B—单盖层,普通黑涂层; C—单盖层,选择性涂层;
D—双盖层,普通黑涂层; E—双盖层,选择性涂层

下面就常见的集热器主要部件的选材、结构和加工工艺作简要的评述.

1. 吸热板

吸热板是平板型集热器完成光—热转换的关键部件.吸热板的设计应从结构、材料和加工工艺等方面综合考虑,力求做到传热性能良好、使用寿命长、成本低.

(1) 扁盒式吸热板

其优点是传热性能好,F' 高,塑料和橡胶对水的耐腐蚀性好、重量轻、易加工.

然而,非金属材料的导热系数比金属材料低得多,应尽可能消除翅片的导热热阻,采用扁盒式结构,可获得好的传热性能.对于用非金属材料制成的扁盒式吸热板,在 F' 的计算公式中不应忽略板的导热热阻,应写成

$$F' = \frac{1}{1 + \frac{U_l}{h_{f,i}} + \frac{U_l}{k\delta}}. \tag{3-7-67}$$

扁盒式吸热板与工作液的接触面大,承压能力差,不适用于高压系统.其水容量一般比管板式吸热板大,适用于小型自然循环式热水系统.

(2) 管板式吸热板

管板式吸热板具有水容量小、承压性能好和加工灵活等优点,当前被普遍使用.常用的金属材料是铜管—铜翅片、铜管—铝翅片、钢管—钢翅片和钢管—铜翅片.管板间的结合工艺对其传热性能有较大的影响,要获得管板金属间的良好结合,其结合热阻应小于 $0.03 \text{ m}^2 \cdot \text{℃/W}$.

经过优化设计,取管板式吸热板的排管内径为 $10 \sim 14 \text{ mm}$,管中心距为 $70 \sim 100 \text{ mm}$.该参数取决于翅片材料的导热性能和厚度.

2. 盖板—涂层系统

对于提供低温热水(45 ℃以下)并在环境温度高于 10 ℃条件下工作的集热器,采用单层盖板和非选择性涂层是适宜的.

目前,无论国外或国内,平板型集热器的盖板—涂层系统都采用单层盖板—选择性涂层的组合方案.

3. 平板型集热器的优化设计

目前采用的"成本/效率"法的基本思想是建立一组互相联系的目标函数,为使平板型集热器的成本达到极小值,在目标函数中找出一组无量纲"成本/效率"参数,当这组参数达到极小值时,就可得到集热器成本的极小值.

采用"成本/效率"法,其目标函数的建立及"成本/效率"参数的推导如下:

平板型集热器提供的热量为

$$Q_u = \eta A_c \bar{I}_0,$$

故

$$A_c = \frac{Q_u}{\eta \bar{I}_0}. \tag{3-7-68}$$

式中,$\bar{I}_0$ 为使用期间集热器表面上的平均太阳辐射强度,单位为 W/m^2.

集热器的主要成本参数可表示为

$$C = (C_0 + C_g + C_{tp} + C_c + C_s L) A_c, \tag{3-7-69}$$

式中：

C——主要成本；

C_0——除 C_g，C_{tp}，C_c，$C_s L$ 以外的单位面积集热器成本；

C_g——单位面积集热器透明盖板成本；

C_{tp}——单位面积吸热板成本；

C_c——单位面积涂层成本；

C_s——单位体积保温材料的成本；

L——保温材料的厚度.

(1) 最佳保温层厚度的"成本/效率"参数 ξ_s

$$C = \left(C_{A1} + C_s \frac{k}{U_b}\right) A_c$$

$$= \frac{Q_u C_{A1}}{\bar{I}_0} \left[\frac{1}{\eta}\left(1 + \frac{C_s}{C_{A1}} \cdot \frac{k}{U_b}\right)\right]$$

$$= \frac{Q_u C_{A1}}{\bar{I}_0} \xi_s, \tag{3-7-70}$$

其中：

$$C_{A1} = C_0 + C_g + C_{tp} + C_c,$$

$$\xi_s = \frac{1+\xi}{\eta}, \tag{3-7-71}$$

$$\xi = \frac{C_s k}{C_{A1} U_b}, \tag{3-7-72}$$

$$L = \frac{k}{U_b}.$$

令 ξ_s 为平板型集热器保温层的"成本/效率"参数，ξ 为保温材料的品质因素，则 ξ_s 达到最小时得到的 U_b 值所对应的最佳保温层厚度为 $L_{\min}$.

(2) 最佳涂层的"成本/效率"无量纲参数 ξ_c

$$C = C_{A2}\left(1 + \frac{C_c}{C_{A2}}\right) A_c$$

$$= \frac{Q_u C_{A2}}{\bar{I}_0}\left[\frac{1}{\eta}\left(1 + \frac{C_c}{C_{A2}}\right)\right]$$

$$= \frac{Q_u C_{A2}}{\bar{I}_0} \xi_c, \tag{3-7-73}$$

其中：

$$\xi_c = \frac{1}{\eta}\left(1 + \frac{C_c}{C_{A2}}\right), \tag{3-7-74}$$

$$C_{A2} = C_0 + C_g + C_{tp} + C_s L_{min}.$$

ξ_c 为极小时的涂层成本为 C_{cm}.

(3) 吸热板的"成本/效率"无量纲参数 ξ_p

$$C = C_{A3}\left(1 + \frac{C_{tp}}{C_{A3}}\right) A_c$$

$$= \frac{Q_u C_{A3}}{\eta_0 \bar{I}_0}\left(1 + \frac{C_{tp}}{C_{A3}}\right)\frac{1}{F'}. \tag{3-7-75}$$

式中,η_0 为 $F' = 1$ 时集热器的瞬时效率.

当集热器的吸热板为管板结构时,(3-7-75)式变成

$$C = \frac{Q_u C_{A3}}{\eta_0 \bar{I}_0}\left\{\frac{1}{F'}\left[1 + \frac{C_t}{C_{A3}} \cdot \frac{\pi}{4}(D^2 - d^2) r_1 \cdot \frac{1}{W} + \frac{\delta r_2 C_p}{C_{A3}}\right]\right\}. \tag{3-7-76}$$

式中:

C_t——吸热板中管子的成本;

C_p——吸热板中翅片的成本;

W——管子间的中心距;

δ——吸热翅片的厚度.

令 ξ_p 为管板型吸热板的"成本/效率"参数

$$\xi_p = \frac{1}{F'}\left[1 + \frac{\pi C_t r_1}{4 W C_{A3}}(D^2 - d^2) + \frac{\delta r_2 C_p}{C_{A3}}\right]. \tag{3-7-77}$$

当 ξ_p 达到最小值时,可求出最佳管间距 W_{op} 和最佳吸热翅片厚度 δ_{op}.

平板型集热器的最佳设计,应根据盖板、涂层的辐射特性参数、吸热板材料和保温材料的热物性参数及成本,通过优化计算找到最佳的尺寸组合.

九、几种特殊形式的平板型集热器

1. 真空管平板型集热器

(1) 概述

平板型太阳集热器的热损系数 U_1 一般多为 $6\sim 8$ W/(m^2·℃),采用选择性涂层可降到 $4\sim 5$ W/(m^2·℃).热损系数大,就限制了平板型集热器在较高温度下获取有效收益.吸热板采用选择性涂层后,可部分减少辐射热损,但是,吸热板的温度相对提高,增加了其与盖板间的自然对流换热损失,这样又部分地抵消了选择性涂层的作用.只有在真空的条件下,才能充分发挥选择性涂层的作用.由若干支真空管组成的平板型集热器是一种在较高温度下运行的新产品.

图 3-7-16 示出了 6 种典型的真空管的结构.(a)为康宁真空集热管,吸热体为

U形铜管,和它紧密结合的是具有选择性的涂层.(b)为全玻璃真空集热管,为两根同心硼硅玻璃管,在内管的外壁上涂有选择性涂层.(c)为U型翅片管吸热体,采用非选择性吸收的搪瓷涂层,而玻璃管的内表面涂了选择性涂层.(d)为全玻璃真空管和涂有选择性涂层的金属吸热板.(e)为玻璃真空管,吸热体为带翅片的热管.(f)中的真空集热管采用带翅片单铜管设计.

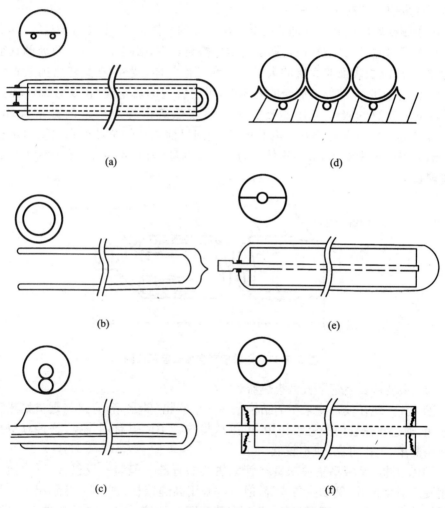

图 3-7-16　6种真空集热管的结构示意图

在以上几种真空集热管中,以全玻璃真空管的生产工艺最为简单,成本也较低.我国已对它进行了广泛的研究,产量每年都有大幅度提高.在家用太阳能热水器中已被普遍采用.

(2) 全玻璃真空集热管

全玻璃真空集热管的选择性涂层为在铝或铜薄膜基底上真空沉积的黑铬涂层、用化学方法沉积的黑镍或用磁控溅射方法获得的不锈钢—碳—铬—碳多层膜,其对太阳光谱的吸收率为 $\alpha=0.90\sim0.94$,热发射率为 $\varepsilon=0.05\sim0.10$.集热管夹层的真空度应维持在 $10^{-4}\sim10^{-5}$ Torr 为宜.

由于硼硅玻璃在真空中加热时会放出大量的气体,其中主要为水蒸气,其次是二氧化碳等,如要使真空管在长期运行中保持高真空,必须在排气时对玻璃真空管进行烘烤,以除去表面与表层的大量水汽和其他气体.此外,在集热管内放置钡—钛吸气剂,它蒸散在端部玻璃壳的内表面,可使管内的真空度由 10^{-5} Torr 提高到 10^{-6} Torr.蒸散的吸气剂还能吸收运行时集热管内释放出来的微量气体,图 3-7-17 表示了吸气剂在集热管内的布置.我国目前生产的全玻璃真空管通常长为 1.2 m,外管外径为 47 mm,内管外径为 37 mm,厚度为 1.2 mm.也有长为 1.0 m 的全玻璃真空管.

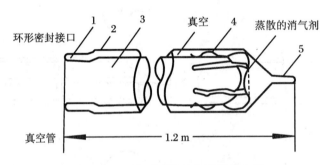

图 3-7-17 全玻璃真空集热管示意图

(3) 全玻璃真空管平板型集热器

① 构造.现在较普遍采用的结构是用一个联箱(储水箱)直接与真空集热管并联连接,通过集热管内的虹吸作用,可以从集热管中取得有用收益.这种真空集热器结构简单,工作可靠,成本较低.

② 反射板.平板型全玻璃真空管集热器的背部一般装有反射板.反射板一般采用漫反射型设计,例如涂白漆等,但也常采用高纯铝板.图3-7-18示出了3种漫反射板的设计.就平面型反射板而言,在管间距为两倍外管直径的条件下,当阳光法向入射时,集热器可增加 20%~25% 的能量收集,全日内可增加 10% 的收益.

③ 热性能分析.设集热管南北向安装,倾角为 β,反射板为漫反射型,长度为 L,反射率为 ρ,吸热管外径为 D_r,套管的内、外径分别为 $D_{e,i}$ 和 $D_{e,o}$,管中心距为

d,直射光束透过管间隙到底板上的宽度为 W_0.

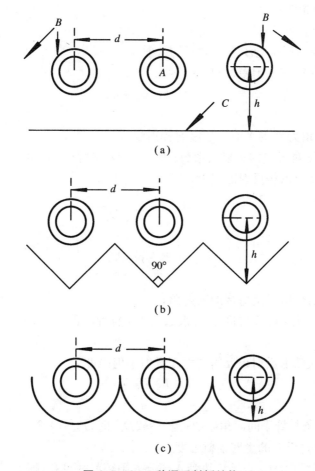

图 3-7-18　3 种漫反射板结构

这类平板型集热器收集的太阳辐射由 4 部分组成,即太阳直射辐射和漫射辐射,以及由反射板反射的太阳直射辐射和漫射辐射.

集热管所拦截到的太阳直射辐射强度为

$$I_{b.t} = I_b \cos\theta_t, \tag{3-7-78}$$

其中:

$$\cos\theta_t = \{1 - [\sin(\beta-\varphi)\cos\delta\cos\omega + \cos(\beta-\varphi)\sin\delta]^2\}^{\frac{1}{2}}. \tag{3-7-79}$$

式中:

I_b——管子表面上法向直射辐射强度;

φ——当地的纬度;
δ——太阳赤纬;
ω——时角;
θ_t——直射辐射至管子表面的平均入射角.

集热管所获得的太阳漫射辐射强度为

$$I_{d.t} = I_{d.c}\pi \cdot F_{ts}. \tag{3-7-80}$$

式中:
$I_{d.t}$——倾角为 β 的平面上的漫射辐射强度;
F_{ts}——管子对天空的辐射角系数;当 $d = 2D_{e.o}$ 时, $F_{ts} \approx 0.43$.

集热管由漫反射板反射的直射强度为

$$I_{b.r} = I_{d.c}\rho \cdot \Delta \cdot \frac{W}{D_{e.o}}, \tag{3-7-81}$$

其中:

$$I_{d.c} = I_b \cdot \cos\theta_p.$$

式中:
θ_p——直射辐射对反射板的入射角;
Δ——反射板条与管群间的角系数总和,当管间距 $d = 2D_{e.o}$ 时, $\Delta \approx 0.6 \sim 0.7$.

集热管接收的由反射板反射的太阳漫射辐射强度为

$$I_{d.r} = I_{d.c}F_{ts} \cdot \rho \cdot \pi F_{pt}. \tag{3-7-82}$$

式中:
F_{pt}——板条与管子间的角系数;当 $d \approx 2D_{e.o}$ 时, $F_{pt} \approx 0.34$;
$I_{d.c}$——反射板上的漫射辐射强度.

以有效辐射强度 I_{eff} 表示集热管 4 部分太阳辐射的总和,则

$$I_{eff} = I_b\left(\cos\theta_t + \cos\theta_p \cdot \rho \cdot \Delta \cdot \frac{W}{D_{e.o}}\right) + I_{d.c}[\pi F_{ts}(1 + \rho F_{pt})]. \tag{3-7-83}$$

集热管的热损失可表示为

$$q_l = U_c(T_r - T_a). \tag{3-7-84}$$

式中:
U_c——集热管的热损失系数;
T_r——吸热管的壁面温度.

其中:

$$\frac{1}{U_c} = R_1 + R_2 + R_3. \tag{3-7-85}$$

式中：

R_1——吸热管与套管间的辐射换热热阻：

$$R_1 = \left[\frac{1}{\frac{1}{\varepsilon_r} + \frac{1}{\varepsilon_e} - 1} \cdot \sigma \cdot (T_r + T_{e.i})(T_r^2 + T_{e.o}^2)\right]^{-1}; \tag{3-7-86}$$

R_2——套管的导热热阻：

$$R_2 = \left[\frac{2k}{D_r \ln\left(\frac{D_{e.o}}{D_{e.i}}\right)}\right]^{-1}; \tag{3-7-87}$$

R_3——套管外壁与环境间的对流和辐射换热热阻：

$$R_3 = \left\{[h_c + \sigma\varepsilon_e(T_{e.o} + T_a)(T_{e.o}^2 + T_a^2)]\frac{D_{e.o}}{D_r}\right\}^{-1}. \tag{3-7-88}$$

上述式中：

ε_r——吸热管涂层的发射率；

ε_e——玻璃套管的发射率；

k——玻璃的导热系数；

$T_{e.i}$——套管内壁温度；

$T_{e.o}$——套管外壁温度.

真空管平板型集热器单位采光面积的有用收益为

$$q_u = (\tau_e \alpha_r) I_{eff} \cdot \frac{A_t}{A_c} - U_c(T_r - T_a)\frac{A_r}{A_c} \tag{3-7-89}$$

或

$$q_u = \frac{D_r}{d}[\tau_e \alpha_r I_{eff} - \pi U_c(T_r - T_a)] \tag{3-7-90}$$

或

$$q_u = F' \cdot \frac{D_r}{d}[\tau_e \alpha_r I_{eff} - \pi U_c(T_f - T_a)]. \tag{3-7-91}$$

式中：

τ_e——套管玻璃的透过率；

α_r——吸热管涂层的吸收率.

集热器的效率因子为

$$F' = \frac{1}{1 + \frac{D_r \cdot U_c}{D_{r.i} h_{f.i}} + \frac{\ln\left(\frac{D_r}{D_{r.i}}\right)D_r U_c}{2k}}. \tag{3-7-92}$$

真空管平板型集热器的集热效率表达式为

$$\eta = \frac{q_u}{I_0},$$

所以

$$\eta = F' \frac{D_r}{d} \eta_0 - F' \pi \frac{D_r}{d} U_c \frac{T_f - T_a}{I_0}. \qquad (3\text{-}7\text{-}93)$$

其中：

$$\eta_0 = \frac{\tau_e \alpha_r I_{\text{eff}}}{I_0}, \qquad (3\text{-}7\text{-}94)$$

$$I_0 = I_{b.c} + I_{d.c}.$$

由 20 支集热管组成的真空管太阳能热水器，其集热管长 1.2 m，外径为 53 mm，真空夹层为 4 mm，中心距为 100 mm，吸热管的双层黑镍选择性涂层的吸收率 $\alpha_r = 0.91 \sim 0.93$，发射率 $\varepsilon_r = 0.06 \sim 0.09$。经测试，其瞬时效率曲线如图 3-7-19 所示，其数学表达式为

$$\eta = 0.56 - 1.7 \frac{T_{f.i} - T_a}{I_0}. \qquad (3\text{-}7\text{-}95)$$

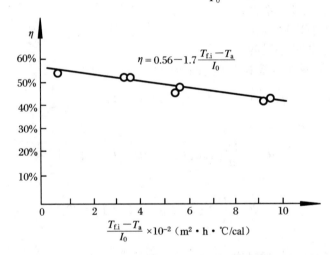

图 3-7-19 全玻璃真空管平板型集热器的瞬时效率曲线

真空管平板型集热器由于有很好的隔热性能，所以其热损系数小，在环境温度偏低的季节或地区使用，有着明显的优点。

2. 热管式平板型集热器

用热管的蒸发段代替集热器吸热板中的流体通道，就构成了热管式平板型集

热器.其冷凝段可直接插入水箱将水加热,或通过热交换器将热量带出.

热管式平板型集热器与常规平板型集热器相比,有以下特点:

(1) 太阳集热器中热管的蒸发段在下部,冷凝段在上部,工质凝结液可依靠重力回流,实际上是重力热管,成本低.

(2) 热管集热器内充满了低凝固点的工质,具有防冻功能.

(3) 热管自身是一个严密的密封系统,只要正确选择与管壁材料相容的工质,就可妥善解决流体通道的内部防腐问题.

(4) 因热管中充装的工质量少,故热管式集热器具有较小的热容量和热惯性.

(5) 重力热管具有热二极管的特性,当它接入水箱构成的热水器系统后,可自动防止系统中热水倒流散热.

由于热管内工质充装量少,而且蒸发段内的工质启动灵敏,使得热管集热器的全日效率能略高于同类结构的管板式集热器.但如将热管式集热器和水箱等联成一个热水系统后,由于多一次换热过程,所以系统效率能略低于同类型管板式集热器热水系统.

3. 黑流体平板型集热器

(1) 工作原理

在传统的太阳能集热器中,太阳辐射被黑色表面所吸收,然后通过传导和对流将能量传给工质.黑流体集热器则利用在玻璃管中的黑色工作流体直接吸收太阳能.在常规的太阳能集热器中,最高温度点出现在吸热表面,而在黑流体集热器中,最高温度点则在黑流体内部,故其透明通道表面温度比常规的吸热板低,从而减少了集热器的热损失.

(2) 黑流体特性

黑流体应满足耐高温,耐紫外线,不冻结,无毒,和玻璃、塑料、橡胶等材料相容的要求.典型的黑流体成分为:58.5%水,0.02%活性炭,40.0%丙二醇,1.0%弥散剂,其他占0.48%,并采用0.02%浓度的黑色添加剂.

(3) 集热器的结构和性能

黑流体通道设计有两种方案:偏心玻璃套管夹层和密排细长玻璃管.

上述两种结构的黑流体平板型集热器和常规平板型集热器的效率曲线如图3-7-20所示.计算和实验结果得出,在 $\frac{T_{f,i} - T_a}{I_0}$ 为 0~0.05 的区域内,密排细管黑流体集热器的集热效率高于常规平板型集热器(有选择性涂层的);当 $\frac{T_{f,i} - T_a}{I_0} >$ 0.05 时,黑流体集热器的热效率急剧下降.由此可见,黑流体集热器用于低温供热时有一定的潜力.偏心圆管夹层通道因局限于制造工艺,外管壁间的距离不得小于 20 mm,因而黑流体通道只占总采光面积的 67%.对于密排细管结构,黑流体通道可占总采光面积的 90%,因而其热性能较前者有所改善.

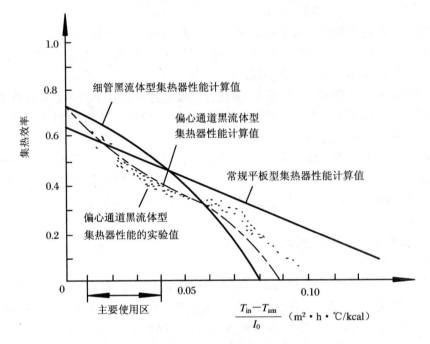

图 3-7-20　黑流体集热器与常规集热器的瞬时效率曲线的比较
（黑流体集热器的效率中已扣除了换热器的效率）

4. 三维立体平板型集热器

(1) 工作原理

在传统的管板型平板集热器中,吸热板是和接热面相平行的,而三维立体平板型集热器的吸热板(串片)是和接热面相垂直的.为了能更多地接收太阳辐射,吸热串片之间的间距很小,一般都在 2～5 mm,串片高度约 20 mm,其长度近似为集热器的宽度.集热器的热量传递过程和管板式相同,其结构简图如图 3-7-21 所示.

(2) 三维立体集热器的特性

由于吸热串片之间间距很小,串片又涂以黑色,所以串片之间形成了黑体腔,其吸收率 $\alpha_r \approx 1$,比一般集热器的吸收率都要高出 6%～10%.同时,也由于其形成若干小黑体腔,三维立体集热器的表征热发射率也比一般平板型集热器要高.因吸收率对热效率的影响远大于发射率,其热效率仍比具有同样涂层的平板型集热器高.

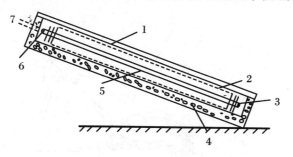

图 3-7-21 集热器结构简图
1—盖板; 2—吸收肋片; 3—下联箱; 4—保温层;
5—上升管; 6—上联箱; 7—上、下循环管

第八节 太阳能热水系统

太阳能热水系统是目前应用最为广泛的太阳能热利用装置,它不仅供给各种生活用水和工业生产过程用水,还可作为低温热动力装置的热源.

太阳能热水系统主要由集热器、蓄热装置及循环管路和控制设备等组成,有时还包括一些辅助设备,如泵等.

太阳能热水系统按水的流动方式大体上可分为整体式、循环式(自然循环式和强制循环式)和直流式3类.

1. 整体式热水系统

整体式热水器是集热器与储水箱的结合体,是具有黑色吸热面的一个储水容器.水在储水容器内基本不流动,靠容器壁将热能传导给流体.图 3-8-1 为椭圆筒整体式热水器.整体热水器的特点是构造简单,成本低.但由于储水箱即为接热面,所以其热损系数大,热效率比较低,每年使用的时间较短.

2. 自然循环式热水系统

在自然循环式热水系统中,储水箱置于集热器上方.水在集热器中受热后温度升高,密度减小,使回路产生热虹吸压头,热水经过上循环管进入储水箱上部,储水箱底部的冷水由下循环管流入集热器,形成循环流动.系统的工作原理如图 3-8-2

和图 3-8-3 所示.

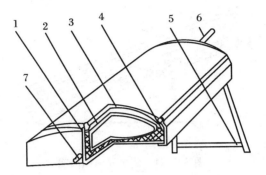

图 3-8-1 椭圆筒热水器结构
1—保温层； 2—吸热筒； 3—玻璃钢； 4—外壳；
5—支架； 6—通气管(溢流管)； 7—冷热水管

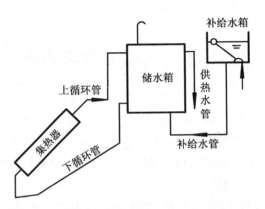

图 3-8-2 自然循环式热水系统(有补给水箱)

为了获得系统的动态特性,下面将分析系统各部件的能量平衡.分析中假定集热器和储水箱中的温度均呈线性分布,分别以 T_m 和 T_n 代表平均温度.当忽略集热器的热容时,集热器的能量平衡为

$$\dot{m}c_p(T_{f.o} - T_{f.i}) = A_c F'[I_0 - U_1(T_m - T_a)]. \tag{3-8-1}$$

若忽略上、下循环管的热容及管道的热损失,并假设储水箱中水的平均温度等于箱体的平均温度,则储水箱的能量平衡为

$$mc_p(T_{f.o} - T_{f.i}) = q_{l.s} + (mc_p)_s \frac{dT_n}{d\tau}. \tag{3-8-2}$$

式中:

$q_{l.s} = (U \cdot A)_s (T_n - T_a)$,为储水箱的热损失;

$(mc_p)_s$——储水箱热容.

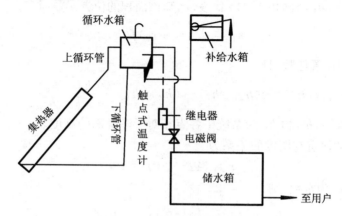

图 3-8-3 自然循环定温放水

实际上,在一天的大部分时间里,集热器的平均温度和储水箱平均温度非常接近,这样可进一步假定 $T_m = T_n$,则

$$A_c F'[I_0 - U_1(T_m - T_a)] = q_{l.s} + (mc_p)_s \frac{dT_m}{d\tau}. \tag{3-8-3}$$

在给定 I_0 和 T_a 随时间变化的函数后,便可解出 T_m 随时间变化的函数关系,从而可计算系统中流量的变化.计算依据是:在稳定状态下,系统的热虹吸压头与系统的阻力水头相平衡,即

$$h_t = h_f.$$

系统的热虹吸压头是由系统的温度分布来确定的,参见图3-8-4,有

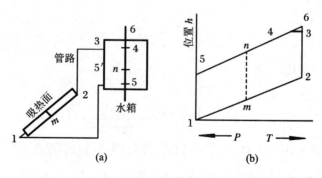

图 3-8-4 自然循环式热水系统中的温度分布

$$h_\mathrm{t} = \oint h\,\mathrm{d}r. \tag{3-8-4}$$

在图 3-8-4 中,h_t 由面积 12345 代表.已知该面积的位置函数时,有

$$h_\mathrm{t} = \frac{1}{2}(r_1 - r_2)f(h). \tag{3-8-5}$$

式中,$f(h)$ 为位置函数,且

$$f(h) = 2(h_3 - h_1) - (h_2 - h_1) - \frac{(h_3 - h_5)^2}{h_6 - h_5}.$$

其中,h_1,h_2,h_3,h_5 和 h_6 为系统中各点相对于基准面的高度.

假设水的比重与温度的关系为

$$r = AT^2 + BT + C,$$

其中,A,B,C 为常数,则

$$h_\mathrm{t} = \frac{T_{\mathrm{c.i}} - T_{\mathrm{c.o}}}{2}(2AT_\mathrm{m} + B)f(h). \tag{3-8-6}$$

系统的阻力损失由沿程阻力和局部阻力组成,即

$$h_\mathrm{t} = r\lambda \frac{L}{D} \cdot \frac{v^2}{2g} + rk\frac{v^2}{2g}. \tag{3-8-7}$$

式中,λ,k 分别代表沿程阻力和局部阻力损失系数.

在层流状态下,管内沿程阻力损失系数为

$$\lambda = \frac{64}{R_\mathrm{e}} = \frac{64\upsilon}{vd}.$$

式中:

υ——运动黏度;

v——流速:

$$v = \frac{\dot{m}}{\frac{\pi}{4}D^2 r};$$

L——管道长度.

故

$$h_\mathrm{t} = \frac{128rL\dot{m}}{\pi g D^4} + \frac{8k\dot{m}^2}{rg\pi^2 D^4}. \tag{3-8-8}$$

将(3-8-8)式和(3-8-3)式代入(3-8-4)式,并与(3-8-1)式联立方程求解,得

$$\dot{m}^3 + \frac{16\upsilon Lr\pi}{k}\dot{m}^2 + \frac{rg\pi^2 D^4}{16kc_\mathrm{p}}A_\mathrm{c}F'[S - U_1(T_\mathrm{m} - T_\mathrm{a})] \cdot (2AT_\mathrm{m} + B)f(h) = 0. \tag{3-8-9}$$

由此方程便可解出 $\dot{m}$ 随时间的变化关系,从而进一步求集热器效率随时间的变化关系.

3. 强制循环式热水系统

强制循环式热水系统是借助水泵的压头使水在系统中循环加热,其原理如图 3-8-5 所示.

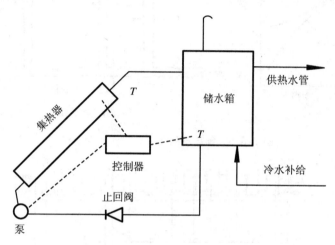

图 3-8-5 强制循环式热水系统

必须注意,在连接系统时要尽量避免排管中流量分布不均的现象,否则会出现局部高温,增大热损失.

根据联箱中的流动为湍流,上升管中的流动为层流的假设,R. V. Dunkle 及 E. T. Davey 用理论分析及实验方法得出了集热器的理论压力分布如图 3-8-6(a)所示,其接管及水流进出情况如图 3-8-6(b)所示.由结果看出,集热器中的压差在两侧比中间大,因此两端排管中的流量比中间排管的流量大.排管中流量分布不均导致集热器中流体温度分布不均.图 3-8-7 是由 12 个集热器组成并联连接的系统温度分布.如果将集热器改为并—串联组合连接,可使流量温度分布更为均匀.

4. 直流式热水系统

在直流式热水系统中,水直接流过集热器,一次被加热,不再循环.热虹吸式直流热水系统如图 3-8-8 所示,它由集热器、补给水箱和储水箱组成一个开式供水系统.当集热器接收太阳辐射后,集热器中流体温度升高,产生热虹吸压头,推动水循环.

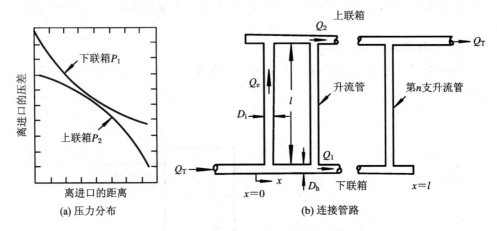

图 3-8-6 集热器的压力分布和连接管路

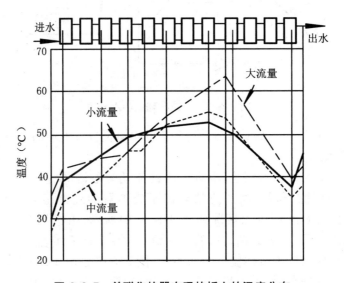

图 3-8-7 并联集热器在吸热板上的温度分布

集热器可直接与城市自来水系统相连,构成图 3-8-9 所示的直流定温放水系统.该系统借助温度控制器的作用来调节阀门的开度,以保持出口水温度一定.

目前,我国太阳能热水器(系统)的产量占世界第一.由于自然循环系统运行方便、可靠,且热效率较高,制造简单,价格便宜,所以家用太阳能热水器普遍为此类型.也有极少数为直流定温系统.强制循环系统一般用于大面积集体使用的太阳能热水系统.

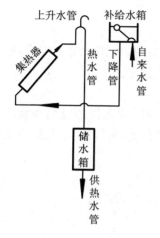

图 3-8-8 热虹吸型直流式热水系统

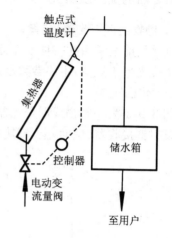

图 3-8-9 定温型直流式热水系统

第九节 聚光型太阳集热器

聚光型集热器就是在辐射源和吸热面之间放置一定的光学装置,使得落到大面积上的辐射能集中到相对较小的吸热表面上,于是辐射强度增加,而产生热损失的面积减少,这样可以大大提高工作温度.

一、结构

1. 聚光器
太阳能聚光器是将太阳辐射光线汇聚起来的光学部件.
2. 接收器
接收器是接收由聚光器汇集来的太阳辐射,并转换成其他形式能量的部件,包括吸收器、盖板和保温层.

二、聚光器的类型及聚光比

1. 抛物线形聚光器(成像)

这是目前最常用的一种聚光器,在太阳能热发电、太阳灶等方面广泛应用. 设计一个聚光型集热器,主要参数是焦面宽度 W 和聚光比 c.

(1) 焦面宽度

图 3-9-1 为一抛物线形聚光器的简图. 抛物线形聚光器的反射面将太阳辐射光线反射到接收器(焦面)上,其接收器宽度(焦面宽度)W'可以由几何关系求得.

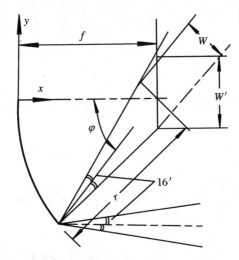

图 3-9-1 聚光器形成的理论太阳像 W

图中,W 是由反射器(抛物线形)任意部分所形成的像的理论宽度(或半径). 对于垂直于聚光器轴的平面接收器,W 与"镜子半径"r 的关系为

$$W' = \frac{2r\tan 16'}{\cos\varphi} = \frac{W}{\cos\varphi}. \tag{3-9-1}$$

式中:

φ——位置角,反射光线与光轴的夹角;

r——镜面上一点至焦点的距离;

$16'$——太阳视角的一半.

由图中的坐标关系,有

$$\begin{aligned} r &= \sqrt{(x_1 - x_2)^2 + (y_1 - y_2)^2} \\ &= \sqrt{(x - f)^2 + (y - 0)^2} \end{aligned}$$

$$= \sqrt{x^2 - 2xf + f^2 + y^2}.$$

以抛物线方程 $y^2 = 4fx$ 代入上式,得

$$r = x + f.$$

式中,f 为抛物线焦距. 由图可知

$$x = f - r\cos\varphi,$$

则

$$r = \frac{2f}{1 + \cos\varphi}. \tag{3-9-2}$$

将(3-9-2)式代入(3-9-1)式,得焦面宽度为

$$W' = \frac{4f\tan16'}{\cos\varphi(1 + \cos\varphi)}. \tag{3-9-3}$$

由(3-9-3)式可以看出,随着位置角的增大,W' 是增加的. 所以,只要用一个抛物线形反射器的最边缘一点的位置角求出 W',即为此聚光器的焦面宽度,此位置角即为聚光器的张角.

由(3-9-3)式可以看出,焦面宽度是 f,φ 的函数,当 $\varphi = 0$ 时

$$W' = 2f\tan16';$$

当 $\varphi = 90°$ 时

$$W' = \infty.$$

(2) 聚光比

聚光比是聚光器的开口面积(采光面积)A_a 和接收器面积(焦面)A_r 之比,用数学式表示为

$$c = \frac{A_a}{A_r}. \tag{3-9-4}$$

对于不同的聚光型太阳集热器,其聚光比是不一样的.

① 反射器为柱形抛物面,接收器为平面,而且垂直于主光轴朝向顶点,如图3-9-2所示.

由图可知

$$A_r = W'L = \frac{2r\tan16'}{\cos\varphi}L,$$

$$A_a = 2r\sin\varphi L.$$

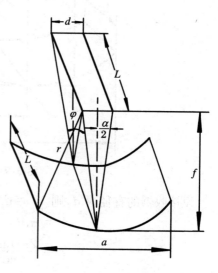

图 3-9-2 平面吸收面

于是,聚光比为

$$c = \frac{A_a}{A_r}$$

$$= \frac{2r\sin\varphi}{\frac{2r\tan16'}{\cos\varphi}}$$

$$= \frac{\sin2\varphi}{\tan16'}. \tag{3-9-5}$$

当 $2\varphi = 90°$,即 $\varphi = 45°$ 时,c 有最大值,即

$$c_{max} \approx 107.$$

② 聚光器为柱形抛物面,接收器为圆柱形,如图 3-9-3 所示.

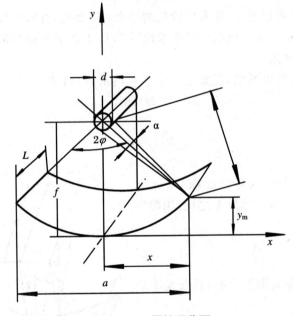

图 3-9-3 圆柱吸收面

设接收器的直径为 d,则 $W' = d$. 于是

$$A_r = \pi d L \quad (\text{接收面为圆周})$$

$$= \frac{2\pi r \tan16' L}{\cos\varphi},$$

$$A_a = 2r\sin\varphi L.$$

故聚光比为

$$c = \frac{A_a}{A_r}$$

$$= \frac{2r\sin L}{\dfrac{2\pi r\tan 16'}{\cos\varphi}L}$$

$$= \frac{\sin 2\varphi}{2\pi\tan 16'}. \tag{3-9-6}$$

当 $\varphi = 45°$ 时,最大聚光比为

$$c_{\max} \approx 34.$$

③ 聚光器为旋转抛物面,接收器为圆形接收器,其直径为 d,则 $W' = d$,如图 3-9-4 所示.

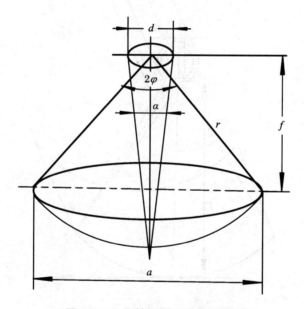

图 3-9-4 旋转抛物面圆板吸收面

由图可知

$$A_r = \frac{1}{4}\pi W'^2$$

$$= \frac{\pi}{4}\left(\frac{2r\tan 16'}{\cos\varphi}\right)^2,$$

$$A_a = \frac{\pi}{4}(2r\sin\varphi)^2.$$

所以,聚光比为

$$c = \frac{A_a}{A_r} = \left(\frac{\sin 2\varphi}{\tan 16'}\right)^2. \tag{3-9-7}$$

当 $\varphi = 45°$ 时,最大聚光比为

$$c_{\max} \approx 107^2 = 11550.$$

此种结构太阳能集热器的聚光比与柱形抛物面平面接收器的聚光比之间是平方关系,要想取得很高的工作温度,可采用此种结构.

④ 聚光器为柱形抛物面,接收器为柱形腔体,如图 3-9-5 所示.

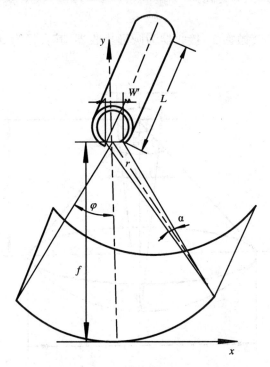

图 3-9-5 柱形腔体接收器环形吸收面

设柱形腔体的开口宽度为 W',直径为 $2W'$,则

$$A_r = 2\frac{5}{6}\pi \frac{2r\tan 16'}{\cos\varphi}L$$

$$= \frac{10}{3}\pi \frac{r\tan 16'}{\cos\varphi}L,$$

$$A_a = 2r\sin\varphi L.$$

所以,聚光比为

$$c = \frac{A_a}{A_r} = \frac{3\sin 2\varphi}{\pi \tan 16'}. \qquad (3\text{-}9\text{-}8)$$

当 $\varphi = 45°$ 时,最大聚光比为

$$c_{\max} \approx 20.$$

2. 锥形聚光器(非成像)

如图 3-9-6 所示,聚光器为一直角锥体,接收器为一圆柱面,其直径为 $2W'$,为反射器顶端上任一点的焦面宽度,反射器顶端上任一点至焦点的距离为 R. 由几何关系,接收器(柱体)的高度 h 等于 R,则

$$\begin{aligned} A_r &= \pi h W' \\ &= \pi R \cdot 2R\tan 16' \\ &= 2\pi R^2 \tan 16', \\ A_a &= \pi R^2. \end{aligned}$$

则聚光比为

$$c = \frac{A_a}{A_r} = \frac{1}{2\tan 16'} = 107. \quad (3\text{-}9\text{-}9)$$

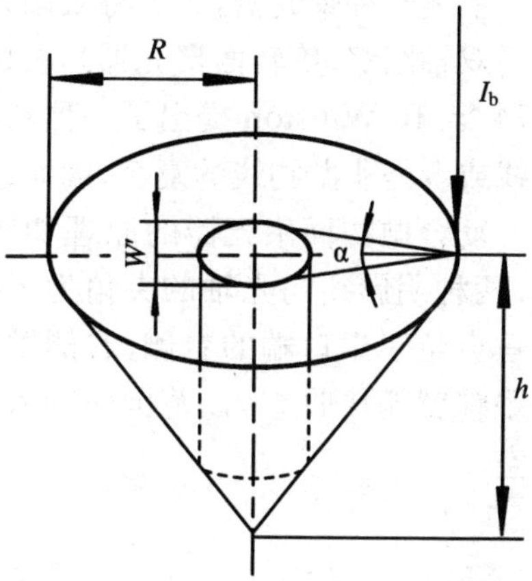

图 3-9-6 锥形聚光器柱形吸收面

上式说明,在任何尺寸下,锥形聚光器、柱形接收器结构的聚焦型集热器,其聚光比都为 107.

三、真实条件下的焦面宽度

上面推导出的焦面宽度 W' 是建立在聚光器是理想的曲线形基础上的,没有误差,但实际应用中总有一定的误差. 见图 3-9-7,设实际的反射面与理想状况下反射面的偏差角为 β,这样,入射光线被反射后与理想反射面的法线误差为 2β. 因为聚光器反射面的误差有的部位为 $+\beta$,有的部位为 $-\beta$,这样,反射到接收器上的被反射光线的角度误差为 $\pm 2\beta$,因此反射器反射光线的立体角不是 $32'$,而是

$$\psi = 32' + 4\beta.$$

所以,在真实条件下焦面的真实宽度为

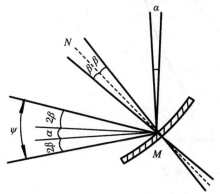

图 3-9-7 真实角度误差示意图

$$W'' = \frac{4f\tan(16' + 2\beta)}{\cos\varphi(1 + \cos\varphi)}. \tag{3-9-10}$$

四、复合抛物面聚光器(CPC)

上述几种聚光器,为了将太阳入射光线汇聚到接收器上,必须进行跟踪,有的需要双轴跟踪(旋转面聚光器),有的需要单轴跟踪(柱面聚光器),机构比较复杂.1974 年,R. Winston 提出了一种新型太阳聚光器,这种聚光器的形状线可以是抛物线或者是非抛物线的复合,因而这类聚光器统称复合抛物面聚光器.

复合抛物面聚光器的原理如图 3-9-8 所示,聚光器由两种特殊抛物线段组成. 两种阴影线与光轴的夹角为 $\pm\theta_{max}$,抛物线的轴线平行于阴影线. 左侧抛物线的焦点位于出口端的右侧,右侧抛物线的焦点位于出口端的左侧. 这种聚光器不需跟踪就能接收 $\pm\theta_{max}$ 范围内的入射光线,超出此范围的入射光线被重新反射回天空.

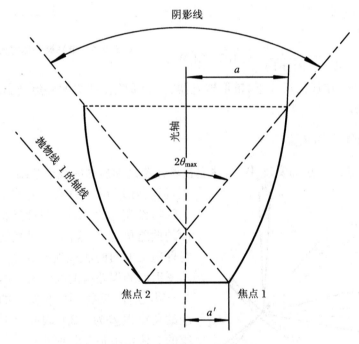

图 3-9-8 复合抛物面聚光器

下面用图 3-9-9 的关系来确定它的聚光比及几何特性.

设抛物线上任一点 P 到焦点的距离为 Q_1P,由几何关系,得

$$Q_1P = \frac{2f}{1+\cos\varphi}.$$

从图 3-9-9 可以看出

$$\varphi = 180° - 2\theta_i,$$

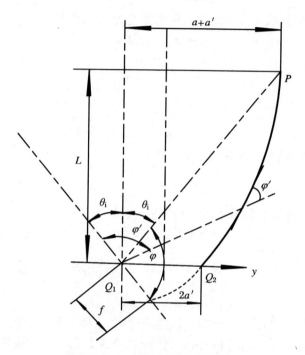

图 3-9-9 复合抛物面极坐标

所以

$$Q_1P = \frac{2f}{1+\cos(180°-2\theta_i)}.$$

用三角函数关系代入,得

$$Q_1P = \frac{f}{\sin^2\theta_i}. \tag{3-9-11}$$

由图 3-9-9 可以看出

$$a' = \frac{Q_1Q_2}{2}.$$

因为 Q_1Q_2 的位置角为 $180°-(90°+\theta_i)$,所以

$$a' = \frac{Q_1Q_2}{2}$$

$$= \frac{2f}{2\{1+\cos[180°-(90°+\theta_i)]\}}$$

$$= \frac{f}{1+\sin\theta_i}.$$

由图中可以看出,接收面宽度为 $2a$,焦面宽度为 $2a'$,而且

$$a+a' = Q_1 P\sin\theta_i$$

$$= \frac{f}{\sin\theta_i}.$$

则聚光比为

$$c = \frac{a}{a'} = \frac{1}{\sin\theta_i}. \tag{3-9-12}$$

最大聚光比(见图 3-9-8 中的阴影部分)为

$$c_{\max} = \frac{1}{\sin\theta_{\max}}. \tag{3-9-13}$$

从图 3-9-9 可以直接看出,集热器的高度为

$$L = (a+a')\cot\theta_i$$

$$= a'(c+1)\sqrt{\frac{1-\sin^2\theta_i}{\sin^2\theta_i}}$$

$$= a'(c+1)\sqrt{c^2-1}. \tag{3-9-14}$$

从上式可以看出,当 c 增加时,L 急剧增加,这样不但增加制造上的困难,而且也大大增加制造反射面的材料.然而,按理论公式算得 L 后,再把它截短时,其聚光比减少并不多,但在制造上要方便很多,而且也可大大节省材料.为此,常常在设计中采用理论高度的 $\frac{1}{3}$ 作为集热器的高度.

表 3-9-1 是常用标准设计的特性数据.

表 3-9-1 CPC 标准设计特性数据

聚光比 c	集热器口径 $2a$ (cm)	吸收面宽度 $2a'$ (cm)	实际集热器高度 L (cm)
3	70.4	24.2	91.2
5	45.7	9	91.2
10	30.5	3	91.2

第十节　太阳能空气集热器

与太阳能热水器相比,太阳能空气集热器主要有如下优点:
(1) 不存在冬季冻结问题.
(2) 微小的漏损不致严重影响集热器的工作和性能.
(3) 集热器所承受的压力很小,可用薄金属材料加工制作.
(4) 基本不需考虑材料的腐蚀问题.
(5) 经加热的空气可直接用于干燥或采暖,不需中间换热器.
(6) 不需考虑工质的来源问题.

但与水作为工质相比,空气作为工质也有不足之处:
(1) 空气的导热系数比水小得多,故空气的对流换热系数远小于水.
(2) 空气的密度(比重)比水小得多,输入功率要大得多.
(3) 热容量很小,不能兼作储热介质.

一、空气集热器的类型

按不同的吸热板结构,太阳能空气集热器可分为多种不同的类型,图 3-10-1 所示为一些最常用的类型.

1. 平板型吸热板集热器

这是一种最简单,但应用相当普遍的空气集热器.顶部是一层或两层透明盖板,底部为隔热材料,透明盖板与隔热材料之间即为吸热板,根据设计要求,空气可在板上方或下方流动,也可同时在上方和下方流动.如图 3-10-1(a)所示.

2. 带肋的平板型吸热板集热器

如图 3-10-1(b)所示,为了强化吸热板和空气之间的换热,在吸热板下方加了肋,其结果是大大增加了气流与吸热板的接触面积,也增加了对气流的扰动,加强了空气和吸热板之间的换热.

3. 波纹状吸热板集热器

如图 3-10-1(c)所示,其吸收板被加工成波纹状.优点是不仅具有方向选择性,而且对太阳辐射的吸收率大于发射率.这是因为射入 V 形槽内的太阳直射辐射要经多次反射后才能离开 V 形槽,而热辐射则是半球向的,若采用具有光谱选择性吸热表面的波纹状吸热板,选择性辐射特性会进一步得到改善。另外,由于吸热板与底板组成的空气流道呈倒 V 形,故气流与吸热板的换热面积和换热系数都会增大。

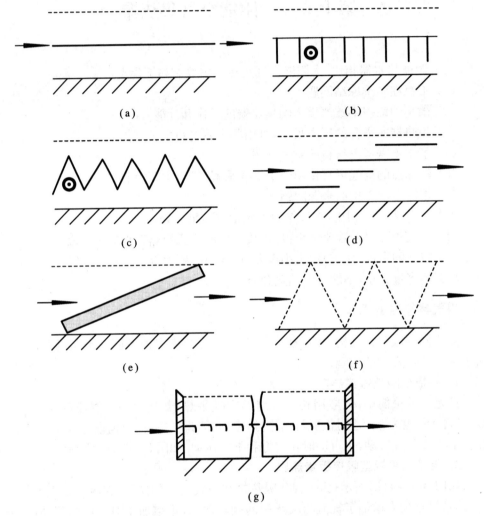

图 3-10-1　7 种典型的空气集热器简图

4. 叠层玻璃型集热器

如图 3-10-1(d)所示,吸热板是由位于透明盖板和底板之间的一组叠层玻璃组成的,在沿气流方向上的每层玻璃的尾部都涂有黑色涂层,空气流过叠层玻璃之间的通道时,被涂有黑色涂层的尾部加热。

5. 多孔吸收体型集热器

如图 3-10-1(e)所示,此种集热器的吸热体是由金属网、纱网或松散堆积的金属屑、纤维材料等构成的.将多孔吸收体倾斜置于透明盖板和底板之间,就构成了一个多孔体型的集热器,它具有很高的体积换热系数.

6. 带小孔的波纹状吸热板集热器

如图 3-10-1(f)所示,波纹状的吸热板的波纹槽方向和气流方向相垂直,气流通过倒 V 形槽壁上的小孔流动,由于小孔的扰动作用,增大了空气和吸热体之间的换热系数.

7. 带小孔的平板型吸热板集热器

如图 3-10-1(g)所示,吸收板为普通平板,但其有很多小孔,空气的入口位于吸热板的上方,空气的出口则位于吸热板的下方.

二、典型空气集热器的性能比较

空气集热器的热性能与运行的参数有关,特别是空气的质量流率和气流的进、出口温差,以及投射在采光面上的太阳辐射密度等.在某种运行条件下甲的热性能比乙好,在另一种运行条件下乙的热性能比甲好.因此,针对不同的运行条件应选择不同的集热器.但是,优良的集热器往往在相当大的运行参数范围内都具有较好的热性能.

有的文献介绍了 5 种不同结构的空气集热器在相对的外界条件下,空气通过集热器流道时对流换热系数与空气流率之间关系的实验结果.这 5 种集热器的内部尺寸都为:长 0.94 m,宽 0.58 m,深 0.1 m,垂直于气流的横截面积为 0.05 m^2.集热器的透明盖板采用双层玻璃,其间隙为 0.01 m.采光面积都为 0.94 m×0.58 m,用 0.6 mm 厚的镀锌铁皮制成.由于吸热体的结构不同,它们的换热面积分别为 0.55 m^2,1.10 m^2,1.50 m^2,1.24 m^2 和 1.10 m^2.为减少换热体与集热器内壁之间的辐射换热及空气与吸热体之间对流换热的影响,集热器内壁贴有光亮的反射膜.集热器两端各有一个面积为 0.49 m×0.01 m 的窄缝,作为气流的入口和出口.实验是在室外进行的,集热器朝南,倾角为 30°,空气的流速可调.

这 5 种空气集热器内空气与吸热体之间的 N_u 和 R_e 的经验关系如图 3-10-2 所示.整理数据时,取空气的平均温度为定性温度.(a),(b),(c) 3 种集热器的当量直径按下式计算:

$$D_e = \frac{4AL}{A_t}; \qquad (3\text{-}10\text{-}1)$$

对于(d),(e) 2 种集热器,当量直径为

$$D_e = \frac{4a}{p}. \tag{3-10-2}$$

上述二式中：

A——与气流方向垂直的流道截面积；

A_t——流道中与气流接触的所有表面的总面积；

L——流道的长度；

a,p——分别为单孔面积和周长.

各集热器的 N_u 和 R_e 的关系式为

(a) $N_u = 2.56 R_e^{0.35}$；

(b) $N_u = 2.41 R_e^{0.34}$；

(c) $N_u = 3.38 R_e^{0.34}$；   (3-10-3)

(d) $N_u = 2.91 R_e^{0.36}$；

(e) $N_u = 3.83 R_e^{0.32}$.

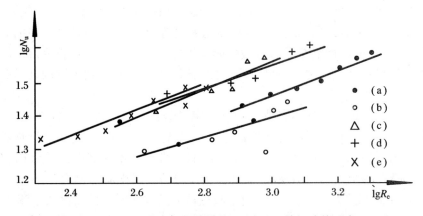

图 3-10-2   5 种空气集热器的 N_u 与 R_e 的经验关系式

由图 3-10-2 和图 3-10-3 对比可以看出，在 R_e 相同的情况下，(c),(d),(e) 3 种集热器的吸热体与气流之间的对流换热系数要比(a),(b) 2 种大得多.但从气流在集热器中的压降随空气速率而变化的关系来看，流经(c)时压力损失最大.(e)的压力损失较小，又有高的换热系数，故其性能较好.(d)和(e)为多孔吸收体集热器.

图 3-10-4 表示了 5 种集热器的热效率 η 随吸收体的平均温度与周围环境温度之差 $(T_p - T_a)$ 的变化关系.由于实验是在相对的外界条件下进行的,故图中的横坐标未采用通常的 $\dfrac{T_p - T_a}{H_0}$.由图可知,(b),(c),(d) 3 种集热器的效率曲线靠得

很近,(a)的 η 高于上述 3 种;当 $T_p - T_a < 62\ ℃$ 时,(e)的 η 最高.但随着 $T_p - T_a$ 的增加,效率 η 都呈线性下降.

图 3-10-3 描述了上述 5 种集热器的气流通过流道后压力损失与流率之间的关系.

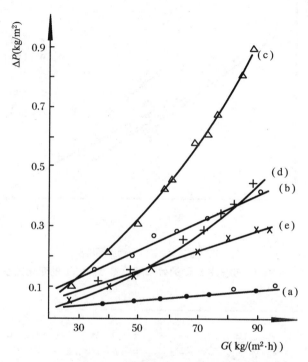

图 3-10-3　气流在集热器中的压降随流率的变化关系
(横坐标 G 为单位面积每小时的体积流量)

图 3-10-4 中的效率曲线可用下述关系式表示:

(a) 　　　　$\eta = 0.606 - 0.0054\Delta T,\ 53\ ℃ \leqslant \Delta T \leqslant 68\ ℃$;
(b) 　　　　$\eta = 0.657 - 0.0065\Delta T,\ 48\ ℃ \leqslant \Delta T \leqslant 60\ ℃$;
(c) 　　　　$\eta = 0.707 - 0.0076\Delta T,\ 42\ ℃ \leqslant \Delta T \leqslant 55\ ℃$;
(d) 　　　　$\eta = 0.621 - 0.0058\Delta T,\ 45\ ℃ \leqslant \Delta T \leqslant 60\ ℃$;
(e) 　　　　$\eta = 0.824 - 0.0084\Delta T,\ 52\ ℃ \leqslant \Delta T \leqslant 63\ ℃$.

$$(3\text{-}10\text{-}4)$$

一般来说,多孔体的空气集热器的热性能优于不透气吸收体空气集热器.有文献指出,与多层拉网铝箔多孔吸收体空气集热器相比,将一层拉网铝箔做成波纹形多孔吸收体的空气集热器性能更佳.波纹形多孔吸收体的顶角 θ 对集热器的效率有明显的影响.图 3-10-5 表示了 3 种不同 θ 角的波纹多孔吸收体空气集热器的效率曲线.由图中可以看出,当 $\theta = 90°$ 时,集热器的热效率最高.

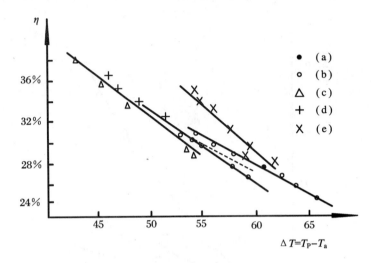

T_p—吸热板温度; T_a—周围环境温度

图 3-10-4 空气集热器的效率随温差 $T_p - T_a$ 的变化关系

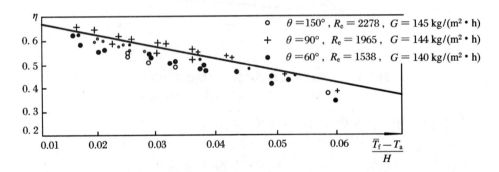

图 3-10-5 不同 θ 角的双层玻璃盖板波纹多孔吸收体空气集热器的瞬时效率曲线

$\theta = 90°$ 时的波纹多孔吸收体空气集热器效率曲线的拟合公式为:

① 对于两层透明盖板,气流的平均 $R_e = 1965$,风速 $v < 1.5$ m/s,计算式为

$$\eta = 0.70 - 4.59 \frac{\overline{T}_f - T_a}{H}; \qquad (3\text{-}10\text{-}5)$$

② 对于一层透明盖板,气流的平均 $R_e = 1932$,风速 $v < 1.5$ m/s,计算式为

$$\eta = 0.76 - 8.96 \frac{\overline{T}_f - T_a}{H}. \tag{3-10-6}$$

效率因子及热损系数是通过夜间散热试验确定的.

表 3-10-1 是 4 种太阳能空气集热器的热性能比较.

表 3-10-1 4 种太阳能空气集热器的热性能

类 型 （吸收体）	基 本 条 件		效率因子 F'	热损系数 U_l (W/(m²·℃))
	透明盖板 层 数	空气流率 (kg/(m²·h))		
平 板 （吸收板上流动）	1	150	0.67	14.23
平 板 （吸收板下流动）	1	134	0.63	9.15
四层拉网铝箔 吸 收 体	2	155	0.89	7.08
单层拉网铝箔 波纹形多孔体	2	144	0.95	5.61

由表 3-10-1 可知，波纹多孔吸收体空气集热器的效率因子最高，而它的热损系数最小，所以热性能在 4 种空气集热器中处于首位.

第十一节 太阳能干燥

我国目前有许多传统的农副产品仍靠在太阳下曝晒进行干燥，这也是人类利用太阳能干燥的一种最古老的方式.这种干燥方法虽不需投资，但干燥效率低，易受污染，不符合卫生要求.利用太阳能干燥器（室）对农副产品进行干燥，不仅能缩短干燥周期，也能提高干燥物品的质量.

近年来，我国在利用太阳能干燥木材、谷物、果品、中草药材、挂面、皮革等方面进行了许多研究，并获得不少成功的经验.

太阳能干燥器（室）主要有温室型、对流型以及兼有温室型和对流型特性的混合型.

一、自然对流型太阳能干燥器

图 3-11-1 所示的线框式太阳能干燥器是一种最简单的自然对流送风干燥器,其顶部用聚氯乙烯或聚乙烯等透明塑料薄膜覆盖,待干作物置于塑料丝网上.这种干燥器造价低,且很有效.

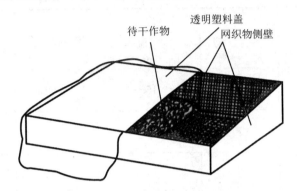

图 3-11-1　线框式太阳能作物干燥器

图 3-11-2 是一种用以干燥谷物的自然对流送风的干燥室.

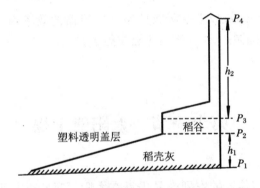

图 3-11-2　透明塑料盖层太阳能稻谷干燥器

有的文献所介绍的太阳能干燥器,要求将 1000 g 稻谷从湿基含水率 22% 干燥到湿基含水率 14%.对于环境空气为 30 ℃,相对湿度为 80%,空气在太阳能空气集热器中被加热到 45 ℃ 的情况,可算得干燥 1000 g 稻谷需 17.3 m³ 空气.因此,为干燥 1000 kg 稻谷,约需 17300 m³ 空气.设干燥过程为 30 h,则空气的体积流率为 9.44 m³/min.若待干谷物的密度为 600 kg/m³,则 1000 kg 的体积为 1.667 m³,而每 m³ 稻谷所需的空气流率为 5.7 m³/min.

通过稻谷层的空气压降可按下述方法计算.设环境空气的密度为 ρ,干燥室内热空气的密度为 ρ';令 h_1 为太阳能空气集热器的入口与待干稻谷底层之间的高度,h_2 为稻谷顶层与通风筒出口之间的高度.因稻谷层厚度很小,故可认为空气集热器入口至通风筒顶面之间的高度即为 $(h_1 + h_2)$.若 P_1 为干燥器内外空气集热器入口平面高度上的空气压力,P_2 和 P_3 分别为干燥器内谷物层的底部和顶面处的空气压力,P_4 为通风筒顶部的空气压力,则有

$$P_2 = P_1 - h_1 \rho' g,$$
$$P_4 = P_3 - h_2 \rho' g,$$
$$P_4 = P_1 - (h_1 + h_2)\rho g.$$

式中,g 为重力加速度.

利用以上关系式,可以得到空气通过稻谷层所需要的压力差为

$$P_2 - P_3 = (h_1 + h_2)(\rho - \rho')g. \tag{3-11-1}$$

由理想气体方程

$$PV = m_a RT,$$

式中:

m_a——所需的干空气量;

V——容积;

R——气体常数.

可得

$$\rho = \frac{m_a}{V} = \frac{P}{RT}.$$

于是

$$\rho - \rho' = \frac{P}{R}\left(\frac{1}{T} - \frac{1}{T'}\right).$$

以 $T = 30 + 273 = 303\text{ K}$,$T' = 45 + 273 = 318\text{ K}$ 代入,得

$$\rho - \rho' = 0.05419 (\text{kg/m}^3).$$

若 $h_1 + h_2 = 4\text{ m}$,则稻谷层上、下的压差为

$$P_2 - P_3 = 2.13 (\text{Pa}).$$

知道了空气通过稻谷层的压降,就可以计算出稻谷层的厚度,已确保空气能按已算得的流率通过.已知 1.667 m^3 的稻谷所需空气的流率为 $9.44\text{ m}^3/\text{min}$,设稻谷层厚度为 x,面积为 A_g,则

$$A_g \cdot x = 1.667 (\text{m}^3). \tag{Ⅰ}$$

对于空气来说,应有

$$A_g \cdot v = 9.44 (\text{m}^3/\text{min}). \qquad (\text{II})$$

式中,v 为空气的流速.

由(3-11-1)式知 v 可表示为

$$v = F \frac{\Delta P}{x},$$

以 $F = 0.03 \text{ m}^2/(\text{Pa} \cdot \text{min})$,及 $\Delta P = 2.12$ Pa 代入,得

$$v \approx \frac{0.064}{x} (\text{m/min}). \qquad (\text{III})$$

将(I)式和(II)式代入(III)式,得

$$\frac{1.667 \times 0.064}{x^2} = 9.44,$$

则

$$x = 0.106 (\text{m}) = 106 (\text{mm}).$$

考虑到稻谷层的顶面有太阳的直接辐射,故稻谷层厚度取 150 mm. 这样,$A_g \approx 11 \text{ m}^2$.

空气集热器的采光面积 A_c 用能量平衡来计算:

$$\bar{I}_0 \cdot A_c \cdot \eta \cdot N = m_w \cdot \gamma. \qquad (3\text{-}11\text{-}2)$$

式中:

N——干燥过程中的日照时数;

$\bar{I}_0$——平均太阳总辐射强度;

η——空气集热器的热效率;

m_w——干燥过程中需要蒸发的水分;

γ——汽化潜热.

在自然送风的干燥器中,通风筒的作用是十分重要的.由于驱使空气流动的压差是由通风筒内、外空气的密度差产生的,故为对通风筒中的空气加热,必须将通风筒加工成太阳集热器,即在其向阳面表面涂黑,并用透明覆盖隔热,背阳面要进行隔热保温.

压差的计算方法可由下例说明:

设环境空气的干球和湿球温度分别为 20 ℃ 和 15 ℃,在空气集热器中被加热到 38 ℃,当空气通过干燥器中的待干物料时,将被冷却和增湿.显然,通风筒所产生的压差为

$$\Delta P = h(\rho_1 - \rho_2). \qquad (3\text{-}11\text{-}3)$$

式中:

h——通风筒高度;

ρ_1, ρ_2——通风筒外、内的空气密度.

利用湿空气图查得通风筒内、外空气的比容,很容易得到 ρ_1 和 ρ_2. 若 h 为 5 m,则对所论情况,有

$$\Delta P = 5 \times (1.1883 - 1.1205) \times 9.81$$
$$\approx 3.32 (\mathrm{Pa}).$$

ΔP 用于克服待干物料的阻力和驱动空气流动.

图 3-11-3 所示的箱式干燥器是供农村家庭使用的. 它有两层玻璃盖板,底部和两侧壁有通风孔,使空气通过干燥器. 背壁有门,便于物料的放入和取出. 小门还可以控制干燥器内的温度,门开大时,进气量就大,干燥器内的温度就低. 反之,若将门关闭,干燥器中气流速率变小,则温度就升高. 对于不宜受太阳直接照射的物料,可在物料盘上再覆盖网状黑色物体.

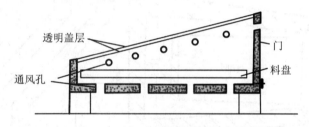

图 3-11-3　一种简单的箱式干燥器示意图

图 3-11-4 是与图 3-11-3 类似的干燥器,所不同的是,其玻璃盖板下面有气流的导向叶,其不但可以引导气流流动,还可以防止太阳直接照射对待干物料的漂白作用.

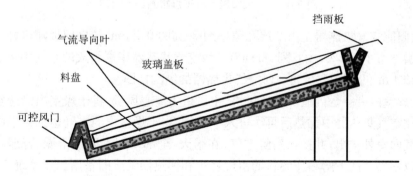

图 3-11-4　有气流导向叶的太阳能箱式干燥器

二、利用风机送风的太阳能干燥器

自然对流型干燥器一般只适用于小型干燥系统,中等或较大的干燥系统,通常采用风机驱动空气流动.风机的容量和压头与许多因素有关,如空气集热器的类型、长度、气流的流程,以及待干物料的几何形状、堆积方法、数量等.

我国已建成了多种利用风机送风的太阳能干燥系统,以下介绍几种太阳能干燥器.

1. 太阳能木材干燥窑

图 3-11-5 是一种适用于中小型木器厂的太阳能木材干燥窑系统的示意图,此系统由干燥室、太阳能空气集热器阵列和燃烧炉及换热器等组成.

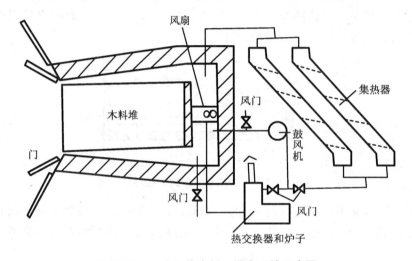

图 3-11-5　太阳能木材干燥窑系统示意图

太阳能空气集热器是由 6 层孔隙率约 70% 的 0.2 mm 拉网铝板随机叠放而成的,其漏光率小于 2%.由 6 列、每列有 8 级空气集热器串联组成的空气集热器的阵列共有 64 m^2.图 3-11-6 为一列空气集热器的纵剖视图.

干燥室内有一台内循环轴流风机.主风机为离心风机,将干燥室内的冷空气抽出,送往空气集热器中加热后再次进入干燥室.当干燥室内的空气达到预定的参数后,将其向室外排出,并换入新鲜空气.在晴天,全部采用太阳能干燥.若遇阴天下雨时,以木器厂的下脚料作燃料的由燃烧炉和换热器组成的备用加热系统启用,使干燥过程不至于中断.此干燥窑以主动方式进行干燥运行,白天为干燥时间,夜间为木材心部的水分向外表扩散和消除干燥过程产生的内应力的时间.

此干燥窑干燥的木材有马尾松、栗树和其他硬杂木,板厚为 10～40 mm.在晴天,4 天内可将 3～3.6 m³ 的马尾松板从含水率 30% 以上干燥到 14% 以下.

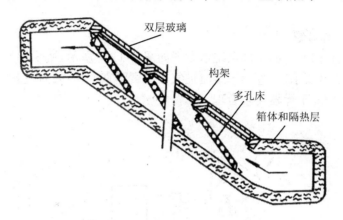

图 3-11-6　干燥窑的空气集热器阵列纵剖示意图

2. 食品干燥装置

有的文献介绍了利用太阳能和燃煤相结合的干燥装置.其装置由下述主要部分组成:

(1) 太阳能空气集热器阵列

该阵列由长 12 m、宽 1 m 的 22 个集热器单体组成,总采光面积为 250 m². 空气集热器的吸热体为 V 形波纹板,其收集角为 90°,吸热体顶部和透明盖板的间距为 35 mm.空气在波纹板与底板组成的通道中流过.

(2) 燃煤烟道气供热设备

主要是层燃式燃烧炉和换热器,风机使空气横向流过列管换热器,烟气和空气作逆流和叉流的混合型流动.

(3) 隧道式烘房及物料输送设备

烘房为砖墙结构,长 20.8 m,宽 1 m,高 2 m,内有 12～14 辆装料车,每辆载重 120～180 kg.热空气流动方向与进料方向相反.既适用于分次连续进出料干燥作业,也可间歇作业.

(4) 空气输送设备

包括空气集热器阵列的引风机、烘房进料口的排风机和列管换热器的前风机,以及连接用的管道和调节风闸等.在晴天,经加热的热空气由空气集热器阵列的引风机和列管换热器的前风机直接送入烘房.烘道的上、下风速可用进口端的百叶窗式调节阀调节,使断面的风速较均匀.热空气被冷却且含水率增加后,由烘房末端的排风机排出.

此装置为一大型干燥系统,每天可干燥食品 1000~1500 kg,干燥系统的效率可达 20%.

3. 卷面干燥装置

有的文献介绍的卷面干燥系统示意图如图 3-11-7 所示,所采用的空气集热器简图如图 3-11-8 所示.因卷面干燥时进气的温度不宜太高,且风量要大,故采用以风机送风的太阳能干燥器比较合理.

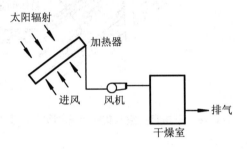

图 3-11-7 太阳能卷面干燥系统示意图

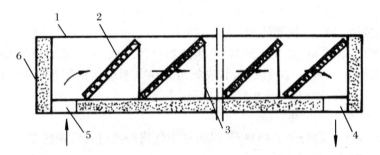

图 3-11-8 空气集热器结构示意图

1—玻璃盖板; 2—铁刨花吸热体; 3—支撑; 4—热空气出口;
5—冷空气入口; 6—隔热箱

空气集热器的吸热体为铁刨花,隔热箱体为组装式,可根据需要拼装成要求的面积.两个长 7 m、宽 3 m 的空气集热器并联为一个阵列,共有 2 个阵列.空气集热器的出风口和风机及干燥窑串联.总采光面积为 84 m^2.

此干燥系统的卷面干燥周期较短,一般不超过 6 h,最短为 2.5 h,每年可干燥卷面 $2×10^5$ kg 以上.利用太阳能干燥卷面,品质较好,卫生指标也高.

三、温室型干燥器

此干燥器(室)的特点是不用空气集热器,即太阳辐射透过干燥器(室)的透明盖板投射到待干的物料上,加热物料.物料蒸发的水分仍依靠自然通风或风机送风的方式排出.

当用温室型干燥器干燥物料时,其热辐射性质对干燥速率和产品质量有很大影响.如果待干物料的光谱吸收率与辐射源的光谱特性相匹配,就可获得最大的干燥速率和所需的干燥质量.待干物料的反射率和它的湿度、温度也有关系.

图 3-11-9 所示的干燥系统是总采光面积达 303 m^2 的温室型太阳能干燥果脯的干燥房剖面示意图.

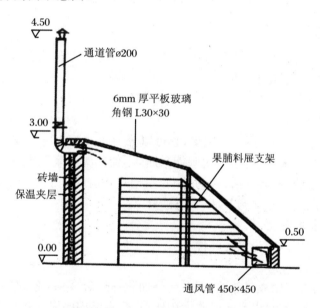

图 3-11-9 温室型太阳能果脯干燥室剖面示意图

此干燥房的传热方式主要是辐射,为了排湿,采用了所谓的双流式通风排湿系统,其除湿介质仍为空气.由于上层物料直接吸收太阳的照射,且由于热空气的浮力作用,上层温度高于下层,且上层物料干燥的速率要高于下层.为了解决上干下湿的问题,特将干燥室的通风排湿系统做成可以按需由下而上或由上而下两个相向方向流动.

干燥室内还设有 3 台可移动式风机,需要时(如果脯干燥初期)可开动这些风机,向果脯表面吹风,以增大干燥速率.这样,可避免因增强排湿通风而增大热损,降低干燥室内温度.

干燥室周围结构也采取了专门的隔热保温措施,整个干燥室只在东侧开设一个物料进出门,以尽量减少不必要的热损.

这座太阳能干燥房可以干燥多种果脯,如青丝、红丝、杏脯、苹果脯、蜜枣和梨脯等.每年生产能力为500吨.与烧煤干燥房相比,太阳能干燥房内的温度比较均匀,果脯无焦糊现象,且在太阳直接照射下,果脯色泽鲜亮,质量较优.

第十二节　太阳能的其他主要应用

前面已经介绍过太阳能热水器和太阳能干燥,除此以外,太阳能的应用范围非常广泛,主要还有以下几个方面:

一、太阳能采暖

利用太阳能采暖的房屋叫太阳房,它可以分为两大类,即被动式太阳房和主动式太阳房.所谓被动式,就是只靠太阳能采暖,不使用其他辅助能源.因此,没有太阳时,室内温度偏低,不够灵活,较为被动.主动式备有辅助能源,当没有太阳或太阳能不够时,可以进行主动调节,以满足需要.

1. 被动式太阳房

根据其结构,可以分为以下几种:

(1) 集热墙式

利用房屋的南墙做成集热墙,即在墙外加装一热盒,用1或2层透明材料作盖板,形成夹墙,墙面涂黑,以利于吸收太阳辐射.当夹墙内的黑体将太阳能转变为热能后,加热空气,热空气即沿着夹墙上升,并从其上部小窗口进入室内,同时室内较冷的空气则由底部的小窗口流入夹墙.如此不断循环,室内的气温逐渐升高,达到采暖的目的,如图3-12-1(a)所示.

(2) 直接受益式

太阳辐射通过窗户玻璃直接照射到室内地板、墙壁或其他物体上,这些被照射到的地方直接吸收了太阳能,温度升高,通过自然对流或辐射将室内温度提高,以达到采暖的目的.此种太阳房如图3-12-1(b)所示.

(3) 附属温室式

这种太阳房又叫带阳光间式,即在房屋的南墙外搭出一间玻璃温室,如图 3-12-1(c)所示.太阳辐射透过玻璃进入阳光间,一部分太阳能被南墙和温室的地面吸收,加热阳光间的空气,通过空气的对流来提高室内的温度.在夜间,南墙墙体所储存的余热还会继续向室内释放.

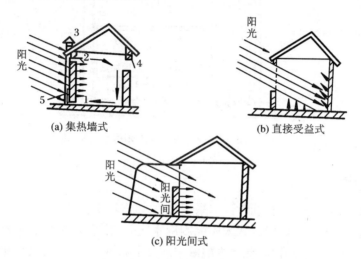

图 3-12-1 各种被动式太阳房

1— 下部窗口; 2—上部窗口; 3—排气口; 4—北窗; 5—集热墙夹层(透光层)

2. 主动式太阳房

主动式太阳房由太阳能集热器、储热室、配热器、辅助加热设备等组成.其供热方式有两种:直接由集热器供热,或以用集热器所获得的太阳能作为热泵的热源,由热泵向房间供热.比较起来,主动式太阳房的造价偏高.我国现在也开始试建少数示范性的主动式太阳房,如图 3-12-2 所示为一主动式太阳房.

特别是近年来,讲究环境保护,许多发达国家建造此类太阳房较多.

3. 太阳能温室

太阳能温室是最早利用太阳能的一种建筑物,人们常见的玻璃暖房、花房和塑料大棚都是太阳能温室.国外已大量采用聚酯树脂板和玻璃钢等新型材料建造温室,又高又大,里面可以使用农业机械,有的还运用计算机自动控制温度和湿度,合理掌握光照,可以模拟大自然的各种最优环境,保证作物最佳的生长条件.

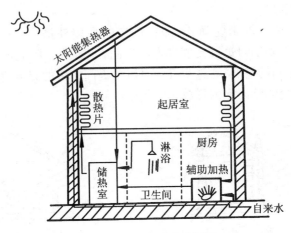

图 3-12-2　主动式太阳房

二、空调制冷

利用太阳能来进行空调制冷,多采用吸收式制冷,其原理将在第六章详述.

图 3-12-3 为氨—水吸收式太阳能制冷系统,太阳能是作为发生器的热源,把氨发生器加热,使压力升高,氨—水溶液中的氨不断汽化,进入冷凝器中凝结放热.当纯氨液进入蒸发器后,在其中急速膨胀而汽化,大量吸收热量,这时通过制冷循环泵使冰箱温度下降,即达到制冷的目的.

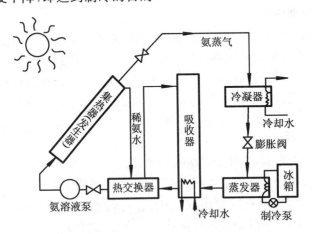

图 3-12-3　氨—水太阳能吸收式制冷

利用太阳能制冷,小型的可以做成太阳能冰箱,最低温度可达 $-5 \sim -10\ ℃$,

一般冷藏温度可要求在 0~5 ℃. 大型太阳能制冷可供建筑物空调系统, 国外已有带空调的太阳房, 用于科学实验室和图书馆. 我国不少地方也做过小规模的试验.

三、太阳能热发电

太阳能热发电是使用大面积的聚光型反射器, 将太阳光反射并聚集到接收器上, 将接收器内的工质加热成高温高压的蒸气. 其发电过程与通常的火力发电厂一样, 只是热源不一样.

自太阳能热发电试验成功后, 经不断改进, 到 1994 年, 美国加利福尼亚州已建立商业用电站 11 座, 总装机容量达 3.5×10^5 kW, 并与常规发电并网运行. 表 3-12-1 为世界几座大型太阳能发电装置的情况. 因为太阳能热发电的经济性太差, 无法商业运行, 所以近十几年来世界上没有任何国家再建设新的热发电装置.

表 3-12-1 世界大型热发电装置

国 家	地 点	形 式	容量(kW)	建成时间
意大利	西西里岛	塔式	1000	1981 年
西班牙	亚尔梅西亚	塔式	500	1981 年 8 月
	亚尔梅西亚	塔式	500	1981 年 9 月
	亚尔梅西亚	塔式	1000	1983 年
	比利牛斯山	塔式	2500	1982 年 12 月
日本	香川县	塔式	1000	1981 年 8 月
	香川县	抛物面	1000	1981 年 8 月
苏联	克里米亚	塔式	5000	1985 年
美国	加利福尼亚州	塔式	10000	1982 年 12 月
	新墨西哥州	塔式	750	1984 年
	加利福尼亚州	抛物面	13800	1984 年
	加利福尼亚州	抛物面	30000×6	1992 年
	加利福尼亚州	抛物面	80000×2	1992 年

太阳能热发电分为两大类, 一类为集中式热发电站, 另一类为分散式小功率发电装置. 在早期, 集中式多为塔式电站, 近来则发展为抛物柱面镜集热式太阳能热电站.

1. 塔式太阳能发电站

图 3-12-4 为塔式太阳能发电站的系统及各部分组成示意图. 定日镜群由许多平面反射镜组成,采用计算机控制,自动跟踪太阳. 所有镜面都将太阳光反射到高塔的接收器(集热锅炉)上,它把收集的太阳能转变为热能,加热接收器内的工质,产生蒸气送往汽轮机,由汽轮机带动发电机发电. 此发电站的运行温度约为 500 ℃,热效率在 15% 以上. 这种发电站占地面积大,如美国加利福尼亚 1 号电站,功率为 10^4 kW,定日镜有 1818 块,每块为 39.1 m^2,总面积达 71084 m^2,塔高 55 m,十分壮观.

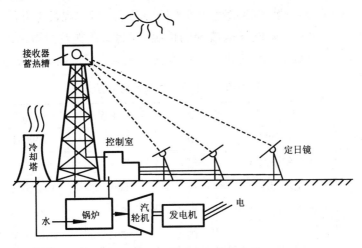

图 3-12-4 塔式太阳能发电站

2. 柱面集热式太阳能发电站

20 世纪 80 年代中期,以美国 Luz 公司为代表,研制出了抛物柱面集热式太阳能发电,如图 3-12-5 所示. 这种集热方式是横向线性的,被加热工质沿聚焦线流动,比塔式的定日镜聚焦简便,不要建高塔,可以平面装置. 一般直接用水做工质,水在集热器中受热后进入过热器,由过热器产生蒸气送入汽轮机,即可带动发电机发电. 太阳能发电不但可以节约燃料,而且经济性可以与普通热电竞争. 如美国加利福尼亚州新投入的 2 台 8×10^4 kW 的太阳能发电机组,单机年发电量已达 25 MW·h,发电成本每度约为 8 美分,因此已具有商业开发意义. 若考虑到社会效益,这种发电方式将优于消耗石化能源的电力生产.

3. 分散式太阳能发电装置

分散式太阳能发电装置主要采用碟形抛物面聚光器,并在聚焦面上安装外热式斯特林发电机组,如图 3-12-6 所示. 这种发电系统可独立运行,适合于无电或缺电地区作小型电源,一般功率为 10～25 kW,聚光镜直径约 10～15 m. 但这种发电方式成本很高,无法与集中式相比,现已很少采用.

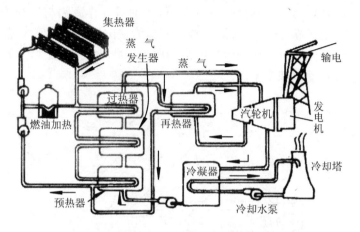

图 3-12-5　柱面集热式太阳能发电站

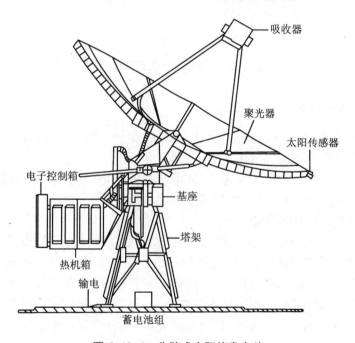

图 3-12-6　分散式太阳能发电站

4. 太阳能高温炉

同塔式太阳能发电类似,可以用定日镜群集中太阳光,建成高温太阳炉,温度可达 2500～3000 ℃。因不用燃料,没有杂质,特别适合作高温材料研究,进行熔点高的金属冶炼,生产高纯合金等。图 3-12-7 所示为法国建造的一座大型太阳能高温炉,此炉聚焦最高温度可达 3500 ℃,输出功率为 1000 kW,它由 11000 多块平面反射镜组成,全部自动跟踪太阳。

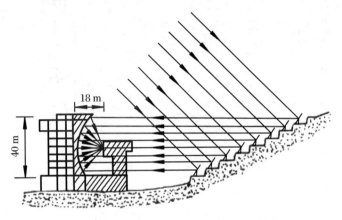

图 3-12-7　法国高温太阳炉示意图

四、太阳能光电转换

1954 年,美国贝尔研究所的蔡平和皮尔逊首先试制成功硅太阳电池,获得了 6% 的光电转换效率的惊世成果。此后,世界上许多国家投入大量的人力、物力在这方面进行研究,其应用范围越来越大,光电转换效率不断提高,成本也随着大幅度下降,光电转换已展示出广阔的应用前景。

1. 光电转换的基本原理

图 3-12-8 为光电转换示意图。当太阳光线照射到一种特制的半导体材料上时,有一部分光被半导体所吸收,其中有一部分转变为热能,另一些光子则同半导体中的原子价电子碰撞,产生电子—空穴对,这样一来,光能就以产生电子—空穴对的形式转变为电能。如果半导体内存在 p—n 结,则在 p 型和 n 型交界面两边形成势垒电场,就将电子驱向 n 区,空穴驱向 p 区,从而使得 n 区有过剩的电子,p 区有过剩的空穴,这样在 p—n 结附近就形成与势垒电场方向相反的光生电场。光生电场的一部分抵消势垒电场,还有一部分使 p 型层带正电,n 型层带负电,在 n 区

与 p 区之间的薄层产生所谓的光生伏打电动势.若分别在 p 型层和 n 型层焊上金属引线,接通负载,则外电路便有电流通过.如此形成一个个电池元件,经过串联和并联,就能产生一定的电压和电流,输出人们所需要的电能.

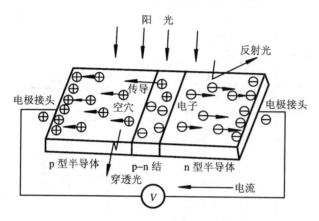

图 3-12-8　光电转换示意图

2. 硅太阳电池的特性

硅太阳电池是目前技术上最成熟、工作寿命最长(20 年以上)、生产量最大、应用最广的一种太阳电池.其主要特性有以下几种:

(1) 伏—安特性曲线

硅太阳电池是一种非线性器件,其伏—安特性不能用数学公式来表达,因此常用伏—安特性曲线来表示.

在光强为 100 mW/cm² 时,硅太阳电池的伏—安曲线示于图 3-12-9 中.A 点的电流为零,电压 U_∞ 为开路电压.随着负载的减小,开始电压降得很慢,但电流增加很快.到 B 点后曲线又发生剧烈的变化,此点称为曲线的拐点,此点处电压约为 0.45 V,电流约为 780 mA.图中 C 点的电压为零,电流为最大,该电流值被称为电池的短路电流 I_{sc}.伏—安特性曲线是电池的固有的特性,工作点可以是曲线上的任一点,这决定于负载.在太阳电池的实际应用中,希望能在最大功率点(B 点附近)工作,此时的电流为 I_m,电压为 U_m.

(2) 光强的影响

图 3-12-10 表示出了在不同光强下的伏—安特性曲线.第一条曲线和图 3-12-9 中的曲线相同,第二条曲线在拐点的左边形状相同,当工作点处于该部分时,光强对端电压的影响不大,只是改变电流,而且电流随光强度的变化呈线性关系.随着光强的减弱,曲线的拐点亦将相应地向左移动.从图中可以明显看出,当光

强变化时,电流的变化比电压的变化大得多.除在极低的光强情况下以外,曲线有着相同的形状,这就意味着如果能使太阳电池工作于曲线的拐点附近,就会得到最大的输出功率.

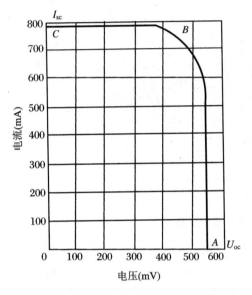 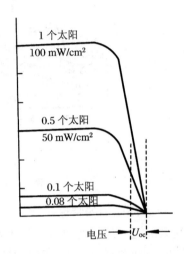

图 3-12-9　硅太阳电池的伏—安特性曲线　　图 3-12-10　不同光强下硅太阳电池输出

由上述原则可以推理,太阳电池的大小对电压影响不大,不管太阳电池的面积为多大,电池产生的电压都约为 0.45 V.而太阳电池产生的电流随着到达的光强变化而改变很大,太阳电池的面积越大,电流也越大.事实表明,太阳电池产生的电流随电池面积和光强的增加而线性地增大.

(3) 温度的影响

硅太阳电池能在 -65~125 ℃ 内正常工作,当温度高达 200 ℃ 时,只能工作半个小时.在 300 ℃ 时,就无法工作.但其在极低的温度下可以工作得很好.

在给定的光强下,工作温度将影响电池的输出功率.温度每升高 1 ℃,端电压约降低 0.2 mV,但其电流增加约 0.5 mA,给予了一定的补偿.但其补偿并不足,因温度升高 1 ℃,仍使有用功率大约减少 0.3%.

用于计算温度影响的简便公式为

$$U_{out} = U_r[1 - 0.002(T_c - 25)], \tag{3-12-1}$$

$$I_{out} = I_r[1 + 0.025A(T_c - 25)]. \tag{3-12-2}$$

两式中:

U_{out}——电池在温度 T_c 下的输出电压,单位为 V;
U_r——电池在 25 ℃下的输出电压,单位为 V;
I_{out}——电池在温度 T_c 下的输出电流,单位为 mA;
I_r——电池在 25 ℃下的输出电流,单位为 mA;
T_c——电池的温度,单位为 ℃;
A——电池的面积,单位为 cm^2.

图 3-12-11 示意了硅太阳电池的效率随温度的变化.因 25 ℃为电池的额定工作温度,故图中该温度下的变化为零.

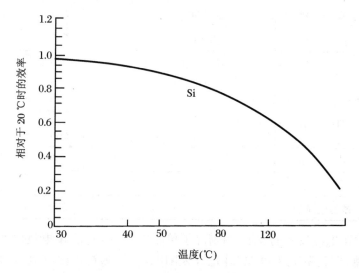

图 3-12-11 硅太阳电池的效率随温度的变化

因电池的工作温度对电池的输出有较明显的影响,故在设计太阳电池系统时,较正确地预定电池的工作温度是非常必要的.

20 世纪 80 年代以来,世界上已建立了一大批不同规模的太阳电池供电的电站,其中美国最多,规模也最大.

表 3-12-2 中列出了世界上大型的光伏电站.现在国际上一些著名的大公司都投入光电发展,如德国西门子公司,英国壳牌石油公司,日本三洋公司等.90 年代以来,我国开始在西藏实施"阳光计划",主要是建设光伏电站,以解决边远无电县的供电问题.现已建成了一批光伏电站,容量为 10~25 kW,并准备扩大到 30~60 kW.

表 3-12-2 世界上主要的大型光伏电站

国家	地点	容量(kW)
美国	加州萨克拉门托	12000＋1000×2
	加州海斯派利亚	1000
	南加州	6500
	亚利桑那州	200
意大利	阿梅多拉	1150
	那不勒斯	3300
	德弗斯	300
德国	科本哥登	340
	佩尔沃尔姆岛	300
日本	爱媛县	1000
	筑波	200
南非		700
瑞士		500
沙特阿拉伯		350

随着太阳电池技术的发展,目前除了单晶硅和多晶硅太阳电池以外,还有非晶硅太阳电池、硫化镉太阳电池、砷化镓太阳电池、铜铟锡太阳电池、聚光太阳电池等.同时,光电转换效率也在不断提高,有的国家在实验室中的光电转换效率已达25%以上.

第四章 地热能的利用

第一节 概 述

一股温泉水从地下冒出来,往往一淌就是成千上万年.杨贵妃华清池沐浴,至今也有一千二百多年,但是临潼那股温泉水还是热气腾腾的涓涓细流,而且还要继续流下去.这些泉水为什么变得很热呢?这就需要探索地下的奥秘.原来地球的深处是非常非常得热,一般估计地核的温度为 4500 ℃,也有人估计为 6900 ℃.所以,地球是一个巨大的热库,储藏着非常巨大的热能.有人估计过,仅在 10 km 以内的地球表层中,就含有 1.2×10^{24} kJ 的热量,这相当于地球煤储量的 2000 倍.按目前世界上所消耗的能量计算,完全依靠地热 4000 多万年以后,地球的温度也只降低 1 ℃.但问题是如何经济、直接地利用地热能,这仍是我们目前科学技术方面所要解决的一大难题.

世界上开始利用地热资源是很早以前的事了,但利用地热发电,首先是意大利,1904 年在拉德瑞罗建立了第一座天然蒸汽试验电站,1913 年正式运行,装机容量为 250 kW.在此之后,许多国家也相继投资开发地热资源,各种不同类型的地热电站相继建立.据不完全统计,到 20 世纪 70 年代末,国外建成投入运行的地热电站装机容量约为 1900 MW,到 1992 年已发展到 6000 MW.随着矿物燃料的不断开发利用,资源不断减少,能源会越来越紧张,石油等其他矿物燃料的价格不断上升,对地热能的开发利用会越来越受到重视.目前世界上有许多国家正在开发利用地热资源,其中以美国、菲律宾、意大利、墨西哥等的装机量最多.截止到 2005 年,世界上主要国家的地热发电装机容量如表 4-1-1 所示.

表 4-1-1　世界地热发电统计表(MW)

国家	1995 年	2005 年
美国	2816.7	2228
菲律宾	1227	1909
意大利	6317	785
墨西哥	753	755
印度尼西亚	309	589.5
日本	413.7	546.9
新西兰	286	437
爱尔兰	50	170
萨尔瓦多	105	161
哥斯达黎加	55	142.5
中国	28.8	29.2
法国	4.2	4.2
澳大利亚	0.2	0.2

由于地热发电的经济性很差,可以用于发电的地热资源不多,而且运行过程中问题也很多,所以发展非常缓慢.

地热资源是非常巨大的,但是不可能都开发利用,在技术上也无法达到.地质钻探也有一个极限,总不可能将地球钻透.因此,目前国际上把地热资源的范围规定在地壳表层以下 5000 m 深度以内,温度在 150 ℃ 以上的岩石和热流体所含的热量.以此估计,全世界的地热资源的总量约为 1.45×10^{26} J,这相当于 4.948×10^{19} t 标准煤.

全球主要地热资源的分布区包括环太平洋地热带、地中海喜马拉雅山地热带、大西洋中脊地热带、红海亚丁湾东非裂谷地热带,另外,在欧亚大陆的中心也有一些分散的地区.这些地热带的形成都与地球的板块运动有关.图 4-1-1 为世界主要地热带的分布.

中国地跨环太平洋和地中海喜马拉雅山两大地热带,地热资源比较丰富,低温热水型、地压地热型和火山岩高温地热型等各种地热储存方式的资源都有.已天然出露和钻探发现的地热点达 3000 多处,仅据已勘探的 40 多个地热田来看,查明的地热储量相当于 3.16×10^9 t 标准煤,远景储量相当于 1.353×10^{11} t 标准煤.西藏羊八井地热田已获得最高温度 329.8 ℃,实属世界少有.表4-1-2 列出了我国地热资源的简况.

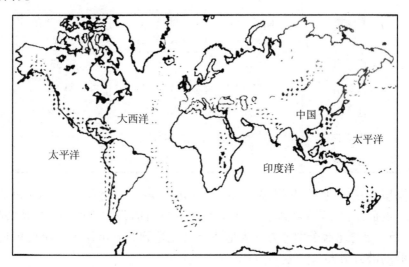

图 4-1-1 世界主要地热带的分布

表 4-1-2 中国地热资源简况

省 区	已 查 明 资 源		
	面 积 (km^2)	可 采 量 (×10^{12} kJ)	折合标准煤 (×10^6 t)
北 京	174	1516	51.72
天 津	387	3339.8	113.90
河 北	9240	83638	2835.66
辽 宁	4.83	59	2.02
安 徽	4.12	9.5	0.33
福 建	20.89	190	6.49
江 西	4.38	19.1	0.66
山 东	125.70	396	10.11
湖 北	9.92	66.5	2.27
湖 南	13.5	103.3	3.52

续表

省 区	已查明资源		
	面 积 (km^2)	可采量 ($\times 10^{12}$ kJ)	折合标准煤 ($\times 10^6$ t)
广 东	8.73	57.2	1.95
云 南	107.73	4646.1	90.28
西 藏	35.87	512.5	17.48
陕 西	11.85	27.6	0.94
青 海	1.00	15.8	0.54

中国境内的大地热流值多为 40~60 mW/m^2（占面积的 60%）和 60~70 mW/m^2（占面积的 17%），高于 70 mW/m^2 的只占面积的 10% 左右，其余都低于 40 mW/m^2. 台湾北部个别地方的大地热流密度达到 250 mW/m^2. 由此可见，我国地热资源的潜力很大.

我国地热发电事业仍处于试验阶段，1970 年在广东丰顺县邓屋建成我国第一座地热电站. 电站采用扩容减压法，地热水温为 91 ℃，汽轮机的进汽压力为 0.28 atm，进汽温度为 68 ℃，进汽量为 3000 kg/h，排汽压力为 0.05 atm. 以后相继在河北、江西、西藏、福建、湖南等地建立了一批地热试验电站，这些电站的形式各异，有的采用低沸点工质循环系统，有的采用减压扩容系统，以便于相互比较分析. 其中容量最大的为羊八井地热电站，现装有 2500 kW 汽轮机发电机组，运行正常，平均出力在 1500 kW 左右，是全国首个利用高温地热湿蒸汽发电的地热机组. 地热发电在我国很有潜力，现已受到各方面的普遍重视，相信不久的将来会有较大的发展.

我国地热发电概况如表 4-1-3 所示.

表 4-1-3 我国地热发电站概况

地点	机组编号	地热温度(℃)	机组容量(kW)
广东丰顺	1	90	86
广东丰顺	2	90	200
广东丰顺	3	90	300
江西温汤		65	50
河北怀来		68~78	200

续表

地点	机组编号	地热温度(℃)	机组容量(kW)
山东招远		90	200
湖南灰汤		90	300
西藏羊八井	1	145	1000
西藏羊八井	2	145	3000
西藏羊八井	3	145	3000
西藏羊八井	4	145	3000
辽宁熊岳	1	80	100
辽宁熊岳	2	80	100

除羊八井为生产性地热电站外，其余皆为实验性电站．除广东丰顺、湖南灰汤仍在断断续续运行外，多数皆因地热温度偏低，发电效果差而停止．

第二节 地热基础知识及地热的分类

一、地球的构造

地球是一个巨大的实心球体，从赤道到球心的距离略大于从两极到球心的距离，平均距离为 6370 km．从地表到球心可分为 3 层：

1．地壳层

地壳层是由土层和坚硬的岩石组成的，其厚度很不均匀，海洋底下地壳最薄，约为 10 km，平原地带为 30～40 km，高山底下地壳最厚，为 60～70 km．地壳上部的密度较小，主要由花岗岩类物质组成，称硅铝层，地表为沉积岩及沉积变质岩层．地壳下部的密度较大，由玄武岩类物质组成，称硅镁层．

2．地幔

地幔是由硅镁物质组的，分为上、下地幔，总厚度为 2900 km．

3．地核

地核是指从下地幔底到地心的部分．

从地球的温度分布来看，地壳最上部 15 m 左右的范围内地温随季节而明显变化,夏季地温高,冬季地温低,这一区域称为变温带.从变温带向下,受日照的影响越来越小,当达到一定的深度以后,日照变化的影响已经没有,地层温度常年不变,这一区域称为常温带.常温带的厚度各地不一,它与土壤和岩石的物理性质以及水文地质条件等有关.从常温带再往下,越向深处地温越高,它完全受地球内部的热量所控制,称为增温带.各个地方的增温带增温情况极不相同,但大部分地区每深入地下 100 m,温度约增加 3.3 ℃.增温带内地温随深度增加的比率称为地热增温率.根据对地球的导电性、导热性的大量测量,计算表明,约 33 ℃/km 的增温率只适用于地壳最上部的十几公里范围之内.而地球深处的增温率远小于这一数值,并且越深越小.在地下 15～25 km 之间,每深入 100 m 只增加 1.5 ℃;25 km 以下,每深入 100 m 只增加 0.8 ℃;再深入到一定深度以后,地温基本不变.表 4-2-1 为地球内部温度的概况.

表 4-2-1 地球内部温度分布

深　度(km)	60	100	500	2900～6371
温　度(℃)	～500	～1400	～1800	2000～5000

二、地热资源

1. 地热资源的类别

(1) 低温水热系统

它又可分为蒸汽地热田和热水地热田两种.蒸汽田易于开发,但储量很小,只占地热资源的 0.5%,而地热水资源的储量较大,占地热资源的 10% 左右.温度范围从接近室温到 360 ℃.它必须具备较好的传热岩层和储热体,多为沉积盆地型中低温地热田.

(2) 地压地热系统

一般地下水的压力接近于补给水区的静压力,而地压地热系统的水压大于静水压力,并与上覆盖地层岩石的静压力差不多,所以叫"地压地热系统".这种地压地热系统的形成条件主要是长期稳定沉降的大型盆地、河流三角洲、堆积沙和泥质沉积物形成多层结构,在成岩过程中受到上覆层的挤压作用;黏土矿物脱水所增加的孔隙水呈现高压并长期保存;含水层长期下沉,有的可深埋 4000～6000 m 以下.加之深层大地热流的加热,水温可达 150～250 ℃,而且这种地热水往往还溶解有甲烷,所以它具有高压流体的势能、地热水的热能和甲烷的化学能.

(3) 干热岩系统

它是地层深处具有 150～650 ℃ 温度的热岩层,这里由于渗透性差,不存在流体,所以叫做干热岩.为了开发这种地下热能,必须钻井,并人工注水,干热岩将水加热后再回收热水加以利用.

(4) 熔岩系统

它是 650~1200 ℃ 的处于塑性状态或完全熔化的熔岩,其埋藏部位最深,据估计约占已探明的地热资源的 40%.

截止到目前为止,地热资源的利用主要是热水资源的开发.不过近年来,美国等国家正在着手进行干热岩的试验性开发研究.而地压资源和熔岩资源的利用还处于设想阶段.

2. 地下热水的形成

地下热水的形成大体上可以分为两种类型:

(1) 深循环型

根据目前多数地热专家的看法,地下热水中的 90% 来自大气的降水,只有极少量的水是从岩浆释放出来的"原生热水".大气降水落到地面后,在重力的作用下沿着土壤或岩石的缝隙向地下深处渗流,成为地下水.在下渗过程中,地下水不断吸收周围岩石的热量,逐渐被加热成地下热水,渗入越深,温度越高.这种地下水的温度一般符合地热增温率的规律,在常温层每深入 100 m 增温约 3.3 ℃,所以在地下 2 km 左右可获得约 80 ℃ 的热水.热水在受热后又要膨胀,在下部强大压力作用下,它们又沿着另外的岩石缝隙系统向地表移动,成为浅埋藏的地下热水,甚至流出地表成为温泉.一边冷水下渗,一边热水上升,就构成了地下水的循环运动.图 4-2-1 表示了这种地下热水形成的模型.

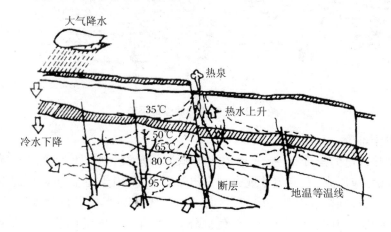

图 4-2-1 深循环型地下热水

显然,深循环型地下热水的形成、运动、储存与地质结构关系密切,在地壳变动比较激烈、岩层发生大断裂的地区,深入地壳内部的岩层裂隙较多,这就为冷热水的循环提供了通道.特别是在几组不同走向的断层交会处,岩层在不同方向的挤压下,断裂破碎程度更大,裂隙也更多,而成为集聚热水的含水层.所以,在断层复合交叉部位及其附近,常是存在深循环地下热水的地区.

(2) 特殊热源型

几十亿年来,地壳岩层一直经历着断裂、挤压、折曲和破碎等变化,每当岩层破裂时,地球深部的岩浆就会通过裂缝向地表涌来,如冲击地表则成为火山爆发,如停驻在地表下一定深度则成为岩浆侵入体.岩浆侵入体是一个特殊的高温热源,它使渗入的大气降水受到强烈的加热,形成高强度的地热异常区,其地温梯度值可达每米几十度.显然,岩浆侵入体的年代、规模、埋藏深度及覆盖岩层的情况都关系着侵入体释热量的多少.通常认为,第四世纪以前地质时期中发生的岩浆侵入体的余热早已散失,只有近期的侵入体才能构成特殊热源.图 4-2-2 表示了特殊热源型热水形成的模型.

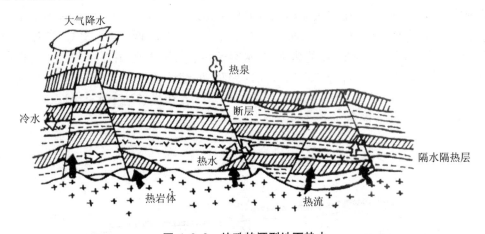

图 4-2-2 特殊热源型地下热水

3. 地热流体

从地热发电的角度来看,如果地热资源为干蒸汽,则井上装置除不需锅炉以外,其他和相应压力、温度的常规火力发电装置基本相同,这是比较理想的地热资源,发电容量和转换效率都比较高.然而,干蒸汽热储的形成条件局限性很大,需要蒸汽(饱和状态)和热水在热储内部就被分离,而且在引向地面的过程中又被热岩石加热,得到几乎不含热水或具有过热度的优质蒸汽.但这种地热田很少.

远比干蒸汽田储存丰富,而且分布广泛的资源是热水型.在相当长时期内,地热发电将以热水型资源为主.

一般地说,热储内部的热水均处于饱和状态,当热储温度高于当地大气压力的饱和温度时,用地热井引出地热流时,由于流动阻力将引起压力下降,一部分热水要闪蒸成蒸汽,而涌出井口的是蒸汽和水的两相混合物.所以,热水型资源包括温度低于当地大气压力下饱和温度的热水和压力高于当地大气压的湿蒸汽两类.

对地热发电来说,无论是条件好的干蒸汽还是热水型资源,地热流体的品质(各种杂质的含量)在发电系统和设备的选择设计上都必须予以认真考虑,并采用适当的处理方法,要严格控制给水品质.

地热流中除蒸汽和热水外,一般都含有 CO_2,H_2S 等不凝性气体,在液相还有数量不等的 $NaCl$,KCl,$CaCl_2$,H_2SiO_3 等物质.从热转换系统和设计上看,不凝性气体的存在,对冷凝器的构造有特殊要求.随着热水温度的下降和蒸汽的闪蒸,$CaCO_3$,SiO_2 等结垢物质附着在各种管道的表面,并逐渐堵塞流路.此外,H_2S 等还会造成环境污染.随着地热流开发利用的发展、扩大,必须根据地热流的特性和成分采用相应的处理装置和系统.

地热流按其物理性质和地质条件,可以大致分为以下几类:

(1) pH 值较大,而不凝性气体含量不太大的干蒸汽或湿度很小的蒸汽;
(2) 不凝性气体含量大的湿蒸汽;
(3) pH 值较大,以热水为主的两相流体;
(4) pH 值较小,以热水为主的两相流体.

目前世界上用于发电的地热流体大多属于第(1)类.第(3)类的资源量较大,分布广,且埋藏深度又不甚大,是各国研究开发的重点.

第三节 地热发电系统

地热发电是把地下热能转变为机械能,然后再把机械能转变为电能的生产过程.目前,用以发电的是天然蒸汽和地下热水,而随着蒸汽和热水的温度、压力以及它们的水、汽品质的不同,地热发电的方式也不一样.

1. 背压式汽轮机循环

蒸汽田生产的天然蒸汽如为压力超过一个大气压的干蒸汽,即可采用这种发电方式,这是一种最简单的方式.图 4-3-1 是背压式汽轮机循环模型图.天然蒸汽首先经过净化分离器,除去蒸汽中挟带的岩粉等固体杂质,然后进入汽轮机中膨胀作功,乏汽直接排往大气中.这样,大气压力以下的蒸汽中还有许多焓值未能利用,这种方式是不经济的.所以,只有在蒸汽中含有大量的不凝性气体,以致不能在真空条件下经济运行的场合,才考虑采用这种方式.

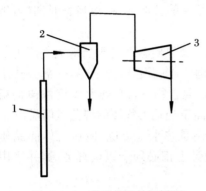

图 4-3-1 背压式汽轮机循环
1—地热井; 2—净化分离器;
3—背压式汽轮机

2. 凝汽式汽轮机循环

凝汽式循环的优点是可以部分利用大气压力以下蒸汽的热焓.实际上,许多大容量的地热发电站中几乎有 50%～65% 的出力是在低于大气压力之下发出的.图 4-3-2 是凝汽式汽轮机循环模型图,井口流体如果为汽水混合物,则经过净化后的湿蒸汽先进入汽水分离器,分离出的蒸汽再到汽轮机中膨胀作功.抽气器用于抽去不凝性气体,以保持凝汽器中的真空度.常用的抽气器是射汽抽气式.凝汽式地热电站要比背压式地热电站效率高,但是系统要复杂一些,管理上要求高.

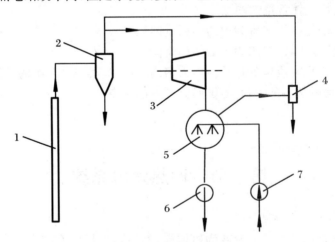

图 4-3-2 凝汽式汽轮机循环
1—地热水; 2—汽水分离器; 3—汽轮机; 4—抽气器;
5—凝汽器; 6—排水泵; 7—冷却水泵

3. 二次蒸汽循环

由于天然蒸汽挟带着各种杂质和某些有腐蚀性的气体,使发电装置的金属设备会遭到 CO_2,H_2S 等的强烈腐蚀,某些盐类又会引起蒸汽管道的结垢、腐蚀等,为此采用所谓的二次蒸汽循环. 图 4-3-3 是二次蒸汽循环的模型图,它是使天然蒸汽通过换热器来再次蒸发天然蒸汽的凝结水,在较低的压力下产生纯净的蒸汽. 换句话说,二次汽的给水是一次蒸汽被冷凝而得到的凝结水,故二次汽中不含有不凝性气体,从而避免了天然蒸汽中携带的 H_2S,CO_2 等对汽轮机等设备的腐蚀. 由于这种系统多一次热交换,会产生 14 ℃ 左右的温降,约相当于损失 20% 的潜在电力,使经济性降低. 所以,这种方式一般情况下都不采用,只是在天然蒸汽中含气量特别大时才给予考虑.

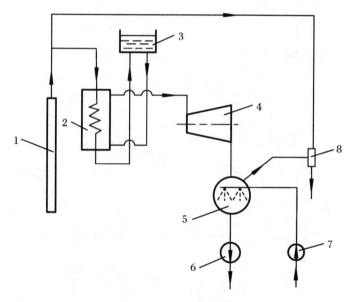

图 4-3-3 二次蒸汽循环

1—地热井; 2—换热器; 3—凝结水罐; 4—汽轮机;
5—凝汽器; 6—排水泵; 7—冷却水泵; 8—抽气器

4. 减压扩容蒸汽循环

对于湿蒸汽田和热水田,适于采用减压扩容蒸汽循环,其循环模型图如图 4-3-4 所示. 来自地热井的地热水首先进入减压扩容器,扩容器中维持着比热水压力低的压力,因而得到闪蒸蒸汽,并送往汽轮机膨胀作功. 若地热井口的流体是湿蒸汽,则先进入汽水分离器,分离出的蒸汽进入汽轮机膨胀作功;分离出的水再进入扩容器,扩容后得到闪蒸的蒸汽,也送往汽轮机膨胀作功.此种循环是热水田的主要发电方式,系统比较简单,运行和维护都较方便,而且扩容器比面式蒸发器结构简单,金属消耗少,造价低.但当挟带的不凝性气体较多时,需要容量大的抽气器维持高真空,因此自身的能量消耗大.

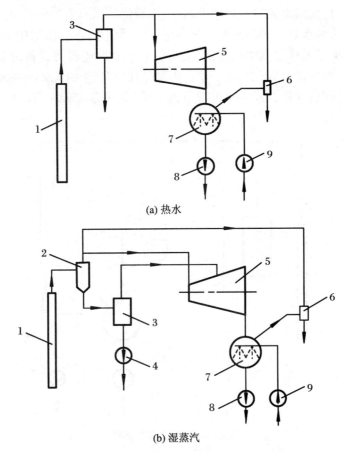

图 4-3-4 减压扩容蒸汽循环

1—地热井; 2—汽水分离器; 3—减压扩容器; 4—扩容排水泵;
5—汽轮机; 6—抽气器; 7—凝汽器; 8—排水泵; 9—冷却水泵

5. 低沸点工质循环

为了克服扩容法的缺点,可采用低沸点工质循环,图 4-3-5 是低沸点工质循环模型示意图.地下水抽到地面后,为了保证不产生蒸汽和不使溶解气体从水中溢出,水回路中的热水始终保持在饱和压力以上.在热水流过热交换器时,把热量传给低沸点工质,然后带着溶解在水中的气体和固体物质重新被注入到回灌井中,而低沸点工质在换热器中被加热蒸发再过热后再进入汽轮机膨胀作功.常用的低沸点工质为一氟三氯甲烷($CFCl_3$,沸点为 23.7 ℃)和一氯乙烷(CH_3-CH_2Cl,沸点为 12.4 ℃).低沸点工质的优点是:低沸点工质的蒸汽比容小,因此运行在低凝结温度的低沸点工质的涡轮机的尺寸紧凑小巧,造价也低;地下热水不直接参加热力过程,所以涡轮机避免了热水中气、固杂质所导致的腐蚀问题,可以适用于不同化学类型的地下热水;同时,也没有大气污染的弊病.其缺点是:低沸点工质价格贵,来源不广,有的有毒性,易燃、易爆等;由于需要换热器,增加了传热温差,引起不可逆㶲损失;又因低沸点工质比水的传热性能差,故换热器面积要大,必须使用面式冷凝器,使投资增加.

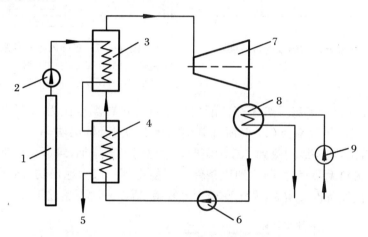

图 4-3-5 低沸点工质循环
1—地热井; 2—深井泵; 3—过热器; 4—蒸发器; 5—去回灌井;
6—工质泵; 7—涡轮机; 8—冷凝器; 9—冷却水泵

6. 多级闪蒸系统

地热水是变温热源,由于热流定压比热 c_p 近似为常数,热源和冷源之间的可逆循环在 T-s 图上呈"三角形"循环,如图 4-3-6 所示.热源和冷源之间的三角形面积相当于地热水的㶲,此可逆循环的㶲效率 $\eta_{ex}=1$.前述的单级闪蒸循环见图 4-3-4,闪蒸器排出的热水所具有的可用能不再利用是很大损失,所以可采用两级或多次闪蒸系统,即将闪蒸器排出的热水依次再进行闪蒸,产生二次、三次蒸汽送入汽轮机作功,如图 4-3-7 所示,以提高系统的转换效率.

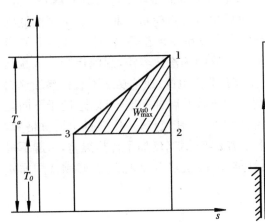

图 4-3-6 地热水动力转换的可逆循环

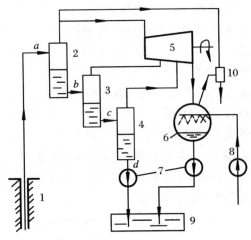

图 4-3-7 多级闪蒸发电系统
1—地热生产井； 2,3,4—闪蒸器； 5—汽轮机；
6—冷凝器； 7,8—泵； 9—水箱； 10—联通箱

图 4-3-8 表示了每一级闪蒸器的出口温度和进口温度比为 0.5，凝汽温度为 54 ℃，汽轮机的热效率为 0.7 时所计算出的热水初温和输出功 W 之间的关系。从图中可以看出，从一级闪蒸到二级闪蒸时，输出功显著增加，级数再增加时输出功增加减缓，级数无限多时，则达到该条件下所能得到的最大输出功。然而随着级数的增加，将使设备投资增大，系统变得十分复杂，所以一般不超过 4 级。

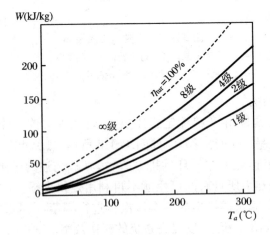

图 4-3-8 W 与级数及 T_a 的关系

7. 多级蒸发双循环系统

从能量有效利用的角度看,现行的朗肯循环与地热水可逆循环的差别很大,问题是朗肯循环的等温蒸发过程与无相变的显热源(地热水)进行热交换时有相当大的不可逆传热损失 $e_{l.ex}$. 同时,节点的存在又使从热源取热受到限制,地热水排出系统的温度 T_b 较高,造成较大的排热损失 $e_{l.out}$. 再加上汽轮机、冷凝器以及系统的其他损失,循环效率 η_{ex} 一般不超过 40%.

图 4-3-9 为多级蒸发双循环系统,图 4-3-10 为相应的 T-Q 图. 热水以温度 T_a 进入换热器,以温度 T_b 排出系统. 工质的凝结液由泵 P_1 加压送入第一级预热器,受热达到饱和温度 T_1 后,部分饱和液体 m_1 引入第一级蒸发器加热,产生蒸汽

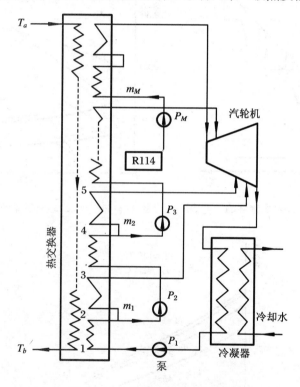

图 4-3-9 多级蒸发双循环系统

送进汽轮机低压级膨胀作功. 另一部分饱和液体由泵 P_2 再次加压送入第二级预热器,受热达到第二级蒸发温度 T_2 后,一部分饱和液 m_2 继续引入第二级蒸发器,剩下的饱和液由泵 P_3 再次加压送到第三级预热器,这样下去就可以组成多级(M 级)蒸发系统. 由图 4-3-10 可以看出,由于换热器中出现了 M 个蒸发段和节点,使

热源级热线与工质的加热线大大接近,传热不可逆损失 $e_{l.ex}$ 显著减少,排水㶲损失 $e_{l.out}$ 也大幅度降低. 图 4-3-11 为单级($M=1$)和二级($M=2$)蒸发系统的比较,实线为单级,虚线为二级. 另一方面,由于工质总蒸发量增大,汽轮机的不可逆损失 $e_{l.tur}$ 和冷凝器的不可逆损失 $e_{l.con}$ 略有增大. 图 4-3-12 所示为 $M=1\sim4$ 级时,净输出功率 W 与蒸发级数 M 和 ΔT_p 之间的关系. 这里与多级闪蒸相类似,二级比一级显著增大,三级以上逐渐减弱. 由图 4-3-10 和图 4-3-12 还可以看出,ΔT_p 对系统的效率影响很大,ΔT_p 减小,η_{ex} 和输出功 W 迅速增加.

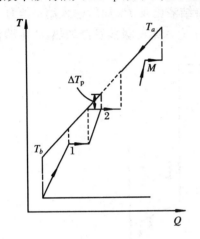

图 4-3-10 多级蒸发双循环的 T-Q 图　　图 4-3-11 一、二级蒸发系统㶲损失率的比较

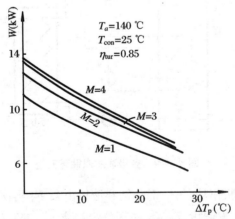

图 4-3-12 多级蒸发系统的净输出功 W 和
　　　　　节点换热温度 ΔT_p 的关系

然而,减小 ΔT_p 和增加级数 M,都要以增大换热面积为代价.所以,电站设计时,要以发电成本最小为标准找出最佳的 ΔT_p 和 M.

8. 超临界循环

减小汽轮机的不可逆损失 $e_{l.ex}$ 和排水㶲损失 $e_{l.out}$ 的另一条途径是采用超临界循环,其 T-s 图如图 4-3-13 所示.选择合适的工质,用工质升压泵将凝结液加到工质的临界压力 P_c 以上时,工质的等温蒸发吸热段消失(图中的 P' 线).在保证必要的最小换热温差 ΔT_p 的情况下,热水与工质间的平均换热温差将显著减小.当压力提高到一定的高度时,工质的等压线接近于直线,并调整有关的热力参数,可以使热水放热线呈等距状(参见图中的 P'' 线),此时热交换各点的 ΔT 大致相同,$e_{l.ex}$ 和 $e_{l.out}$ 两相不可逆损失的大小将可完全由所取的传热温差 ΔT_p 人为地加以控制.这样就可以最大限度地减小 $e_{l.ex}$ 和 $e_{l.out}$,使循环充分接近可逆循环——"三角形"循环.与其他措施一样,采用超临界循环也不是无代价的,工质升压也需输入外功.若要求等压线完全呈直线(与热水放热线等距),升压泵耗功有时要达到汽轮机出力的 30% ~

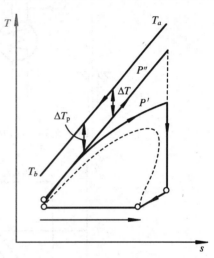

图 4-3-13 超临界循环的 T-s 图

40%,甚至更大.因此,加热侧不可逆损失的大幅度减小并不意味着系统净输出功率也将成比例增大,有时(对某些工质,当压力取得过高时)甚至相反.

9. 地热流体为汽水混合物时的高效率转换系统

地热流体为汽、水两相混合时,从热力学理论看,采用全流量系统最为理想,这种方法有可能成为转换效率最高、对地热流体化学品质最不敏感和系统最简单的发电方法.美国和日本正在开发、研究这种方法,但目前还处在实验阶段.

适用于两相地热流体的一种高效率转换系统是蒸汽和热水分段加热的低沸点工质朗肯循环系统,图 4-3-14 和 4-3-15 分别为该方法的系统循环模型图和 T-Q 图.它的工作原理是,来自井口的汽水混合物首先通过分离器将汽、水加以分离,工质的预热段由热水加热,蒸发段由分离出来的蒸汽加热,组成朗肯循环.设计中只要将蒸汽流量、热水流量和工质循环量进行适当匹配,便可以使地热流和工质间的传热温差减小,甚至可以使放热线和吸热线完全平行,从而大大减小 $e_{l.ex}$ 和 $e_{l.out}$,提高系统的㶲效率.

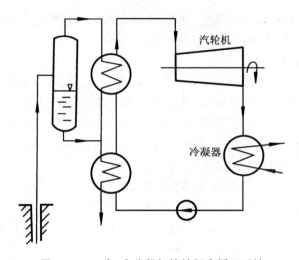

图 4-3-14 汽、水分段加热的朗肯循环系统

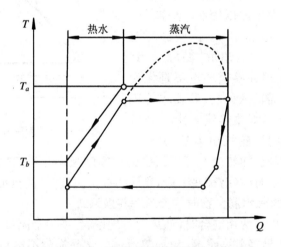

图 4-3-15 分段加热朗肯循环的 T-Q 图

第四节 地热动力循环的热力学分析

已探明的地热资源中,高于 150 ℃ 的地热流(热水或蒸汽)是较少的,储量多、

分布广的是低温热水田(<90 ℃),这种资源是否可以用于发电,经济上是否合算,都需借助热力学分析,以求找到能量转换中的问题所在,提高热能利用的经济性.

一、㶲和㶲效率

图 4-4-1 为低沸点工质循环,假定系统中凝汽器、换热器不存在不可逆因素,汽轮机膨胀也认为是可逆过程,则根据热力学第一、第二定律,地热流从状态 a 过渡到环境状态 0 时,地热流所能对外界作出的最大有用功即为其㶲值:

$$E_{\max} = G(H_a - H_0) - T_0(S_a - S_0). \tag{4-4-1}$$

式中:

H_a, H_0——地热流在状态 a 和 0 时的焓(kJ/kg);

T_0——环境温度;

S_a, S_0——地热流在状态 a 和 0 时的熵(kJ/(kg·K)).

单位工质具有的最大作功能力(比㶲)为

$$e_{a0} = (h_a - h_0) - T_0(s_a - s_0). \tag{4-4-2}$$

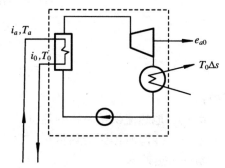

图 4-4-1 低沸点工质循环

环境参数 (T_0, P_0) 为已知,㶲的大小取决于初始状态参数.

当地热流离开系统时的温度为 T_b,而不是环境温度 T_0 时,单位工质能作的最大功为

$$e_{ab} = e_a - e_b = (h_a - h_b) - T_0(s_a - s_b). \tag{4-4-3}$$

实际运行系统中总是存在着各种不可逆因素,所以有不可逆损失,其不可逆损失为

$$e_{\text{loss}} = T_0 \sum_{i=1}^{n} \Delta s_i. \tag{4-4-4}$$

其中,Δs_i 为完成某个过程的熵增.

因此,实际作功量为

$$w_{a0} = e_{a0} - e_{\text{loss}}$$
$$= e_{a0} - T_0 \sum_{i=1}^{n} \Delta s_i, \tag{4-4-5}$$
$$w_{ab} = e_{ab} - e_{\text{loss}}$$

$$= e_{ab} - T_0 \sum_{i=1}^{n} \Delta s_i. \tag{4-4-6}$$

系统实际作功量与最大作功能力之比称为㶲效率,即

$$\eta_e = \frac{w_{a0}}{e_{a0}} = 1 - \frac{T_0 \sum_{i=1}^{n} \Delta s_i}{e_{a0}}. \tag{4-4-7}$$

这样,㶲效率和热效率的关系为

$$\eta_t = \frac{q_1 - q_2}{q_1} = \frac{w_{a0}}{q_1}$$

$$= \frac{w_{a0}}{e_{a0}} \cdot \frac{e_{a0}}{q_1}$$

$$= \eta_e \cdot \frac{e_{a0}}{q_1}, \tag{4-4-8}$$

式中:

q_1——地热流供给系统的热量;

q_2——冷源所得到的热量;

η_t——热效率.

由(4-4-8)式将热效率 η_t 和㶲效率 η_e 联系在一起,但它们二者之间有着本质的区别. η_t 以输入的热量 q_1 为基础,只表明数量关系,不反映热能的品位高低,所以它不能说明动力装置用能的完善性. η_e 的高低以工质的可用能作为基础,它的大小反映动力装置的完善程度.

二、循环参数变化的影响

对于地热流来说,因其温度不高,所以其比热可视为常数.因此,在等压条件下,有

$$h_a - h_0 = c_p(T_a - T_0), \tag{4-4-9}$$

$$s_a - s_0 = \int_{T_0}^{T_a} \frac{dq}{T} = \int_{T_0}^{T_a} c_p \frac{dT}{T}$$

$$= c_p \ln \frac{T_a}{T_0}. \tag{4-4-10}$$

将(4-4-9)式和(4-4-10)式代入(4-4-2)式中,得

$$e_{a0} = c_p \left(T_a - T_0 - T_0 \ln \frac{T_a}{T_0} \right). \tag{4-4-11}$$

于是,最大热效率为

$$\eta_{\text{t.max}} = \frac{e_{a0}}{q_1}$$

$$= \frac{c_p\left(T_a - T_0 - T_0 \ln \frac{T_a}{T_0}\right)}{c_p(T_a - T_0)}$$

$$= 1 - \frac{\ln \frac{T_a}{T_0}}{\frac{T_a}{T_0} - 1}. \tag{4-4-12}$$

由于

$$\ln x = \frac{x-1}{x} + \frac{1}{2}\left(\frac{x-1}{x}\right)^2 + \frac{1}{3}\left(\frac{x-1}{x}\right)^3 + \cdots,$$

所以

$$\ln \frac{T_a}{T_0} = 1 - \frac{T_0}{T_a} + \frac{1}{2}\left(1 - \frac{T_0}{T_a}\right)^2 + \frac{1}{3}\left(1 - \frac{T_0}{T_a}\right)^3 + \cdots.$$

在这里取第一项,则

$$\ln \frac{T_a}{T_0} \approx 1 - \frac{T_0}{T_a}.$$

又由于地热水的 $c_p \approx 1$,所以

$$e_{a0} \approx T_a - T_0 - T_0 \ln \frac{T_a}{T_0}$$

$$\approx T_a - T_0 - T_0\left(1 - \frac{T_0}{T_a}\right)$$

$$= (T_a - T_0)\left(1 - \frac{T_0}{T_a}\right). \tag{4-4-13}$$

所以得

$$\eta_{\text{t.max}} \approx 1 - \frac{1 - \frac{T_0}{T_a}}{\frac{T_a}{T_0} - 1}$$

$$= 1 - \frac{T_0}{T_a}. \tag{4-4-14}$$

但在实际应用中,流体离开系统时的温度都要高于环境温度 T_0,为 T_b,则

$$h_a - h_b = c_p(T_a - T_b),$$

$$s_a - s_b = \int_{T_b}^{T_a} c_p \frac{dT}{T} = c_p \ln \frac{T_a}{T_b},$$

$$e_{ab.\max} = c_p\left(T_a - T_b - T_0 \ln \frac{T_a}{T_b}\right). \tag{4-4-15}$$

上式同样可以写为

$$e_{ab.\max} \approx T_a - T_b - T_0\left(1 - \frac{T_b}{T_a}\right)$$

$$= (T_a - T_b)\left(1 - \frac{T_0}{T_a}\right). \tag{4-4-16}$$

这时,㶲效率为

$$\eta_e = \frac{w_{ab}}{e_{a0}}$$

$$= \frac{e_{ab.\max} - T_0 \sum_{i=1}^{n} \Delta s_i}{e_{a0}}$$

$$\approx \frac{T_a - T_b - T_0\left(1 - \frac{T_b}{T_a}\right) - T_0 \sum_{i=1}^{n} \Delta s_i}{T_a - T_b - T_0\left(1 - \frac{T_b}{T_a}\right)}. \tag{4-4-17}$$

从(4-4-17)式可以看出,要提高系统的㶲效率,增加输出的功,必须提高 T_a,降低 T_b(极限为 T_0),减少各过程的不可逆损失.图 4-4-2 已清晰地表示出不同环境温度下 $\eta_{t.\max}$ 和 e_{a0} 随 T_a 变化的关系.

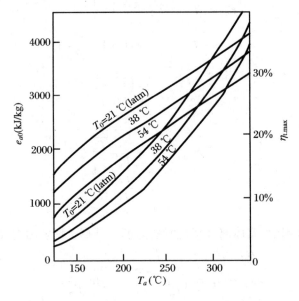

图 4-4-2　不同 T_0 时 $\eta_{t.\max}$ 和 e_{a0} 随 T_a 的变化

为了观察 T_a, T_b, T_0 对最大作功能力的影响,我们对(4-4-16)式分别求偏导数 $\frac{\partial}{\partial T_0} e_{ab.\max}$, $\frac{\partial}{\partial T_a} e_{ab.\max}$ 和 $\frac{\partial}{\partial T_b} e_{ab.\max}$, 计算所得列于表 4-4-1 中. 从表中可以看出, 热源温度 T_a 变动对 $e_{ab.\max}$ 的影响要比冷源温度对其的影响大得多, 尤其是在低温热水的情况下. 低温热水时排水温度变动的影响也大于冷源温度变动的影响, 不过在地热水温度较高的情况下, 影响减弱. 因此, 如有地热水综合利用, 可适当地提高 T_b.

表 4-4-1 温度 T_a, T_b, T_0 变动时对 $e_{ab.\max}$ 的影响

T_j	$\frac{1}{e_{ab.\max}} \cdot \frac{\partial e_{ab.\max}}{\partial T_j}$	$T_a = 95\ ℃$ $T_b = 65\ ℃$ $T_0 = 20\ ℃$	$T_a = 150\ ℃$ $T_b = 65\ ℃$ $T_0 = 20\ ℃$	$T_a = 300\ ℃$ $T_b = 65\ ℃$ $T_0 = 20\ ℃$
T_0	$-\frac{1}{T_a - T_0} = \varphi$	$-\varphi$	$-\varphi$	$-\varphi$
T_b	$\frac{1}{T_a - T_0} \cdot \frac{T_0 - T_a}{T_a - T_b}$	-2.5φ	-1.53φ	-1.19φ
T_a	$\frac{1}{T_a - T_0} \cdot \frac{T_a^2 - T_b T_0}{T_a(T_a - T_b)}$	3.26φ	2.21φ	1.8φ

三、冷凝温度

在实际的地热电站中, 不但 T_b 高于环境温度 T_0, 而且冷凝温度 T_{ex} 也高于环境温度. 这时, 其最大作功能力又要减少, 为

$$e_{ab.\max}' = (h_a - h_b) - T_{ex}(s_a - s_b), \quad (4\text{-}4\text{-}18)$$

作功能力的减少为

$$e_{a0} - e_{ab.\max}' = (h_b - h_0) - T_0(s_a - s_0) + T_{ex}(s_a - s_b). \quad (4\text{-}4\text{-}19)$$

故可得冷凝温度和排水温度都高于环境温度时效率降低的份额:

$$\Delta \eta_e = \frac{e_{a0} - e_{ab.\max}'}{e_{a0}}$$

$$= \frac{(h_b - h_0) - T_0(s_a - s_0) + T_{ex}(s_a - s_b)}{(h_a - h_0) - T_0(s_a - s_0)}. \quad (4\text{-}4\text{-}20)$$

图 4-4-3 是按(4-4-20)式算得的结果, 假定 $T_0 = 26.6\ ℃$, 地热水的热物性与水相同, 热交换器是可逆的. 从图可知, $T_{ex} - T_0$ 对于最大作功能力的影响非常大,

尤其是在低温热水时更为显著.

另一方面,有

$$\frac{\partial e_{a0}}{\partial T_0} \cdot \frac{T_0 - T_{ex}}{e_{a0}} = \frac{e_{a0} - e'_{ab.max}}{e_{a0}}, \tag{4-4-21}$$

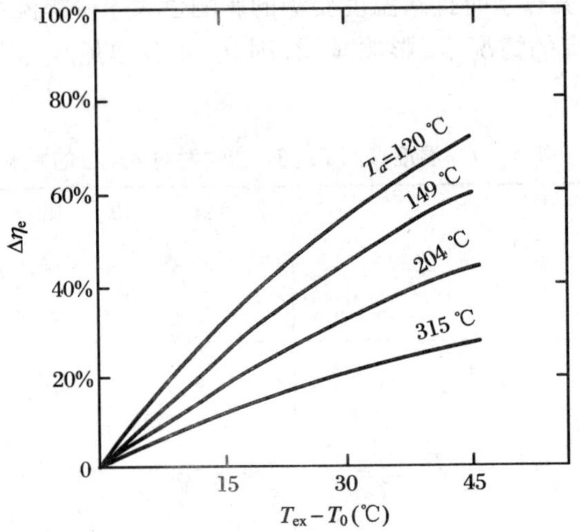

图 4-4-3 不同 T_a 情况下 $T_{ex} - T_0$ 与 $\Delta\eta_e$ 的关系

对 e_{a0} 求导,代入(4-4-21)式,则得

$$\frac{e_{a0} - e'_{ab.max}}{e_{a0}} = \frac{(T_{ex} - T_0)\ln\frac{T_a}{T_b}}{T_a - T_0 - T_0\ln\frac{T_a}{T_0}}. \tag{4-4-22}$$

根据(4-4-22)式,可得表 4-4-2 的结果.

表 4-4-2 不同 T_a 情况下 $T_{ex} - T_0$ 对 $\Delta\eta_e$ 的影响

㶲效率降低份额(%)	典型情况比较		
	$T_a = 95$ ℃ $T_0 = 20$ ℃	$T_a = 150$ ℃ $T_0 = 20$ ℃	$T_a = 300$ ℃ $T_0 = 20$ ℃
$\Delta\eta_e$	$0.0272(T_{ex} - T_0)$	$0.0164(T_{ex} - T_0)$	$0.009(T_{ex} - T_0)$

从表 4-4-2 可知,地热流体的温度越低,$T_{ex} - T_0$ 的影响越显著.所以,利用低温热水田的发电装置的冷凝温度宜接近环境温度.

四、热交换器中的不可逆损失

热交换器中的不可逆损失是造成低温发电站的㶲效率降低的主要原因之一,地热田电站也是如此.分析有关参数对热交换器不可逆损失的影响,可供设计时参考.

我们可把热交换器看成为无数多个无限小卡诺循环,故整个热交换器的不可逆损失为

$$e_{\text{loss}} = \int dW = \int_z \frac{\Delta T}{T_z} dQ_z. \tag{4-4-23}$$

式中:

z——(热交换器的)某个具体部分;

dQ_z——热交换器中微分截面上的热流;

T_z——微分截面上地热流的温度.

所以,单位地热流为

$$dQ_z = c_p dT_z,$$

于是

$$e_{\text{loss}} = \int_{T_b}^{T_a} \frac{c_p \Delta T}{T_z} dT_z.$$

因地热流的 $c_p = 1$,并假定 ΔT 在整个换热器中是常数,则

$$e_{\text{loss}} = c_p \Delta T \ln \frac{T_a}{T_b}$$

$$\approx \Delta T \ln \frac{T_a}{T_b}. \tag{4-4-24}$$

由于换热器的不可逆损失导致作功能力减少的份额为

$$\frac{e_{\text{loss}}}{e_{ab.\max}} = \frac{\Delta T \ln \dfrac{T_a}{T_b}}{T_a - T_b - T_{\text{ex}} \ln \dfrac{T_a}{T_b}}$$

$$= \frac{\Delta T \ln \dfrac{T_a}{T_b}}{h_a - h_b - T_{\text{ex}}(s_a - s_b)}. \tag{4-4-25}$$

图 4-4-4 是根据(4-4-25)式计算得到的,由图可知,对于同样大小的温度差,T_a 越低时,热交换器的不可逆损失越大,所以减少这项损失是提高电站经济性的重要方面.

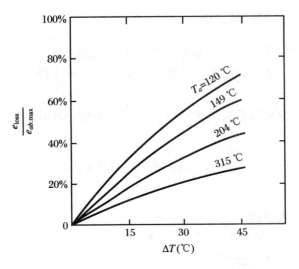

图 4-4-4 热交换器温差对作功能力的影响

第五节 地热的其他用途

人们利用温泉已有几千年的历史,据史籍记载,东周时代(公元前 770~前 256 年)我们的祖先就开始用地热水洗浴、治病和灌溉农田,还从热泉水(地热水)中提取硫黄.

今天,中低温地热水的利用已不限于天然温泉,而是大量人工开采,深钻热水井,利用的方式和开发领域都与传统的温泉利用大不相同.据联合国不完全统计,目前世界上有 70 多个国家对地热水直接利用,年利用总量达 72622 GW,年增长率约为 12.9%,表 4-5-1 中列举了当今世界地热资源直接利用前 10 名的国家.

表 4-5-1 世界地热资源直接利用前 10 名的国家

国家	热容量(MT)	排名	年产出热量(TJ/a)	排名
美国	3766	1	20302	3
中国	2282	2	37908	1
冰岛	1469	3	20170	4

续表

国家	热容量(MT)	排名	年产出热量(TJ/a)	排名
日本	1166	4	27515	2
土耳其	820	5	15756	5
瑞士	547	6	2386	6
匈牙利	473	7	4085	7
德国	397	8	1568	9
加拿大	378	9	1023	10
瑞典	377	10	4128	6

现代地热直接利用的主要途径有：

一、地热采暖空调

在需要冬天供暖的地区，如有地热资源，用来供采暖用是最为适宜的．因为地热水的温度比较稳定，建筑物供暖的温度比较容易控制；而且不需要消耗燃料，无烟尘污染．在不需要采暖的热带地区，可以利用地热水的热能作为吸收式热泵的热源，对建筑物等进行空调制冷，其热源稳定，连续性好，易于实现．

冰岛、法国、日本等国早已采用地热水采暖，取得了很大的经济效益和社会效益．我国近年来地热供暖也得到了较大的发展，目前主要是对北京、天津、西安、咸阳、郑州、鞍山、大庆、河北等地区的城镇进行供暖；面积达到 2000 万平方米以上；其中对天津的 106 家单位供暖，供暖面积达到 940 万平方米，居全国第一，年节约煤炭达 22 万多吨．

利用地热水采暖，主要分两种情况采用不同的使用方法．如果地热水的温度在 60℃左右，且水质较好，含硫化氢等气体和腐蚀性均不严重时，可直接与普通水暖系统连接，采暖后的余温热水还可以兼作他用．若地热水的腐蚀性较大，为避免采暖系统的管道和散热片被腐蚀，必须在地热水井口或井下装置换热器，利用普通水经换热器被加热后用于采暖．井下换热器比井口换热器热损小，且不易结垢，但技术要求高，是地热水利用中的高技术．井口换热装置多采用大面积板式换热器，材质问题十分关键，常用钛合金材料，换热器板片也采用特殊结构．

因地热水钻井费用高，其初期投资要比采用常规采暖方法高，但其运行费用低，不消耗能源，污染很小，所以有很好的发展前途．

二、地热养殖

低温地热水在农业、畜牧、水产等方面有广阔的应用前景.它与太阳能结合,可以建立各种温室,进行农业育种、农产品干燥、禽类孵化、牲畜越冬和水产养殖等.据统计,我国地热水在农业温室中利用的总面积已超过2250亩,遍布全国18个省、市、区.主要省市农业地热利用情况如表4-5-2所示.

表4-5-2 主要省市农业地热利用统计表

省市	农业种植方面		水产养殖方面	
	面积(亩)	利用项目	面积(亩)	利用项目
北京	76	蔬菜、禾苗等	150	虾、罗非鱼
天津	15.3	蔬菜、无土栽培	132.9	罗非鱼
河北	238.6	蔬菜、花卉、食用菌	115.5	虾、蟹、罗非鱼等
辽宁	50.9	蔬菜、果树苗	40.1	罗非鱼、四大家鱼
福建	34.2	育种、花卉	362	鳗鱼、虾、罗非鱼、元鱼
江西	6.2	育种、组织培养	19.2	罗非鱼、四大家鱼
山东	5	育种、蔬菜	49.2	虾、养鱼
河南	4	育种、蔬菜	97	罗非鱼
湖北	9	育种、蔬菜	188.2	虾、罗非鱼、鲶鱼
湖南	7.1	育种、蔬菜	117.7	元鱼、罗非鱼、福寿螺
贵州			43	罗非鱼
广东			342.7	虾、鳗鱼、四大家鱼
四川			18.6	罗非鱼、鲤鱼
西藏	74.9	蔬菜		

地热温室种类很多,可以单独直接用地热水供温室采暖,一般水温在60~70℃,可以直接用管道输送,用金属散热片供暖,若地热水腐蚀性较强,可利用中间换热器.对于温室种植,常采用地下供暖方式,就是在温室的种植层下均匀地埋设导管,一般可采用硬塑料管,将地热水输入导热管,通过对流和导热将地热水中的热量传入土层,慢慢提高土壤的温度,以利于农作物的生长.

地热温室的结构与常规的温室相似,透明盖材料有玻璃、特弗隆板、塑料薄膜等.骨架材料可用钢、铝材,也可选用竹、木等非金属材料.屋面可采用单斜面式、等屋面式、半圆拱式等.对整个结构的要求是采光、通风、保湿等条件要比较好.

由于地热水一般流量较大,热源稳定,较适合建大型温室,进行农业种植和水产养殖.这种温室可以模拟自然气候,按需要控制室内的温度、湿度和光照强度,实现农业生产工厂化.还可以进行大量的科学实验,例如无土栽培,良种繁育,以及与遗传工程有关的多种实验,以缩短在天然环境条件下工作的时间.

三、地热疗养

我国东汉时代著名的天文学家张衡(78～139)在《温泉赋》中明确提到温泉中含有矿物质,能健身防老,延年益寿.我们的邻国日本素有"温泉之国"的称号,更有现代化疗养院.随着近代科学技术的发展,矿泉疗养已成为医学的一个组成部分.早在1742年,德国医师霍夫曼(Hoffman)首先确定了某些矿泉的化学成分,奠定了矿泉疗养学的基础.本世纪以来,许多国家都建立了矿泉疗养研究所和疗养院,解决了一系列矿泉医疗的临床问题.在我国,利用矿泉的疗养院已达数百处,从事矿泉医疗的医务人员和科研人员达数万人.

从水文地质学的观点出发,地下热水作为一种载热体并将其热量传到地表,形成温泉,同时把所含盐类成分、矿化物、气体成分和少量的活性离子及放射性元素携带出来,这就是热矿泉(温泉).当然,矿泉不一定都是温泉,但温泉都含有矿物成分.

矿泉按用途划分,可分为工业矿泉和医疗矿泉.我国卫生部对医疗矿泉(温泉)下的定义为:"从地下自然涌出或人工钻孔提取的地下水,每升水含有1g以上的可溶性固体成分、一定的气体成分与一定的微量元素,或具有34℃以上的温度,可供医疗与卫生保健应用的,称为医疗矿泉."

第五章 风能、海洋能的利用

第一节 风　　能

一、概述

太阳投射到地球上的辐射能有20%左右被地球表面所吸收,这些能量中的一部分将大气加热,由于地球表面上的温度差异较大,导致大气的温度也不一样,这样引起了大气的流动,形成了风.风流动时所具有的动能即为风能,世界气象组织认为全球的总风能量为10^{17} kW.世界上真正能被利用的风能至少有10^9 kW,其中我国可利用的风能资源为$1.6\times10^8\sim2.5\times10^8$ kW.

风能利用的历史是很悠久的.10世纪波斯已有风力转动的风磨,12世纪欧洲也出现用于抽水、碾磨谷物的风车,其功率已达37 kW.此后,风车一直是主要机械,直到19世纪中叶蒸汽机问世以后,风力机械的发展才逐渐慢下来.目前风能利用又发展起来,并用现代科学技术开发风能,主要是用风能发电,并向两个方向发展.一是着重于小容量风能发电装置的研制,这种机组多是为农村、牧区或分散的孤立用户设计的,其特点是工作风速范围大,可用于各种恶劣气候条件下,能防砂、防水,维修简便,寿命长.这类机组较成熟,不少型号已成批生产,进入商业市场.发展中国家对中小型风能发电机组的发展很重视,都在研究适合本国情况的风能机组.

1. 我国的风能资源及风电概况

(1) 我国风能资源

风力发电是当前非水可再生能源发电技术中最成熟且有大规模开发条件和商业化前景的发展模式,风力发电在我国已经成为继水电之后最重要的可再生能源,是近期发展的重点.

我国风能资源比较丰富,根据第二次全国风能资源调查结果,中国陆地风能离地面 10 米高度的经济可开发量为 2.53 亿 kW,离地面 50 米可增加一倍.近海资源估计比陆地大三倍,10 米高度的经济可开发量为 7.5 亿 kW,50 米高约为 15 亿 kW.我国主要风能地区的风能资源如表 5-1-1 所示.

表 5-1-1 中国主要风能地区的风能资源

省 区	地 点	年平均风速 (m/s)	风能密度 (W/m²)
福 建	平 潭	6.8~8.7	200~300
	东 山	7.3	200
	马 祖	7.3	200
	九仙山	6.9	200
	崇 武	6.8	200
	台 山	8.3	200
台 湾	马 公	7.3	150
广 东	南澳岛	7.0	200
	东沙岛	7.1	150
海 南	东 方	6.4	150
浙 江	岱山岛	7.0	200
	大陈岛	8.1	200
	嵊泗岛	7.1	200
	括苍山	6.0	150
江 苏	西连岛	6.1	150
山 东	朝连岛	6.4	150
	青山岛	6.2	150
	砣矶岛	6.9	200
	成山头	7.8	200
辽 宁	海洋岛	6.1	150
	长 海	6.0	150
内蒙古	宝音图	6.0	150
	前达门	6.0	150
	朱日和	6.8	150

我国的风力资源主要分布在两大风带:一是三北地区,即是东北、华北及西北

地区的200公里宽的地带,可开发利用的风能资源约2亿kW,约占全国的79%. 二是东部沿海地区、岛屿及附近海域.冬春季节的冷空气,夏季的台风都能影响到沿海及其岛屿,是我国风能最佳地区,年有效风力在200 W/m² 以上.另外,内陆地区还有一些局部风能资源丰富的地区.

(2) 我国风能发电现状

我国风能发电从20世纪80年代开始发展,尤其是"十一五"期间发展非常迅速,总装机容量从1989年的4200 kW增长到2011年的6236万kW.部分省、市、自治区的装机容量如表5-1-2所示.以目前发展的速度估计到2020年风力发电装机总容量可达到1亿kW以上.

表 5-1-2 中国部分省、市、自治区的装机容量

排名	地区	2010年装机容量(MW)	2011年装机容量(MW)
1	内蒙古	13858.0	17594.4
2	河北	4794.0	8989.5
3	甘肃	4944.0	5409.2
4	辽宁	4088.9	5249.3
5	山东	2637.8	4582.3
6	吉林	2940.9	3583.4
7	黑龙江	2370.1	3445.8
8	宁夏	1182.7	2888.2
9	新疆	1383.8	2316.1
10	江苏	1595.3	1967.6
11	山西	947.5	1881.1
12	广东	888.8	1302.4
13	福建	833.7	1025.7
14	云南	430.5	932.3
15	陕西	177.0	497.5
16	浙江	298.2	387.2
17	上海	289.4	318.0
18	河南	121.0	300.0

续表

排名	地区	2010年装机容量(MW)	2011年装机容量(MW)
19	安徽	148.5	297.2
20	海南	256.7	256.7
21	天津	102.5	243.5
22	贵州	42.0	195.1
23	湖南	97.3	185.3
24	北京	152.5	155.0
25	江西	84.0	133.5
26	湖北	69.8	100.4
27	广西	25.0	79.0
28	青海	11.0	67.5
29	重庆	48.8	48.8
30	四川	0	16.0
31	香港	0.8	0.8

(3) 风电场概况

目前国内有大小风电场近百家,主要在三北地区和东南沿海地区.国家能源局在2008年启动了6个千万kW风电基地建设计划,分别位于内蒙古(2个)、新疆、甘肃、河北和江苏等风能资源丰富的地区.

(4) 我国风力发电亟待解决的问题

① 对资源的正确评价、风电场的选址、电网状况以及前期工作的调查等环节比较薄弱.

② 由于风电的不连续性和不稳定性,风电所占比例越高,对电网安全的影响也越大,其进入电网后会给电力系统的运行带来一些麻烦,影响电网的安全和可靠性.

③ 风电资源与电网规划和经济发展不协调.因为陆上风能资源集中的地区是经济欠发达地区,电网规模小,用电负荷少,对风电的容纳能力较低,导致当地的风电发展受到限制.

④ 风电场建设投资高.约75%的风电场选用的是国外的风电机组,目前每kW折合人民币一万元左右.

⑤ 服务体系尚未完全建立起来.建立较为完善的服务体系对风电事业的健康

发展是非常重要的.

2. 全球风电发展概况

由于世界风力资源丰富,同时风能为机械能,属于高级能源,容易转换为电能,而且转换效率较高;随着风力发电技术的不断提高,成本不断下降,近年来风电得到飞速发展;特别是拉丁美洲、非洲、亚洲正在成为拉动全球风电市场发展的动力.印度和中国两个国家 2011 年新增加的装机容量为世界当年新增装机容量的 50%.

目前海上风电仍然是欧洲的主战场,2011 年全球海上风电新增加装机容量约 1000 MW,其中 90% 在欧洲,而这其中 87% 在英国.海上风电主要集中在北海、波罗的海、英吉利海峡等地.

未来 5 年世界风力发电依然由亚洲、欧洲和美洲主导,全球到 2020 年装机总容量有希望超过 493 GW.在全球经济继续低迷的背景下,全球风电发展势头仍然很好,如表 5-1-3 所示.

表 5-1-3　全球风力发电增长率(2006~2011 年)

年份	新增装机(MW)	增速(%)	累计装机(MW)	增速(%)
2006	15245		74052	
2007	19866	30	93820	27
2008	26560	34	120291	28
2009	38610	45	158864	32
2010	38828	1	197637	24
2011	40564	4	237669	20

到目前为止,全球有 75 个国家已有商业营业的风电装机,其中有 22 个国家的装机容量超过 1 GW;根据全球风能理事会统计,2011 年新增加装机容量排名前十位的国家如表 5-1-4 所示.

表 5-1-4　2011 年新增加风电装机容量排名前十位的国家

排名	国家	新增装机(MW)	占总新增装机比例(%)
1	中国	17631	43.46
2	美国	6810	16.79
3	印度	3019	7.44
4	德国	2086	5.14

续表

排名	国家	新增装机(MW)	占总新增装机比例(%)
5	英国	1293	3.19
6	加拿大	1267	3.12
7	西班牙	1050	2.59
8	意大利	950	2.34
9	法国	830	2.05
10	瑞典	763	1.88
	世界其他国家	4864	12.00
	世界总计	40563	100

根据全球风能理事会统计,2011年全球累计装机容量前十位的国家如表5-1-5所示;这一排名较前一年没有太大的变化,唯一变化的是葡萄牙超过丹麦排进前十名。

表5-1-5 2011年全球累计装机容量前十位的国家

排名	国家	累计装机容量(MW)	占世界总装机容量比例(%)
1	中国	62364	26.24
2	美国	46919	19.74
3	德国	29060	12.23
4	西班牙	21674	9.12
5	印度	16084	6.77
6	法国	6800	2.86
7	意大利	6737	2.83
8	英国	6540	2.75
9	加拿大	5265	2.22
10	葡萄牙	4083	1.72
	世界其他国家	32133	13.52
	世界总计	237659	100

二、风轮机的基本原理

风能发电装置主要由风轮机、传动变速机构、发电机等组成.风轮机是发电装置的核心,它的式样很多,大体上可以分为两类:一是桨叶绕水平轴转动的翼式风轮机,它又可以分为双叶式、三叶式和多叶式,也可以按叶片相对于气流的情况分为顺风式和逆风式;此外,近年来提出的扩散式、集中式也属于此一类型.另一类是绕垂直轴转动的 S 型叶片式、S 型多叶片式、Darrieus(戴瑞斯)透平、太阳能风力透平、偏导器式等.目前用于发电的主要是翼式风轮机.图 5-1-1 为各种风轮机示意图.

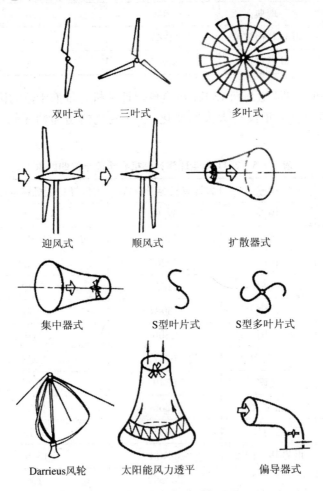

图 5-1-1 各式各样的风轮机

1. 风速

风速是随时间变化而不断变化的量,可用瞬时风速和平均风速来描述.瞬时风速是实际发生作用的速度,故也称有效风速,而平均风速是指一段时间内各瞬时风速的平均值.两者之间的关系为

$$u_{av} = \frac{\sum_{i=1}^{n} u_i}{n}, \qquad (5\text{-}1\text{-}1)$$

式中:

u_i——瞬时风速;

u_{av}——平均风速.

风速除了随时间的变化外,由于受地面起伏和建筑物的影响,不同高度处的风速是不相同的,因此设计风速应以风轮桨叶所在的位置上的速度为准.

任一地点都可能吹来任一方向的风,且吹刮的时间也不相同,风的强弱也不同.因此,为了清晰地表示风能资源,还应根据各方向上测定的风速和风速频率绘制所谓的风能"玫瑰"图,如图 5-1-2 所示,图中各射线的长度分别表示该方向上风速频率与平均风速的立方值的乘积.根据风能"玫瑰"图,即可看出哪个方向上的风具有能量优势.

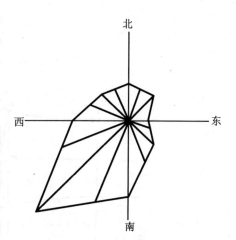

图 5-1-2 风能"玫瑰"图

2. 风能

空气的密度可表示为(单位为 kg/m^3)

$$\rho = \frac{M}{V},$$

式中:

M——空气质量;

V——空气体积.

空气的动能为(单位为 J/m^3)

$$E = \frac{1}{2}\rho u^2, \qquad (5\text{-}1\text{-}2)$$

式中，u 为空气的流速.

每平方米垂直于气流的截面上的能量密度为(单位为 W/m^2)

$$P = Eu = \frac{1}{2}\rho u^3. \tag{5-1-3}$$

P 是讨论风轮机作功大小的参数，由(5-1-3)式可以看出，P 随着风速 u 的降低而迅速降低.

由于流经风轮后的风速不会降为零，因此风所拥有的能量并不能完全被利用，只有部分能量转换为桨叶的机械能.图 5-1-3 为空气流经风轮桨叶的流线图及风轮前后速度变化与压力变化.并假定 $\rho_a = \rho$，$P_c = P$，$u_a = u_b = u_t$，根据伯努利方程，则有

$$P + \frac{1}{2}\rho u^2 = P_a + \frac{1}{2}\rho u_a^2, \tag{5-1-4}$$

$$P_c + \frac{1}{2}\rho u_c^2 = P_b + \frac{1}{2}\rho u_b^2. \tag{5-1-5}$$

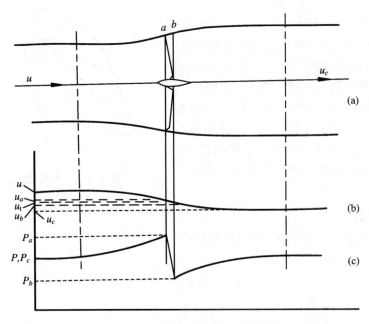

图 5-1-3 空气流过风轮机的状况
(a) 流线 (b) 速度变化 (c) 压力变化

于是得

$$\frac{1}{2}\rho(u^2 - u_c^2) = P_a - P_b, \quad (5\text{-}1\text{-}6)$$

作用在风轮上的轴向力为

$$F = A(P_a - P_b) = \frac{1}{2}\rho A(u^2 - u_c^2), \quad (5\text{-}1\text{-}7)$$

式中,A 为桨叶扫过的面积.

再假定通过风轮的质量流率恒定,则质量流率为

$$Q = \rho A u_t. \quad (5\text{-}1\text{-}8)$$

因为动量变化等于轴向力 F,所以

$$\begin{aligned} F &= Qu - Qu_c \\ &= \rho A u_t (u - u_c), \end{aligned} \quad (5\text{-}1\text{-}9)$$

于是

$$\begin{aligned} \rho A u_t (u - u_c) &= \frac{1}{2}\rho A(u^2 - u_c^2) \\ &= \frac{1}{2}\rho A(u + u_c)(u - u_c), \end{aligned}$$

即得

$$u_t = \frac{1}{2}(u + u_c). \quad (5\text{-}1\text{-}10)$$

上式说明,在上述假定条件下,桨叶处的流速等于两控制面上速度的平均值.

风能所获得的能量等于进出口动能之差,即

$$\begin{aligned} P^* &= \frac{1}{2}Qu^2 - \frac{1}{2}Qu_c^2 \\ &= \frac{1}{2}\rho A u_t (u^2 - u_c^2) \\ &= \frac{1}{4}\rho A(u + u_c)(u^2 - u_c^2). \end{aligned} \quad (5\text{-}1\text{-}11)$$

由(5-1-3)式可知,输入能量为

$$P_{in}^* = PA = \frac{1}{2}\rho A u^3,$$

故风能利用率为

$$\xi = \frac{P^*}{P_{in}^*} = \frac{0.25\rho A(u + u_c)(u^2 - u_c^2)}{0.5\rho A u^3}.$$

令

$$\frac{u_c}{u} = \alpha,$$

则

$$\xi = \frac{0.25 P A u^3 (1+\alpha)(1-\alpha^2)}{0.5 P A u^3}$$
$$= \frac{(1+\alpha)(1-\alpha^2)}{2}. \tag{5-1-12}$$

上式即为计算 ξ 的基本公式.

通常,速度 u 是已知的,所以 P^* 和 ξ 取决于 u_c,故求导数 $\dfrac{\mathrm{d}P^*}{\mathrm{d}u_c}$,并令 $\dfrac{\mathrm{d}P^*}{\mathrm{d}u_c} = 0$,则得

$$u_c = \frac{1}{3}u,$$

或

$$\alpha = \frac{1}{3}. \tag{5-1-13}$$

将(5-1-13)式代入(5-1-12)式,可得

$$\xi_{\max} \approx 0.593, \tag{5-1-14}$$

$$P_{\max}^* = \frac{8}{27} \rho A u^3. \tag{5-1-15}$$

(5-1-15)式给出了理想风轮机所能获取能量的理论最大值,(5-1-14)式给出了理想风轮机的最大理论效率.所以,理想风轮机的最大能量密度为

$$P_{\max} = \frac{8}{27} \rho u^3. \tag{5-1-16}$$

图 5-1-4 为最大能量密度与风速的关系,由图可知,在同一风速下,实际风轮机的能量密度比理想情况要小许多.对于同一出力要求,能流密度低意味着风轮机桨叶的加大,因而也增加了设计上的困难.

3. 风轮机桨叶

当风速与风轮旋转轴相重合时,桨叶受到的作用力和气流的速度分析如图 5-1-5 所示. u_t 为气流的速度,由于桨叶的旋转,所以有牵连速度 ωr, u_r 则为气流对于桨叶的相对速度,u_r 与桨叶迎风面的夹角 α 称为冲角.气流作用在桨叶上的力有与 u_r 方向相同的阻力 D 和与 u_r 相垂直的升力 L,它们可以合成为力 R,而 R 又可以分解成在风轮旋转面内的分力 R_y 及水平分力 R_x,R_y 形成转矩,使风轮旋转,R_x 则为正面压力.升力与阻力的比值随冲角 α 的变化而改变,在 $\dfrac{L}{D}$ 最大时为最佳冲角,如图 5-1-6 所示.为了风轮能得到较大的转矩,显然应使桨叶上气流的冲角处于最佳值.对于平板型桨叶,沿桨叶纵长方向上各处的 ωr 并不相同,因此桨叶

上各处的冲角也不相同,如图 5-1-7 所示,这样无法使桨叶各处的冲角都为最佳值.为此,采用螺旋型桨叶,使其各截面的楔角 ϕ 随截面远离风轮轴而减小,同时把桨叶断面做成机翼状流线型,以保证在桨叶全长上得到最有利的冲角,获得最大的升力,增加转矩.

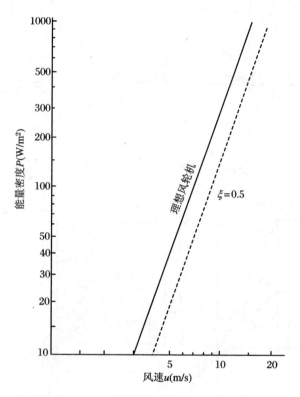

图 5-1-4 最大能量密度与风速的关系

由图 5-1-7 可知

$$\beta = 90° - \alpha - \phi,$$
$$R_x = L\sin\beta + D\cos\beta,$$
$$R_y = L\cos\beta + D\sin\beta.$$

令 $k = \dfrac{D}{L}$,则

$$R_x = L\sin\beta(1 + k\cot\beta),$$
$$R_y = L\cos\beta(1 - k\tan\beta).$$

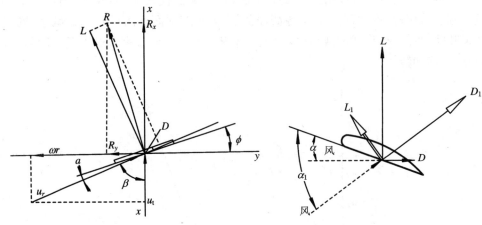

图 5-1-5 作用在桨叶上的力和速度分析　　图 5-1-6 $\dfrac{L}{D}$ 随冲角变化的关系

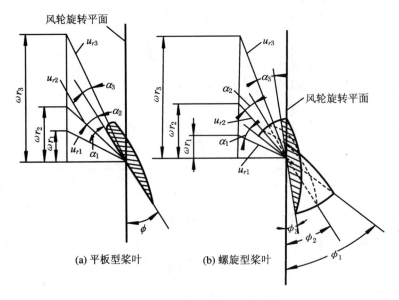

(a) 平板型桨叶　　(b) 螺旋型桨叶

图 5-1-7 气流冲角和桨叶楔角

因此,在桨叶截面处得到的有用功率为 $R_y \cdot \omega r$,其中,r 是该截面到轴心的距离,在截面处的输入功率为 $R_x \cdot u$。所以,效率为

$$\eta = \dfrac{R_y \cdot \omega r}{R_r \cdot u}$$

$$= \frac{L\cos\beta(1 - k\tan\beta)\cdot\omega r}{L\sin\beta(1 + k\cot\beta)\cdot u}.$$

又因为

$$u\sin\beta = \omega r\cos\beta,$$

所以

$$\eta = \frac{1 - k\tan\beta}{1 + k\cot\beta}$$

$$= \frac{1 - k\cdot\dfrac{\omega r}{u}}{1 + k\cdot\dfrac{u}{\omega r}}. \tag{5-1-17}$$

上式说明,风轮机的能量利用程度与 k 和 $\dfrac{\omega r}{u}$ 有关. 设计优良的桨叶 k 值很小,如 $k=1$,则 $\eta=1$,这说明采用螺旋桨叶片的好处. $\dfrac{\omega r}{u}$ 很大时, η 很小;反之, $\dfrac{\omega r}{u}$ 很小时, η 也很小. 实际运行的风轮机的空气动力工况比上述分析复杂得多,但是从上述简化分析可以推算出风轮的圆周速度与风速的比值存在一最佳值,以及通过实验制定风轮机的空气动力特性曲线时用该比值作为基本参数.

4. 风轮机的空气动力特性

转矩和角速度之积为功率,所以有

$$M\omega = \frac{1}{2}A\rho u^3 \xi,$$

于是

$$\xi = \frac{2M\omega}{A\rho u^3}.$$

令

$$\lambda = \frac{\omega R}{u} = \frac{\pi n R}{30 u}, \tag{5-1-18}$$

式中:

R——风轮半径;

n——每分钟风轮转数;

λ——风轮高速特性数,

因此

$$\xi = \frac{2M\lambda}{\pi R^3 \rho u^2} \tag{5-1-19}$$

或

$$\overline{M} = \frac{\xi}{\lambda} = \frac{2M}{\pi R^3 \rho u^2}.$$

其中,$\overline{M}$ 为无因次数,它正比于转矩,称为无因次转矩.

ξ 和 λ 与 $\overline{M}$ 的变化关系曲线称为风轮机的空气动力特性曲线.ξ-λ 和 $\overline{M}$-λ 特性曲线反映了风能利用程度与转矩随运行工况的变化规律.图 5-1-8 为多叶式风轮机的特性曲线,对应于 ξ_{max} 的 λ_s 称为标准高速特性曲线,这时,$\overline{M}_s$ 称为标准无因次转矩.当 $\lambda = 0$ 时的 $\overline{M}_0$ 称为启动无因次转矩,$\overline{M}_{max}$ 称为风轮机产生的最大无因次转矩,$\dfrac{\overline{M}}{\overline{M}_{max}}$ 称为风轮机的过载度.当 $\overline{M} = 0$ 时的 λ_0 称为同步高速特性数.

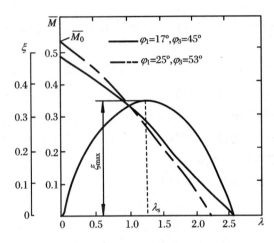

图 5-1-8 多叶式风轮机的特性曲线

三、风力发动机

1. 水平轴风力发动机

目前使用较多的是水平轴风力发动机,它由风轮、机头、回转体、尾舵及塔架等组成,如图 5-1-9 所示.

风轮是将风能转变为机械能的部件,叶片少于 4 片的少叶片式风轮机具有转速高、单位功率的平均重量轻、结构较为紧凑等优点,常用在年平均风速较高的地区,叶片少的缺点是启动比较困难.风力发动机或风力发电机多采用双叶片和三叶片风轮.双叶片风轮比三叶片风轮造价低,但没有三叶片运转平稳,效率相对低一些.多叶片的风力发动机,其叶片在 4~24 片之间,具有低风速下易于启动的优点,常用于年平均风速低于 3~4 m/s 的地区.

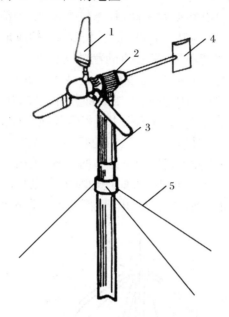

图 5-1-9 水平轴风力发动机
1—风轮叶片；2—机头；3—回转体；4—尾舵；5—拉绳

机头的作用是支持风轮和上部构件,它能围绕塔架中的垂直轴转动,依靠位于机头底盘和塔架间的回转体,在对风装置力矩的作用下,使风轮转动,对准风向位置.对风装置的形式之一是尾舵式,当风向变化时,风舵自动转向对正风向,使风向与风轮平面相垂直,以保证转换效率不致降低.塔架用来支撑风力发动机的本体,小型风力发动机的塔架可用简单的竖杆,稍大一些的风力发动机则使用铁架.从理论上讲,塔架建得高一些有利,输出功率可能大一些,因为风速随高度而增大.但随着塔高的增加,投资要增大,安装、运行、维修等要困难一些,所以要根据不同情况适当选择塔高.通常,安装于草原牧区的风力发动机宜低于 4~6 m,森林地区则应高于 15 m.

由风力发动机带动发电机发电称为风力发电.风力发电机的种类很多,可以说五花八门,分类方法也不相同.按照发电容量划分,有大型、中型、小型风力发电机,但是各国对大、中、小的概念也不一样,只是相对而言.我国把 10 kW 以下的风力发电机(特别是充电型机组)都称为小型风力发电机,10~100 kW 级称为中型,100 kW 以上为大型.

2. 垂直轴风力发动机

水平轴风力发动机具有转换效率高,技术较为成熟,经济性好等优点,但它的发动机一般要放置在高位,与其相连接的传动机构亦相应地放在塔架上方,使安装、维修很不方便,为对正迎面风,又必须设置对风装置.为此,垂直轴风力发电机受到人们的注意,典型的垂直轴风力发电机是 φ 型,如图 5-1-10 所示,它就是 Darrieus 风力发电机.φ 型风力发电机的组成部分有立轴、叶片、上下轴承、传动机构、发电机等,都固定在支架上.上轴承座用 3 根钢丝绳索拉住.叶片被弯成类似正弦曲线的形状,其断面呈机翼形.联轴节、齿轮箱和发电机安装在下部.20 世纪 70 年代以来,各国对 φ 型风力发电机给予了足够的重视,美国已试制出总高 34 m,发电功率为 60 kW(风速为 45 km/h)的垂直轴风力发电机.我国也研制出直径为 6 m,输出功率为 2 kW 的立轴式风力发电机,额定风速为 8 m/s.

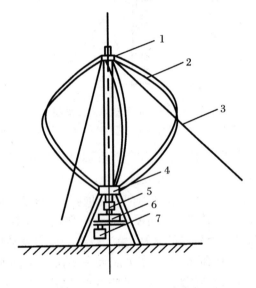

图 5-1-10 φ 型风力发电机
1—上轴承; 2—叶片; 3—拉绳; 4—下轴承;
5—联轴节; 6—齿轮箱; 7—发电机

另一种垂直轴风力发电机如图 5-1-11 所示,其叶片垂直于立轴,其叶片断面也是机翼形.

垂直轴风力发电机由于传动机构、发电机和控制系统组装于主轴下方,靠近地面,这给安装、运行、维修带来了方便,又因其叶片形状特殊,故塔架较为简单.同时,它的工作不受风向影响,不需要对风装置.这种结构形式的风力发电机的缺点是不能自动启动,需要辅助装置启动.而且它的工作范围很窄,转换效率也并不优于水平轴式.所以,目前研究的重点仍是高速水平轴风力发电机.

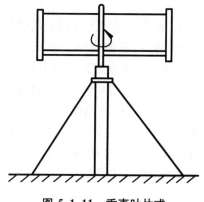

图 5-1-11　垂直叶片式

四、风能制热

通常,人们对于风的感觉是凉爽或寒冷,很难和制热联系到一起.但是,风能也是一种能量,是机械能,它可以转换成其他形式的能量,所以可以通过一定装置将其转换成热能.

利用风力机械制热,在北方寒冷地区尤为引人注意,因为北方寒冷季节也正是风力较强的季节.所以在日本、北欧和北美的一些国家,对风能采暖研究较多,有几种所谓的风炉,其效果较好,还有风力热水器,可供洗浴用.

风力制热的方法主要有 4 种:

1. 固体摩擦制热

利用风力机带动风轮转动,在转动的风轮轴上安装一组制动元件,利用离心力的原理,使制动元件与固体表面发生摩擦,转变为热量,其结构如图 5-1-12 所示.摩擦产生的热量将油箱中的油加热,然后通过换热的方法,将热量传给水,由水将热量带出去加以利用(采暖或洗浴).这种方法比较简单,但是关键在于制动元件

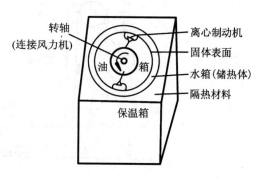

图 5-1-12　固体摩擦制热

的材料,要选择合适的耐磨材料.国内试验时,采用普通汽车的刹车片做制动元件,大约运转300小时就要更换,磨损比较快.

2. 搅拌液体制热

此种制热方法是在风力机的垂直转轴上连接一搅拌转子,转子上装有叶片.将搅拌转子置于装满液体的搅拌罐内,罐的内壁装有定子,同样也装有叶片.当风力机通过搅拌转子带动叶片旋转时,液体就在定子叶片间作涡流运动,并不断冲击定子叶片,这样液体和液体、液体和定子及叶片产生相互摩擦,产生热量,慢慢将液体加热,然后将热量转换出去使用(可直接利用被加热的液体或通过换热).这种方法可以在任何风速下运行,比较安全方便,磨损小.荷兰采用这种方法建成了一个风力制热系统,使用的风力机的风轮直径为16.5 m,产生的热水温度为80~90 ℃,每年获得的热能相当于燃烧22000 m^3 天然气.

3. 挤压液体制热

这种方法是利用液压泵和阻尼孔来进行制热的.当风力机带动液压泵工作时,将液体工质(通常为油类)加压,用机械能产生液压,然后让被加压到一定压力的工作液从狭小的阻尼孔高速喷出,使其迅速射在阻尼孔后尾流管中的液体上,于是发生液体间的高速冲击和摩擦,这样就使液体发热.这种方法没有部件磨损,比较可靠.图5-1-13为挤压液体制热的系统简图.

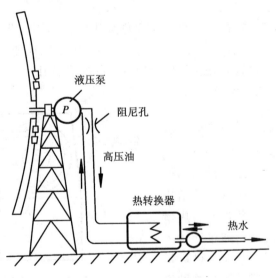

图 5-1-13 挤压液体制热

日本北海道利用风力挤压液体制热,建成了一台"天鹅一号"风炉,并用这种热水建筑了一座风力温泉,可供人们洗浴.所使用的风力机的风轮直径为 10 m,液压泵转速为 191 转/min,产生的液体温度为 80 ℃.另外,英国有一套类似的风力制热装置,风轮直径为 18 m,当地年平均风速为 5 m/s,每年产生的热量相当于 2×10^5 kWh 电能,可供 2000 m² 的温室采暖.

4. 涡电流法制热

此种制热方法是用风力机转轴驱动一个转子,在转子外缘与定子之间装上磁化线圈.当微弱电流通过磁化线圈时,便产生磁力线,若转子转动,则切割磁力线.由物理学基本定律可知,磁力线被切割时即产生涡电压,并在定子和转子间产生涡电流,就在定子和转子之间生成热,这就是涡电流制热.为了保证磁化线圈不被烧坏,可在定子外套加一环形冷却水套,不断把热量带走,这样便可得到人们所需的热水.这种制热过程主要是机械转动,磁化线圈所消耗的电能很少,而且可以从风力发电充电的蓄电池中获得直流电源,因此不同于电加热,且风能转换效率较高.

上述 4 种风力制热方法,有的已进入实用阶段,主要可用于浴室、住房、花房、家禽牲畜饲养房等的供热采暖.一般风力制热的效率可达 40%,而风力提水和发电的效率则只有 15%～30%.

第二节 海 洋 能

浩瀚的海洋占地球表面积的 71%,北半球海洋占 61%,南半球海洋约占 81%.一望无际的大海,不仅为我们提供航运、水产和矿藏之利,而且蕴藏着极其丰富的能量资源.海洋能有两种不同的利用方式,一种是利用海水的动能,其中又分为大范围有规律的动能(如潮汐、海流)和无规则的动能(如波浪能)两类,都可以设法转化为机械能,然后带动发电机发电.另外一种是利用海洋不同深度的温度差,通过热机来发电.无论是哪一种,从能量的数量来说都非常大,但限于科学和技术水平,目前尚处于小规模研究和开发应用阶段.

根据 1981 年联合国教科文组织公布的资料,全世界海洋能的理论可再生总量为 7.66×10^{10} kW,现在技术上可以开发的海洋资源起码有 6.4×10^9 kW.中国海洋资源非常丰富,据估算可开发量为 4.6×10^8 kW,其中潮汐能为 10^8 kW,海洋温差能约为 1.5×10^8 kW,盐度差能为 1.1×10^8 kW,波浪及海流能约 10^8 kW.

从可再生能源的观点出发,海洋能仅以海水为基本,把它的动能、势能、热能和物理化学变化过程所产生的能量包括在内,对于其他蕴藏在海底和赋存于海水中的能源资源,如海底石油、天然气、热泉、铀、重水和氢的同位素等,均不作为海洋能,它们属于燃料能源或地热能等.

一、潮汐能

潮汐是月球和太阳对地球的引力以及地球自转所引起的海水涨落现象.特别是月球绕地球的运行,使海水发生有规律的变化,涨潮时海面水面逐渐升高,把大量动能转化为势能;在落潮时,大量海水又奔腾而去,海面水位逐渐下降,大量势能又转化成为动能.海水的这种涨落过程中所包含的大量的动能和势能统称为潮汐能.据初步估计,世界上有潮汐能 10^9 kW 以上.

在水力发电的基础上,近代又将潮汐能用于发电.20 世纪 50 年代末,中国浙江省开始建设小型潮汐电站,1961 年在温岭县建成一座 40 kW 的沙山潮汐电站.在国外,法国 1966 年在郎斯河口建成第一台 10000 kW 的潮汐发电机组,投入运行后,于 1967 年完成 240000 kW 的郎斯潮汐电站,这是迄今世界上最大的潮汐电站,年发电量为 5.6×10^8 kW·h.1980 年,我国在浙江建成 3200 kW 的江厦潮汐电站.1981 年,加拿大在芬地湾的安那波利斯潮汐电站安装了一台 20000 kW 的潮汐发电机组,已成为世界上单机功率最大的潮汐发电设备.目前俄罗斯、英国、印度和韩国等均在规划建设大型潮汐电站,我国也对浙江、福建的万千瓦级潮汐电站进行了论证.中国东南沿海地区潮汐能资源比较丰富,经济比较发达,电力需求也大,开发潮汐能的条件比较具备.近几十年来,中国在有关潮汐电站的研究、开发方案及设计方面做了很多工作,但是建成的潮汐电站寥寥无几.截至目前正常运行或具备运行条件的电站仅有 9 座,如表 5-2-1 所示.

表 5-2-1 我国潮汐发电装机容量

站 名	装机容量(kW)	机组数	建成年代	设计水头(m)	运行方式
浙江沙山	40	1	1961	2.5	单库单向
广东甘竹滩	5000	22	1970	1.3	单向发电
浙江岳浦	1500	4	1971	3.5	退潮发电
浙江海山	150	2	1975	3.39	双库单向
江苏浏河	150	2	1976	1.25	退潮发电

续表

站　　名	装机容量(kW)	机组数	建成年代	设计水头(m)	运行方式
广西果子山	40	1	1977	2.0	退潮发电
山东白沙口	960	6	1978	1.2	单向发电
浙江江厦	3200	5	1980	3.0	双向发电
福建幸福洋	1280	4	1989	3.02	单向发电

世界潮汐的理论蕴藏量为4000 GW,与可利用的水电蕴藏量相当,当前研究的139座潮汐电站的总装机容量估计可达到810 GW,可能的发电量为2000 TW·h.国外目前已经建成的潮汐电站如表5-2-2所示,其他都是在论证、设计或建设中.

表5-2-2　国外潮汐电站装机容量

国家	地点	装机容量(MW)	年发电量(万 MW·h)	机组(台)
法国	朗湾	240	4.8	24
英国	塞拉河口湾	7200	1300	230
英国	默西河口湾	120	21	6.7
英国	斯特兰福德湾	53	30	3.1
爱尔兰	香农河口湾	318	71.5	30
瑞典	卡奇湾	600	160	43
韩国	加露林湾	480	120	32
巴西	巴岗加	30	5.5	2
美国	尼克湾	2220	550	80
加拿大	坎佰兰湾	1147	342	37
加拿大	魁北克湾	1260	106	12.4
加拿大	安纳波利斯罗尔	5	1	6.7
俄罗斯	伦博夫斯基	400	—	—
俄罗斯	缅珍斯卡亚	5000	800	9
俄罗斯	品仁	2000	—	13.5

根据联合国调查的资料,世界上宜建大型潮汐电站的地点有20多处,其中多

数已在进行建立电站的初步规划设计,预计到 2020 年全世界潮汐发电量将达到 $10^{11} \sim 3 \times 10^{11}$ kW·h,在世界总发电量中占有一定的比例.图 5-2-1 为世界上主要潮汐能的分布情况.

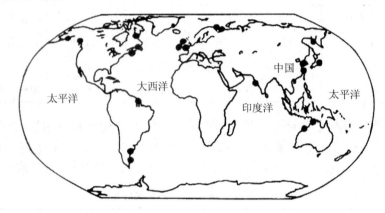

图 5-2-1　世界主要潮汐能分布

潮汐电站属水力发电,也是靠水轮机带动发电机发电,与普通水电站差不多.但是,它的最大特点是其流量大,水头低(水位的落差较小),且海水有腐蚀性,有海生物附着结垢,因此对水工建筑物和水轮机组有一些特殊要求.潮汐电站一般没有淹没损失和移民问题,相反还会带来一些海涂围垦和水库养殖的好处,有的还能改善海湾两岸的交通条件,综合效益较好.潮汐电站的主要类型有:

1. 单库单向潮汐电站

一般在河口海湾处建筑水坝,形成一个水库.涨潮时,海水通过坝上的进水闸进入水库,使水位抬高;落潮时,海面水位下降,打开水轮机的排水闸,同时关闭坝上的进水闸,使海水只能单向通过水轮机排向大海,并推动水轮机旋转,通过变速机构带动发电机转动发电.这种运行方式只能在每天两次退潮时间发电,运行时间为 10～12 h,涨潮时不能发电,潮汐的能量不能充分利用,电站的效率只有 20% 左右.但这种电站只需建筑一道坝,且水轮发电机组只需满足单方向通水发电要求,故建筑物和发电设备的结构均比较简单,投资也省.通常,小型潮汐电站多采用这种方法,如我国山东的白沙口潮汐电站和浙江的岳浦潮汐电站即属此类.图5-2-2为

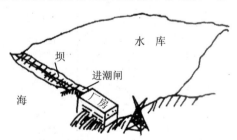

图 5-2-2　单库单向潮汐电站

单库单向潮汐电站的构造简图.

2. 单库双向潮汐电站

这种电站也只要修建一个水库,但涨潮落潮时都能发电,只是在水坝两侧水位齐平(即平潮水位)时暂停发电.其平面示意图如图5-2-3所示.这就延长了发电时间,增加了发电量,潮汐能的利用率提高,电站运行时间最高可达每昼夜20 h.实行双向发电主要靠水轮机的叶片和导叶调节,使轴承能承受正反向水的推力,以达到正向和反向旋转的目的.这样,水工建筑也要作适当变动,电站厂房建筑要在涨潮时使水流都通过水轮机,泄水时水流也通过

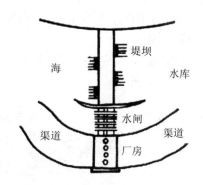

图 5-2-3　单库双向潮汐电站平面示意图

水轮机,并要尽可能使水库水位降到最低.这样,与单库单向潮汐电站相比,无论是水库建筑还是水轮机组的结构都比较复杂,电站的投资也会较高.我国浙江的江厦潮汐电站和法国的郎斯潮汐电站都属于此类电站.它较适合大型的潮汐电站.

3. 双库单向潮汐电站

这种电站的构造简图如图5-2-4所示,它是根据地形修建两个相邻的水库,水轮机安装在两水库之间的隔坝内,一个高水位水库(上水库)只在涨潮时进水,另一

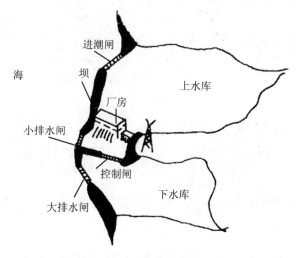

图 5-2-4　双库单向潮汐电站

个低位水库(下水库)只在落潮时放水,两个水库始终保持不同水位,海水不断地从

高位水库流向低位水库,水轮机组可以不停地运转,做到全日发电.而且水轮机是单向旋转,结构比较简单,只是水库建筑要特别布置.我国浙江的海山潮汐电站就是这种形式.

潮汐电站水轮发电机组有3种基本结构形式:竖轴式、卧轴式和贯流灯泡式,如图5-2-5所示.

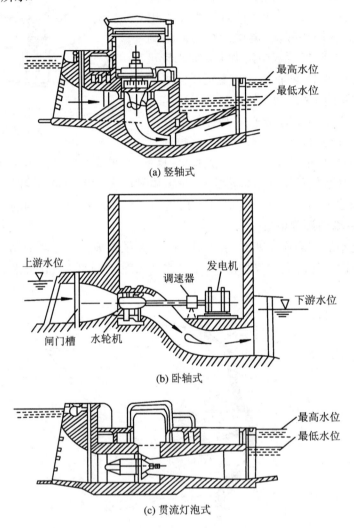

图 5-2-5　潮汐电站水轮发电机组的基本结构形式

竖轴式机组就是水轮机和发电机的连轴均垂直于水面.这种机组需要较大的

通水蜗壳和较大的厂房面积,故工程量和投资均较大.另外,因进水管和尾水管弯曲较多,故水流能量损失也较大.

卧轴式机组即将机组卧置,这样进水管较短,且进水管和尾水管的弯度大大减少,故厂房结构简单,水流能量损失较少,比竖轴式的要好.但仍需要很长的尾水管,因此厂房仍然较长.

贯流灯泡式机组是在卧轴式的基础上发展起来的,主要是为了缩小输水管道的长度和厂房面积.它是将发电机与水轮机连成一轴,共同密封于类似灯泡的体内,并直接置于通水管道内.这种机组的优点是,机组外形尺寸小、重量轻、造价低,厂房尺寸可以大为减小,甚至可不用厂房.它的进水管和尾水管直而短,故水流能量损失少,发电效率高.因优点较多,故应用较广,唯在结构上,这种机组比上两种机组略为复杂一些.

贯流式水轮机组还可以满足涨潮和落潮两个水流方向都能发电的要求,这对于潮汐发电来说是极为有利的.这种机组除发电外,还可同时担负涨潮、落潮时两个方向抽水蓄能和正常泄水的任务.总之,可以做到一机多用.

除了利用潮汐涨落发电外,还可以利用潮汐的动能发电,即利用涨落潮水的流速直接冲击水轮机发电.利用动能发电,一般是在流速大于 $1\,\mathrm{m/s}$ 的地方或在水闸的闸孔中安装水力转子发电,它可以利用原有建筑,所以结构简单,造价较低,而且如安装双向发电机组,则涨潮、落潮时都能发电.但由于潮流流速有周期性变化,以致发电时间不稳定,发电量也较小,因此这种方法一般不采用.然而,对于潮流较强的地区和特殊地区,仍可考虑.

潮汐电站的功率可按下式估计:
$$N = 9.8\eta \cdot m \cdot H, \tag{5-2-1}$$

式中:

m——通过水轮机的流量;

H——工作水头;

η——水轮发电机组的效率,一般在 $0.5 \sim 0.9$ 的范围内.

潮汐电站的工作水头可按下式计算:
$$H = \frac{H_{\max} + H_{\min}}{2} - H_0, \tag{5-2-2}$$

式中:

$H_{\max}$——最大潮差;

$H_{\min}$——最小潮差;

H_0——水轮机引水设备(渠道、拦污栅等)的水力损失及排水设备中的水力损失.

潮汐发电具有水头小、流量大的特点,因此尽管水头较小,但流量大可以补充水头低的不足.当确定了水库的面积、库容、潮差、水头损失、流速、流量等参数后,就可以规划和计算潮汐电站的动力和装机容量.

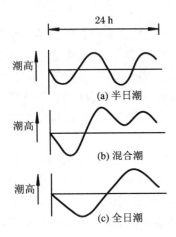

图 5-2-6 潮汐的 3 种基本类型

海洋潮汐为一长周期的波动现象.由于地球、月球和太阳相对位置的周期变化,海洋中的同一地点,每天都有一次向着月球和一次背着月球,这一周期的时间为 24 小时 48 分,因此引潮力也以 24 小时 48 分为周期在不断变化.由于变化方式不同,潮汐可分为半日潮、混合潮和全日潮 3 种基本类型,如图 5-2-6 所示.在一个周期内涨落两次,并且潮差大致相等的称为半日潮;两次潮差相差较大的称为混合潮;在每个周期内只涨落一次的称为全日潮.不论哪种类型的潮汐,一个月内总要发生两次大潮和两次小潮.当月球的引潮力和太阳的引潮力方向一致时,这两种力量的叠加会引起海水出现大潮;当月球的引潮力和太阳的引潮力方向垂直时,太阳的引潮力就削弱了月球的引潮力,海水就出现小潮.此外,潮汐还受其他因素的影响,呈现出每年,甚至更长周期的复杂变化.我国渤海海峡、浙江和福建沿岸为半日潮类型,秦皇岛附近为全日潮类型.由于潮汐涨落是有规律的,所以对于某个潮汐发电站的闸门开关,可事先用电子计算机按潮汐预报进行自动操作.

二、波浪能

由于风和水的重力作用,海水产生起伏运动,就形成了波浪.波浪具有很大的能量,每平方公里的海面上,波浪的功率可达 $10^5 \sim 2 \times 10^5$ kW.据估计,全世界的波浪能约为 3×10^9 kW,其中可利用的大约占三分之一.南半球的波浪能比北半球大,如夏威夷以南、澳大利亚、南美和南非海域的波浪能较大.北半球的波浪能主要分布在太平洋和大西洋北部北纬 $30° \sim 50°$ 之间.中国沿海的波浪能分布也是南大于北,平均波高东海为 $1 \sim 1.5$ m,南海大于 1.5 m.据推算,我国波浪能的可开发量约为 7×10^7 kW.

波浪能与波浪高度的平方和波的周期乘积成正比,每 1 m 宽的波浪所蕴藏的能量为

$$Q = H^2 \cdot T, \tag{5-2-3}$$

式中：

H——波浪高度；

T——波的周期.

尽管波浪能的转换装置五花八门，但它们的共同点是都有 3 个基本转换环节，这就是第一级受波体、第二级中间转换器和最终转换应用装置（如发电机）.

第一级受波体是将大海的波浪能转换为装置实体持有的能量.通常为一对实体，即受能体和固定体.受能体直接与海浪接触，将波浪能转换为机械运动.固定体是相对固定的，它与受能体形成相对运动.世界上现有第一级装置的形式很多，例如点头鸭式、推板式、浪轮式和筏式等.

第二级中间转换器是将第一级转换与最终转换沟通.因波浪能经过第一级转换往往达不到最终推动机械运动的要求，不仅是因为其水头低、速度低，而且稳定性也较差，中间转换器就要起到传输能量和稳定输出的作用.中间转换器的形式有机械式、水动式和气动式等.

第三级最终转换是适应用户的需要，如发电则将中间转换的机械能通过发电机转变成电能.

目前，波浪能发电装置就其原理来说，大致可分为 3 种：

1. 利用海面波浪的上下运动产生气流或水流使转机转动

这种方法是利用波浪的动力使放置在海面上的浮体上下波动，从而使空气活塞室中的空气不断受到压缩和扩张，因而把波浪能转化成空气流动，然后由气流推动空气涡轮机的叶片，使涡轮机产生高速旋转运动而带动发电机发电.装置如图 5-2-7 所示，这种装置目前所能达到的发电功率还很小，大多数只有

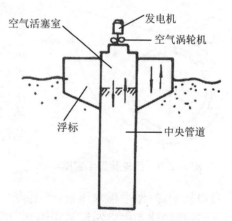

图 5-2-7　空气活塞式波浪发电原理

60 W 的水平，还只能作为船舶航线上的航标灯和灯塔的电源，只有极少数的装置用于附近的居民照明.

上述波浪发电装置也可建在海岸上，成为固定式发电装置，如图 5-2-8 所示.其工作原理与上述海洋式相似，只是将空气活塞固定在海岸边，不用浮体，而利用中央管道内的水面上下升降来代替浮体的上下运动，使空气活塞室的空气压缩和

膨胀.海岸固定式波浪发电装置可用作灯塔的电源,也可作为民用照明电源.

图 5-2-8　摇荡波波浪发电示意图

2. 利用波浪装置前后摆动或转动产生空气流或水流而使轮机转动

此方法是利用波浪的横向运动的能量来发电.图 5-2-9 所示为该装置的串联的形状,由像鸭子胸部的凸轮组成,当波浪冲击凸轮时,各个凸轮绕共同的中心轴摇摆,犹如鸭子点头,利用凸轮摇摆的动作通过一机构产生压力水来获得动力.这种装置通常称为点头鸭式波浪发电装置.点头鸭装置的关键是机械部分,目的是通过凸轮的摆动把波浪变为可利用的水压力.图中,a 是凸轮的摇摆体,b 是中空圆筒体,c 是中空圆筒体向外突出的部分,d 是摇摆凸轮向内突出的部分.a 以 b 为轴摇摆,在 c 和 d 两突出部之间形成水压泵.一系列摇摆体由同一圆筒体联结,但可各

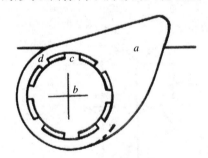

图 5-2-9　凸轮装置示意图

自自由摆动,好像手摇水压泵,产生共同高压水后再冲动水压发动机带动发电机发电.凸轮摇摆体和中空圆筒是用钢和混凝土制成的,中空圆筒的直径为 10～15 m,一个摇摆体长 30～40 m.

3. 把低压大波浪变为小体积高压水

这种方法是把水蓄集到液压蓄水柜或高位水池中形成高压水或高位水头,从而冲动小型水轮机发电.压力或体积大小的转换是通过两个活塞来实现的,如图 5-2-10 所示.装置受到波浪冲击时,装置内随波浪产生周期性的压力变化,这个压力变化使一个大直径活塞按相同的周期上下移动,从而带动另一个直径小得多的泵活塞,其压强增加值决定于这两个活塞直径的平方比.假如两个活塞的直径分别为 100 cm 和 20 cm,水压将增加 25 倍.即当有效波高为 2 m 时,就能产生 50 m 高的水头,这就足以直接冲动连接发电机轴的小型水轮机了.

自波浪发电付诸于实用以来,世界各国提出了几百种不同的方案和设想.实践证明它是一种可靠的能源,而且是可再生的、无污染的清洁能源,其应用前景非常广阔.

三、海洋温差发电

海洋是一个巨大的吸收太阳能体,太阳辐射到地球表面的相当大一部分能量被海水所吸收,使海水的上部温度升高,而下部的温度低.同时,科学家们长期观察到地球两极的冰雪总是在不断变化,时而融化,又时而冻结.太阳融化的冰水很冷,比重较大,总是从两极慢慢地流向海洋的深处.其结果

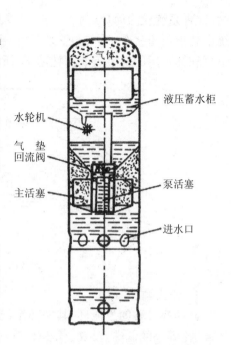

图 5-2-10 活塞式波浪发电装置简图

使得海水表层的温度达 25～28 ℃,而 500～1000 m 深处的海水为 4～7 ℃,温度差可达 20 ℃左右.

海洋温差热能转换主要用于温差发电.早在 1881 年,法国物理学家雅克·德·阿松瓦尔(J. D'Arsonval)就揭示了利用海洋温差发电的概念.到 1929 年,法国工程师乔治·克劳德(G. Claude)在古巴的马坦萨湾建造了世界上第一个海洋热能转换装置,证实了海洋温差发电的可能性.直到 1979 年,美国能源部重视海洋热能转换技术,不惜重金支持夏威夷自然能源实验室进行海洋热能转换试验,在一艘重 268 t 的海军驳船上安装试验台,采用液氨为工质,以闭式朗肯循环方式,完成中间介质法发电.设计功率为 50 kW,实际发电功率为 53.6 kW,净输出为 18.5 kW.在此次试验成功之后,日本、英国、法国、瑞典、荷兰等国也在这一领域进行试验工作,特别是日本,先后建立了几座海水温差发电装置.

海水温差发电主要有以下几种循环方式:

1. 开式循环

如图 5-2-11 所示,采用海水为工质,温海水由于闪蒸的作用产生蒸汽,在透平中膨胀后的蒸汽经冷凝器进行冷凝.冷凝器可以用表面式的,也可用直接接触式

的.这种系统较为简单,易于维护,可兼制淡水.其缺点是水蒸气在负压下工作,系统也处于负压状态,透平和管道尺寸相对比较庞大,空气也易于漏入,抽气用的真空泵和抽水用的水泵需要消耗功率,所以输出的净功率减少.

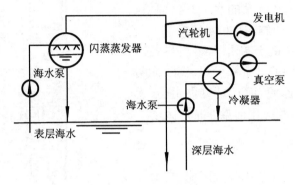

图 5-2-11　开式循环

2. 闭式循环

此循环又称朗肯循环,其循环系统图如图 5-2-12 所示,温海水把热量传给气压高、比容小的低沸点二次载热体——丙烷、氨或氟利昂等,使之蒸发,动力工质的蒸汽再驱动透平发电机组运转.这种循环克服了开式循环的一些缺点,可减小透平的尺寸,也不需要高性能的真空泵,是海水温差发电的一种实用的循环.

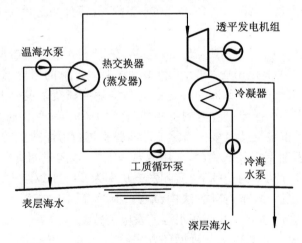

图 5-2-12　闭式循环

3. 复合循环

如图 5-2-13 所示,这种循环是美国的一种新方案,温海水在闪蒸蒸发器内产生的蒸汽作为闭式循环的热源,可同时制造淡水,温海水系统也没有生物的附着问题.但这种循环略为复杂,系统的成本也高.

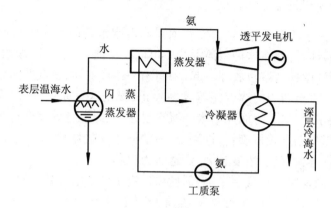

图 5-2-13　复合循环

4. 提升循环

这是美国加利福尼亚大学等研究的一种海洋热能利用的最新方案,其系统循环如图 5-2-14 所示.与以上 3 种循环不同,它不用低沸点介质,也不需汽轮机,而是采用多维孔(约 $0.1\mu m$ 孔径)组成的雾化器,用海洋温水作热源,一小部分水在雾化器中被蒸发,大部分水变成雾状,于是汽液两相流在底部和顶部的压差下,由提升管慢慢被提升到顶部的冷凝器.再由深海的冷水进行喷淋冷却,被冷却的水以其势能推动水轮机旋转,带动发电机发电.这样以水轮机替代朗肯循环的汽轮机,

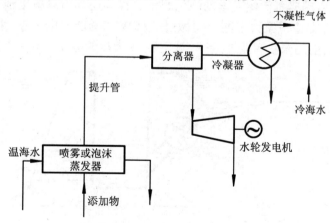

图 5-2-14　提升循环

设备简化,效率提高.

四、咸淡渗透浓度能

陆地上的河水流向海洋,当它们在河口与海水混合时,一边是淡水,另一边则是咸水.经实验证明,就在这种咸淡混合中可以获得能量.把不同盐浓度的水着色,并把两种不同浓度的盐溶液放在一起,中间隔一透过层,浓度低的溶液就会向浓度高的方向渗透,直至两边的浓度相等才会停止.根据这一原理,可以人为地在淡水水面引一股淡水,与深入海面几十米的海水混合,在此混合处就会产生相当大的渗透压力差,足以带动水轮机旋转.据测定,一般海水含盐浓度为 3.5% 时,渗透压就相当于 25 个标准大气压,浓度越大,渗透压力也越大.

尽管目前尚未实现盐度差发电,但此项研究工作早已开始,特别是渗透膜的制造.这是实际盐度差发电的关键材料,它能把浓盐水与淡水隔开,又能让淡水按人们的意志渗透到咸海水中去,以产生渗透压力供利用.

据调查,世界海洋能蕴藏量中,盐度差能量最大,估计约有 3×10^{10} kW,可开发量按十分之一计算,也有 3×10^9 kW.它分布较广,其中我国约为 1.1×10^8 kW.现在许多有大江大河入海的国家都有开发盐度差能发电的潜力.美国曾有人估计,若利用密西西比河口流量的十分之一去建设盐度差电站,其装机容量可达到 10^6 kW,也就是说,每立方米的淡水入海约可获得 0.65 kW·h 的电力.

关于盐度差能发电的设计方案很多,有浓差能水轮发电机(美国诺曼博士1974年提出的方案)、强力式休梅克方案、压力延滞渗透能利用方案、压力和蒸汽压差法等.另外,瑞典哥德堡大学的阿伦姆伦教授等还提出渗析电池发电方案.目前,美国能源部支持一家太阳能公司做过 50 kW 渗透能发电装置,采用微孔半透透膜材料,但目前还未获商业性运行.图 5-2-15 为盐差能发电的装置图.

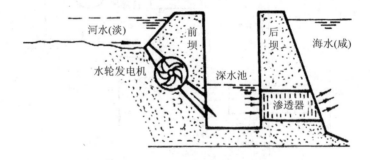

图 5-2-15 一种盐差能发电方案

五、海流能发电

海流是海水朝着一个方向经常不断地流动的现象.在海洋中,海流就像海洋中的一条河流,它有一定的长度、宽度和深度,并且有一定的流速.它的宽度一般在几十海里(1 海里＝1852 米)到几百海里之间,而长度可达几千海里.海流的速度通常为每小时 1～2 海里,有的达每小时 4～5 海里.其流速往往在海洋表面比较大,随着深度的增加而很快减小.使得海水大规模流动的原因,主要是风力的吹袭和密度的不同.由定向风持续吹袭海面所引起的海流称为风海流,由于密度不同而引起的海流称为密度流.密度的变化同海水吸收的太阳能有密切关系,无论是风海流还是密度流,其能量的来源归根到底都来自太阳的辐射能.一般来说,密度流涉及的深度较深,流经的范围较广,可以达到几百海里到几千海里.深海的海流一般称为潜流.世界上著名的海流有:大西洋的墨西哥湾暖流、北大西洋海流、太平洋的黑潮暖流、赤道潜流等,这些海流的流量和能量都很大.据估算,世界上的海流能量至少有 6×10^8 kW.

墨西哥湾海流和北大西洋海流是北大西洋里两支相连的最大的海流,它们以每小时 1～2 海里的流速贯穿大西洋,从冰岛和大不列颠岛中间通过,最后进入北冰洋.太平洋的黑潮暖流的宽度约为 100 海里,平均厚度约 400 m,平均日流速在 30～80 海里之间,其流量大约相当于全世界所有河流总流量的 20 倍.这支暖流由我国台湾省以东,经东海流向日本.赤道潜流是一支深海潜流,总长达 8000 海里,这支海流的深度不大,宽度在 120～250 海里之间,流速为每小时 2～3 海里.深海潜流也包含着巨大的动能,同表层的海流一样,也是地球上的重要能源之一.

海流能发电和一般水力发电的原理相似,也是用水轮机来推动的.目前的海流发电站是浮在海面上的,用钢索和锚加以固定,由于看上去很像花环,因此称之为花环式海流发电站.还有一种如图 5-2-16 所示,被称作降落伞式海流发电方案,它是由美国人设计的.日本做过漂浮式海流发电装置,我国也在舟山群岛做过"水下风车"式试验.

作为能源来讲,海流比陆地上的水力更为可靠,海流发电不受洪水和枯水等水

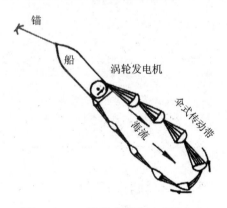

图 5-2-16　降落伞式海流发电方案

文因素的影响,比较稳定.目前,海流发电受科学技术水平的限制,应用有限,主要用于海岸灯和航标导航上.

我国海域辽阔,有风海流,也有密度流;有岸流,也有深海海流.它们的流向比较稳定,流速多在每小时 0.5 海里左右,流量变化不大.以平均流量为 $5\times10^5\sim10^6$ m³/s计算,我国近海、沿岸海流的能量就有 $5\times10^7\sim10^8$ kW,为我国将来沿海电力工业的发展提供了巨大的能量资源.

第六章 生物质气化

由于地球上生物数量巨大,由这些生命物质排泄和代谢出161种有机质,这些物质所蕴藏的能量是相当惊人的.根据生物学家估算,地球上每年生长的生物能总量为1400~1800亿吨(干重),相当于目前世界总能耗的10倍.我国的生物质能也极为丰富.现在每年农村中的秸秆量约7.26亿吨,相当于3.5亿吨标煤.薪柴和林业废弃物数量也很大,林业废弃物(不包括薪炭林)每年约达37×10^6万立方米,相当于2000万吨标煤.

如果考虑日益增多的城市垃圾和生活污水、禽畜粪便等其他生物质资源,我国每年的生物质资源达4.5亿吨标煤以上,扣除了一部分做饲料和其他原料,可开发为能源的生物质资源达3亿多吨标煤.随着农业和林业的发展,特别是随着速生薪炭林的开发推广.我国的生物质资源将越来越多,有非常大的开发和利用潜力.

将生物质转换成气体燃料,是提高燃料的品位,提高能源利用率的有效途径.气体燃料清洁,不污染人民的生活环境,易于运输,便于居民集中供气,方便使用,便于管理.

在了解气化技术以前,原则性地理解它与热解技术的基本差别是必要的.气化和热解的过程工作温度范围相近,其主要差别是在气化过程中热解物质和炭化残留物再继续与空气、蒸汽、氧气、二氧化碳或氢气发生反应.且这一放热过程中产生的热量可用来维持气体系统中所要求反应的温度.

气化技术在我国曾经产生了重要作用,早在20世纪40年代,用木炭气化炉发生煤气推动汽车;50年代初期,在粮食加工厂发展了具有我国特色的一种"层式下吸式气化炉",采用稻壳气化,采用煤气发电供工厂加工用.直到70年代又重新研究发展气化炉,我国的一些研究单位和院校对气化炉的反应机理进行了比较深入的研究.

第一节 生物质气化特性

一、几种生物质的元素组成和热值

1. 农作物秸秆

其元素组成为：C、H、O、N、S、P 等。一般碳为 40%～60%，氢为 5%～6%，氮为 0.6%～1.1%，硫为 0.1%～0.2%，磷为 1.5%～2.5%。几种秸秆元素组成如表 6-1-1 所示。

表 6-1-1 几种秸秆元素组成和热值

种类	碳（%）	氢（%）	氮（%）	硫（%）	磷（%）	高发热量 kJ/kg	高发热量 kcal/kg	低发热量 kJ/kg	低发热量 kcal/kg
玉米秸	42.17	5.45	0.74	0.12	2.60	16895	4038	15539	3714
高粱秸	41.98	5.25	0.59	0.10	1.12	16372	3912	15067	3601
棉杆	43.50	5.35	0.91	0.20	2.10	17372	4152	15991	3822
豆杆	44.79	5.81	0.85	0.11	2.86	17585	4203	16146	3859
麦草	41.28	5.31	0.65	0.18	0.33	16673	3985	15364	3672
稻草	38.32	5.06	0.63	0.11	0.15	15238	3642	13970	3339
谷草	41.42	5.17	1.04	0.15	1.24	16313	3899	15012	3588
杂草	41.00	5.24	1.59	0.22	1.68	16259	3886	14937	3570

表中所列数据是秸秆自然风干后的测试数据，由表看出含碳量高的发热量也大，豆秸秆、棉杆的发热量高于稻草的发热量。

2. 秸秆元素组成和热值

薪柴中不同树种的元素组成量也不同。一般薪柴元素组成的平均值：氧为 43.5%，碳为 49.5%，氢为 6.5%，氮为 1%，薪柴热值一般为 17003～20930 kJ/kg。

3. 几种生物质水含量对热值的影响

生物质的发热量除与元素组成有关系外，其水含量对热值的影响也很明显，水含量越高，燃烧时摄取的热量越高，因而净热量越少，即发热量就低。物质的水含量与热值的关系如表 6-1-2 所示.

表 6-1-2　几种生物质水含量对热值的影响　　　单位:kJ/kg

含水量(%) 种类	5	7	8	11	12	14	15	18	20	22
玉米秸	15422	15041	14661	14280	14092	13711	13330	12949	12569	12192
高粱秸	15744	15359	14970	14665	14393	14008	13623	13238	12853	12464
棉　秆	15945	15562	15167	14773	14579	14192	18808	13414	13021	12635
豆　秆	15723	15338	14949	14568	14372	13991	13606	13221	12837	12452
麦　草	15438	15058	14681	14301	14154	13732	13355	12975	12598	12221
稻　草	14183	18832	13481	13120	12954	12602	12251	11899	11548	11196
谷　草	14795	14436	14062	13694	13514	13146	12782	12456	12054	11690
牛　粪	15380	14958	14585	14209	14016	13640	13263	12891	11678	12134
杨树枝	13995	13606	13259	12912	12736	12389	12042	11694	11347	10996
马尾松	18372	17892	17439	17050	16828	16385	15937	15408	15054	14810
桦　木	16945	16535	16125	15715	15506	15096	14686	14276	13870	13460

4. 生物质的化学特性

几种生物质的化学特性如表 6-1-3 所示,由表可见,生物质与煤相比,具有较多的灰分和较小的水分,几乎不含氮和硫.

6-1-3　几种生物质的热化学特性

原料名称 特　性	杉木	杉树皮	松树皮	稻草	褐煤
挥发组分	86.2	70.6	73.4	80	43
固定碳	13.7	27.2	25.9	14.8	46
炭　分	0.1	2.2	0.7	5.2	10
热值(kJ/kg)	21001	22048	20377	15178	24865
燃料生成热(kJ/kg)	5149	4831	5170	6099	2457
C(%)	62.8	56.2	52.3	39.2	64

续表

特性 \ 原料名称	杉木	杉树皮	松树皮	稻草	褐煤
O(%)	40.5	36.7	38.8	35.88	19.2
H(%)	6.8	5.9	5.8	5.1	4.2
N(%)	0.1	0	0.2	0.6	0.9
S(%)	0	0	0	0.1	1.3

据美国测定,水含量在35%时,玉米秸秆的高发热量只有10715 kJ/kg,其热化学特性如表6-1-4所示.玉米芯水含量为15%时低热值为14395 kJ/kg,如表6-1-5所示.

表6-1-4 玉米秸秆热化学特性

热化学特性		元素组成		灰分分析	
特性	重量(%)	组分	重量(%)	组分	重量(%)
水分	35.00	水分	4.94	SiO_2	72.15
挥发组分	54.60	C	42.48	Al_2O_3	4.30
固定碳	7.15	H	5.04	Fe_2O_3	4.69
灰分	3.25	S	0.18	TiO_3	0.22
热值(kJ/kg)	10715	N	0.75	P_2O_3	1.05
		O	42.65	CaO	5.15
		灰分	3.96	MgO	3.92
				Na_2O	1.29
				K_2O	4.41
				SO_2	0.16

表6-1-5 玉米芯的热化学特性

热化学特性		元素组成	
特性	重量(%)	组成	重量(%)
水分	15.0	C	48.4
挥发组分	76.6	H	5.6
固定碳	7.0	S	—

续表

热化学特性		元素组成	
特性	重量(%)	组成	重量(%)
灰分	1.4	N	0.3
高热值(kJ/kg)	18600	O	44.3
低热值(kJ/kg)	14395		

木质燃料点燃时先是水分蒸发,待温度升到一定的程度受热分解,析出挥发物,这些气体产物与氧气进行反应而燃烧.通常木质材料着火温度在250~300℃,当温度高达500℃时,即使没有诱导(如吹火)它也能自动着火燃烧.

木质燃料的发热量随树种不同和树的不同部位而略有差异(表6-1-6).树木各化学组成部分的发热量:纤维素4117 kJ/kg.针叶树中,木质素和树脂含量较高,所以针叶树发热量较高.

表6-1-6 几种树材的发热量

树的各部分	发热量(kJ/kg)		
	松树	云杉	桦木
树干	19280	19080	19080
树皮	19480	19882	22393
截头	20284	19882	20384
针叶	21188	19882	—

二、生物质原料与煤原料气化特性比较

生物质作为气化原料与煤作为气化原料特性比较:

1. 挥发分高

生物质挥发组分一般为70%~80%.在较低的温度(约400℃)时大部分挥发分分解析出,而煤在800℃时才释放出30%的挥发分.

2. 生物质炭反应性高

生物质炭在较高的温度下,以较快的速度与CO_2和水蒸气进行化学反应.例如815℃,20个大气压下,木炭在N_2(45%),H_2(5%)及水蒸气(5%)的气体中,只要7分钟,80%就能被气化,泥煤只有约20%被气化,而褐煤几乎没有反应.

3. 生物质炭灰分少

生物质炭灰分一般少于3%(除稻壳),并且灰分不易黏结,从而简化了煤气发生炉的除灰设备.

4. 含硫量低

生物质炭含硫量一般少于0.2%,不需要气体脱硫装置,降低成本,有利于环保.

第二节 固定床气化炉煤气发生过程

将生物质原料放入煤气发生炉中,通入少量空气和水蒸气,在常压缺氧的情况下发生炭与氧气,炭与水蒸气的反应,伴随有炭与氢气的反应.

由于炭与氧生成CO的反应为强烈的放热反应,而炭与氢的反应为吸热反应,因此理想的制取发生炉煤气的过程,应是在同一个设备内同时实现以上两个反应,将炭氧化时放出的热是作为水蒸气的热源,以此来实现炭的气化.

生物质气化炉按结构不同分类,有固定床、移动床、流动床等几种类型.

一、煤气发生炉类型

按鼓风方式的不同和煤气对于燃料流动方向的不同,煤气发生炉通常分为上吸式、下吸式和平吸式几种.

1. 上吸式煤气发生炉

上吸式气化炉的气化原料从炉顶加入炉中,逐步下降,经过热分解过程、还原过程和炭的燃烧过程而产生CO、H_2、CH_4等可燃气体和CO_2气体.煤气由上部导出,空气由气化炉下部进入燃烧层,灰渣由炉底排出,整个过程是连续进行的,上吸式气化炉如图6-2-1所示.由于热气体是通过整个燃烧床,其显热对燃料有加热和干燥作用,气体离开气化炉时温度已较低,所以具有较高的效率,但易带有挥发分物质,如焦油蒸气等.

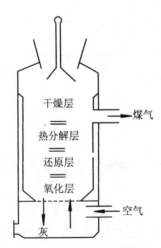

图 6-2-1 上吸式煤气发生炉

2. 下吸式煤气发生炉

如图6-2-2所示.燃料自上部加入,靠它的自重逐步下降,在炉身一定的高度处空气自炉壁或炉中央进入,使燃料燃烧,煤气流过下面的还原层,从炉栅下吸出.因此氧化层就位于空气入口处附近,而还原层则在氧化层的下面,因煤气是向下流动被吸出的,故称为下吸式煤气发生炉.

下吸式煤气发生炉的最大特点是原料干燥和干馏的产物全部通过氧化层,因而产生的焦油大部分都可以在高温下分解,水分也参加反应形成煤气.当气化含焦油的燃料如烟煤、木材、农业剩余物时,就常常采用这种煤气发生炉.实际应用中要获得尽可能少的焦油蒸气的煤气时,空气送入的方法,燃烧层的形状与位置至关重要.通常(图6-2-2)做成喉管状,以利形成均匀的灼热炭层.这种炉子的优点是有效层高度几乎不变,工作稳定性好,在工作中可随时打开料盖等.但亦存在着因煤气流动方向和热气流的方向相反,使煤气机吸出煤气消耗的功增多;煤气需经灰分层和存灰室吸出,因而煤气的含灰量增多;煤气经高温的有效层流出,也使煤气的出炉温度增高等缺点.所以这种形式对含水量高(20%),含灰量高或灰易熔结的燃料是不利的,经验表明:所采用的燃料含灰量在5%以下为宜.

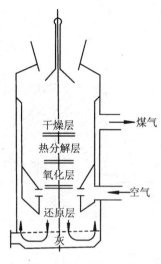

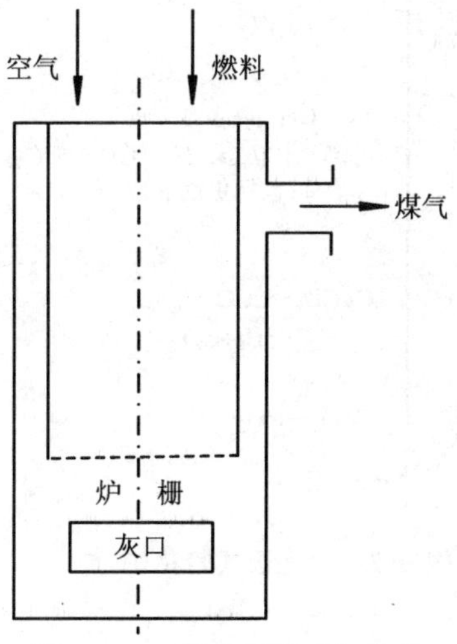

图 6-2-2 下吸式煤气发生炉

3. 层式下吸式气化炉

在20世纪50年代初期,我国粮食加工厂发展了层式下吸式气化炉,用壳稻气化煤气发电为粮食加工提供电力,我国首创的这种炉型大大简化了外国的下吸式气化炉.

层式下吸式气化炉的结构特点,突出表现在炉顶敞开无盖,如图6-2-3所示.

主要优点:空气和原料均匀地从敞开部进入反应层,使反应温度沿反应截面径向分布一致充分利用了反应截面;生产强度在固定床气化炉位居首位;由于气体顺向流动有利于焦油裂解,使气体中焦油含量低于其他固定床,结构简单,加

图 6-2-3 层式下吸式气化炉结构简图

料操作方便.

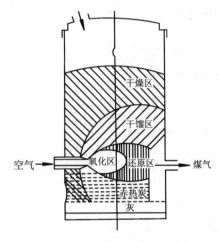

图 6-2-4 平吸式煤气发生炉

4. 平吸式煤气发生炉

平吸式煤气发生炉如图 6-2-4 所示,空气和水蒸气的混合物从炉身一定高度处的喷嘴送入炉内,炉内生产的煤气经由对面炉栅处被吸到炉外.煤气呈水平流动,故称为平吸式.

平吸式炉的气体以高速吹入,故燃烧层的温度可高达 2000 ℃,炉的结构紧凑,启动时间比下吸式短(5~10 分钟),负荷适应能力强.但燃料在炉内停留时间短,影响煤气的质量,且炉中心的温度高,容易结渣,同时炉的还原层容积小,CO_2 还原成 CO 的机会少,使煤气质量变坏.平吸式煤气发生炉具有前述两种气化炉的优点,但是仍然不理想的是它适应于含焦油很少及灰分不大于 5% 的燃料,如无烟煤、焦炭、木炭.

二、上吸式气化炉煤气发生过程

沿气化炉高度大致可分为四层,即干燥层、热分解层、还原层和氧化层.生物质气化过程主要分为三个过程,即热分解过程,还原过程,炭的燃烧过程.如图 6-2-5 所示.上吸式气化炉工作过程大致是按层次顺序进行的,各层是沿空间分布,不易明确划分的瞬时现象.

1. 热分解过程

生物原料在气化炉上部被干燥,干燥好的原料与气化炉下部来的热气体作用进行原料热分解过程,生物质原料受热分解变成三部分可燃气体:CO、H_2、CH_4 和 CO_2 等,油气体包括焦油、水蒸气和固态炭三部分,生物质热解过程是整个气化过程的关键过程.由于生物质原料中

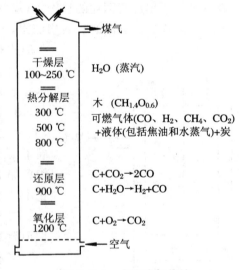

图 6-2-5 上吸式气化炉

的挥发组分高,在较低的温度下就可能释放出 70%左右的挥发组分.

(1) 原料的热分解矢量

几种生物质和煤原料以每分钟 20~50 ℃ 的加热速度下进行分解的特性图如图 6-2-6 所示.

由图可以看出,当加热速率为每分钟 20~50 ℃ 时,木材和树皮在 300~400 ℃ 时,已经释放出 70%的挥发组分,而煤要到 800 ℃ 时才释放 30%的挥发组分,同时说明即使在每分钟 20~50 ℃ 的较慢升温速率下,温度达到 400 ℃ 时,木材的热分解过程也基本完成.

(2) 热分解速率

随着温度的升高和加热速率的加快,热分解速率也加快,如图 6-2-7 所示.图是在温度为 600~750 ℃ 时,木屑直径为 2.5~5 mm 时,置于氮气中进行分解试验的结果.其结果表明,只要有足够的温度和加热的速率,热分解会以相当快的速度进行.

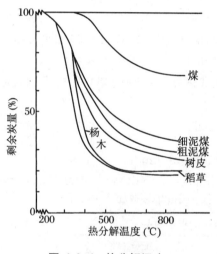

图 6-2-6 热分解温度

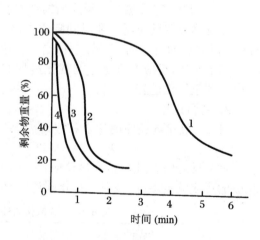

图 6-2-7 加热速率热对解速率的影响

(3) 热分解时反应温度对气体质量的影响

反应温度对气体质量的影响如图 6-2-8 所示.

图中的 CO_2 含量随着温度的升高而急剧下降,在 400 ℃ 时 CO_2 含量达 30%,而 800 ℃ 时下降至 10%.而其他可燃成分,如 CH_4、H_2、C_nH_m 等,则随着温度的升高而迅速增加.

图中反应温度对气体产量的影响显示出气体的产量随温度升高而迅速增加.

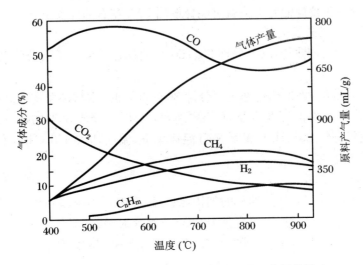

图 6-2-8　热分解时反应温度对气体质量和产量的影响

(4) 温度对完成热分解反应所需要时间的影响

完成热分解反应所需要时间随着温度升高成线性下降,由试验得知当温度为 600 ℃时完成的时间为 27 秒左右,当温度达到 900 ℃时只需要 9 秒左右.

综上所述,反应温度是影响气化过程的主要因素,在 400~900 ℃范围内升高温度有利于气化过程.

2. 还原过程

(1) 二氧化碳还原的化学方程式

$$CO_2 + C \rightleftharpoons 2CO \mp 161677 \text{ kJ/kmol}.$$

这个反应向右进行是吸热反应,因而温度越高,二氧化碳的还原越彻底,一氧化碳的形成就更多. 温度对二氧化碳还原时平衡成分的影响如表 6-2-1 所示.

表 6-2-1　二氧化碳还原时的平衡成分

温度(℃)	CO(%)	CO_2(%)
446	0.6	99.4
550	10.7	89.3
650	39.8	60.2
800	93.0	7.0
925	96.0	4.0

表 6-2-1 表明在气化炉中,有效的二氧化碳还原温度是在 800 ℃以上,温度增加有利于还原反应.

二氧化碳在炉中与燃料接触的时间也影响二氧化碳还原的彻底程度,在使用焦炭作燃料试验中得出,在温度为1300℃时,彻底还原所需要的时间一般5～6秒,当温度降低后,则需要的时间就更长了.

(2) 水蒸气还原的化学反应

$$C + H_2O \rightleftharpoons CO + H_2 \mp 118799 \text{ kJ/kmol};$$

$$C + 2H_2O \rightleftharpoons CO_2 + 2H_2 \mp 75222 \text{ kJ/kmol}.$$

上面的两个反应都是吸热反应,因为温度增加都将使水蒸气彻底还原.但是这两个反应在温度增加时,它们反应的程度增加并不是一样快,而燃料的种类也和水蒸气还原的程度有密切关系.水蒸气的分解过程与温度及燃料性质的关系如表6-2-2.

表 6-2-2 在不同的温度下水蒸气与炭作用的分解度(%)

原料	温度(℃)						
	600	700	800	900	1000	1100	1200
木炭	4.0	52.4	96.9				
半焦炭	1	5.7	12.6	1	82.2		
烟煤炭	1	1	1	19.6	50.4	1	93.0

上述试验数据表明,在常见的固体燃料中,生物质炭的活性最高,木炭在800℃时水蒸气已经充分分解,而此时烟煤及水蒸气几乎未发生反应.综上所述,温度是影响还原反应的主要因素.温度升高利于一氧化碳的生成及水蒸气的分解.确切地说,800℃是木炭和水蒸气充分反应的温度.

3. 木炭的燃烧过程

木炭氧化燃烧生成大量的 CO_2,同时也放出大量的热量,温度达1200℃以上,其反应式为

$$C + O_2 = CO_2 + 408567 \text{ kJ/kmol}.$$

同时,还有一部分炭,由于供氧不足形成CO

$$2C + O_2 = 2CO - 246270 \text{ kJ/kmol}$$

这些热量是推动整个过程进行的必要条件.燃烧过程进行速度是很快的,燃烧层的厚度一般小于10 cm,在燃烧层内主要产生 CO_2,CO的生成量不多,在此层内水分也分解很少.

大量试验数据说明,在上吸式气化炉的全过程中以加入的干原料计,约15%的炭在燃烧过程中被燃烧掉而为全过程供热,约10%的炭在还原过程中反应了,约75%的原料在分解过程中分解为挥发分.从上面的数据可以明显看出,控制生成气体质量的主要过程是热分解.

第三节　沿燃烧层高度煤气组成的变化

一、氧化层反应

在气化炉内同时进行着下列化学反应：

$$C + O_2 \longrightarrow CO_2,$$
$$2C + O_2 \longrightarrow 2CO,$$
$$2CO + O_2 \longrightarrow 2CO_2,$$
$$C + CO_2 \longrightarrow 2CO,$$
$$C + H_2O \longrightarrow CO + H_2,$$
$$C + 2H_2O \longrightarrow CO_2 + 2H_2,$$
$$CO + H_2O \longrightarrow CO_2 + H_2,$$
$$C + 2H_2 \longrightarrow CH_4.$$

关于这些反应的相互关系，哈斯拉姆等人曾作过许多研究和实验，他们以焦炭和无烟煤为原料，从发生炉各部位取出气样，并分析其组成得出如图 6-3-1 的结果．

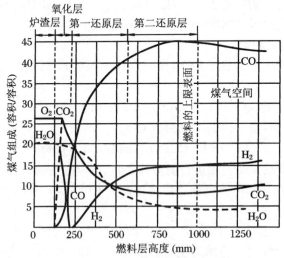

图 6-3-1　发生炉煤气组成随燃烧层高度的变化曲线

（以 100 kg 氮气为基准）

从图可以看出,空气和水蒸气最初进入炉渣层内时气体的组成不发生变化,在这里仅进行热交换.空气和水蒸气吸收炉渣的热量被预热,而炉渣被冷却.接着,在氧化层内,氧气的浓度急剧减少,直到耗尽.与此同时,二氧化碳的量急剧增加.在氧气耗尽时达到最大值,以后二氧化碳又迅速减少,一氧化碳的量却迅速上升,完成炭和一氧化碳的气化反应过程.在图中看到,氧化在炉渣层上面 75~100 mm 处就已经完全燃烧.

二、还原层反应

假设把还原层的下部称为第一还原层,还原层上部称为第二还原层,燃料上面的空间称为煤气空间,在这个区域内所进行的反应是不相同的.

在还原层内,水蒸气分解生成氢气和一氧化碳的量同时增加,而水蒸气量逐渐减少,由于一氧化碳量增加,在还原层上部一氧化碳和水蒸气生成二氧化碳和氢的反应就成为主要反应,即同时生成一氧化碳和二氧化碳.因而在料层上部一氧化碳含量继续缓慢增加,而二氧化碳含量亦有增加.

还原层中的炭和水蒸气、炭和一氧化碳的反应主要是在第一还原层中进行的.在第二还原层中炭和二氧化碳的反应继续进行,但是强度已经减弱.一氧化碳和水蒸气在第二还原层即煤气空间也在进行,在图中水蒸气差不多在氧化燃烧完才开始分解,氢气在 300 mm 燃烧高度层处开始迅速增加,以后增加就缓慢了.第一还原层的反应中表示出一氧化碳、氢气在不断增加,水蒸气和二氧化碳不断减少.在第二还原层中显示氢气还在增加,一氧化碳比以前增加慢了,二氧化碳几乎不变,而水蒸气还在减少.

在水蒸气开始分解以后,最初煤气中氢的含量增加很快,随着水蒸气浓度降低,分解率降低,氢浓度增加就缓慢了.在上述反应的同时,炭与氢气间发生反应生成甲烷,但是生成量不多.

料层上部的煤气空间,由煤中逸出热解水,水煤气变换反应仍在进行,所以二氧化碳和氢的含量仍在增加,而一氧化碳含量稍有降低.因为这个反应是放热反应,这会降低煤气的热量,而这是不容许的,因而某一些上吸式炉子,为了使煤气少走或不走煤气空间,将煤气自炉子的中部(即热量准备层的下部)导出.

第四节　层式下吸式气化炉

一、气化炉结构的特点及主要优点

气化炉结构如图 6-2-3 所示,其结构的特点如下：
(1) 炉顶敞开无盖；
(2) 燃料和空气同时进入炉内.

主要优点：
(1) 空气能均匀地进入燃料层,使反应温度沿反应截面径向分布一致,最大限度地利用了反应截面；
(2) 气固同向流动,有利焦油裂解；
(3) 结构简单,加料操作方便.

二、层式炉工作特点

1. 气体组分随着床层高度的变化特性

采用床层高度为 1 m 的试验炉,经测试结果如图 6-4-1 所示.

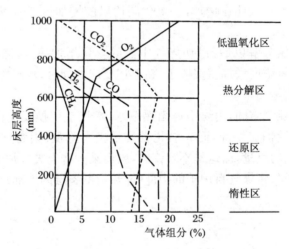

图 6-4-1　气体组分与床层高度的变化特性

(1) 低温氧化区

床层高度约 200 mm,氧气从 21%下降至 11%;二氧化碳从 0 升至 10%.在床层高度 100 mm 处温度变化缓慢,为 150~250 ℃,床层高度 200 mm,温度上升迅速,为 250~650 ℃.

(2) 热分解氧化区

其床层高度约为 300 mm,各种气体组分明显变化,二氧化碳量仍在上升,表明炭仍在氧化,H_2、CO、CH_4 增长,氧气减少.其最高温度约为 1000 ℃.

(3) 还原区

其床层高度约为 300 mm,二氧化碳量下降,一氧化碳量增加,其反应温度低于 800 ℃.

(4) 惰性区

其床层高度约为 200 mm,各气体组分无明显变化,其反应温度约为 700 ℃.

2. 床层高度对反应温度的影响

采用试验炉测试结果如图 6-4-2 所示,从图可以看出:

(1) 反应床层越低,氧化区的温度越高;

(2) 反应床层越低,反应层顶部温度越高;

(3) 反应床层越高,从反应顶部的最低温度升至氧化区最高温度的温度梯度越小.

三、几种气化炉指标比较

上吸式,下吸式和层吸式气化炉的指标比较如表 6-4-1 所示.

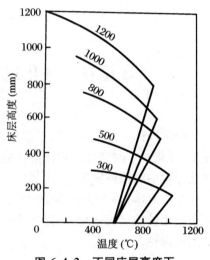

图 6-4-2 不同床层高度下反应温度分布

表 6-4-1 气化炉的指标比较

项目	上吸式	下吸式	层式
结构	简单	复杂	最简单
径向温度分布	均匀	不均匀	均匀
气体含焦油量	最高	少	最少

续表

项目	上吸式	下吸式	层式
炭转换率	最高	低	较低
剩余炭量	无	高	较高
热效率	高	较低	中
生产强度	中	低	高
适合用途	煤气燃烧	燃烧或发电	发电

第五节 气化过程的指标及其影响因素

通常固体燃料气化的原料多用煤来制气,在农村中小型煤气站就用生物质来气化,气化炉中的气化过程评价指标主要是煤气的组成和热值、产气率、气化强度、气化过程中的原料损失、气化剂比耗量等.

影响气体指标的因素取决于三个方面,即原料的气化特性、气化过程的操作条件和气化炉的结构.原料气化特性不断影响气化指标,而且也决定气化方法和气化炉型的选择.

一、煤气的组成和热值

煤气的组成和热值体现煤气的质量,煤气的组成通常用容积分率和分压来表示,其中 CO、H_2、CH_4、C_2H_6 等为有效组分,N_2 为惰性气体,CO_2、H_2S 等为杂质,煤气的热值是指在标准状况下其可燃物质的热值总和.

煤气组成和热值受下列因素影响.

1. 气体原料的挥发分和热值的关系

一般原料中挥发分越高,煤气的热值就越高,但煤气的热值并不是按挥发分量成比例增加的,如表 6-5-1 所示.

表 6-5-1　半机械化煤气发生炉中气化原料的挥发分与煤气热值的关系

指标	产地（煤种）				
	阳泉无烟煤	大同无烟煤	鹤岗烟煤	泥煤	木材
挥发分(%可燃基)	8.39	29.59	35.22	69.20	85
煤气热值(千焦/标米²)	5107	6363	6028	6530	6949
焦油产量(重量%)	—	2.79	4.00	5.70	18

由表可以看出，原料挥发分在 8.39%～85% 的范围内变化时，所得煤气的热值变化不大．泥煤与大同无烟煤的挥发分相差近 40%，而煤气的热值相差不大．又如木材和泥煤的挥发分的含量相差 16%，而两者煤气的热值几乎一样．排除其他因素，主要是各种燃料的挥发分本身成分不同所致．

挥发物中除了其他产物外，还包括煤焦油和合成水分．当这些成分高时，则煤气的热值就低，例如木材中的煤焦油比泥煤要多许多，泥煤挥发物中煤焦油含量比无烟煤高，液体煤焦油带走的热量也较多．

此外由于其他的组分不同，如可燃气体和惰性气体的含量明显影响热值．例如泥煤和木材的气体中的二氧化碳就比鹤岗烟煤多许多．

2. 原料的反应和结渣性

反应好的原料可以容许在较低温度下操作，气化过程不易结渣，有利于操作，也有利于甲烷生成．矿物成分往往可使燃料在燃烧层中起到催化作用．例如木材灰（1.5%），喷在加热中的木材上面，就可以使反应加强，使其反应时间减少一半；如加入氧化钙（5%），也具有同样效果，如图 6-5-1 所示．

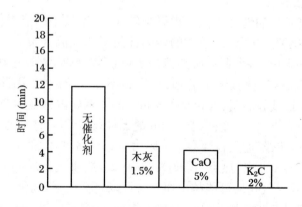

图 6-5-1　木材在 750 ℃时转换 95% 量所需要的时间

因为生物质和煤的灰分组成有 SiO_2、Al_2O_3、Fe_2O_3、TiO_2、CaO、MgO、K_2O、SO_2 等。对于反应性和结渣性差的煤,应在较高的温度下操作,但不得超过煤灰分的熔化温度。以促使二氧化碳的还原反应加强,提高水蒸气的分解率,从而增加煤气中的氢和一氧化碳的含量。一些作物废弃物和木材的含灰量与结渣倾向如表6-5-2所示。一般规律是含灰量高的燃料结渣倾向大。

表 6-5-2 作物废弃物和木材的含灰量与结渣倾向

易结渣燃料	含灰(%)	结渣程度	不易结渣燃料	含灰(%)
大麦草混合物	10.3	严重	成型紫苜蓿草(方型)	8.0
豆类秸秆	10.2	严重	杏仁壳	4.8
谷类秸秆	6.4	中等	橄榄仁	3.2
棉籽绒	17.8	严重	桃仁	0.9
成型棉秆(方型)	17.2	严重	胡桃壳	1.1
成型稻壳(棒形)	14.9	严重	梅干仁	0.5
筛选垃圾(棒形)	10.4	严重	黄杉属木块	0.2
向日葵秆	8.0	轻度	木材加工废料	0.3
成型胡桃壳混合物($\frac{1}{4}$英寸棒形)	5.8	中等	苏木片	0.1
小麦草及谷秆秸秆	7.4	严重		

3. 原料的粒度及均匀性

原料的粒度及均匀性对气化过程影响较大,粒度较小的能提供较多的反应表面,但是通过气化炉的压降大。颗粒的均匀性是影响气流分布的主要因素,如果将未筛分的原料加入炉内,大颗粒必然滚向炉壁,小颗粒及煤则集中于炉膛中央,形成阻力较大的区域,气流很难由此通过,原料不能充分燃烧。因此,会降低气化强度,Rambush N E 试验表明:粒径小于 6 mm 的无烟煤占总量的20%时,其气化强度为 $106 \text{ kg}/(\text{m}^2 \cdot \text{h})$;当粒径小于 6 mm 的无烟煤占50%时,气化强度更低,为 $72 \text{ kg}/(\text{m}^2 \cdot \text{h})$;在炉壁附近大粒径会形成阻力较小的区域,大部分气流流向炉壁,在此进行强烈的燃烧,出现"热点"温度为 2000 ℃,造成气化局部上移或烧结,形成"加空"现象。严重时气化层可能越出原料层面,出现"烧穿"现象。此时,从"烧穿"区域出来的气化剂就会把炉膛中产生的煤气烧掉,严重降低煤气的质量,使煤气炉处于不正常操作状态。因此,发生炉原料粒度必须经过筛分,最大和最小粒度比一般不超过 8. 粒度的选择取决于原料的机械强度，通常采用的最小粒度：机械强度高的焦炭、无烟煤为 6 mm；中等机械强度的烟煤为 13 mm；机械强度最低的褐煤为 25 mm 左右.

一些实验证实，避免燃烧"加空"的条件是燃烧最大尺寸与炉内最小截面积尺寸之比在 6.8 以上，表 6-5-3 列出 20～100 马力（1 马力 = 735.499 瓦特）级气化炉适应的燃料尺寸. 如燃料是成型的生物质燃料时，则要因燃料的品种而异了. 例如成型稻草以 30 mm×30 mm×50 mm 为宜，木片以 50 mm×40 mm×30 mm 为宜.

表 6-5-3　100 马力以下等级气化炉的燃料尺寸推荐

工厂	燃料种类	尺寸(mm)
Malbay	低温焦炭，无烟煤	10～25
Wisco	低温焦炭	15
Gohinpoulence	木炭	20～40
	木炭	15～23
	无烟煤	5～15
Brant	木	80×40×40
Koela	木炭	10～20
	低温焦炭	10～15
VCD 实验室	无烟煤	5～10
	水	20～40 立方体
	成型谷物秸秆，紫苜蓿草块	30×30×50
	成型稻壳棒	>10
Imbort	桦木	长 60～80，直径 50～60
	栎木	20×40×60
瑞典炉	薪柴厚	80×250^2
	薪柴薄	60×200^2
	木炭粗	10～60
	木炭细	10～30
英国国家推荐	木细	长 20～50×250^2
	木粗	长 30～80×300^2

4. 煤气炉构造

炉的形式与所用燃料品种密切相关,当使用水分和灰分低、机械强度高,不黏结而热稳定性好的原料进行气化时,煤炭质量与发生炉结构的关系不大.对黏结性的煤要用带搅拌机的发生炉,而机械强度低的煤则不宜用搅拌装置.生物燃料除了挥发分性物质高以外,大多数燃料的容积小、含灰分量高(表6-5-2).例如空气干燥的褐煤容重为 650~780 kg/m³,而锯木屑仅 177 kg/m³,含水量 10% 的木炭为 210~230 kg/m³,硬木 230 kg/m³,松散稻草仅 80 kg/m³,压实大麦草 300 kg/m³,压实玉米秆 391 kg/m³.所以,一般生物质燃料的气化炉容积大(在以煤为燃料的气化炉中生物质燃料仅能储存 20%~75% 的容积).在这种情况下,对燃料在炉内停留的时间、移动速度、燃料床密度、气流速度等参量的变化都会产生影响.如燃料在炉内停留时间短,则一氧化碳形成不多,反之易结渣.美国加州大学对不同容重燃料的停留时间与燃料消耗量的关系进行了实验分析,其结果如图 6-5-2 所示.

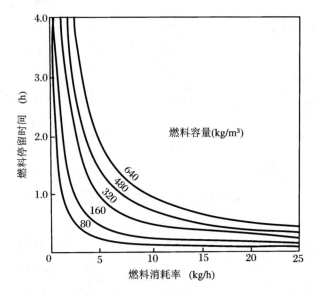

图 6-5-2　不同容重燃料的停留时间与燃料消耗率的关系

5. 气化温度及鼓风速度

气化过程的总反应速度取决于化学反应速度和气体扩散速度,而化学反应速度和气体扩散速度又主要受气体温度和鼓风速度影响,故气化温度及鼓风速度是影响反应速度的主要因素,也必然影响煤气的最终组成.

二、产气率

气化一公斤原料得到的煤气量为煤气的气产率,煤气的产率可分为湿煤气产率(包括水分在内的煤气量)与干煤气产率;以体积计算,煤气产率与煤的种类有关,决定于原料中的水分、挥发分,对于同一类的原料,惰性组分(灰分和水分)越少,可燃组分含量越高,则煤气产量越高.在半机械化煤气发生炉中不同煤种的实际煤气产率可参看表 6-5-4.

表 6-5-4 半机械化煤气发生炉中各种原料煤气产率的平均指标

原料指标及煤气产率	原料种类				
	无烟煤	烟煤	褐煤	泥煤	木材
水分 $W(\%)$	5	6	19	33	30
灰分 $A(\%)$	11	10	17	5	1
挥发分 $V(\%)$	3	33	28	43	59
干煤气产率(标米³/公斤)	4.1	3.3	2.0	1.38	1.30

由此可知,原料的挥发分越高,煤气产率越低.这是因为挥发分高的原料转变为焦油的那部分原料多,而转变为煤气的那部分原料就少.如泥煤的干煤气产率一般只有 1.38 Nm³/kg,某种木材挥发分 59%,这时差不多有 20% 的炭消耗在煤焦油中,因为它的出气量就特别低.而无烟煤中的炭、氢、氧几乎全部转化到煤气中,因而其煤气产率最高可达 4.1 Nm³/kg;理想条件下,气化纯炭的煤气产率可达 4.67 Nm³/kg.

上述煤气是以带惰性组分的工作原料为基准讨论的,实际上原料中的水分和灰分常在一定的范围内变化,所以煤气产率也相应的变化.同一类原料在含有不同比率的惰性组分时的煤气产率,可根据已知煤种的惰性组分含量及煤气产率计算:

$$u_{g2} = u_{g1} \cdot \frac{100 - w_2^y - A_2^y}{100 - w_1^y - A_1^y}.$$

式中:

u_{g1}——依工作原料为基准的含水分 W_1^y、灰分 A_1^y 的原料的已知的煤气产率;

u_{g2}——所要求的同一类型原料含水分 W_2^y、灰分 A_2^y 时的煤气产率.

上式仅在两种原料灰分相差不大的情况下才适用,因为灰分增加太大时,不仅降低原料的可燃成分,而且会增加炭带出的损失.在一般容许的范围内,水分的变化对上式没有什么影响,均可应用.

三、气化强度

在单位时间内,单位发生炉截面积上所能气化的原料量称为发生炉的气化强度. 以 $kg/(m^2 \cdot h)$ 表示,应该说明的是平吸式气化炉氧化层是三维空间的扩散,这一概念并不适用于它. 根据气化强度可以确定发生炉的生产能力,即每小时的原料处理量.

为了挖掘设备潜力,提高煤气产量,需要提高发生炉的气化强度,强化气化过程. 为此需要进一步分析炉内的气化反应. 炉内进行的化学反应主要是

$$C + O_2 \longrightarrow CO_2,$$
$$CO_2 + C \longrightarrow 2CO,$$
$$H_2O + C \longrightarrow H_2 + CO.$$

从以上化学反应看出是固体炭与气体(O_2、CO_2、H_2O)起化学反应. 这种化学反应是不均相的化学反应,它是在固体表面上进行的,当气体分子包围固体时,会在表面形成一层气体薄膜,而气体分子要与固体起化学反应就必须首先靠分子的扩散作用,穿过这层膜. 因此在单位时间内能起作用的炭的多少,将取决于分子扩散的速度和化学反应的速度.

在上述主要反应中,二氧化碳的还原反应速度远低于其他反应速度,故该反应是决定发生炉强度的主要因素. 这种反应速度要看炉内的工作状态和外界条件的不同,或处于动力区,或处于扩散区. 当反应处于动力区时,反应速度受化学反应速度控制,一切提高化学反应速度的措施,如提高反应温度或反应物浓度,都可以使反应总速度增加. 它不仅可以改善煤气的质量,而且可以提高气化的强度. 当化学反应速度增加到超过扩散速度时,就使化学反应转化为受扩散控制,一切提高扩散速度的措施,如提高鼓风速度,都可以增加反应速度,使气化炉的生产力提高. 总之,使化学反应处于扩散区,是强化过程的必要条件.

在实际操作中,应分析过程究竟处于哪一个区,以便采取适当措施提高气化强度,也可以人为地使过程转变到某一区,以便采取相应的措施.

可以用下面的例子来说明气化过程在扩散区与动力区之间相互转换的过程. 当把无烟煤的气化强度从 $100\ kg/(m^2 \cdot h)$ 提高到 $300\ kg/(m^2 \cdot h)$ 时,煤气质量没有变坏,这说明气化过程处于扩散区,所以扩散到炭表面上的二氧化碳或水蒸气都被还原成一氧化碳和氢气. 当再把气化强度提高到 $650\ kg/(m^2 \cdot h)$ 时,则煤气质量变坏,其中二氧化碳和水蒸气的含量提高,这表明过程处于动力区,二氧化碳的扩散速度超过了二氧化碳的还原速度,二氧化碳来不及还原,此时如继续提高鼓风

速度,不但不能提高气化强度,反而使过程变坏;这时只有提高炉温,使化学反应速度增加,才能使过程变好,重新把气化过程转换到扩散区.

当过程处于动力区时,气化强度的提高受到了灰熔点的限制,当过程处于扩散区时气化强度的提高受到了热稳定性和带出物损失的限制.

总之,最小气化强度必须保证氧化区的温度足以使半焦裂解,水分挥发以获得优质的煤气.另一方面,过大的气化强度也会产生过量的未燃尽的炭,于是增加了压降,降低了气化效率.同时造成煤气净化系统的高温烧蚀,这就说明气化强度处于某一个最佳值为宜.至今也很难确切地说什么类型的气化炉燃用某种燃料多少的量为最佳.比较有价值的规律是:

(1) 上吸式气化炉的气化强度处于 $60\sim350\ kg/(m^2\cdot h)$,下限值应保证煤气中含水量不至于太高;上限是限制炉内出现烧结现象.

(2) 下吸式气化炉气化强度处于 $60\sim350\ kg/(m^2\cdot h)$ 时,燃用谷物废弃物有时数十倍于上述数值;江苏设计的系列气化炉强度为 $150\ kg/(m^2\cdot h)$;美国加州大学的小型气化炉强度为 $172\ kg/(m^2\cdot h)$;泰国设计的气化炉强度为 $65\sim94\ kg/(m^2\cdot h)$;J. R. Goss 教授提出的以最高强化训练相应的气化强度作为最佳,他所设计的 300 mm 小型稻壳气化炉的最佳气化强度为 $200\ kg/(m^2\cdot h)$.

(3) 适用于负荷变化范围极广的移动车辆用气化炉的最大与最小容许气化强度比值建议在 $4\sim6$.

气化强度可按工作原料来计算,也可按半焦来计算,但二者不是相等的,假如无烟煤按工作原料计算,其气化强度为 $200\ kg/(m^2\cdot h)$,而按半焦来计算只有 $185\ kg/(m^2\cdot h)$.泥煤按工作原料计算,其气化强度为 $400\ kg/(m^2\cdot h)$,而按半焦来计算只有 $95\ kg/(m^2\cdot h)$.

四、原料的损失

气化过程中原料的损失包括炭随煤气带出和随炉渣扒出两部分损失.通常称为带出物质损失.这种损失在很大程度上取决于原料的物理性质、气化过程的鼓风速度、水蒸气喷入状况及气化发生炉结构.原料的带出物损失以干煤计算,扒出物损失以纯煤计算.

原料的带出物损失是气体在原料层中及发生炉上部空间流动所引起的,当流动速度大于原料的颗粒沉降速度时,原料颗粒就被带走,原料颗粒越小,强气流速度越大,带出物损失就越大.机械强度低,热稳定性差的原料气化时会产生大量带出物损失.所以在实际操作规程中,为了控制带出物损失,往往要限制鼓风速度.

原料扒出物损失与原料的灰分高低,灰分的性质,操作条件和发生炉结构有关.气化过程中熔融的灰分会将未反应的原料颗粒包起来而损失;原料灰分越高,灰渣带走的煤量就越多.

通入发生炉的蒸汽量对扒出物的损失也有影响,当水蒸气量过多时,会使原料层温度过分降低,结果能使一部分原料不能充分与空气和水蒸气发生反应,而随炉渣排出,增加带出物的损失.

五、比消耗量

比消耗量为气化 1 kg 原料所消耗水蒸气、氧气、空气量,有时为了对比各种气化方法,也以制造 1 m³ 煤气或纯 $CO+H_2$ 为基准,比消耗量是煤气站设计的一项重要的技术经济指标.

随着煤变质程度的加深,气化过程中需要还原的炭量增加,需要的热量也增加,因此,气化 1 kg 煤所需要的蒸汽量和氧气(或空气)量随着煤的变质程度而增加.

比消耗量除煤种以外,还与气化操作程序有关,比如,通入发生炉的水蒸气量除满足反应需要外,还必须用于冷却氧气层,以控制气化反应温度低于炭熔点.其量是由鼓风温度控制的,它为鼓风温度下的饱和水蒸气含量,此外,比消耗量也与气化方法有关.我国几种主要气化原料的气化指标列于表 6-5-5.

表 6-5-5 我国几种气化原料的气化指标

气化原料	粒度(mm)	工业分析				主要气化指标				
		水分%(应用基)	灰分%(干基)	挥发分%(可燃基)	低热值(MJ/kg)	气化强度$\left(\frac{kg}{m^2 \cdot h}\right)$	干煤气产率(标米³/公斤)	煤气低热值(兆焦/标米³)	灰分含碳率(%)
大同煤	13～50	5～5.5	5～8	28～30	28.87	300～350	3.3～3.5	5.93～6.18	<12
阜新煤	13～50	5～8	11～12	35～40	24.75	300～350	2.6～2.9	6.18～6.40	<12
抚顺煤	13～50	4～7	8～11	～45	26.80	280～320	2.8～3.0	6.18～6.6	<12
淮南煤	13～50	4～6	18～20	30～35	24.75	270～300	2.8～3.0	5.77～5.98	<13
辽原煤	13～50	3～10	18～22	～43	22.68	230～260	～2.5	～5.77	<15
焦作煤	13～50	3～5	20～22	5～7	24.75	200～250	～3.5	5.15～5.36	<15
阳泉煤	13～50	11	～23	8～9.5	24.75	180～220	～3.3	5.36	<15
焦炭	13～50	～6	12～15	～1.0	24.75	200～250	～4.0	4.95	<2

续表

气化原料	粒度(mm)	工业分析				主要气化指标			
		水分%(应用基)	灰分%(干基)	挥发分%(可燃基)	低热值(MJ/kg)	气化强度$\left(\frac{kg}{m^2 \cdot h}\right)$	干煤气产率(标米³/公斤)	煤气低热值(兆焦/标米³)	灰分含碳率(%)
木块	长40～70 厚和宽30～60	22	0.4～1	75～80	15.20	500～900	1.0	2.26～2.54 2.62	
木炭	6～20 和21～40	12	1.5～3	8～12	31.3	400～470			
稻壳		3.5～10	16～23	68					

第六节 煤气发生过程各项指标的计算

煤气发生过程的计算目的在于确定气化过程的关系指标.由于气化过程的复杂性,气化过程与原料的限制、气化条件、煤气发生炉结构之间的复杂关系,以及煤气发生炉中进行的化学反应一般不可能达到平衡状态,也不可能按照化学计算方程进行反应.因而,按理想过程计算确定煤气指标的结果与实际过程所得到的结果有很大差别.理论计算只能用来反映实际过程的理想状况,对于复杂的实际气化过程很难用纯理论的计算方法来概括,必须结合实际的操作数据或测定数据作近似的计算.

一、原料温度及其热值的计算

煤气发生炉所用的燃料应通过合理的取样,将样品根据国家有关标准进行工业分析和元素分析来确定.通过工业分析确定燃料中的水分、灰分、挥发分及固定炭的重量组成,通过元素分析可以确定燃料的元素组成.

燃料的热值是根据工业分析和元素分析的结果,利用统计方法得出的公式进行计算.

生物质燃料的工作重量低位发热值,按门捷列夫公式计算:

$$H = 81C + 246H - 26(O - S) - 6W(\text{kcal/kg}).$$

式中：

H——1 kg 工作燃料的低位发热值；

C——1 kg 工作燃料含碳的百分数；

H——1 kg 工作燃料含氢的百分数；

O——1 kg 工作燃料含氧的百分数；

S——1 kg 工作燃料含硫的百分数；

W——1 kg 工作燃料含水分的百分数.

燃料工作重量的低位发热值可按照有关煤热值统计方法得出的公式进行计算.煤气发生炉用的几种燃料特性列表于 6-6-1.

表 6-6-1　几种燃料的工业分析和元素分析数据

燃料	重量(%)		可燃物质重量(%)				硫 S
	水分 W	灰分 A	碳 C	氢 H	氧 O	氮 N	
木材	16～18	0.4～1.0	50.0	6.0	43.0	1.0	—
玉米秸秆	4.94	3.96	42.48	5.04	42.65	0.75	0.18
玉米芯	0.0	0.9	48.4	5.6	44.3	0.3	—
木炭	10～11	2.0～3.0	83.5	3.8	11.2	1.5	—
泥煤	20～23	1.4～8	58.5	5.8	32.8	2.6	0.3
无烟煤	2～6	3～10	94.7	2.0	1.1	1.2	1.0

二、每公斤工作燃料产生的干煤气计算

气化炉采用不同的燃料时，所产生的煤气成分不同.几种燃料气化产生的煤气成分列于表 6-6-2.

表 6-6-2　气化炉干煤气成分与低位发热值

燃料 \ 成分 %	CO_2	O_2	C_2H_n	CO	H_2	CH_4	N_2	低热值 (kJ/m³)
木材	8.9	1.5	0.9	23.1	7.2	3.3	55.1	5448
玉米芯	10.3	0.4	0.5	21.9	10.0	4.3	52.4	5724
花生壳	8.4	2.0	0.3	20.9	6.9	2.7	59.7	4456

续表

成分 %　燃料	CO_2	O_2	C_2H_n	CO	H_2	CH_4	N_2	低热值 (kJ/m^3)
锯末	9.9	2.0	0.7	20.2	6.1	4.9	56.3	4544
油茶籽壳	11.0	1.6	0.3	17.9	12.2	4.5	52.2	5335
稻壳	7.5	3.0	0.1	19.1	5.5	4.3	60.5	4594

每公斤工作燃料产生的干煤气量、灰分和少量炭随同煤气排出,故每公斤燃料中转化成煤气量为

$C - C_n/100$ kg(C_n 为损失的炭量).

在标准状况下,煤气所包含的炭量为

$$C_n = \frac{12(CO + CO_2 + CH_4)}{22.4 \times 100} (kg/Nm^3 - 煤气).$$

燃料中转变成煤气的炭量除以每标准立方米煤气中所包含的炭量就得到从每公斤工作燃料所得到的煤气量.

$$V_m = \frac{22.4 \times (C - C_n) \times 100}{12 \times (CO + CO_2 + CH_4) \times 100}$$

$$= \frac{1.867 \times (C - C_n)}{CO + CO_2 + CH_4} (m^3/kg).$$

根据试验的数据,在燃烧的余烬和煤粉中损失的炭估计为 1.5%～2.5%.

当气化硬木块和无烟煤时,采用较小的 C_n,当气化软木块、未经筛过的木炭和泥煤时,都采用较大的 C_n 值.

标准状况下干煤气的比重 r_m:

$r_m = (1.25CO + 0.09H_2 + 0.72CH_4 + 1.43O_2 + 1.98CO_2 + 1.25N_2)(kg/m^3).$

三、发生炉煤气中的含水量

发生炉煤气中的所含水蒸气量是由潮湿水分、外加水分和由燃烧的氢(除去变成煤气中的 CH_4 和 H_2)形成的水分组成的. 每立方米煤气所包含的水分量为

$$f = \frac{W + 9H}{100 V_m} + \frac{G_B}{V_m} - \frac{0.804 \times (H_2 + 2CH_4)}{100} (kg/m^3).$$

式中:

$f = 1$ kg/m^3 煤气中所包含的水分量;

$W = 1$ kg 燃料中所包含的水分量的百分比;

H——1 kg 燃料中所包含氢的百分数；

H_2——1 m^3 煤气中所包含的氢气的百分数；

CH_4——1 m^3 煤气中所包含的甲烷气的百分数；

G_B——1 kg 燃料中外加的水分量；

0.804——标准状况下水蒸气的比重(kg/m^3)，即 $\dfrac{m_{H_2O}}{22.4}=\dfrac{18}{22.4}=0.804\ kg/m^3$。

1 kg 燃料气化而成的煤气中总的水分量为

$$G_{H_2O}=V_m \times f\ (kg/m^3-燃料)。$$

式中 G_{H_2O} 为 1 kg 燃料气化的煤气中总的水分量。

1 kg 燃料气化而成的湿煤气量 V_{ms} 为

$$V_{ms}=V_m+V_{H_2O}=V_m(1+1.245f)\ (m^3/kg)。$$

四、气化 1 kg 燃料所需要的空气量

气化时的空气消耗量按氮的平衡计算，氮在燃烧气化的过程中从空气中转到煤气中去，(燃料中所含氮量极微，所以在以下的计算中予以略去)。

1 m^3 空气中含氮 79%，而 1 m^3 的煤气中含氮为 N_2%，因此形成的 1 m^3 煤气所消耗的空气为 $N_2/79$，则气化 1 kg 燃料所需要的空气质量按下式计算：

$$L=V_m\dfrac{N_2}{79}=0.0127V_mN_2\ (m^3/kg)。$$

燃料气化所需要的空气量远较燃料完成燃烧所需要的理论空气量少；二者比值用 Φ_L 表示；许多研究人员对生物燃料用的不同类型气化炉进行测试的结果如表6-6-3所示，表明 Φ_L 的值为 0.20~0.50。

表 6-6-3　几种生物质的 Φ_L 值

燃料	含水量(%)	含灰量(%)	Φ_L	气化炉类型	来源
木片	12~48	0.4	0.19~0.39	上吸式	Payne,1985
玉米外壳	8	1.6	0.20~0.50	下吸式	Kutz,1984
玉米壳	<10	1.6	0.33	下吸式	Kutz,1984
玉米壳	9	1.6	0.18~0.24	上吸式	Payne,1980
玉米壳	26	1.6	0.21~0.29	上吸式	Payne,1980
棉籽壳	12	15.4	0.33	流化床	Datin,1988
棉籽壳	11	14.5	0.26~0.28	流化床	Lepori,1984
畜粪	19	56.3	0.50	流化床	Datin,1988

有学者指出在上吸式气化炉中,由于要保证双方的挥发和炉温,当燃料含水分较高时 Φ_L 的值较大,即气化所需要的空气量稍高.在下吸式气化炉中由于满足焦油蒸气的氧化,所需要的空气量要比上吸式气化炉高一些.

五、气化物质平衡

1 kg 燃料经气化产生煤气的过程和物质平衡计算式为

$$1.00 + 1.293L + G_B = r_m y_m + G_{H_2O} + 0.01A + 0.01C_n.$$

式中:

1.00——处于工作状态的燃料量(kg);

1.239——标准状况下空气的比重;

$1.239L$——气化时所需要的空气量;

G_B——外加的水分量;

$r_m y_m$——气化所得到的干煤气量;

G_{H_2O}——气化所得到的水蒸气量;

$0.01A$——燃料气化时分离出来的炉灰重量;

$0.01C_n$——成为煤粉与炉灰排出而损失的炭量.

平衡式左边是投入气化炉的物质,右边是气化过程的产物.

气化过程中随着煤粉和炭损失的氢气和氧气是很少的,因此不予考虑.

由于发生炉的燃料、煤气成分和计算有偏差,物质平衡的偏差可以容许到 ±2%.

六、煤气发生炉的气化效率

气化效率是单位重量燃料气化而生成的煤气热值与该燃料热值之比.从气化效率中可以看出多少燃料的热值,经过气化后转变为煤气的热值.计算式为

$$\eta_m = V_m H_m / H \times 100\%.$$

式中:

η_m——煤气发生炉的气化效率;

H——工作燃料的低位发热值(kJ/kg);

H_m——煤气的低位发热值(kJ/kg);

V_m——每公斤燃料所生成的煤气(m^3/kg).

煤气的热值按下式计算:

$$H_m = 30.35CO + 25.7H_2 + 85.7CH_4 (\text{kcal/kg}).$$

在煤气有少量的不饱和碳氢化合物 C_nH_m，在计算时列入甲烷内.

例如:煤气发生炉使用木炭作为燃料生成煤气,试计算木炭生成过程的主要参数.

木炭工作燃料成分的重量百分数：

C	H	O	N	W	A
41.5	5.0	35.7	0.8	16.0	1.0

发生炉煤气的体积成分百分数：

CO	H_2	CH_4	N_2	CO_2	O_2
20.9	16.1	2.5	49.7	9.2	1.6

(1) 一公斤燃料所得到的煤气量

随炉灰一起损失的炭：

$$C_n = 1.5\%;$$

$$V_m = \frac{1.867(C - C_n)}{CO_2 + CO + CH_4} = 2.29 (m^3/kg).$$

(2) 一立方米干煤气的重量

$$\begin{aligned}Y_m &= 0.0125CO + 0.009H_2 + 0.0072CH_4 + 0.0143O_2 + 0.0125N + 0.0198CO_2 \\ &= 0.0125 \times 20.9 + 0.009 \times 16.1 + 0.0072 \times 2.5 + 0.0143 \times 1.6 \\ &\quad + 0.0198 \times 9.2 + 0.0125 \times 49.7 \\ &= 1.25 (kg/m^3).\end{aligned}$$

(3) 一立方煤气中所含水分量

$$f = \frac{W + 9H}{100\,V_m} - \frac{0.804(H_2 + 2CH_4)}{100} \approx 0.097 (kg/m^3).$$

气化一公斤燃料所形成的煤气中所含水分量：

$$G_{H_2O} = V_m f = 2.29 \times 0.097 = 0.222 (kg/kg).$$

(4) 气化一公斤燃料所需要空气量

$$\begin{aligned}L &= 0.0127 V_m N_2 \\ &= 0.0127 \times 2.29 \times 49.7 = 1.45 (m^3/kg).\end{aligned}$$

(5) 一公斤燃料的物质平衡

投入：

工作状态的燃料重量：	1.000 kg
干空气重量(1.293×1.45)	1.875 kg
合计:	2.875 kg

消耗：

干空气重量 $r_m V_m = 1.12 \times 2.29$	2.565 kg

含水量	0.222 kg
灰分重量(0.01A)	0.010 kg
煤损失重量 0.01C	0.015 kg
合计:	2.812 kg

差额:

$$2.875 - 2.812 = 0.063 (\text{kg})$$

其差额为损失量的 2.19%,这可能是由于燃料和煤气成分分析偏差所致.

(6) 气化效率

生物质燃料的低热值:

$$\begin{aligned} H &= 81C + 264H - 26(O - S) - 6W \\ &= 81 \times 41.5 + 246 \times 5 - 26 \times (35.7 - 0) - 6 \times 16 \\ &= 3567.3 (\text{kcal/kg}) \\ &= 14932.7 (\text{kJ/kg}). \end{aligned}$$

煤低热值:

$$\begin{aligned} H_m &= 30.35 CO + 25.7 H_2 + 85.7 CH_4 \\ &= 30.35 \times 20.9 + 25.7 \times 16.1 + 85.7 \times 2.5 \\ &= 1262.3 (\text{kcal/kg}) \\ &= 5284.2 (\text{kJ/kg}). \end{aligned}$$

气化效率:

$$\eta_m = \frac{V_m H_m}{H} \times 100\% = 81\%.$$

第七节　煤气发生炉主要参数

一、煤气发生炉产量

煤气发生炉产量以单位时间内消耗的燃料重量表示.

$$L_f = F q_m (\text{kg/h}).$$

式中:

L_f——发生炉每小时产量(kg/h);

F——炉膛截面积(m^2);

q_m——气化强度$\left(\dfrac{\text{kg}}{\text{m}^2 \cdot \text{h}}\right)$;

以标准立方米煤气量表示:

$$L_m = Fq_m, \quad V_m = Fg_m.$$

式中:

L_m——每小时煤气产量;

V_m——每公斤燃料煤气产量(Nm^3/kg);

g_m——单位炉膛截面积产气强度$\left(\dfrac{\text{Nm}^3}{\text{m}^2 \cdot \text{h}}\right)$.

不同燃料的气化强度和发生炉产量列表于 6-7-1、表 6-7-2.

表 6-7-1　固定式半机械化煤气发生炉产量(炉子直径,米)

燃料	气化强度			发生炉产量 (Nm^3/h)
	燃料 $\left(\dfrac{\text{kg}}{\text{m}^2 \cdot \text{h}}\right)$	煤气 $\left(\dfrac{\text{Nm}^3}{\text{m}^2 \cdot \text{h}}\right)$	热值 $\left(\dfrac{1000 \text{ kcal}}{\text{m}^2 \cdot \text{h}}\right)$	
煤焦	160～200	500～650	650～800	3700～4600
白煤	160～200	670～850	800～1000	5000～5500
石煤	240～280	800～900	1100～1300	5700～6500
褐煤	240～260	500～550	700～800	3600～4000
泥煤($W=30\%$)	340～360	470～500	700～800	3400～3700
木材($W=30\%$)	480～520	600～700	1000～1100	4500～6000

表 6-7-2　汽车、拖拉机用煤气发生炉的气化强度

燃料	灰分 A (%)	气化强度 q $\left(\dfrac{\text{kg}}{\text{m}^2 \cdot \text{h}}\right)$	气化层高度 Z (cm)	气化室单位容积 V (L/HP)
白煤(多灰)	7～10	200～250	400～600	0.6～1.4
白煤(少灰)	3～6	300～350	400～600	0.6～1.4
木炭	1.5～3	400～470	180～300	0.4～0.6
褐煤	8～10	400～600	300～350	0.4～0.8
泥煤(多灰)	7～10	400～600		
泥煤(少灰)	3～4	500～900	200～300	0.16～0.4
木块	0.4～1	500～900		

经分析,发生炉的煤气产量主要与气化强度 g_m,每公斤燃料煤气的产气量 V_m 和煤气的热值 H_m 有关.

二、煤气发生炉炉膛截面积

要根据使用燃料的性质和煤气用途来选择气化室的尺寸和气化过程.对于热解出焦油少的燃料(木炭、无烟煤、焦炭)采用上吸式或平吸式气化过程.而热解出焦油多的燃料则要求采用下吸式气化过程.发生炉煤气用作内燃机燃料来发电,要满足冷煤气的净洁要求和煤气量的稳定供应问题;若用来供应居民生活用,则要满足居民用气热值要求.

一般按煤气发生炉出产量来计算:

$$F = \frac{L_f}{g_f}.$$

式中:

L_f——发生炉每小时产量(kg/h);

F——炉膛截面积(m^2);

g_f——适用于使用燃料的最佳气化强度$\left(\frac{kg}{m^2 \cdot h}\right)$.

上吸式或下吸式气化过程发生炉炉膛直径 D 由下式计算:

$$D = 113\sqrt{\frac{L_f}{g_f}}(cm).$$

燃料性质不同,煤气发生炉的类型也就不同,不同燃料采用发生炉类型列表于6-7-3.

表 6-7-3 煤气发生炉类型与燃料种类的关系

燃料名称		燃料特性		煤气发生炉类型			
		挥发物(%)	灰分 A(%)	上吸式	平吸式	下吸式	
						无喉管	有喉管
不含焦油的燃料	焦炭、无烟煤	5~15	至 8	采用	采用	—	—
	木炭、泥煤焦	15~30	至 4	采用	采用	采用	—
含焦油的燃料	泥煤、褐煤	30~70	至 8			采用	—
	木块、低灰分泥煤	70~85	至 4			—	采用

三、燃料层的高度

在煤气发生炉中进行着复杂的化学过程,要使这些过程正常进行,就必须保证气体和燃料有足够的接触时间,即要使燃料在炉子内有足够的滞留时间,这和燃料层的高度、燃料与气流运动的相对速度紧密相关.

燃料层高度可按下式计算:

$$H_g = \frac{12.7 V_k N_0}{D^2} (\text{cm}).$$

式中:

V_k——气化室单位容积(升/马力);

N_0——内燃机功率(马力);

D——气体室内径(米).

不同燃料气化时气化室的主要参数如表 6-7-4 所示.

表 6-7-4 不同燃料气化时气化室的主要参数

燃料名称	灰分 $A(\%)$	气化强度 q_t $\left(\dfrac{\text{kg}}{\text{m}^2 \cdot \text{h}}\right)$	气化层高度 H_g (cm)	气化室单位容积 V_k (升/马力)
无烟煤(灰多)	8~10	200~250	400~600	0.3~0.4
无烟煤(灰少)	3~6	300~350		
木炭	1.5~3	400~470	180~300	0.4~0.6
褐煤	10~12	400~600	300~350	0.4~0.6
泥煤(灰多)	7~10			
泥煤(灰少)	3~4	500~900	200~300	0.16~0.4
木材	0.8~1.2			

四、生产中使用的气化炉

(1) "京畅" 牌生物质气化炉

这种生物质气化炉用稻草、秸秆、锯末、刨花、果壳、废木块、树枝等为燃料生成煤气,属于下吸式气化炉,生成煤气用于烘干、加热、温室供暖和动力发电.简图如图 6-7-1 所示.

生物质气化炉主要参数如表 6-7-5 所示.

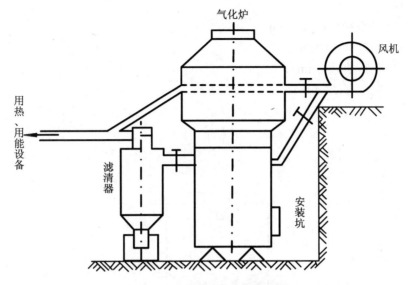

图 6-7-1 生物质气化装置简图

表 6-7-5 生物质气化炉主要参数

型号 参数	ND-800	ND-400	ND-250
热输出(kJ/h)	$60\sim63\times10^4$	$21\sim29\times10^4$	$8\sim13\times10^4$
产气量(Nm³/h)	100～120	50～60	20～30
煤气热值(kJ/m³)	5023～6070	4605～5442	4605～6070
燃料耗量(kg/h)	50～60	25～30	10～15
气化效率(%)	>70	>70	>65
整机重量(kg)	550	350	250
外形尺寸(外径,mm)	1000～2200	800～2000	500～1500

气化炉主要尺寸如图 6-7-2 所示,炉的主要尺寸组合经过试验,其最佳匹配关系为

$$H/D=1.4;$$
$$d/D=0.5;$$
$$h/D=0.4;$$
$$\phi=14 \text{ mm}.$$

式中：

H——炉反应区高度(mm)；

h——喉口位置(mm)；

D——炉膛直径(mm)；

d——喉口直径(mm)；

ϕ——风嘴直径(mm).

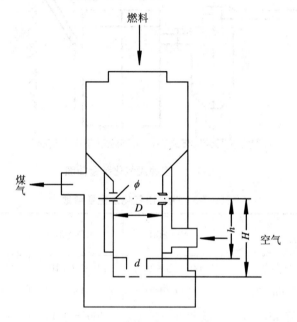

图 6-7-2　下吸式气化炉主要尺寸

(2) 上吸式气化炉列表于 6-7-6.

表 6-7-6　上吸式气化炉

气化炉直径 D (mm)	气化强度 $\left(\dfrac{\text{kg}}{\text{m}^2 \cdot \text{h}}\right)$	热输出 (kJ/h)	用途	研究单位
1100	240	2900	为生产供热	广州能源所
1000	180	1600	为锅炉供热	南京林化所

(3) 层式下吸式气化炉列表于 6-7-7.

表 6-7-7　层式下吸式气化炉

气化炉直径 D (mm)	气化强度 $\left(\dfrac{kg}{m^2 \cdot h}\right)$	输出 (kW)	用途	研究单位
2000	150	160	发电	商业部及红岩机械厂
1200	150	60	发电	江苏省粮食厅
200	398	2~5	发电基础研究	广州能源所

第八节　水　煤　气

以水蒸气作为催化剂,用煤制得的煤气称为水煤气.

一、制造水煤气的主要反应

在水煤气炉中,主要进行下述反应:

$C + H_2O \longrightarrow CO + H_2$, $\quad \Delta H^0 = 331.4 \times 10^3$ kJ/kg 分子;

$C + 2H_2O \longrightarrow CO_2 + 2H_2$, $\Delta H^0 = 90 \times 10^3$ kJ/kg 分子;

$CO + H_2O \longrightarrow CO_2 + H_2$, $\Delta H^0 = -41 \times 10^3$ kJ/kg 分子.

水煤气反应为吸热反应,即水蒸气分解时需要热量,应有外界供应.根据供热方式不同,可以分为外部加热法,热载体法和定期循环法三种,其中以定期循环法应用最广.

定期循环法(又称间歇法)是使一部分气化原料在炉中发生燃烧,燃烧所放出的热量积蓄于料层中,供下一步水煤气反应.这种方法制造水煤气的过程是间歇积蓄的.制气时,先往炉内吹入一些空气,使一部分原料燃烧,当原料层加热到水煤气反应所必须的温度之后,停止吹气,改吹水蒸气,水蒸气靠积蓄在原料层中的热量进行分解,生成水煤气.当原料层温度下降至基本上不能使水蒸气分解的时候,停止吹水蒸气,再开始另一个制气循环.

二、理想水煤气和实际水煤气

1. 理想水煤气

处于理想条件下制取的水煤气称为理想水煤气.它是指在整个生成水煤气的过程中无热量损失,故一公斤分子炭燃烧所放出的热量可以用来分解水蒸气的量为 $9.41/31.4 \approx 3$ kg 分子.因此,生成理想水煤气的方程为

$$C + O_2 + 3.76N_2 + 3C + 3H_2O \Longrightarrow CO_2 + 3.76N_2 + 3CO + 3H_2, \quad \Delta H^0 = 0.$$

由于生成过程是间歇式的,吹空气所得到的产物吹出气和吹水蒸气所得到的产物水煤气是分别引出来的.吹出气的组成为

$$CO_2 + 3.76N_2 \text{ 即为 } 21\% \text{二氧化碳和} 79\% \text{氮气(容积)}.$$

理想水煤气的组成为

$$3CO + 3H_2 \text{ 或者为 } 50\% \text{的一氧化碳和} 50\% \text{的氢气(容积)}.$$

总的炭消耗量为 4 kg 分子或 $12 \times 4 = 48$ kg.

吹出气的产率:

$$u_f = \frac{1 + 3.76 \times 22.4}{48} = 2.22 \left(\frac{Nm^3}{kg-\text{碳}}\right);$$

理想煤气的产率:

$$u_g = \frac{(3+3) \times 22.4}{48} = 2.8 \left(\frac{Nm^3}{kg-\text{碳}}\right);$$

水蒸气的消耗量

$$\frac{3 \times 18}{48} = 1.13 \left(\frac{kg}{kg-\text{碳}}\right).$$

理想水煤气的热值:

高热值

$$H_h = 0.5 \times 3018 + 0.5 \times 3044 = 3031 \left(\frac{kcal}{Nm^3}\right);$$

低热值:

$$H_l = 0.5 \times 3018 + 0.5 \times 2576 = 2797 \left(\frac{kcal}{Nm^3}\right);$$

气化率

$$\eta = \frac{2797 \times 2.8}{7842} \times 100\% \approx 100\%.$$

气化率为 100%,表示炭燃烧的所有热能都转变到气体组分中去了;实际上,在生成过程中不可能达到此理论值.

2. 实际水煤气

在上述理想水煤气的计算中,假定水蒸气是 100% 的分解,而实际生成过程中,水蒸气不可能全部分解的,而气化反应非纯炭反应.所以,实际水煤气的组成和产率与理想情况不同.

实际水煤气的组成除 CO、H_2 外还有 CO_2、CH_4、N_2 和 H_2O(水蒸气).

在水煤气的制造过程中,甲烷生成量为 0.5%～0.9%.因为,一般认为发生炉底部有催化剂存在,在温度为 300～1150 ℃ 的范围内能进行甲烷生成反应.该反应的催化剂为灰分中的铁元素,甲烷的生成随温度升高而降低.

水煤气中的二氧化碳的来源,一部分来自一氧化碳与水蒸气的变换反应:$CO + H_2O \longrightarrow CO_2 + H_2$;另一部分是吹空气过程中发生炉内产生的.在实际的操作中,要设法避免水煤气和吹出气掺混.

水煤气中含有大量的水蒸气,一部分是原料带入的,另一部分是生成过程中吹入的水蒸气未完全分解,而混于水煤气中的.

水煤气中的氮气一部分来自吹出气,另一部分是由于空气阀门不严密漏入空气而造成的.

水煤气中的硫化氢是原料中的硫化物与氢气、水蒸气相互作用而生成的.

实际水煤气中氢的含量远高于一氧化碳的含量,这表明在实际操作的条件下,有相当一部分一氧化碳与水蒸气反应生成了二氧化碳和氢气.

在水煤气的制造中,大约 5% 的炭随炉渣和带出物损失了,45.5% 的炭用于加热原料层,只有 49.5% 的炭用于制造水煤气.

由于炭燃烧不完全,加上吹出气带走部分化学热和部分显热,因此炭的化学能不能完全用于制造水煤气.另外,还有水煤气显热及未分解的水蒸气的燃料损失、炉渣和带出物的燃料损失,以及炉体设备的散热损失等,故实际水煤气生成的气化效率远低于理论值,一般为 60%～65%.

第九节　流化床气化炉

如果在一个圆筒形的容器内装置一块多孔水平分布板,如图 6-9-1 所示.将颗粒状物体堆放在分布板上,形成一层固体层(通常是由床料如河沙和固体燃料组成).工程上称固体层为"床层",或简称"床".如果将流体连续引入容器的底部,使其均匀地穿过分布板向上流动通过固体床层流向出口,那么随着流体的流速不同,床层将会出现三种完全不同的状态,如图 6-9-2 所示.

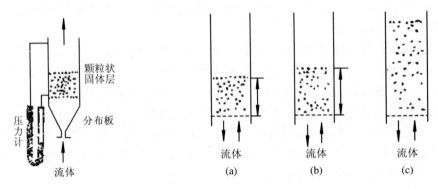

图 6-9-1　流体通过颗粒状固定床　　　图 6-9-2　流体通过颗粒状固定床层次的各阶段

一、流体通过颗粒状固定层的三阶段

1. 第一阶段——固定床

当流速很低时,固体床虽有流体通过,但流体颗粒相对位置并不发生变化,即固体颗粒处于固定状态,床层高度亦基本上维持不变(即床层不膨胀),这时的床层称为固定床. 如果测定流体通过床层的总压力降 Δp,流体的空床速度为 W(流体的体积流量除以空床的横截面面积),在双对数坐标中表示 Δp-W 关系就如图 6-9-3(a)中 AB 段所示那样,Δp 随着 W 而上升,其关系呈现一倾斜的直线.

2. 第二阶段——流化床

在固定床阶段,当逐渐提高流体速度,则颗粒间的空隙开始增加,床层体积开始增大,流体速度增加时,床层顶部部分颗粒被流体托动,在 B 点(图 6-9-3(b))以前尚维持整个床层为固定床,但越接近 B 点,床层上部依次浮动的颗粒越多,到达 B 点,再进一步提高流体的速度,床层不再维持固定床状态. 这时,固体颗粒之间出现明显的相对流动,而且随着流速的提高,颗粒的运动越来越剧烈. 但还逗留在床层内不被流体带出. 即向上运动的速度为零,这时,由颗粒固体组成的床层表现出液体的某些特征,如图 6-9-4 所示. 例如床层有明显的上界面,敲击容器壁时上界面有波传递;容器倾斜时,上界面保持水平,轻质物体投入时,能浮于床层之上,将流化床的容器壁开孔时,能形成类似于液体的孔口出流现象. 将已经形成流化床的两个床层高度不同的容器联通时,其床面自动调整至同一水平面,如同液体联通器一般. 因此,床层的这种状态被称为固体流态化,称这类床层为流化床. 由于固体的运动与液体沸腾相类似,也有称为沸腾床或固定流化床的,只有少量的细粒由气流夹带出来,再由旋风分离器分离后回到反应器(图 6-9-3(a)、(b)),用作流化介质.

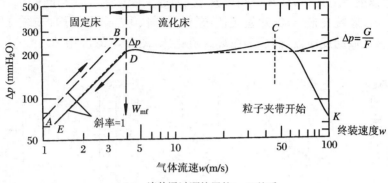

(a) 流体通过颗粒层的 $\Delta p\text{-}W$ 关系

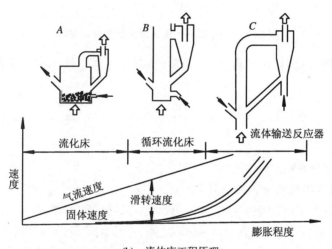

(b) 流体床工程原理

图 6-9-3

床层膨胀后,刚出现整个床层流化的点,称为临界流化点.此时流体的速度为该流化床的临界速度.图 6-9-3(a)中的 B 点即表示临界流化点,也就是 $\Delta p\text{-}W$ 关系的转折点;如果再进一步提高流体速度,压降基本维持在一个定值 Δp_t,直到 C 点.如果从流化状态降低流速,至 D 点床层便转变为固定床,D 点和 B 点有很小差别,这时因为形成流化床前的固定床中颗粒"架桥"与"嵌接",造成开始流化时压降有所增加,而经过流化后,固体排列较为疏松,当再次提高流体速度,则遵循 DE 线的关系，D 点对应的速度为临界速度 W_{mf}。从工程的角度，可以认为 B 点和 D 点是重合的，DC 是一个相当宽的流速范围，在这一范围内，床层保持流化状态，随着气流和固体速度差的提高，出现了滑转速度，加强了固体与流体相间的混合，并波及整个反应区。颗粒夹带增加（颗粒包括：燃料、床料、半焦、灰粒等），并经过旋风式滤清器分离后，返回反应器，而成为循环式流化床（图 6-3-9(b) 中 B）。

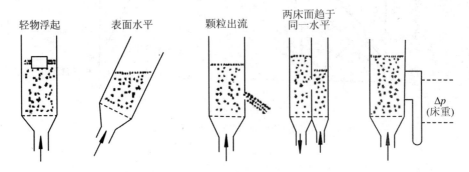

图 6-9-4　气固流化床表现出的液体特征

在流化阶段，与固体床阶段相比，明显地膨胀，通常空隙率表示床层膨胀程度，空隙率定义为

$$\varepsilon = \frac{V - V_g}{V}.$$

式中：

V——床层体积（m^3）；

V_g——固体颗粒实际占用有体积（m^3）。

在固定床阶段，直至流体速度达到 W_{mf} 时，床层空隙率维持 ε_{mf}，ε_{mf} 值随固体颗粒的粒度、形状而异，一般在 0.4～0.7 之间，在流化床阶段，$\varepsilon > \varepsilon_{mf}$，以床层内固体实际占有空间为基准计算，可得床层膨胀大小与空隙率之间的关系：

$$H_{mf} F (1 - \varepsilon_{mf}) = HF(1 - \varepsilon).$$

式中：

H_{mf}——临界流化床层高度（m）；

H——流化后床层高度（m）；

F——空床横截面面积（m^2）。

将上式整理后可得

$$\frac{H_{mf}}{H} = \frac{1 - \varepsilon}{1 - \varepsilon_{mf}},$$

随着流体的速度提高而增加.

实验结果表明,在流化阶段流体流过床层的压降可用下式计算:
$$\Delta p = \frac{G}{F}.$$
式中:

G——床层中颗粒状固体总重量(kg).

床层中颗粒状固体的总重量可用下式计算:
$$G = H_{mf}F(1-\varepsilon)(\rho_s - \rho).$$
式中:

ρ_s——床层中颗粒的密度(kg/m³);

ρ——流体密度(kg/m³).

将 G 代入上式中得
$$\Delta p = H_{mf}(1-\rho)(\rho_s - \rho).$$

从上式中可以看出 Δp 与流体速度无关,图 6-9-3(a)中 DC 段正表示这一情况.但是,由于流体速度增加,流体与器壁的摩擦阻力有所增加,加之固体颗粒运动较为剧烈,因而消耗了更多的能量,所以 Δp 可能略高于 G/F,但这种增加是很有限的.从工程角度可以把 DC 段看作为一条水平线,即可用 Δp 式来计算流体通过流化床的压力降.

3. 第三阶段——流体输送

再进一步提高流体的速度至超过 C 点,则床层不能再保持流化,从这点起颗粒已不能再继续逗留在容器中,它们开始被流体带到容器之外,直到 K 点,K 点的流体速度称为带出速度 W_t,它的数值等于颗粒在流体中的沉降速度.这时从分布板到流体出口处,充满着具有一个向上的净速度运动的颗粒,不再存在床层上界面.固体颗粒分散流动与液体质点流动相似,摄影也称为气流床(如图 6-9-3(b)中 C).在图 6-9-3(a)中的 $C-K$ 段 $\Delta p-W$ 的关系,表示随着空气速度 W 的提高,床层 Δp 迅速降低,这表明床层内固体的密度降低,即 ε 增高.如不连续加料时,达到 K 点,床层内已不存在固体,这时的 Δp 就是流经容器的阻力.如有固体连续加入时,则容器实际上成为一个输送管道,容器内由于存在一些被输送的颗粒状固体,因而 Δp 高于流体通过空管的阻力.

不同流体流速的条件下的固体颗粒层这三种不同状态有着质的区别,而它们却也各自有相对稳定的范围,流体速度与这些状态的关系,是量与质的关系.随着流体速度的变化超过某一临界数据后,状态就会发生突然的转变.

二、实际流化过程

上述分析是在理想的情况下(床内固体颗粒均匀,流体速度分布均匀)进行的,实际的流体过程是达不到的,对于液—固系统,因流体与粒子的比重相差不大,W_{mf}很小,故流速进一步增加时,床层便均匀膨胀,波动很小,粒子在床内较均匀分布,故称散式流化床。但对气—固系统一般在气流速度超过临界速度后便出现气泡如图6-9-5所示,气流速度越高气泡造成的扰动亦剧烈,床层波动频繁,但是床高并不增加很多,这种床称为聚式流化床,通常的流化床气化炉都是这种情况。由于炉料颗粒不均匀,所以床层上界面以下部分是密相床,(或称为密相流化床或流化床的密相段);界面上部分因有粒子被抛掷和夹带上去,故也称为稀相床(或称为流化床的稀相段)。

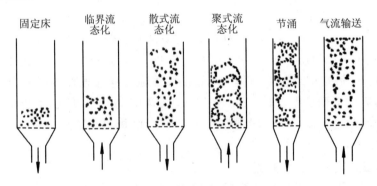

图 6-9-5　实际流化的各种形式

在流化床操作中还常遇到一些不正常情况,如床径很小(如某些流化气化的小型或中型试验装置),床高比床径大于 1 时,气泡在上升过程中往往聚集并增加到占据整个床层截面的地步,就将床层分为几段,大气泡将床层一节节地往上柱塞式推动,直到某一位置崩落为止,这种情况称为腾涌式节涌,这时的波动情况如图6-9-6所示。这种关系是不固定的,但大直径床层中,这种现象不常发生。只有随着流体速度的增加,流体床中的湍动程度加剧,固定床转化为流化床时,如固体颗粒过细、颗粒密实、颗粒之间黏法等情况下,气流通过床层时有形成"短路"现象,造成大量流体没有很好地与颗粒接触,而直接经过沟道上升,这种现象称为沟流,如图6-9-7所示。未流化时的沟流称为贯穿沟流,部分流化部分未流化时称为中间沟流。发生沟流现象后,床层密度不均匀,临界速度以后压力降也发生波动,如图6-9-8所示,造成这种情况的原因除了床层固体颗粒特性外,气流分布不均匀也是原因之一.

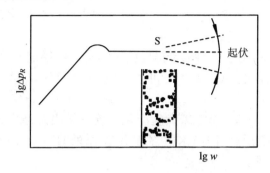

图 6-9-6　腾涌时波动情况

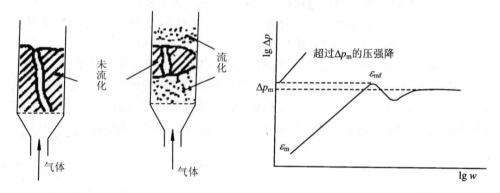

图 6-9-7　床层中的二种沟流　　　　图 6-9-8　沟流典型压降—流速图

所有流化床中,由于颗粒碰撞都会产生微粒.流化床气化炉中,由于气化反应后原颗粒缩小,也造成较多的微粒,当气流速度超过粒子的带出速度 W_t 时,微粒就会被气流带走.流化床将不同颗粒组成的混合颗粒,用气流分离的操作成为扬析.影响扬析的因素主要有设备、流体速度、颗粒特性等.设备因素有:分布板结构、床高、床径以及界面上的稀相段高低等.床层的空截面积的气流速度大小、颗粒的多少以及床层组分的粒度分配等也对扬析有影响.

三、流化床气化的应用前景

（1）燃料的适应性.如前所述,流化床进行外部循环的同时,内部气体与固体（燃料与热载体）产生较高的速度差,改善了混合和加速了热与质量的传递（热传递系数可达 $300\sim500\ \dfrac{W}{m^2\cdot ℃}$）,使喂入燃料迅速加热,从而达到床内温度十分均匀,改善了反应速率.流化床原理被首先应用于劣质煤的燃烧,近来已扩大到性质差异较大的生物质燃料中,比重与煤相近的成型生物质燃料在流化床上的应用也显示出良好的前景.

(2) 燃料利用率.由于燃料夹带出反应区的半焦可经过分离后重新利用,且混合完善使煤的燃烧率可达 0.94,木片可达 0.99,成型草块 0.92~0.98(在锅炉燃烧仅 0.70).

(3) 改善了排放污染.固定床燃烧净化系统中排出洗涤水废渣对环境的毒害是不可忽视的,如稻壳煤气洗涤水中含有苯、萘系列的组分,而流化床煤气洗涤中芳香族化合物明显减少.

(4) 适用连续运转的条件.燃料需要预先处理形成一定的尺寸,设备投资大.

(5) 对熔点较低的生物质燃料要注意控制床温,防止烧结和 NO_x 排放物的形成,例如对成型的大麦或燕麦草流化床燃烧之最佳控制温度建议由燃煤屑时的 950~1100 ℃ 降至 700~730 ℃,其燃烧效率可达 0.92~0.98.

由于流化床具有这些优点,西欧有不少国家均建立了许多实验装置.意大利已发展了喂入量 500~2500 kg/h 的五种燃用稻壳的产品.美国加州建立了喂入量 14000~25000 kg/h,燃用稻壳、稻草、木片的流化床发电系统,功率达到 28 MW.城市垃圾燃烧的流化床系统也在很多国家出现,以利用废物向居民供热.

第十节 生物质气化生成甲醇工艺

生物质是世界上最古老的能源了,为克服固体燃料所固有的缺点,人们研究了很多能量转换形式,液体就属于其中的一种.

通过干馏过程可将木质直接转化为液体燃料——直接法,采用由木质气化后所得的合成气间接再转换为液体燃料称为间接法.后者从 1920 年或更早的时期已经开始应用,美国曾经将其用于航空发动机及塑料工业,发展至今已经是第二代工艺了.1972 年美国生产了 3.2×10^9 公斤甲醇,相当石油产量的 1%,至 1981 年,世界上从合成气间接生产甲醇达到 13×10^9 公斤.

一、甲醇的性质

甲醇 CH_3OH,又名木醇或木精,纯甲醇是无色、易流动、略带乙醇的香气、易挥发的可燃的液体.常压下,甲醇的沸点为 64.7 ℃,沸点下气化热为 1105 kJ/kg,热值为 19647 kJ/kg,自燃点为 470 ℃,其蒸气在空中可形成爆炸性化合物的上限为 36%(体积百分比),下限为 6%,能与水互溶,在汽油中有较大的溶解度.甲醇毒性很强,对人体的神经系统与血液系统影响较大,其蒸气能损坏人体的视力与呼吸道黏膜,人误饮 5~10 ml 甲醇就会双目失明,大量饮入会导致死亡.空气中容许甲醇浓度小于 5 mg/m^3,排放的工业废水中,甲醇的含量应小于 200 mg/L.

二、甲醇生产的方法

目前工业几乎都采用 CO、CO_2 加压催化氢化法合成甲醇.典型的工艺流程包括原料气制造,原料气净化,甲醇合成,粗甲醇精馏等工序.

在此只讨论燃料甲醇,并以煤或生物质原料来生产燃料甲醇的方法.燃料甲醇中含有少量的其他低级醇类,燃料甲醇又称为甲基燃料.

1. 甲醇合成

CO、CO_2 加氢合成甲醇是可逆放热反应:

$$CO + 2H_2 \rightleftharpoons CH_3OH - 90.77 \text{ kJ/mol},$$

$$CO_2 + 3H_2 \rightleftharpoons CH_3OH + H_2O - 49.52 \text{ kJ/mol}.$$

为了加速反应,必须采用催化剂,因此甲醇合成的操作条件决定催化剂的活性,目前甲醇生产主要采用两类催化剂.

锌、铬催化剂反应温度为 350~420 ℃,压力为 30 MPa,出塔甲醇含量为 3%~5%,能耗高、副反应多、产品质量差.粗甲醇中含有二甲醚 5000~10000 PPm,高级醇 3000~5000 PPm,甲酸甲酯 80~200 PPm.

铜基催化剂,反应温度为 230~290 ℃,压力 5~10 MPa(也可高压下操作),出塔甲醇含量可达 5%~7%,能耗低、副反应少、产品质量好,粗甲醇中杂质少,煤制粗甲醇含二甲醚 150 PPm,高级醇 700 PPm.

2. 生物质增氧气化转换系统生产甲醇

工艺过程是生物质在增氧气化炉内获得 CO、H_2 等合成气,必须除杂质及焦油(图 6-10-1).CO 转换反应器内的 CO/H_2 比例可加蒸汽调节,其放热反应为:$CO + H \rightleftharpoons CO + H - 40.5 \text{ kJ/mol}$.

在合成以前还必须去除 CO_2 及 H_2S,少量的 CO_2 并不影响甲醇的合成,但因 H_2S 有毒性,要彻底除去.由于生物质含硫量小于 50 PPm,所以比用煤形成的合成气生产甲醇的过程要便宜.

20 世纪 80 年代初期,美国和德国开发出氢气—废弃物气化转换系统,系统采用常压、中温快速热解反应技术,使生产成本和技术难度大为降低.

意大利通过改进合成甲醇催化剂及工艺生产条件,使生产甲醇的同时,也生产部分低级醇.原料气含一氧化碳41.3%,氢气58.1%,氮气0.38%,甲烷0.12%.在26 MPa下,于$Z_nO\text{-}C_rO_2\text{-}K_2O$催化剂上生成燃料甲醇,其产品组成为:甲醇70%～78%,乙醇2%～5%,丙醇5%～10%,丁醇13%～15%,已建成4.5万吨的工业装置.

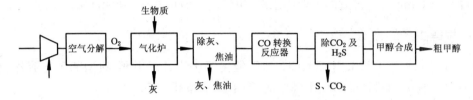

图6-10-1 生物质气化(间接法)生产甲醇工艺

法国IFP公司也在含Cu和Co的稀土金属、碱金属催化剂上,在3～15 MPa,230～350 ℃下,使合成气生成燃料甲醇,其组成以甲醇为主,还有少量的低级醇.

三、联醇生产技术

合成氨生产过程产生的气体元素很多,由于技术水平和经济力量的限制,不少企业只用来生产合成氨,而余下的气体未加利用,浪费很大.近几年来不少中小化肥厂以化肥为中心,既生产化肥又生产甲醇,简称联醇生产.这是具有中国特色、针对我国不少合成氨生产采用铜氨液脱除微量碳氢化合物而开发的一种新工艺.

合成氨联产甲醇工艺流程如图6-10-2所示.

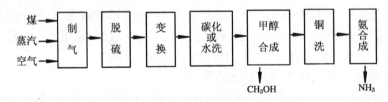

图6-10-2 合成氨联产甲醇工艺流程

联醇生产可充分利用合成氨生产中原先去除的CO、CO_2,并利用了原来系统的压力,工序简单合理.联产甲醇后,送经铜洗的CO负荷降低,铜洗循环量减少.变换中CO的含量提高,也降低了变换过程的负荷.联醇生产是在10～11 MPa下合成.经过联醇后,反应掉部分气体,进压缩机高压段的气体量减少了,降低了高压机的电耗.又由理论计算,生产一吨氨需混合气体$\left(\frac{3}{2}H_2+\frac{1}{2}N_2\right)$2635 Nm³,生产一吨甲醇需要混合气体($2H_2 + CO$)2100 Nm^3,而其中 CO 是原有的,实际上需要 H_2 1400 Nm^3,那么生产一吨甲醇只使合成氨减少 1400/2635＝0.52 吨,这就提高了高压机的生产能力.

在中小合成氨生产厂生产甲醇,只要增加甲醇合成与精馏两部分设备即可,如若只供应燃料甲醇则不需要精馏设备.从 30 MPa 降至 12 MPa 使用.工厂联产甲醇后,经济效益明显.

四、甲醇的燃料特性

甲醇、酒精、植物油、汽油和柴油的燃烧特性如表 6-10-1 所示.

表 6-10-1 甲醇、酒精、植物油、汽油和柴油的燃烧特性

燃料	甲醇	酒精	植物油	汽油	柴油
热值(kJ/kg)	19647	25100	38937	44171	42496
比重	0.80	0.785	‒0.92	‒0.75	0.84
理论空气量(kg/kg)	6.5	9.0	12.8	14.9	14.6
辛烷值	100	‒110		‒70	
十六烷值			40		50
闪点(℃)	11	18	246	‒43	65
馏程(℃)	65	78	＞300	40～205	250～350
气化热(kJ/kg)	1105.1	841.4		326.5	251.2
运动黏度(cSt)38℃			37		2.4
C	0.375	0.52	0.7758	0.855	0.87
H	0.125	0.131	0.1211	0.145	0.126
O	0.5	0.348	0.103		0.004

第七章 核能及其发电技术

第一节 概　　述

一、核电的特点和概况

能源是一个国家发展工业、农业、国防和科学技术的重要物质基础.随着社会生产的不断发展,人类使用的能源不但在数量上越来越大,在品种及构成上也有了很大的变化.

核能是现阶段已经在工业上得到大规模应用的新能源.而由于技术成本等的限制,在相当长的一段时间内,其他新能源还难以形成一定的工业规模.

世界核能资源丰富,铀和钍是可以通过裂变释放核能的天然物质,广泛分布在地球上.氘是可以通过聚变释放核能的天然物质,在海水中有着巨大的储量.如按1 kg 铀-235 完全燃烧相当于 2700 吨标准煤计算,已探明的具有开采价值的铀和钍矿资源,相当于地壳中有机燃料的 20 倍;而 1 升海水中的氘聚变放出的能量则相当于 300 升汽油燃烧放出的能量.

核能的应用技术比较成熟,核能发电已经在工业上得到了大规模的应用.核电具有很大的环境优势.与火电厂相比,核能发电不消耗氧气,也不排放 SO_2、NO_x、CO_2 和重金属.核电站在正常运行条件下排放的放射性物质要远小于火力发电厂排放的.与水电站相比,核电站不必拦河造坝修建水库,迁移居民,对生态平衡的不利影响很小.核能作为一种清洁、安全、经济的新型能源,逐渐取代现有化石能源的趋向已越来越明显.

据国际原子能机构的资料表明,到目前,全球正在运行的核电站机组共有 442 座,装机总量为 3.68 亿 kW,主要核发电国家核发电量占总发电量比例靠前的国家为:法国,77%;立陶宛,73.1%;比利时,57.7%;保加利亚,47.1%;斯洛伐克,47%;瑞典,46.8%;乌克兰,43.8%;韩国,42.8%;匈牙利,38.3%;亚美尼亚,36.4%;日本,34%;德国,31%;西班牙,27%;美国,20%.从上面的数据看,虽然美国的比例最小,但其核发电总量为世界第一,目前其核发电总量已占世界核发电总量的16%.

在我国,火电占主导地位,煤炭占能源总量的72.9%,目前核能仅占不足1.6%.火电为主的消费结构造成了严重的环境污染,对我国经济的可持续发展构成了巨大的压力.而能源分布南北不均也给铁路运输造成很大的压力.新世纪我国在能源开发上将以电力为中心,以煤炭为基础,大力开发石油和天然气,积极发展核电以及其他新能源和可再生能源,中国已建成的核电站有秦山核电站一、二、三期,发电量分别为 1×300 MW,2×600 MW,2×700 MW,大亚湾核电站为 2×984 MW,岭澳核电站一期为1000 MW,田湾核电站为 2×1060 MW.到2020年我国的核发电将有一个大的发展,核电装机总量将从2009年的9100 MW 达到70000 MW.

二、核电发展史

1. 核裂变的发现

1919年,卢瑟福用α粒子轰击氮原子核使氮原子嬗变成了氧原子,首次实现原子核的人工嬗变,把一种化学元素变成了另一种化学元素,被誉为当代的炼金术.1932年,他的学生查德威克发现了中子,中子是电中性,不受静电力的影响,很适合用来轰击原子核.

1934年,意大利物理学家费米用新发现的中子去逐个轰击元素周期表上元素的原子,在短短几个月内发现了数十种放射性同位素,费米还意外地发现,在中子源与被轰击的银金属之间放一块石蜡后,所激发的核反应更为激烈,这就是说,经过减速后的中子引起核反应的能力增强了.这一发现被称为是原子时代的"真正起点".

1938~1939年,德国人哈恩、施特拉斯曼用中子轰击铀,发现了核裂变现象.李斯曼特纳和弗里希预言了裂变在理论上应伴随着大量的能量释放.他们还计算出了释放能量的大致数量.1939年,弗里希和约里奥用实验证明了裂变实际上是能量释放源,并测出了释放能量的近似值.仍在1939年,冯·哈尔榜、约里奥和科瓦斯基发现了这个反应还放出几个中子.

从这时开始,裂变反应就变得现实起来,人们很自然地想到了链式反应的可能性.费米提出了链式反应的概念,并预言一个重核裂变成两个轻核时一定会出现多余的中子.约里奥·居里夫妇率先证实了链式反应的可能性,并发现链式反应速度非常之快.就在二次大战爆发的前两天,玻尔和惠勒指出,铀-235 比铀-238 更易发生裂变,而慢中子更能引起裂变.现在,释放原子核能的理论和实践依据已经齐备,只要链式反应一开始,无比巨大的能量就会在很短的时间内释放出来.

2. 链式反应的实现

1942 年,在费米的领导下,美国在芝加哥建成了世界上第一座核反应堆,他们认为,要实现自持链式反应,必须解决两个问题.一是找到合适的减速剂(慢化剂),把快中子变为慢中子,才能有效地激发裂变,使裂变反应维持不断地进行,费米建议用石墨.另一个问题是必须严格控制裂变反应速度,使裂变反应既能不断进行,又不致引起爆炸.他们利用镉吸收中子的特性,把镉棒插入反应堆,通过调节镉棒深度来控制裂变反应的速度.1942 年 12 月 2 日,成功地实现了自持链式裂变反应.当时得到的功率仅仅有 0.5 瓦,但它第一次实现了输出能大于输入能的核反应,宣告了人类利用核能时代的开始.从此以后,核反应从实验室阶段走向现实的工业生产.

3. 核能的和平利用

二战之后,各大国如前苏联、英国、法国、中国都相继研制出原子弹,打破了美国的核垄断和核威慑,这倒使世界局势趋于缓和.于是,原子能的和平利用被提到了议事日程.实际上,有了反应堆就可以建造核电站,这在技术上是不困难的.

1954 年 6 月,前苏联建成了世界上第一座核电站,装机容量为 5000 kW,第一次实现了原子能的和平利用.这之后,前苏联一直在设计建造石墨水冷堆核电站和压水堆核电站,开始在国内建造了一批容量为 1000 kW 级的核电机组.但由于石墨水冷堆核电站没有安装安全壳,在固有安全性上还有一定的缺陷,在切尔诺贝利核电站事故暴露出这一问题之后,正在改进之中.

1956 年 5 月,英国建造的第一座石墨气冷堆核电站投入运行,发电容量为 50000 kW.但由于发电成本高,当 20 世纪 60 年代中期压水堆核电站大量发展时,其无法在国际市场上竞争,后来就发展为高温气冷堆核电站机组.这种核电站可获得很高的蒸汽参数,提高装置的热效率,是一种很有前途的核电站.目前正在运行的这种核电机组,最大功率为 330 MW.但由于高温气冷回路技术环境剂量和材料等方面的问题尚待解决,故目前仍然处于原型堆阶段.

1956 年,美国在其潜艇压水堆的基础上建造了第一座压水堆核电站,其电功率为 60 MW.经过几十年的应用和发展,压水堆核电站已获得了设计建造和运行等方面的完整经验.目前商用压水堆核电站的单机功率已达 1300 MW.另外,美国还积极发展沸水堆核电站,自 1960 年美国第一座示范性沸水堆核电站投入运行以来,目前单机功率已经达到 1300 MW.

1962 年,加拿大建造了第一座实验性重水堆核电站,后来又建造了电功率为 540 MW 和 750 MW 级的重水堆核电机组.

此外,各国还在竞相发展快中子堆核电站,这是一种增殖堆,能大量利用核废料.虽然世界各发达国家已建成十几座快中子堆核电机组,但是多为原型堆,尚有很多问题需要解决.

第二节 核物理和反应堆物理

一、原子和原子核

1. 原子

具有单质化学特性的最小微粒即为原子.

原子由一个原子核及围绕原子核不断旋转的一些电子组成,见图 7-2-1.原子核带正电,每个电子带一个负电荷(电量约等于 1.6×10^{-19} 库仑).原子核的正电荷在数量上等于核外电子所带负电荷的总和,由于符号相反,作用相互抵消,因此从电学观点看,原子呈中性.

原子的直径(假定为球形)约为 10^{-8} cm,这是指电子轨道的直径.而原子核的直径约为 10^{-12} cm,比原子直径小得多.如果以 1 cm 直径的小球表示一个氢原子核,则只有其 1/1840 大小的电子,将在约 10 m 外围绕它旋转.

2. 原子核

原子核是由核子组成的紧密的整体.核子分为两类:一类呈电中性的称为中子(符号:n),另一类带一个单位正电荷(与一个电子带的电荷绝对值相等)称为质子(符号:p).中子的质量只比质子稍大一点,几乎相同.原子核的结构如图

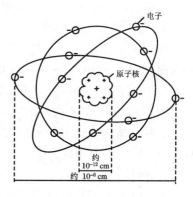

图 7-2-1 原子的结构

7-2-2 所示.

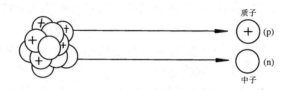

图 7-2-2 原子核的结构

除了普通氢原子核只有一个质子外,所有物质的原子核既包含质子又包含中子.各种物质特性不同主要是由于它们原子核中的中子或质子的数目不同.

3. 原子的质量

化学元素中最轻的原子是氢原子,一个氢原子的质量是 1.673×10^{-24} 克,一个氧原子的质量是 2.6563×10^{-23} 克,其他元素一个原子的质量最大的也不过是氢原子质量的二百多倍.所以原子的质量都是很小的,用克来作单位实在是太大了.因此规定,以碳-12 原子静止质量的 1/12 作为原子质量的单位,称为 u.这样,碳-12 单个原子的质量即为 12 u.碳-12 原子的实际质量等于 1.992268×10^{-23} 克,则
$$1\,u = 1.6605655 \times 10^{-24} (克)$$

同样可得:

质子的质量是 1.00728 u(约计 1.6726×10^{-24} 克)

中子的质量是 1.00876 u(约计 1.6750×10^{-24} 克)

电子的质量是 0.000549 u(约计 0.9109×10^{-27} 克)

可见,质子和中子的质量十分接近(1u),而电子的质量比核子的质量小得多(约 1/1840).所以,原子质量几乎全部集中在原子核中.

4. 原子序数和质量数

实际上原子序数就是原子核的质子数,习惯上用 Z 来表示.由于质子和中子的质量都很接近 1u,因此原子核中的核子数,即质子和中子数的总数 A 就称为原子核的质量数.它与质子数 Z 和中子数 N 的关系为 $A = N + Z$.

由不同的 A 和 Z 构成的原子核称为核素.

在核反应堆物理分析中通常把核按质量数 A 的大小分成轻核($A<30$)、中等核($30<A<90$)和重核($A>90$).

5. 同位素

决定一种元素化学性质的是该元素的原子序数,即原子核中的质子数,它决定了核外的电子状态.因此,凡原子核中含有相同质子数的原子,它们的化学特性相同.

人们把原子序数相同,但质量数不同的核素称为同位素.

同位素之间的化学特性虽然相同,但核特性可能迥然不同.尽管自然界只存在不到一百种化学性质不同的元素,目前却已经知道约有 1500 种核素(其中大约 300 种稳定核素和 1200 种放射性核素).有些元素只有一种同位素,而有些元素有数种同位素.例如天然铀就含有三种同位素,它们的比例如表 7-2-1 所示.

表 7-2-1　铀的三种同位素

A	百分比(原子数)	原子量 $M(u)$
234	0.006	234.11
235	0.712	235.12
238	99.282	238.12

二、核裂变

1. 裂变反应

核裂变是反应堆内最重要的核反应.在这个过程中,原子核吸收一个中子后,立即分裂成两个质量相近的核素,同时放出能量和中子.一些核素,如铀-233、铀-235、钚-239 和钚-241 等具有这种性质,它们是核反应堆的主要燃料成分.

铀-235 的裂变反应一般为如图 7-2-3 所示.

$$_{92}^{235}\text{U} + _0^1 n \rightarrow (_{92}^{235}\text{U})^* \rightarrow _{Z_1}^{A_1} X + _{Z_2}^{A_2} X + v_0^1 n + \sim 200 \text{ MeV}$$

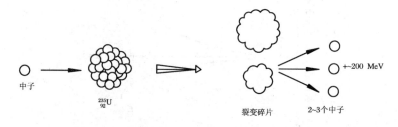

图 7-2-3　铀-235 的裂变反应

对于 $_{92}^{235}\text{U}$ 与热中子的裂变反应来说,目前已发现的裂变碎片有 80 多种,这说明是以 40 种以上的不同途径分裂.

由于反应前后存在质量亏损,根据爱因斯坦相对论所确定的质量和能量之间的关系,质量的亏损相当于系统的能量变化,即 $\Delta E = \Delta m c^2$. 对 $_{92}^{235}\text{U}$ 来说,每次裂变释放出的能量大约为 200 MeV($1 \text{ MeV} = 1.6 \times 10^{-13}$ J). 裂变时核力做功使碎片间产生很高的电势.静电力将碎片排斥,库仑势能转化为碎片的动能(初始速度 $\simeq$

10^7 m/s),这部分能量约占到裂变能的 80%. 在时间 $10^{-13} \sim 10^{-12}$ 秒内碎片在物质中继续运动($10^{-6} \sim 10^{-5}$ m),电离和激发周围的原子,它们的动能转化为介质粒子的运动能量(表现为物质发生升温). 余下的 20% 裂变能以瞬态 γ 射线和中子的动能等形式释放出来.

2. 链式裂变

在裂变反应中,俘获一个中子会产生 2~3 个中子. 只要其中有一个能碰上裂变核,并引起裂变就可以使裂变继续进行下去,称为链式反应.

对于核反应堆中的中子分类标准是:能量超过 0.1 MeV 的中子称为快中子;能量低于 1 eV 的中子称为热中子;能量在 1 eV~0.1 MeV 之间的中子称为中能中子. 对于 $^{235}_{92}U$ 来说,与热中子发生裂变反应的概率最高;而以上所讲的裂变反应产物中的中子都是快中子. 故要想裂变反应能持续进行下去,必须对上一代产生的快中子进行慢化. 回路中作为冷却剂的水,本身也是一种很好的慢化剂. 因此,上一代裂变产生的快中子在慢化剂中被慢化成热中子以后,又被其他的 $^{235}_{92}U$ 吸收,继续产生裂变反应.

有效增殖系数是某一代发生的裂变中子数除以上一代发生的裂变中子数. 为了简便,往往把有效增殖系数称为增殖系数并用 K 表示(图 7-2-4),即

$$K = N_i / N_{(i-1)}$$

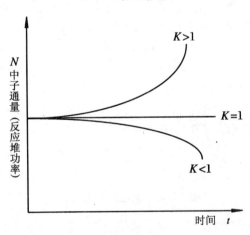

图 7-2-4 增殖系数

这样就可以用增殖系数来确定反应堆的状态:

(1) 若芯部的有效增殖系数 K 恰好等于 1,则系统内中子的产生率便恰好等于中子的消失率. 这样,在系统内已经进行的链式裂变反应,将以恒定的速率不断

地进行下去,也就是说,链式裂变反应过程处于稳态状况.这种系统称为临界系统.

(2) 若有效增殖系数 K 小于1,这时系统内的中子数目将随时间而不断衰减,链式裂变反应是非自续的.这种系统便称为次临界系统.

(3) 若有效增殖系数 K 大于1,则系统内的中子数目将随时间而不断地增加,我们称这种系统为超临界系统.

一般都常用反应性这个参数来确定反应堆状态.它是一代中子与下一代中子数的相对变化,即

$$\rho = (N_i - N_{i-1})/N_i$$

将它变成与增殖系数 K 的关系,即

$$\rho = (N_i/N_i) - (N_{i-1}/N_i) = 1 - 1/K = (K-1)/K$$

当 $K=1$ 时,$\rho=0$ 反应堆为临界状态;

当 $K<1$ 时,$\rho<0$ 反应堆为次临界状态;

当 $K>1$ 时,$\rho>0$ 反应堆为超临界状态.

3. 压水堆的控制

从以上反应性质的定义可以看出,对反应堆进行控制,也就是对中子通量(单位体积内的中子数叫做中子密度)进行控制,即反应性控制.压水堆装料后,堆芯的反应性可以用两种方法加以控制:移动控制棒位置和改变可溶性毒物的浓度.而且两种方法可以同时采用.

(1) 控制棒方法

由吸收中子材料(银铟镉合金或碳化硼,田湾核电站使用碳化硼)棒束组成控制棒组件.靠驱动机构带动控制棒组件在堆芯移动(抽出或插入)来控制反应堆的启动、停止和功率的变化等比较快速的反应性变化.

为了减轻插入控制棒造成的中子通量畸变,都采用多组控制棒组件,而且每个组件由多根棒束组成.

应当指出,核电站正常运行时,除少数控制棒组件在堆内一定范围起调节功率作用外,其他控制棒均提到堆外.剩余反应性由可溶毒物控制.

(2) 可溶毒物控制方法

将中子吸收剂溶化在慢化剂中,改变其浓度达到控制反应性的目的称可溶毒物控制.压水堆普遍以硼酸形式作为吸收剂.

由于毒物在堆芯的分布是均匀的,不会引起中子通量分布的畸变.但调节慢化剂中的硼浓度比较缓慢,这种方法只能控制因燃耗、氙毒和慢化剂温度改变等引起的比较缓慢的反应性变化.

随着反应的进行,反应堆中的硼酸浓度是逐步减小的.

第三节 核电站类型

一、压水堆

压水堆工作原理是用轻水（普通水）作为冷却剂和慢化剂，水在反应堆内流动，将堆芯中的热量通过蒸汽发生器传给第二回路的水，并使第二回路的水产生蒸汽推动汽轮机，带动发电机发电．压力堆的压力高达 15/16 MPa，温度高达 320 ℃，但仍然保持液体不沸腾．目前我国已有的核电站都为压水堆核电站．

二、沸水堆

沸水堆工作原理是用轻水（普通水）作为冷却剂和慢化剂，来自凝汽器的水进入反应堆后被堆芯释放的热量加热至沸腾，产生的蒸汽直接去推动汽轮机，带动发电机发电．沸水堆里的水压力保持在 70 个大气压，对应的温度为 280 ℃．工作原理如图 7-3-1 所示．

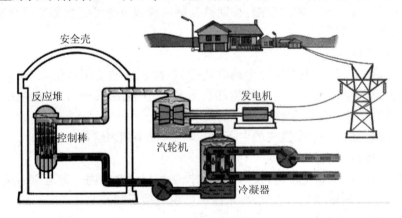

图 7-3-1　沸水堆

三、重水堆

重水堆工作原理是用重水作为冷却剂和慢化剂，可用天然 $^{235}_{92}U$（在天然铀矿中 $^{235}_{92}U$ 含量为 0.71%）作为燃料，可以不停堆换燃料．重水堆的缺点是重水价格昂贵，燃料的燃耗浅，具有正的冷却剂温度系数．工作原理如图 7-3-2 所示．

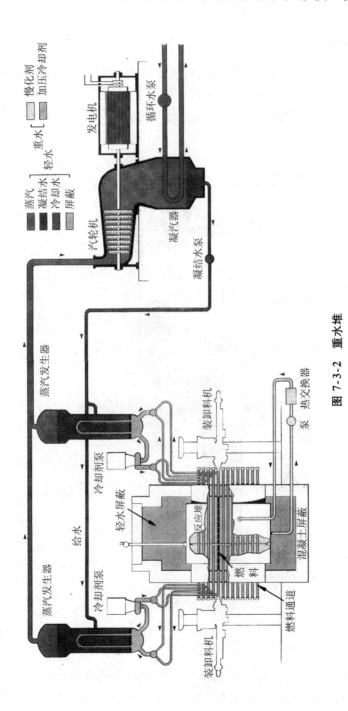

图 7-3-2 重水堆

四、高温气冷堆

高温气冷堆工作原理是采用陶瓷包覆颗粒燃料原件，用石墨作为慢化剂，氦气作为冷却剂，通过蒸汽发生器，将堆芯释放的热量传递给炉水产生蒸汽，冷却后的氦气又回到堆芯，高温气冷堆可以实现不停堆在线连续装卸燃料．工作原理如图7-3-3所示．

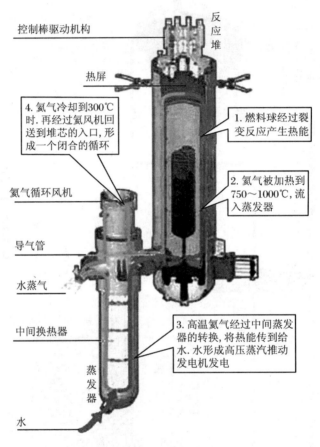

图 7-3-3　高温气冷堆

五、快中子堆

目前核电站中广泛应用的压水堆对天然铀资源的利用率只有1%，而快中子堆可以将铀-238转换成"好用"的钚-239，此也叫做增殖反应．钚-239可以全部进行裂变反应,释放的热量用于发电,可将铀矿的利用率提高到60%～70%.这一转换带来的效果可以将核发电资源从百年延续到三千年以上,因此铀资源不会成为核发电发展不可制约的因素.我国2010年7月实验快中子堆首次实现临界,成为继美国、俄罗斯、法国等国家之后,世界第八个拥有快堆技术的国家.工作原理如图7-3-4所示.

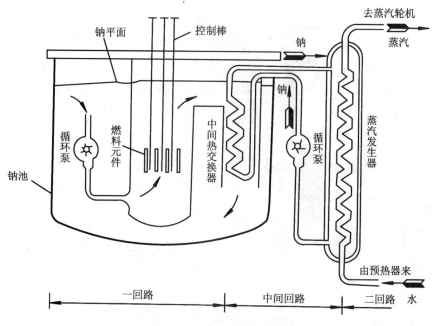

图 7-3-4 钠冷快中子堆示意图

第四节 压水堆核电站主要流程及设备

一、概述

核电站是一个将核能转换为电能的综合装置,能量来自于$^{235}_{92}U$裂变.由此可见,利用核能发电时要解决的3个基本的工程问题是:

(1) 将堆芯中的热量带出来加以利用或安全地加以疏导.

要想解决这个问题,就必须要有一定压力的流体通过堆芯,先吸收热量,然后再带走热量,使堆芯释放出的热量能及时导出,一方面,使热量得以利用;另一方面,避免热量堆积,造成温度过高堆芯熔化.在正常运行时,主要由主冷却剂系统来完成;在事故时,由应急堆芯冷却系统或主冷却剂系统等完成.

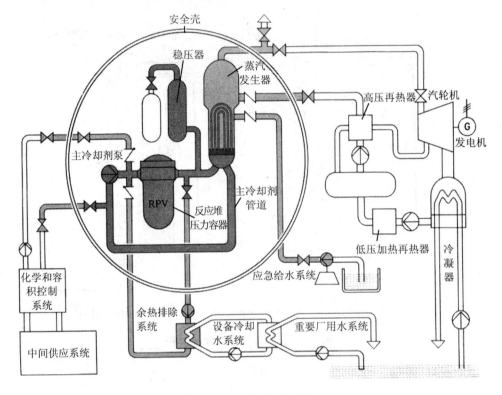

图 7-4-1　压水堆原理图

(2) 控制堆芯内的反应性,即控制堆芯内产生的裂变中子数.控制了中子数,也就是控制了产生的裂变能量.

堆芯内反应性的控制由以下两个独立系统来实现:① 控制保护系统吸收棒在堆芯内的机械运动.② 冷却剂中的硼酸浓度的变化.

(3) 包容和控制核裂变产生的放射性产物,即实现对放射性产物的屏障控制功能.

在核电站中建立起一系列依次排列的物理屏障,这些屏障保证能可靠地将放射性局限于规定的范围内,或局限于核电站的某些建筑物内.屏障系统包括有:燃料芯块,燃料元件包壳,一回路压力边界,反应堆安全壳.

无论是在正常运行时,还是在事故工况下,以上 3 个基本的工程问题都应得到保证.为此,核电站内相应设置了很多系统和设备.这些系统和设备按用途可分为:

(1) 正常运行的系统和部件.是指为实现核电厂的正常运行,投入运行的系统和部件.

(2) 安全系统和部件.其主要作用是减少核电厂发生事故时可能造成的后果.当核电厂正常运行时,安全系统处于备用状态.

按工质的流程,核电站系统和设备分为一回路和二回路.一、二回路之间通过蒸汽发生器进行热量传递.

二、一回路系统

一回路是指反应堆及其冷却剂所流经的设备和系统.该回路的主要特点是高放射性;故主要的设备及系统都布置在安全壳内.

一回路系统又称主冷却剂系统,它包括反应堆冷却剂回路、稳压和卸压系统以及应急堆芯冷却系统的非能动部分.

1. 反应堆冷却剂回路

反应堆冷却剂回路(图 7-4-2)由 4 条完全相同的冷却剂循环环路组成.每个环路包括:一台蒸汽发生器(JEA)、一台反应堆冷却剂泵(JEB,也称主泵)、将蒸汽发生器和反应堆冷却泵与反应堆压力容器连接起来的 DN850 反应堆冷却剂管道(JEC10,20,30,40)及有关的连接管道和阀门.

反应堆冷却剂为含硼的高纯除盐水,并按反应堆堆芯热工水力所要求的流量、压力、温度在系统内循环并带出堆芯的热量.此外,反应堆冷却剂还作为中子的慢化剂以及对反应性作补偿控制的中子吸收剂(硼酸)的溶剂.

在电厂正常运行时,反应堆冷却剂在环路中形成闭合的循环流动,并与二回路系统完全隔开.在正常满功率运行时,每条环路的冷却剂流量为 21500 m^3/h,可带出 750 MW 的堆芯热功率,并通过蒸汽发生器向二回路系统提供流量为 1470 t/h、压力为 6.27 MPa、湿度≤0.20% 的饱和蒸汽.

反应堆冷却剂系统的压力边界是防止放射性产物向外泄漏的一道屏障.因此,在电厂的整个寿期内将保证其高度的结构完整性.

2. 稳压和卸压系统(JEF/JEG)

由一台带有电加热器及喷嘴的稳压器,3 组脉冲安全阀组,一台卸压箱及有关的连接管道和阀门组成.稳压器通过一条波动管线使稳压器的下部与四环路(JEC40)的热段相连接,通过一条喷淋管线使稳压器的上部与三环路(JEC30)的冷段相连接.

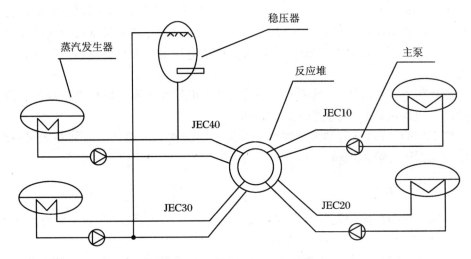

图 7-4-2　反应堆冷却剂系统原理图

3. 应急堆芯冷却系统的非能动部分 JNG2(JNG50,60,70,80)

也称安注箱系统,属于应急堆芯冷却系统的一个子系统,其特点是该系统是非能动的,作用是在一回路发生失水事故的情况下向反应堆芯补充硼酸溶液,以保证堆芯的冷却.由安注箱、连接管道以及阀门组成.

三、一回路组成及主要设备

一回路设备包括反应堆本体、蒸汽发生器、主泵、稳压器以及主管道等.

1. 反应堆本体

反应堆用于建立可控的链式裂变反应,将核燃料的裂变能转变成热能,并将热能传给一回路冷却剂.它是核电站反应堆装置的重要组成部分和一回路压力边界的重要部件(图 7-4-3).反应堆安装在安全壳内的反应堆竖井里.

反应堆冷却剂经主泵加压,通过进口接管供给反应堆,然后向下流动通过压力容器与堆芯吊篮之间的环形通道,接着改变方向向上流动通过吊篮的多孔椭圆形底和支承管进入堆芯.在通过堆芯燃料组件的同时,冷却剂由于核燃料的裂变反应而被加热,然后它离开堆芯,通过保护管组件的多孔下板进入保护管组件的管际空间,最后冷却剂通过保护管组件壳体和吊篮上的孔群及容器出口接管而离开反应堆.热冷却剂在蒸汽发生器内将热能传递给二回路水,使之转变为蒸汽,该蒸汽驱动透平发电机发电,而放热后的冷却剂又通过主循环泵返回反应堆.

第七章 核能及其发电技术

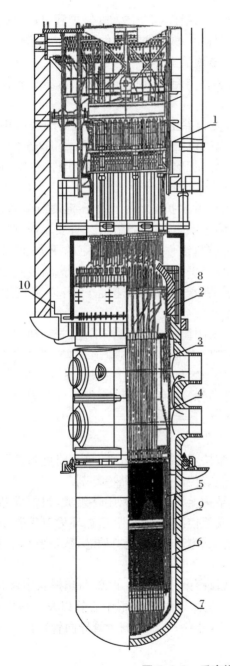

1—配电组件；
2—上部组件；
3—保护管组件；
4—堆芯吊篮；
5—堆芯围板；
6—堆芯；
7—反应堆压力容器；
8—堆内监测系统管道；
9—辐照监督样品盒；
10—反应堆主结合面泄漏监测

图 7-4-3　反应堆结构

反应堆的组成部分有:压力容器,上部组件,堆内构件(保护管组件,堆芯吊篮,围板),堆芯部件(燃料组件,控制棒组件,可燃毒物棒组件)和堆内监测仪表.控制棒驱动机构装在属于上部组件的反应堆顶盖上.

压力容器用于容纳堆内构件,堆芯燃料组件,控制棒组件等,压力容器的质量为 316.5 吨.

上部组件的作用有:其下部与压力容器上部配合,形成密实的反应堆内部空间;布置和固定控制棒驱动机构及其电气设备、堆芯仪表传感器线路端子以及反应堆的排气接管,并实现其密封;建立一定的压紧力以防止燃料组件、保护管组件和堆芯吊篮在冷却剂作用下上浮.

保护管组件中有 121 个控制棒组件的保护管,39 个中子-温度测量管.主要作用有:对燃料组件头部在高度上和在堆芯平面上进行精确定位;安置控制棒驱动杆的保护管和中子-温度测量导向管;在燃料组件上端建立一定的压力,保证燃料组件在正常运行和瞬态工况下不"上浮";保护控制棒驱动杆和中子-温度测量导向管免受冷却剂的动力作用,同时确保控制棒按设计的速度下落,以防发生卡棒事故等.

堆芯吊篮是一个带椭圆形底的立式圆筒体,其主要作用是:安装和固定堆芯围板;安放燃料组件,控制棒组件等;提供反应堆内冷却剂流道;均匀分配进入每一个燃料组件的冷却剂流量;衰减反应堆压力容器上的入射中子注量.

堆芯围板是一个由圆环组成的圆筒体,其主要作用有:保证堆芯周边的几何外形;衰减反应堆压力容器上的入射中子注量等.

2. 堆芯

堆芯的作用是布置燃料,建立和维持可监控的链式核反应,将燃料核裂变时产生的能量大部分转换成热能,并将该热能传递给一回路冷却剂.

堆芯由 163 组正六边形、在几何结构上相同的燃料组件组成,根据堆芯布置方案布置在其中的 85 个燃料组件位置安放控制棒组件(后续循环为 103 个,最大 121 个)和 42 个燃料组件位置安放(系指初始堆芯,对于换料堆芯,数量要少一些)可燃毒物棒.

燃料组件(图 7-4-4)由上管座、燃料棒束和下管座组成.每组燃料组件含有 331 个棒位,其中有 311 根燃料棒、18 根控制棒导向管、1 根中心管以及 1 根中子-温度测量管导向管组成(在整个堆芯共有 54 个中子-温度测量管导向管).

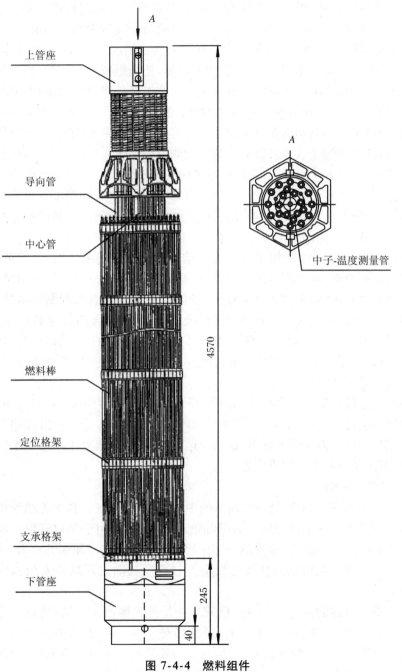

图 7-4-4 燃料组件

燃料棒(图 7-4-5)用于装载核燃料,以保证裂变能转化为热能并通过燃料棒外壳传递给一回路的冷却剂,同时作为第二道屏障防止放射性物质的溢出.燃料棒的主要部分是 336 个芯块,它们彼此重叠在一起构成高度为 3.53 m 的柱体.芯块中间有中心孔,其主要作用有:降低芯块中心温度,防止燃料过热熔化;作为辅助收集腔,容纳运行过程中由芯块释放出来的裂变气体以及补偿燃料的体积热膨胀.另外在燃料包壳内预充了压力为 2.0 ± 0.25 MPa 的氦气,作用有:氦气具有很高的导热性,从而加强了芯块与包壳管之间的传热;可以降低运行过程中包壳管的内外压差,防止包壳管的蠕变以及可以利用氦气探测仪检测包壳管的气密性.燃料棒包壳管是壁厚为 0.65 mm 的管子,其材料是 Zr+1%Nb 合金,是为了保护芯块不受冷却剂的作用,阻止裂变产物从燃料棒中溢出,同时靠其本身的强度抵抗冷却剂的外压,保持燃料棒的机械强度.另外,随着燃耗的加深,包壳管因燃料的膨胀和裂变气体的压力而造成周向的变形应在规定的范围内.

控制棒组件(图 7-4-6)用于反应堆启动、快速停堆、功率控制、功率调节、展平堆芯轴向功率分布,防止和抑制氙震荡.正常运动速度为 2 cm/s;在事故情况下,控制棒驱动机构断电,坠落到堆芯底部的时间不能超过 4 s.每组控制棒组件由 18 根控制棒组成,控制棒其实就是热中子的强吸收体,吸收体大部分为 B_4C 粉末,只是在底部 300 mm 区段为 $Dy_2O_3TiO_2$ 吸收体.因为 $Dy_2O_3TiO_2$ 的熔点高、化学特性稳定,宏观吸收截面小,并且肿胀程度比 B_4C 小,从而使包壳管的应力减小,延长控制棒组件的工作寿期.

控制棒组件在第一个循环周期内为 85 组,后续循环为 103 组,最大为 121 组.这些控制棒组件分为 10 个棒组,第 1～7 棒组为停堆棒组,第 8～10 棒组为调节棒组,其中第 10 棒组为主调节棒组,在功率运行期间,该棒组处于堆芯 50%～60%的高度处,其余棒组处于全提出位置.

3. 蒸汽发生器

蒸汽发生器(图 7-4-7)是一回路系统中的主要设备之一,作为传热设备用于将一回路冷却剂中的热量传递给二回路的给水,使其产生用于驱动汽轮发电机的干饱和蒸汽;作为一回路压力边界的一部分用于承受一回路冷却剂的压力,并与一回路其他压力边界一起构成防止堆芯放射性裂变产物向二回路或安全壳内释放的屏障.

压水堆核电站的蒸汽发生器一般采用的是卧式蒸汽发生器,由以下主要部件组成:壳体、一回路(进、出口)集流管、U 型传热管束(由 10978 根规格为 16×1.5 mm 的传热管组成)、蒸汽集流管、主给水及事故给水管及其分配装置、汽水分离装置、均汽板、内部支撑结构、均衡器、支座和阻尼器等(图 7-4-8).

第七章 核能及其发电技术

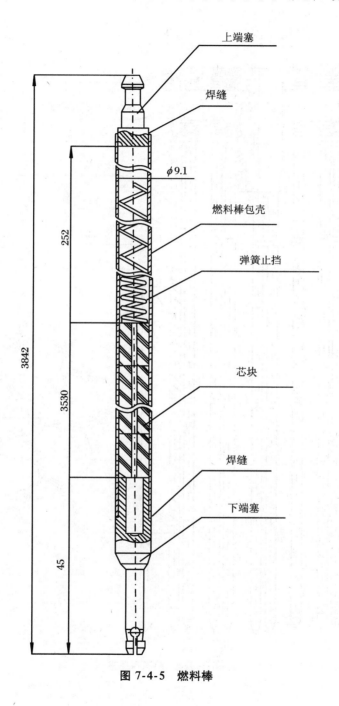

图 7-4-5 燃料棒

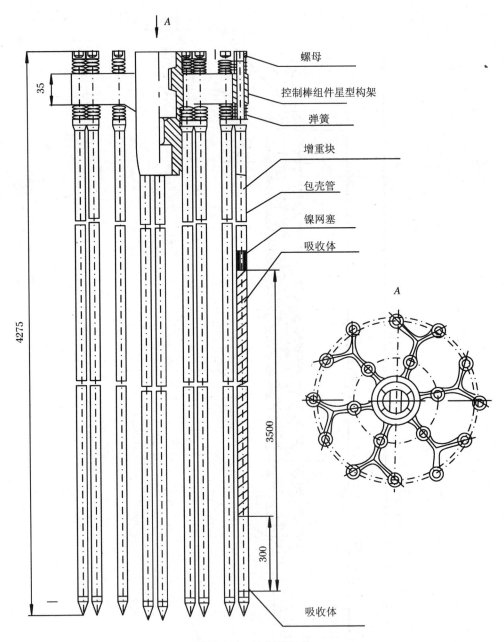

图 7-4-6 控制棒组件

4. 主泵

主泵用于使一回路冷却剂沿反应堆—蒸汽发生器—反应堆冷却剂泵—反应堆进行循环．在正常运行期间，反应堆冷却剂泵组能输送足够的一回路冷却剂冷却堆芯．它还有一个额外的功能，即在丧失电源时，靠泵的惰转在一定的时间内保证堆芯的安全冷却，并使一回路冷却剂沿其环路建立自然循环．

反应堆冷却剂泵组为立式、离心、单级泵，吸入口在泵的下方，排出口在泵的水平切线方向．它由水力壳体、泵内构件、电动机、上部和下部定位架、支撑件以及辅助系统等组成．电动机是立式双转速三相交流异步电动机．在电动机的转子上装有飞轮，用于在发生断电事故时能够提供所规定的惰转流量．

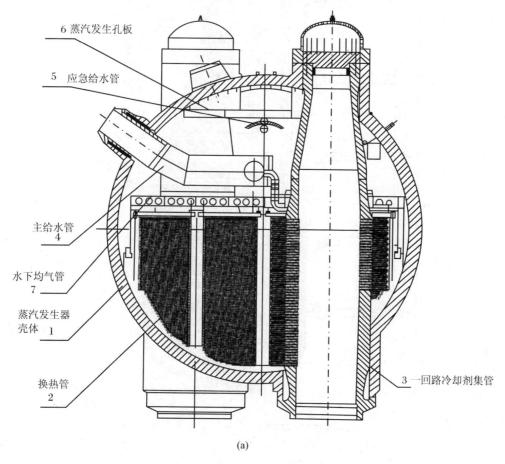

图 7-4-7 蒸汽发生器

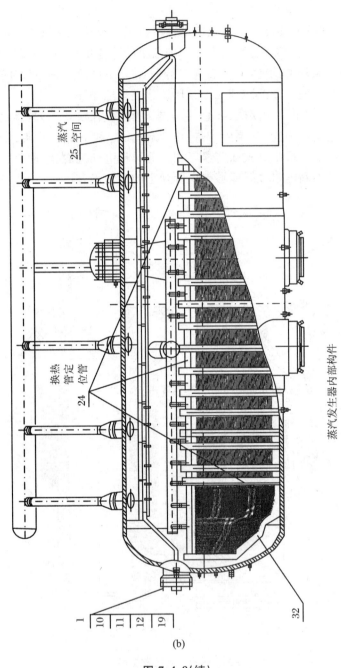

图 7-4-8(续)

5. 稳压系统

稳压系统包括稳压器、卸压箱、安全阀组、连接稳压器与反应堆的波动管以及相关管道.

稳压系统(图 7-4-9)用于:

(1) 启动期间在反应堆装置的一回路中建立压力并保持压力.

(2) 在反应堆装置功率运行期间,限制因温度变化引起的压力波动,以避免反应堆冷却剂在反应堆内沸腾.

(3) 在一回路向二回路泄漏时,与应急注硼系统(JDH)一起降低一回路的压力.

(4) 当无法通过喷淋来限制反应堆一回路超压时,通过卸压系统的稳压器安全阀将稳压器内的过量蒸汽排入卸压系统的卸压箱内.

稳压器为核电站安全重要的设备.稳压器为带有两个椭圆形封头的立式圆筒形容器,容积为 79 m^3,额定功率下水的体积为 55 m^3.它由下列部件组成:容器、内部构件(包括喷淋装置、电加热器组、保护屏、热屏蔽板以及维护平台和楼梯).其中主喷淋水是经过 4 个喷嘴进入稳压器,这 4 个喷嘴安装在 2 个输水集管上;应急喷淋水是通过 1 个喷嘴进入稳压器.电加热器分为 4 组,共包括 28 个组件.

6. 安全系统

安全系统的主要作用是减少核电厂发生事故时可能造成的后果.安全系统有:应急堆芯冷却系统(JND、JNG2、JNG1),应急硼注入系统(JDH),安全壳喷淋系统(JMN),余热导出系统(JNA),蒸汽发生器应急给水系统(LAR、LAS),安全壳应急通风过滤系统(LMQ),安全壳消氢系统(JMT)等.

下面简单介绍几个主要的安全系统.

1. 应急堆芯冷却系统

该系统由高压安注系统(JND)、中压安注系统(JNG2,即应急堆芯冷却系统非能动部分)和低压安注系统(JNG1)3 个子系统组成.每个子系统都由 4 个独立的系列组成.

功能:在失水事故时,整个应急堆芯冷却系统保证不断地向一回路注入硼酸溶液以冷却反应堆堆芯.在设备切换(包括由于断电的原因)时,在可能中断注入硼酸溶液的持续时间内保证堆芯冷却.

2. 应急硼注入系统(JDH)

该系统用来完成以下功能:

① 在一回路冷却剂泄漏到二回路时向稳压器注入硼酸溶液;

② 在预期运行事件并伴随没有紧急停堆的预期瞬态的情况下向一回路注入

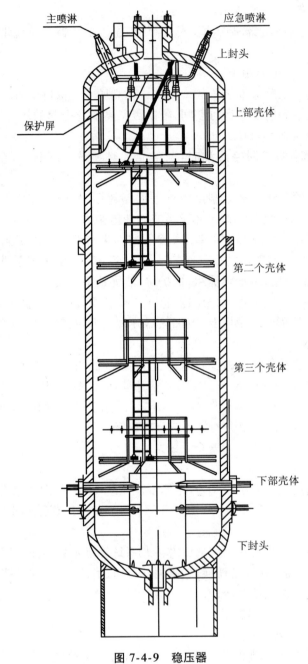

图 7-4-9 稳压器

高浓度的硼酸溶液,将反应堆装置快速转为次临界状态;

③ 将反应堆装置转为次临界状态,并补偿一回路冷却剂的容积收缩,以保证安全停堆.

(3) 安全壳喷淋系统(JMN)/余热导出系统(JNA)

该系统完成安全壳喷淋系统和余热导出系统两个系统功能,运行中根据所执行的功能区分这两个系统.

安全壳喷淋系统在事故工况、正常运行工况和预期运行事件下运行,并执行下列功能:

① 事故后在喷淋和从安全壳地坑取水的运行工况下降低安全壳的压力,以维持安全壳的压力低于设计基准事故下的安全壳设计压力;

② 事故后导出安全壳的余热;

③ 去除安全壳大气中的裂变产物,降低空气中裂变产物的总量,以防止它们泄漏到环境中去;

④ 通过添加化学药剂来调节地坑中的水化学成分,以便长期约束碘和防止腐蚀,作为燃料水池冷却系统的备用.

余热导出系统(JNA)用于在核电站正常停堆、预期运行事件及在事故(如果条件允许)期间以设计的冷却速率进行余热排出和反应堆装置的冷却.

(4) 蒸汽发生器应急给水系统(LAR/LAS)

该系统的功能是:当蒸汽发生器的主给水和辅助给水系统失效时,应急给水系统保证向蒸汽发生器供应除盐水.本系统在发生与蒸汽发生器的水位下降有关的、并且要求应急冷却或将反应堆装置维持在热备用状态的始发事件时必须是可运行的.

7. 核辅助系统

核辅助系统是指与主回路相关、完成正常功能的系统,包括有:容积和硼控制系统(KBA)、一回路冷却剂净化系统(KBE)、一回路冷却剂贮存系统(KBB)、重要用户中间冷却水系统(KAA)、纯凝结水供给系统 KBC-1、除盐水供应系统 KBC-2、辅助厂房蒸汽功能供应系统 KBC-3、蒸汽发生器排污系统 LCQ、燃料水池冷却系统 FAK、反应堆冷却剂泄漏收集系统 JET、反应堆厂房设备疏水系统(KTA)、含硼疏水收集系统 KTC 等.

四、二回路系统和设备

1. 概述

本系统的功能是将蒸汽发生器产生的蒸汽的热能转换成汽轮机的机械能,再通过发电机转变为电能.作过功的蒸汽经凝汽器冷却成水,然后再经加热送入蒸汽发生器.

从蒸汽发生器来的蒸汽($P=6.27$ MPa,$T=279$ ℃)沿着 4 根管道分别供到汽轮机前的 4 个主汽门和调节(CPK).每个主汽门由一个截止阀和一个调节阀组成.蒸汽通过截止阀和调节阀沿着 4 根内径为 $\varnothing 600$ mm 的管道进入汽轮机的高压缸.第二、第三、第四级叶片后的部分蒸汽分别被抽到 6 号高压加热器(第 1 级抽汽)、5 号高压加热器(第 2 级抽汽)和厂用蒸汽集流管(第 3 级抽汽).高压缸的排汽除部分送入 4 号低压加热器(第 4 级抽汽)外,主要部分直接沿着 4 根直径为 $\varnothing 1600$ mm 的蒸汽管道送到汽水分离再热器进行汽水分离和再热,再热的热源为从主蒸汽集管来的新蒸汽.再热后的蒸汽经低压阀组沿着 8 根直径为 $\varnothing 1200$ mm 的管道进入低压缸.从低压缸抽出的蒸汽在凝汽器中被冷凝,冷凝水经冷凝水泵被送到机组除盐装置、低压加热器.冷凝水在除氧器中($P=0.84$ MPa)被加热到 172 ℃,再由给水泵送至两级高压器加热,和 LCS 系统疏水混合后,温度达 217.6 ℃的给水被送至蒸汽发生器.

在每个低压缸第四级后的部分蒸汽(第 7 级抽汽)被分别抽到 4 台 1 号低压加热器;在 3 号低压缸和 4 号低压缸的第三级后的通道中的部分蒸汽(第 6 级抽汽)抽到混合式 2 号低压加热器;在 1 号低压缸和 2 号低压缸第二级后的通道中的部分蒸汽(第 5 级抽汽)抽到 3 号表面式低压加热器.

为尽可能满足提高机组效率的要求,6 号高压加热器的疏水排到 5 号高压加热器的汽室,然后与 5 号高压加热器的疏水一起进入除氧器.4 号低压加热器的疏水与汽水分离再热器的分离液一起送入主凝结水系统.3 号低压加热器的疏水到 2 号低压加热器,1 号低压加热器的疏水通过一个水封到凝汽器.

2. 二回路的主要设备

回路的主要设备包括:汽轮机、发电机、汽水分离再热器、凝汽器、凝结水处理装置、低压加热器、Ⅰ级及Ⅱ级凝结水泵、除氧器及其水箱、主给水泵、高压加热器等.其中汽轮机由一个双流高压缸和 4 个双流低压缸构成.

高压缸和低压缸的叶片都为双向 5 级.低压缸的末级叶片长 1200 mm,采用先进的冶金和机械技术水平制造,并且其枞树型叶根固态研磨凝固环采用钛合金.目前,这种叶片是世界上运行的高速汽轮机中最长的,并且是众多汽轮机中唯一采用钛合金制造的.新蒸汽参数低,且多用饱和蒸汽(注:对于压水堆核电厂来说,二回路新蒸汽参数取决于一回路的温度,而一回路温度又取决于一回路压力.提高一回路压力将使得反应堆压力壳的结构及其安全保证措施复杂化,尤其是当反应堆压力壳尺寸很大时更为复杂.因此,压水堆核电厂汽轮机的新蒸汽压力,应按照反应堆压力壳计算的极限压力和温度选取,一般为 60～80 bar 的饱和蒸汽).

3. 二回路主要工艺系统

(1) 主蒸汽系统(LBA\LBU)

在蒸汽发生器出口设有主蒸汽母管,以均衡各主蒸汽管道的压力.4 根主蒸汽管道将 4 台蒸汽发生器产生的蒸汽,经过主蒸汽快速隔离阀,主汽门等送入汽轮机高压缸.主蒸汽集管上还接有两路汽轮机旁路,作用是将主蒸汽引入凝汽器;另外还有辅助蒸汽接管,向各个辅助蒸汽用户提供蒸汽.

该系统具有超压保护的功能.

第一级保护:汽机旁排系统(MAN).该系统将蒸汽经汽机旁路排入凝汽器中,最大排放能力为蒸汽发生器 60% 的产量;

第二级保护:大气释放阀.在机组突然甩负荷或全厂断电的时候,将蒸汽排放到大气中,以免安全阀动作;在偏离正常运行工况或事故工况下,为了导出余热、冷却反应堆,也通过大气排放阀动作将蒸汽排到大气中.

第三级保护:安全阀.作用是使蒸汽发生器在事故情况下得到超压保护.每个蒸汽发生器装有两个安全阀.

(2) 再热蒸汽系统(LBJ\LBB\LCS\LCT)

高压缸排出的湿蒸汽经过 4 根对称布置的蒸汽管分别进入 4 个汽水分离再热器,在汽水分离再热器装置前的每根湿蒸汽管道上,都装设防止水分进入的去湿装置.

湿蒸汽从汽水分离再热器的底部进入,先通过起分离作用的隔板将水分离出来,干燥的蒸汽进入再热器加热成微过热蒸汽,然后通过低压主汽门和调节汽门进入低压缸.

该系统将高压缸排汽的湿度从 15.2% 降到 0.5%,同时将高压缸排汽温度再加热到 250 ℃,以保证在所有运行工况下,使汽轮机低压缸的末级叶片都能安全运行.

(3) 凝结水系统(LCA)

主凝结水从凝汽器热井用一级凝结水泵升压后通过凝结水精处理装置和轴封蒸汽冷却器,进入 1 号(4 台)和 2 号低压加热器(1 台),然后通过二级凝结水泵升压,送到 3 号(1 台)和 4 号低压加热器(1 台),最后送到除氧器.

田湾核电站的凝汽器用海水冷却,因此冷却水管全部采用薄壁钛管和全钛管板,两者之间先机械胀管再密封焊接.冷却水的设计水温为 18 ℃,正常运行压力为 4.7 kPa.采用水力抽气器抽真空,共配 4 台水力抽气器,用母管对 4 台凝汽器连接,正常运行时用 2 台,刚启动时,4 台水力抽气器全部投入运行,视真空度的提高而逐渐减少台数.

(4) 主给水系统 LAA\LAB\LAC

除氧器与 5 台 25% 的电动给水泵相连,每台泵出口均设有至除氧器的再循环管道,用于在机组启动或变工况小流量时,保证给水泵能稳定可靠地运行.给水由给水泵经高压加热器(或其旁路)送至蒸汽发生器内.

(5) 汽机旁路系统

机组启动和停机时,以及在甩负荷的情况下,利用汽轮机旁路运行.汽机旁路的总容量为蒸汽发生器容量的 60%.蒸汽通过汽轮机旁路经配有喷水以冷却排出蒸汽的蒸汽回收装置排出进入凝汽器.

第五节 电力系统及辅助设施

一、电厂与电网的连接

例如,田湾核电站一期安装有两台 1000 MW 核电机组,以 500 kV 电压接入华东电网.本期 500 kV 出线三回(最终四回),其中一回经 500 kV 连云港变电所接入位于淮安的 500 kV 上河变电所,另两回接入 500 kV 盐城变电所.当一回 500 kV 线路检修或故障停运时,另一回 500 kV 线路因故退出,剩下的一回 500 kV 线路仍能将两台机组的容量全部送入电网.

为了保证 500 kV 电网故障情况下的厂用电,设 220 kV 备用电源.本期一回,从新海电厂经 220 kV 云台变电所到核电站;远景两回.

从发电机出线端子输出的 24 kV 电力由主变升压到 500 kV,经 500 kV 开关站,上 500 kV 架空线路进入华东电网.

二、辅助设施

1. 生产辅助厂房

生产辅助厂房由下列各部分组成:

(1) 主要包括空压机房、机加工车间、电仪修车间、制氢站、制氯站、仓库、辅助锅炉房等.其功能是为核电机组建筑物提供所需的蒸汽、热水、压缩空气、氮气、氢气、氧气、柴油、离子交换材料和试剂等工作介质.

(2) 应急指挥中心和环境实验室

应急指挥中心是在核电站发生严重事故情况下,作为应急指挥用的场所,集应急指挥、辐射监测与评价、技术支持及后勤保障于一体.

环境实验室完成正常运行期间和设计基准事故下,周围环境介质样品的采样、制样及测量分析,并在发生严重事故情况下参与厂区内外应急响应,实施应急监测.

(3) 污水处理站

北区污水处理站主要处理北区各子项的生活污水,南区污水处理站主要处理南区各子项的生活污水、围墙内的生活污水和含油污水.

(4) 变配电站

各区的变配电站分别用于各区各子项的供电.

(5) 制氯站和制氯取水泵站

制氯站采用电解海水制氯系统制取次氯酸钠溶液,用于循环冷却水和安全厂用水系统以杀除、防止微生物和巨型生物的附着和丛生,保证系统安全、经济运行.

2. 非放机、电、仪修车间

依据设计文件,"热"检修均在围墙内的两座核服务厂房(11UKC 和 21UKC)内运行,非放检修的小修由围墙内的检修车间及仓库(91UST)负责,因此围墙外只考虑非放检修的大修和小修.

非放机、电、仪修车间包括机加工车间、铆焊车间、电修车间和仪修车间.

机加工车间和铆焊车间是为田湾核电站的机械设备进行维修和修理,并制造部分所需的备品配件.本厂房对没有放射性污染的机械设备只提供备品配件的制造服务.

电修车间承担田湾核电站没有放射性污染或清洗去污达到要求的电气设备检修和维护,同时也负责全厂的电气仪表、继电保护装置的校检及电气设备的高压试验等.

仪修车间是全厂自动化仪表和辐射监测仪表、设备维修的归口部门,负责全厂工业自动化仪表、控制系统和辐射监测仪表、设备的维护、检修和调校,以保证仪表系统稳定、准确、可靠地运行.

3. 厂前区和仓库区

包括综合办公楼、食堂、接待、展览中心、培训中心、汽车库、公安楼、警卫营房、消防站、保安中心及仓库和料棚.

4. 冷却水工程

冷却水工程主要用于保证汽轮机凝汽器冷却水、核岛安全厂用水以及制氯系统用水的供水等.

取水工程采用隧洞或者管道取水(每台机组分别有取水通道)。

对核岛安全厂用水是采用设置厂区前池作为调节水库,其有效蓄水量可以满足两期工程所有机组10个小时安全厂用水所需水量的要求。

5. 500 kV、220 kV 开关站及网控楼

500 kV 电气主接线主要功能是将核电站的电力经由 500 kV 配电装置向电网输送;在机组启动、计划和事故停机时,从 500 kV 电网取得厂用电源,经主变压器和高压厂用变压器给厂用负荷供电。

220 kV 系统只做核电站的备用电源,不论核电站机组的运行工况如何,本系统应经常处于工作状态,即 220 kV 线路带两台备用变压器空载运行,只有在事故或设备检修时才停运。

网控楼布置在 500 kV 和 220 kV 开关站的东侧,控制两个系统的电气设备。

6. 护岸工程

取水护岸工程用于核电站厂区供水区域不受外界风浪作用,保障电厂用水需求,保护电厂机组正常安全运行。

7. 按保卫程度分区

核电站的整个区域,一般按照保卫程度的重要性,可依次划分为3个区域:控制区、保护区、要害区,其保安要求逐级加强。

(1) 控制区

本区域由沿核电站周界的单层铁丝网形成一个封闭区域。在正常情况下,进出本区域的人员或车辆必须通过设在警卫室旁的主出入口。沿海部分由1.5 m 高挡浪墙加1.5 m 高围栏构成等同于单道围栏的屏障。

(2) 保护区

即控制区和要害区之间的区域。本区域由双层围栏围成,双层铁丝网之间有6 m 的隔离带。正常情况下,凡进出本区域的人员或车辆必须通过设在运行警卫楼旁的出入口。

(3) 要害区

在保护区之内沿反应堆厂房、蒸汽间、控制厂房、核服务厂房、核辅助厂房、贮存厂房、应急柴油机厂房、安全厂房等建筑物周界所设置。该实体屏障以建筑物墙体为主,在建筑物的门口采用铁丝网栅栏与建筑物墙体连接成形。该区域内的各种设施都与核安全有关,各种设施、设备和物资如果遭到损坏、失效、挪用或盗窃,将会严重地影响核安全。进入该区域的人员和车辆都将受到严格的限制。

第八章 节能技术与工程应用

第一节 节 能 概 论

当前能源供应紧张是世界各国面临的共性问题,节能工作受到普遍重视,节能素有"开发第五能源"之称.我国1980年就制定了能源方针:"开发与节约并重,近期内要把节能放在优先地位,对国民经济实行以节能为中心的技术改造和结构改革."这是解决我国能源问题的基本方针.在加速能源开发的基础上,努力提高能源管理和利用技术水平,扎扎实实地搞好节能工作,以加速国民经济发展.

一、节能的基本概念

什么叫节能?目前国内外对节能的含义、概念看法较多,但大多数都认为,节能就是应用技术上现实可行、经济上合理、环境(环保)与社会上可以接受的方法,来有效地利用能源.为了实现这一目标,要求在自能源开发到利用的全部过程中,获得更高的能源利用率.

对节能的含义要有正确的理解,节能并不是简单的能源消费数量的减少,更不能影响社会活力,降低生产和生活水平,而是要充分发挥能源利用的效果和价值,力求以最小数量的能源消费获得最大的经济效益,为社会创造出更多的可供消费的财富,从而达到发展生产、改善生活的目的.换句话说,生产同样数量的产品或获得同样多的产值,要尽可能多地减少能源的耗费量,或者以同样数量的能源,能生产出更多的产品或产值,这就是节能的经济概念.

节能的内容主要包括两个方面:一方面要提高能量利用率,降低单位产品或产值的能源消耗量,称为直接节能;另一方面,调整工业、企业、产品结构,在生产中减少原材料的消耗,提高产品质量等,从而减少能源消费量,称为间接节能.比如,我国机械工业每年在锻造、切削加工过程中要损耗数百万吨钢材,这意味着我国有相当数量的高炉、炼钢炉、轧钢机和几十万工人一年的劳动,以及与此相应的生产这些钢材所必需的煤、焦炭、电力都大量地被浪费了.为供应这部分煤、焦炭、电而必需的采煤、炼焦、发电设备,以及汽车、火车等运输也都做了无效劳动.再进一步看,为生产上述设备所消耗的大量的物资也成了无效支出.由此说明,连锁生产的浪费是十分惊人的,因此切不可轻视这方面的节能.

二、节能是长期任务

我国改革开放以来,对能源的需要量大幅度地增加,增加能源生产量无疑是解决能源问题的重要途径.近几年来,我国的能源产量,特别是石油的产量增加速度减慢,今后还有可能逐年减少.煤炭产量相对增加速度快一些,但新的煤炭基地一时还上不来,近期产量的增加还是有限的.水力资源虽然丰富,但投资大,建设周期相对较长.核电站虽已并网发电,但占能源消费的比例太小,不能解决大问题.所以,能源短缺问题并非是在短期内能解决的.因此,抓好节能具有十分重要的意义,也是一项长期的战略任务.这是因为:

首先,能源供需矛盾将是长期的,并非短期内所能解决的.我国能源资源丰富,从数量上来说确实不少,但应该看到,我国是世界上人口最多的国家,现已探明的能源储量按我国人口平均占有量计算,仅为世界平均的二分之一.尽管今后随着勘探工作的进一步深入,还会发现新的储量,但按人口的平均占有量不可能发生大的改变.而且,像煤、石油、天然气等常规能源资源毕竟是有限的,用一点就会少一点,同时它们也是现代化产品的原料,更不能大手大脚地滥用.

同时,随着现代化建设的发展和人民生活水平的不断提高,对能源的需求量必然会越来越大.虽然世界上有的经济大国是靠进口能源发展起来的,但我们不能这样,这是因为,一方面我们的经济实力不允许,同时,我国有13亿多人口,如果依靠进口,世界上谁也不能满足我们的需要.在能源逐年增加有限,而需求大幅度增长的矛盾解决前,不但要大力开发新能源,而且要长期不懈地抓好节能工作.

其次,现代化建设是长期的,它将会促进节能工作的开展.由于我国工业生产的现代化水平还很低,技术装备落后,工艺流程不合理,所以和发达的资本主义国家相比,能源有效利用率还很低,因此节能的潜力很大.要改变这种状况,并非旦夕所能实现的,需要进行长期的工作才能见到成效.因此,以节能为中心的技术改造必将贯穿于整个现代化建设之中.建设中国式的现代化,不是盲目追求与外国比平均每人的能源消费数量指标,而是要讲究高效地使用能源,这将是一条必由之路.

三、节能量的计算

节能量就是节约能源的数量,这是在生产的一定可比条件下,采取了节能措施以后所获得的节约能源消费的数量指标,而不是某个企业或某个地区能源消费总量的简单增加或减少.

计算节能量可以定出两个概念:一个叫当年节能量,即当年与上年相比,节约能源的数量.另一个叫累计节能量,即以某个年限为基数,在它达到的节能水平的基础上逐年的节能量之和.

当年节能量的计算方法如下:

(1) 以产品产量单位耗能计算节能量.

一般以上年同期的实际单位产品产量耗能量为基数计算节能量,低于上年同期消耗的为节约,高于上年同期消耗的为浪费.定义

(上年同期实际产品的单耗量 − 报告期实际产品的单耗量)
× 报告期实际产量 = 节约量.

某些企业或部门一般多是生产多种产品,各种产品的单位能耗不同,而且产量又是变化的,所以当年的节能量应是各种产品的节能量之和.其计算公式为

$$\Delta Q_g = \sum_{j=1}^{n}(q_{xj} - q_{yj})G_{yj}, \tag{8-1-1}$$

式中:

ΔQ_g——企业或部门按产量计算的当年节能量;

n——产品品种数量;

q_{xj}——第 j 种产品上年的单位能耗;

q_{yj}——第 j 种产品当年的单位能耗;

G_{yj}——第 j 种产品当年的产量.

如果企业只生产单一产品,则当年节能量的计算公式可简化为

$$\Delta Q_g = (q_x - q_y)G_y$$

或

$$\Delta Q_g = \Delta q \cdot G_y. \tag{8-1-2}$$

如果按上式计算所得为正数,说明节约了能源;如果为负数,说明多消耗了能源,即浪费了能源.

(2) 按产品的产值计算节能量.

有些生产部门由于产品的规格较多,难以按每项产品来计算能源消耗,因而采用部门产值来计算节能量,其计算公式为

$$\Delta Q_{iw} = (q_{ixw} - q_{iyw})W_{iy}$$

或

$$\Delta Q_{iw} = \Delta q_{iyw} W_{iy}, \tag{8-1-3}$$

式中：

ΔQ_{iw}——企业或部门按当年产值计算的节能量；

q_{ixw}——企业或部门上年的单位产值能耗；

q_{iyw}——企业或部门当年的单位产值能耗；

Δq_{iyw}——企业或部门当年与上年相比单位产值能耗的节约量；

W_{iy}——企业或部门当年的产值.

鉴于各部门、各地区的工业产值构成涉及的因素很多，计算节约量应以产品单耗考核为主，力求避免以产值推算全部节约量.

累计节能量是指企业或部门、地区乃至全国在某个统计期（如 3 年、5 年、10 年）内的节能量之和，其计算公式为

$$\sum \Delta Q = \sum_{i=1}^{n} \Delta Q_i, \tag{8-1-4}$$

式中：

$\sum \Delta Q$——累计节能量；

ΔQ_i——历年的当年节能量；

n——统计期的年数.

节能率是在生产的一定可比条件下，采取节能措施以后节约能源的数量与未采取节能措施之前能源消费量的比值，它表示所采取的节能措施对能源消费的节约程度，也可以理解为能源利用水平提高的幅度.节能率和节能量一样，可以求出当年的节能率和累计节能率两个指标.

当年节能率是当年节能量（ΔQ_i）与上年可比能源消耗量（Q_x）的比值.计算公式为

$$\Delta \eta_E = \frac{\Delta Q_i}{Q_x} \times 100\%$$

$$= \frac{\Delta q_y}{q_x} \times 100\%,$$

或

$$\Delta \eta_E = \left(1 - \frac{Q_y}{Q_x}\right) \times 100\%$$

$$= \left(1 - \frac{q_y}{q_x}\right) \times 100\%, \tag{8-1-5}$$

式中：

η_E——当年节能率；

q_x——上年的单位产品能耗；

q_y——当年的单位产品能耗.

累计节能率是以某个年份为基数 1,减去逐年的单位产品能耗比值之积. 其计算公式为

$$\sum \Delta \eta_E = \left(1 - \frac{q_{y_1}}{q_x} \times \frac{q_{y_2}}{q_{y_1}} \times \cdots \times \frac{q_{y_n}}{q_{y_{n-1}}}\right) \times 100\%$$

$$= \left(1 - \frac{q_{y_n}}{q_x}\right) \times 100\%. \tag{8-1-6}$$

如果逐年的节能率取某个平均值,则累计节能率的公式为

$$\sum \Delta \eta_E = \left[1 - \left(\frac{q_y}{q_x}\right)^n\right] \times 100\%. \tag{8-1-7}$$

如果以 2007 年为基数,5 年内平均每年的节能率为 2%,到 2012 年,5 年的累计节能率按(8-1-7)式计算得

$$\sum \Delta \eta_E = \left[1 - \left(\frac{98}{100}\right)^5\right] \times 100\% = 9.6\%.$$

下面举钢生产的例子来说明节能量和节能率的计算. 某钢铁厂 2007 年生产钢 2.0×10^6 t,吨钢综合能耗为 2.8 t 标准煤；2008 年生产了 2.1×10^6 t 钢,吨钢综合能耗为 2.5 t 标准煤；2009 年生产钢 2.05×10^6 t,吨钢综合能耗为 2.3 t 标准煤；2013 年生产钢 1.9×10^6 t,吨钢综合能耗下降到 2.1 t 标准煤. 由以上数据可以看出,尽管钢产量逐年有增有减,但吨钢综合能耗总是下降的. 根据这些数据,我们以 2007 年为基数,求得的能耗量、节能量和节能率见表 8-1-1.

表 8-1-1 某钢厂节能量、节能率计算表

指标		2007 年	2008 年	2009 年	2010 年
钢产量($\times 10^6$ t)		2.0	2.1	2.05	1.9
吨钢综合能耗(t 标准煤)		2.8	2.5	2.3	2.1
年能耗量($\times 10^4$ t 标准煤)		560	525	471.5	399
节能量	当年节能量($\times 10^4$ t 标准煤)	—	63	41	38
	累计节能量($\times 10^4$ t 标准煤)	—	63	104	142
节能率	当年节能率	—	10.7%	8.0%	8.7%
	累计节能率	—	10.7%	17.9%	25.0%

通过计算可知,计算当年节能量和累计节能量,一定要在可比条件下进行,因为不同年份的产品产量不同,所以不能用年能耗直接求出.

四、节能工作的关键

节约能源是一件关系到整个国民经济的大事,涉及面很广,许多问题还需进行长期的研究,不断完善,如国民经济增长速度与能源的平衡关系,对工业及产品结构改革的可能性及限度,节能经济政策的制定,对节能投资的合理性等多方面情况.而且节约和浪费表现在整个社会生产、生活和流通的各个环节中,关系到科学管理、工艺、设备革新、新技术采用等.尽管节能工作千头万绪,但归纳起来为:

1. 建立统一的节能机构

为了切实抓好节能工作,更好地贯彻能源政策,促进节能工作广泛、深入、持久地开展下去,必须从上至下建立节能办事机构.

2. 摸清节能潜力,明确节能方向

这方面工作的重要依据是能源利用率及国民经济是否是省能结构.在各地区、各部门组织开展企业热平衡测试工作,对于已经测试的企业,热能利用率10%~35%,说明我国目前节能的潜力很大.因此,必须首先组织推动各方面科技人员及其他有关人员,投入必要的财力、物力,要做大量的实际工作,广泛深入地调查研究,搞清生产设备、工艺、技术及能源消耗状况,对节能潜力作出比较确切的预测,明确节能方向,使开展节能工作和制定节能措施及规划有科学的依据.

3. 下大力气抓好节能基础工作

在节能工作中经常出现当时节能抓上去了,过一阵子又下来了的现象,也就是说上去容易,巩固难.也有不少技术措施搞得不错,就是能耗降不下来,这都是因为节能基础工作没有搞好.为此,必须抓好以下几个方面:

(1) 抓紧培训热管理技术人员;
(2) 认真搞好企业的热平衡;
(3) 重视节能基础理论和应用技术研究;
(4) 建立健全热管理制度;
(5) 切实做好节能投资的决策研究;
(6) 提高对节能意义的认识.

长期实践证明,要节约能源,首先必须抓好节能的基础工作,不解决基础问题,节能工作是难以深入持久地开展下去的,即使做了一些,也难以巩固下去.许多工业发达国家所走过的道路也证明了这一点,特别是日本,节能是从基础抓起,由浅入深,逐步提高,成效极为显著,因而导致全国的能源有效利用率比我国高得多.

第二节 工业窑炉节能

冶金、机械、建材、轻工等工业部门,为生产各种产品,为了对物料进行加热、熔炼、焙烧和干燥等过程,设有大量的工业窑炉。据不完全统计,这些窑炉每年要消耗占全国总能耗五分之一的能源,而且大都使用优质燃料,如重油、天然气、人造煤气、优质煤等。

一、工业窑炉的用途及分类

工业窑炉既是能源转换设备,又是用能设备。它首先将化学能或电能转换成热能,然后利用热能将物料或工件加热到要求的温度,或将物料熔化,以改变其物性或获得新材料。工业窑炉按其用途可分为两大类,即加热炉类和熔炼炉类。

加热炉又分为:

(1) 金属加热炉:热处理,锻造等因工艺的要求;

(2) 焙烧加热炉:砖、瓦、水泥等硅酸盐制品及食品;

(3) 干燥加热炉:木材、油漆、坯料等因工艺的要求。

熔炼炉又可分为:

(1) 提取金属:炼铁、铝等;

(2) 精炼:炼钢,提高金属纯度等;

(3) 下续工序的需要:玻璃,纤维保温材料等。

工业窑炉的分类详见表 8-2-1。

表 8-2-1 常见工业窑炉

炉类		炉 种	用 途	热 源
加热炉	金属加热炉	推钢式连续加热炉	金属轧制	煤气、油
		步进式炉	金属轧制	煤气、油
		环形加热炉	金属轧制	煤气、油
		罩式炉、辊底式炉	轧材热处理	煤气、油、电
		井式炉、室式炉	热处理	电、煤气、油
		车台式加热炉	热处理、大型锻件	煤气、油
		均热炉	金属初轧	煤气、油

续表

炉类	炉种		用 途	热 源
加热炉	焙烧加热炉	倒焰窑、轮窑	砖、瓦、陶瓷	煤
		隧道窑	砖、瓦、陶瓷	油、煤、煤气
		立窑、回转窑	水泥	煤、油
		馒头窑、龙窑	陶瓷、砖、瓦	木柴、炭、煤
	干燥加热炉	室式、立式、链带式干燥炉	铸型、泥芯、油漆	煤、热风
		滚筒式、沸腾式干燥炉	砂子等散料	煤气、煤
		悬链式干燥炉	油漆	煤气、电
熔炼炉	提取金属	高炉	炼铁	焦炭
		冲天炉	加热铁水	焦炭、煤粉
	精炼金属	平炉	炼钢	煤气、油
		转炉	炼钢	化学反应热
		电弧炉	钢、有色金属	电
		感应电炉	钢、有色金属	电
		反射炉	有色金属	煤气、油
		炼铜炉	有色金属	电、油、煤气
		坩埚炉	有色金属	焦炭
		电阻炉	钢、有色金属	电
	下续工序需要	坩埚窑	玻璃	煤、油
		池窑	玻璃	油、煤
		链式炉	玻璃	煤气、油、煤

工业窑炉,除电炉有冶金部部颁标准规定的电阻炉、感应电炉及电弧炉三类产品系列型号外,火焰炉无统一型号和命名法.习惯上,使用的窑炉名称一般应表示出燃料特性、用途和炉型特点.

二、工业窑炉的主要经济指标

评价工业窑炉主要有以下 7 个指标:

1. 生产率

窑炉生产率 G 表示单位时间内窑炉的产量.为了排除炉子大小对生产率的影

响,可采用单位生产率 g,它表示单位炉底面积或单位炉膛容积在单位时间内的产量,为

$$g = \frac{G}{F}(\text{kg}/(\text{m}^2 \cdot \text{h}) \text{ 或 } \text{t}/(\text{m}^2 \cdot \text{h}))$$

或

$$g = \frac{G}{V}(\text{kg}/(\text{m}^3 \cdot \text{h}) \text{ 或 } \text{t}/(\text{m}^3 \cdot \text{h})),$$

式中:

G——窑炉生产率(kg/h 或 t/h);

F——炉底面积(m^2);

V——炉膛体积(m^3).

对不同的窑炉,单位生产率有不同的习惯称呼.对加热炉或热处理炉,常采用炉底强度(kg/($\text{m}^2 \cdot \text{h}$));对平炉,采用炉底系数(t/$\text{m}^2$);对高炉,采用有效容积利用系数(t/$\text{m}^3$);对冲天炉,采用熔化强度,它代表单位面积熔化带的化铁量(t/($\text{m}^2 \cdot \text{h}$)).

2. 燃料消耗量

窑炉的燃料消耗量 B 的单位以 kg/h(固体或液体燃料)或 Nm^3/h(气体燃料)表示.

评价窑炉的热能利用水平,常以单位产品的燃料消耗量来表示,为

$$b = \frac{B}{G}(\text{kg/kg 或 Nm}^3/\text{kg}).$$

有时也用单位热耗 q 来表示,指加热或熔炼单位产品燃料燃烧的放热量,即

$$q = bQ_L^y = \frac{BQ_L^y}{G}(\text{kJ/kg}),$$

式中:

G——窑炉生产率(kg/h);

B——燃料消耗量(kg/h 或 Nm^3/h);

Q_L^y——燃料的应用基低位发热量(kJ/kg 或 kJ/Nm^3).

不同行业也有不同的称呼,如加热炉的煤钢比(kg 煤/kg 钢),水泥窑的单位熟料热耗(kJ/kg 熟料),冲天炉的焦铁比(t 焦炭/t 铁)等.

我国几种主要中小型窑炉的单位产品燃耗(热耗)的先进水平见表 8-2-2.

表 8-2-2 几种窑炉的单位热(燃)耗水平

炉 型		常 用能耗指标	单 位	数 量	窑炉热效率 η
轧钢连续加热炉		吨钢热耗	kJ/t	50×10^4	40%
燃煤锻造加热炉		煤钢比	t 标准煤/t 钢	$0.3:1\sim0.5:1$	6%~10%
冲 天 炉		焦铁比	t 焦炭/t 铁	1:10	46%
器皿玻璃熔窑	池 窑	公斤玻璃液热耗	kJ/kg	10400	24%
	坩埚窑			18800~37600	5%~10%
水泥窑	小立窑	公斤熟料热耗	kJ/kg	4200	40%
	湿法回转窑			5800~7100	23%~28%
红砖窑	轮 窑	万砖煤耗	t 标准煤/万砖	1.0	45%
	隧道窑			1.2~1.4	32%~38%
石灰立窑		吨石灰煤耗	kg 标准煤/t 石灰石	100%	60%

3. 工业窑炉的热效率

按国家标准,工业窑炉的热效率由下式求得:

$$\eta = \frac{Q_{ef}}{Q_s}\times100\%, \tag{8-2-1}$$

或

$$\eta = \frac{Q_s - Q_l}{Q_s}\times100\%$$
$$= \left(1-\frac{Q_l}{Q_s}\right)\times100\%,$$

式中:

Q_{ef}——有效热量;

Q_s——供给热量;

Q_l——损失热量.

对于加热以高温出炉产品为目的的工业窑炉,有效热量等于被加热物体在炉内获得的热量.

4. 装置能量利用率 η_{n_1}

对于被加热产品在高温下不取出,而是等到冷却后再出炉的窑炉,冷却制品的显热可以再利用,称之为重热利用.它可以视为一个由用热设备(预热烧成带)和一个制品冷却换热设备组成的装置.设计或鉴定这种窑炉时,先作分区段的热平衡,求取各段热效率,然后在此基础上列出全窑的热平衡方程式:

$$Q_s + Q_h + Q_r = Q_{ef} + Q_r + Q_l,$$

式中:
Q_s——供给热量;
Q_h——物料带入的热量;
Q_r——回收利用的热量;
Q_{ef}——装置输出的热量;
Q_l——损失热量.

取 $Q_{ef} + Q_r$ 为有效利用的热量,来求取窑炉的能量利用率:

$$\eta_{n_1} = \frac{Q_{ef} + Q_r}{Q_s + Q_h + Q_r} \times 100\%$$

或

$$\eta_{n_1} = \left(1 - \frac{Q_s}{Q_s + Q_h + Q_r}\right) \times 100\%. \tag{8-2-2}$$

显然,追求较多的回收热量以节约燃料是这类窑炉节能的重要方向.

5. 产品质量

产品质量指标随窑炉和产品的不同而异,主要指标为:成品率、一级品率、氧化烧损率等.

6. 筑炉材料及辅助材料消耗

工业窑炉每两次大修期间的工作时间称为窑炉的寿命,亦称炉龄.每炉龄期间单位产品的耐火材料消耗量是一个重要的经济指标.因耐火材料通常是价值很高的"载能体",所以它也是考核工业窑炉消耗的一个重要指标.尤其对于炉龄较短的金属熔化炉、玻璃熔窑及金属加热炉,更应注意.

其余辅助材料,如金属熔炼炉的合金用料,造渣剂用量,陶瓷器烧成窑的装料辅具用量等,也应列入消耗指标.

7. 人员及环境保护指标

工业窑炉对室内外环境的污染和对人体的危害,按国家环保部门对烟尘黑度、浓度、含毒气体的浓度、噪音等级的有关条例考核.此外,操作人员多少也涉及窑炉工作的经济指标.

三、工业窑炉的热平衡

工业窑炉的热效率(见表 8-2-2)和锅炉的热效率(60%~90%)相比相差甚

远,主要原因是被加热物料的最终温度不同.烟气只能在比物料温度高时才能把热量传给物料,因此对工业窑炉来说,除了在冷炉升温的一个短时间外,烟气必须以很高的温度离开炉子.要想进一步提高工业窑炉的热效率,必须对烟气余热进行有效的回收,对高温物料也要设法进行重热利用.

工业窑炉尽管种类繁多,工艺各异,但就能量的收支情况来说,不外乎表 8-2-3 中所列出的各项.

表 8-2-3 工业窑炉热平衡项目表

序号	热收入项名称	符号	序号	热支出项名称	符号
1	燃料化学能(或电能)	Q_f	1	物料带出显热	Q_1
2	燃料物理热	Q_p	2	排烟热损失	Q_2
3	空气带入热	Q_a	3	烟气不完全燃烧损失	Q_3
4	化学反应放热	Q_c	4	固体不完全燃烧损失	Q_4
5	物料显热	Q_h	5	炉体蓄热、散热损失	Q_5
6	蒸汽带入热焓	Q_{wr}	6	孔、洞辐射热损失	Q_6
7	其他热收入	Q_{tr}	7	炉门逸出烟气热损失	Q_7
			8	水冷热损失	Q_8
			9	化学反应吸热	Q_9
			10	其他热支出	Q_0

考察窑炉本体的能量利用,可以建立其热平衡模型,如图 8-2-1 所示.图中,窑炉分成两部分,即本体和能量回收设备.回收的热量及其用途有:

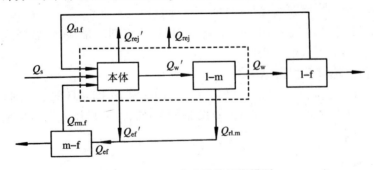

图 8-2-1 工业窑炉热平衡模型

(1) 余热用于预热物料(1-m)，收回的热量为 $Q_{\text{rl.m}}$；

(2) 余热用于预热燃料(1-f)，收回的热量为 $Q_{\text{rl.f}}$；

(3) 重热用于预热燃料(m-f)，收回的热量为 $Q_{\text{rm.f}}$.

本体是窑炉的主要部分，其能量平衡为

$$Q_{\text{s}} + Q_{\text{rl.f}} + Q_{\text{rm.f}} = Q_{\text{ef}}' + Q_{\text{w}}' + Q_{\text{rej}}', \tag{8-2-3}$$

或

$$Q_{\text{s}} + Q_{\text{r.f}} = Q_{\text{ef}}' + Q_{\text{l}}', \tag{8-2-4}$$

式中：

Q_{ef}'——由本体供给物料的有效能量；

Q_{rej}'——本体排放于环境的能量；

Q_{w}'——可以进行回收的能量；

$Q_{\text{l}}' = Q_{\text{rej}}' + Q_{\text{w}}'$——本体损失的能量；

$Q_{\text{r.f}} = Q_{\text{rl.f}} + Q_{\text{rm.f}}$——预热燃料所回收的能量.

有时，余热用于预热物料的设备(1-m)无法与本体严格区分，或不需单独考察时，将其并入本体，如图 8-2-1 中虚线框所示. 这种扩大了的本体的能量平衡为

$$Q_{\text{s}} + Q_{\text{r.f}} = Q_{\text{ef}} + Q_{\text{rej}} + Q_{\text{w}}. \tag{8-2-5}$$

窑炉节能，就是在获得同样多的有效能量时，尽量使供给的能量 Q_{s} 减少. 由 (8-2-4)式和(8-2-5)式可知，要减少 Q_{s}，就要设法减少本体或扩大了的本体的各项损失，并尽量增加能量的回收.

四、窑炉本体的各项能量损失

输入窑炉本体的能量除部分传递给物料外，其他均以各种途径损失掉，它们分别是：

1. 排烟热损失

当离开窑炉本体的烟气温度为 t_{g} 时，每小时的排烟损失为

$$Q_2 = B[V_{\text{g}}^0 \cdot c_{\text{g}} \cdot t_{\text{g}} + (\alpha - 1)V_{\text{a}}^0 \cdot c_{\text{a}} \cdot t_{\text{g}}](\text{kJ/h}) \tag{8-2-6}$$

或

$$Q_2 = B[H_{\text{g}} + (\alpha - 1)H_{\text{a}}](\text{kJ/h}), \tag{8-2-7}$$

式中：

B——燃料消耗量(kg(或 Nm^3)/h)；

α——过量空气系数；

$V_{\text{a}}^0, V_{\text{g}}^0$——单位燃料的理论空气量和理论烟气量($\text{Nm}^3/\text{kg}$(或 Nm^3))；

$c_{\text{g}}, c_{\text{a}}$——烟气和空气的定压比热($\text{kJ}/(\text{Nm}^3 \cdot \text{℃}))$；

H_g——单位燃料理论烟气在温度为 t_g 时的焓(kJ/kg(或 Nm³));

H_a——单位燃料理论空气在温度为 t_g 时的焓(kJ/kg(或 Nm³)).

当排烟损失以供给能量(燃料的发热量)的相对值表示时,为

$$q_2 = \frac{Q_2}{BQ_L} = \frac{H_g + (\alpha - 1)H_a}{Q_L}, \qquad (8\text{-}2\text{-}8)$$

式中,Q_L 为燃料低位发热量(kJ/kg(或 Nm³)).

V_g^0,V_a^0 取决于燃料,故对于确定的燃料,H_g,H_a 只是烟气温度的函数,通过燃烧计算可以绘制成 H-t 图,如图 8-2-2～图8-2-4所示.利用 H-t 图计算 q_2,不但方便迅速,而且少出差错.

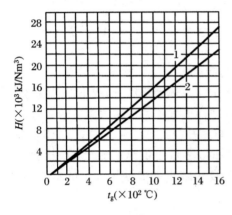

图 8-2-2 重油的 H-t 图
$Q_L = 40200$ kJ/kg; 1—H_g; 2—H_a

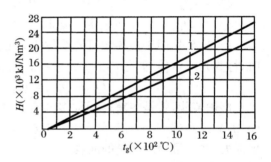

图 8-2-3 天然气的 H-t 图
$Q_L = 36800$ kJ/Nm³; 1—H_g; 2—H_a

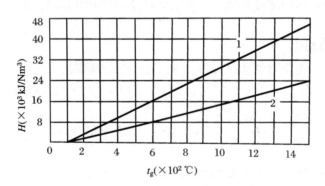

图 8-2-4 发生炉煤气的 H-t 图
$Q_L = 5100$ kJ/Nm³; 1—H_g; 2—H_a

显然,排烟损失率不但随 t_g 和 α 的增加而增加,而且还受燃料种类的影响.对于同样的 t_g 和 α,燃用不同的燃料,其损失率是不一样的.图 8-2-5 表示了这种影响.

2. 烟气不完全燃烧损失

这是由于烟气中含有未燃烧的可燃气体成分,如 CO, H_2 等,从而引起不完全燃烧损失,其计算式为

$$Q_3 = B[V_g^0 + (\alpha - 1)V_a^0]$$
$$\cdot (126.4CO + 108H_2 + 358.4CH_4)(kJ/h) \quad (8\text{-}2\text{-}9)$$

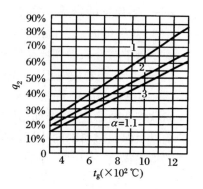

图 8-2-5 燃料种类对排烟损失率的影响
1—发生炉煤气; 2—天然气;
3—重油

式中,H_2, CO, CH_4 分别为烟气中氢、一氧化碳和甲烷的体积百分含量.

3. 固体不完全燃烧损失

燃用固体燃料时,因炉渣中含有未燃尽的炭而引起固体不完全燃烧损失,其计算式为

$$Q_4 = 32780 G_{sl} \cdot \frac{C_{sl}}{100}(kJ/h), \quad (8\text{-}2\text{-}10)$$

式中:

G_{sl}——炉渣量(kg/h);

C_{sl}——炉渣中炭的重量百分比含量.

有时烟气中也含有未燃尽的炭粒,会增加固体不完全燃烧损失.

4. 炉体蓄热、散热损失

连续操作,即稳定操作的窑炉壁的散热损失与间歇作业的窑炉壁的热损失是不一样的,因为后者有所谓的"蓄热"损失.

(1) 稳定操作时的炉壁散热损失

工业窑炉的炉壁,一般都是用多种耐火材料、保温材料等砌筑成多层壁,在稳定工作状况下,可按多层平壁的传热公式计算其散热量,即

$$Q_5' = \frac{t - t_0}{\sum \frac{\delta}{\lambda} + \frac{1}{\alpha_0}} \cdot F(kJ/h), \quad (8\text{-}2\text{-}11)$$

式中:

δ——各层壁的厚度(m);

λ——各层壁的导热系数(kJ/(m·h·K));

t——炉壁的内表面温度;

α_0——炉壁外表面和环境的热换系数,包括辐射和对流(kJ/(m²·h·K));

F——炉壁外表面面积(这里忽略掉内、外表面面积的差别).

(2) 间歇操作时的蓄热损失

间歇作业的窑炉,操作期(开炉)和空闲期(停炉)是相互交替的.开炉期间储存于炉壁以及保温材料内的热量,到停炉期间会逐渐地散失到周围的环境中去,称为炉壁的蓄热损失.每开炉、停炉一次就损失一次,所以一个操作周期内的蓄热损失应为

$$Q_5'' = F \cdot \sum \delta \cdot \rho \cdot c(t_1 - t_2)(\text{kJ}/\text{周期}), \quad (8\text{-}2\text{-}12)$$

式中:

ρ——各层炉壁的密度(kg/m³);

c——各层炉壁的平均比热(kJ/(kg·K));

t_1——各层炉壁在操作终了时的平均温度(℃);

t_2——各层炉壁在操作开始时的平均温度(℃).

如果停炉期足够长,则 t_2 接近于环境温度,这时蓄热损失达到最大.为减少蓄热损失,显然宜采用较薄(δ 小)和轻质(ρ 小)的炉壁.

这样,炉壁的散热蓄热损失为

$$Q_5 = Q_5' + Q_5''.$$

5. 孔、洞辐射热损失

通过开启着的炉门、窥孔或其他各种开孔炉内向外的辐射热量即为孔、洞辐射热损失.对于不太大的孔,在对外辐射时可以看成黑体,其辐射率为 1.但由于有较厚的炉壁参与热交换,吸收了部分从开孔中辐射出来的热量,并将部分热量辐射回炉内,起到了一种遮辐作用.由此,可以得到开孔处的辐射热损失为

$$Q_6 = 20.43\left(\frac{T}{100}\right)^4 \cdot F \cdot \varphi \cdot \frac{\psi}{60}(\text{kJ/h}), \quad (8\text{-}2\text{-}13)$$

式中:

T——开孔处炉温(K);

F——开孔面积(m²);

ψ——1 小时内孔的开启时间(min);

φ——遮辐系数.

φ 的值与开孔形状以及孔的直径或最小宽度 d 与壁厚 δ 的比值 $\frac{d}{\delta}$ 有关,详见

图 8-2-6.

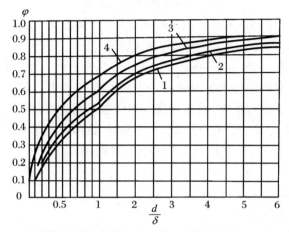

图 8-2-6 遮辐系数与开孔形状的关系
1—圆形孔； 2—正方形孔； 3—2∶1 矩形孔； 4—很长的缝

一般来说,窑炉壁上不止一个开孔(门),计算此项损失时,应将所有孔(门)的辐射热损失相加.

6. 从炉门处逸出烟气的热损失

有的工业窑炉为了维持炉内高温,或为了避免物料的氧化,需要阻止冷空气进入炉内,故采用微正压操作,这样在炉门开启时烟气就会由门处逸出,引起热损失. 通常,炉子的零压面控制在炉门的下沿,既不致漏冷空气,又可使逸出的烟气量最小. 在此条件下,逸出的烟气量为

$$V = \frac{2}{3}\mu F \sqrt{\frac{2gH(\rho_a - \rho)}{\rho}} \cdot \frac{3600}{1+\frac{t}{273}} \cdot \frac{\psi}{60} (\text{Nm}^3/\text{h}), \qquad (8\text{-}2\text{-}14)$$

式中:

F——炉门面积(m^2);

H——炉门高度(m);

t——逸出的烟气温度(℃);

ρ——逸出烟气的密度(kg/m^3);

ρ_a——环境空气的密度(kg/m^3);

g——重力加速度,为 $9.81\text{m}/\text{s}^2$;

μ——流量系数. 当壁厚 $\delta > 3.5H \sim 4H$ 时,$\mu = 0.82$;当 $\delta < 3.5H \sim 4H$ 时,$\mu = 0.62$.

由以上算得的烟气量,可以计算出逸出烟气的热损失为
$$Q_7 = V \cdot c_g \cdot t_g (\text{kJ/h}). \tag{8-2-15}$$
利用分析烟气的成分来计算烟气的总量时,此部分烟气已包括在烟气的总量中,不需单独计算,因此时的 Q_2 中已包括 Q_7。

7. 水冷热损失

工业窑炉中,有些结构为了保证有一定的刚度和强度等,需要用水冷却,从而引起热损失。为减少这种损失,通常对这些构件包以耐火绝热材料,所以,热损失可以用传热的方法来计算。当知道冷却水的流量时,也可以按下式进行计算:
$$Q_8 = 4.18 G \cdot \Delta t (\text{kJ/h}), \tag{8-2-16}$$
式中:

G——冷却水的流量(kg/h);

Δt——冷却水的温升(℃)。

工业窑炉中除了以上各种热损失外,还会遇到其他热损失,可以根据这些热损失的来源具体进行分析,利用相关的数据进行计算。

五、提高工业窑炉热效率的途径

工业窑炉中都进行着燃烧和传热两个过程,为了讨论问题的方便,我们可将两个过程分开,分别加以讨论。这样,可将窑炉的热效率写成
$$\eta = \frac{Q_{ef}}{Q_s} = \frac{Q_H}{Q_s} \cdot \frac{Q_{ef}}{Q_H}, \tag{8-2-17}$$
式中,Q_H 为单位燃料燃烧后留在炉内的热量,等于燃料燃烧释放的热量与排烟热损失之差,即为
$$Q_H = Q_{ef} + Q_5 + Q_6 + Q_8 + V_a c_a t_a$$
$$= Q_L + V_a c_a t_a - V_g c_g t_g - Q_3 - Q_4.$$
令
$$\eta_1 = \frac{Q_H}{Q_L}, \tag{8-2-18}$$
式中,Q_L 为燃料的低位发热值。可见,η_1 是一个衡量燃料燃烧放出的热量除去排烟不完全燃烧损失之后留在炉膛里份额的系数。根据绝热燃烧的定义,有
$$Q_L + V_a \cdot c_a \cdot t_a = V_g \cdot t_{ad}^* \cdot c_g,$$
式中,t_{ad}^* 为绝热燃烧温度。

设空气不预热时的绝热燃烧温度为 t_{ad},则
$$Q_L = V_g \cdot c_g \cdot t_{ad},$$

将上式代入(6-2-18)式,得

$$\eta_1 = \frac{V_g \cdot c_g \cdot t_{ad}^* - V_g \cdot c_g \cdot t_g - Q_3 - Q_4}{V_g \cdot c_g \cdot t_{ad}}. \tag{8-2-19}$$

如果不计不完全燃烧损失,忽略不同温度下 c_g 的差别,并认为炉膛内和炉膛出口处的空气过量系数相同,则(8-2-19)式可以简化为

$$\eta_1 = \frac{t_{ad}^* - t_g}{t_{ad}}. \tag{8-2-20}$$

又令

$$\eta_2 = \frac{Q_{ef}}{Q_H}, \tag{8-2-21}$$

则 η_2 表示燃料燃烧后留在炉内的热量被物料所吸收的份额. 这样,工业窑炉的效率为

$$\eta = \eta_1 \cdot \eta_2.$$

所以,要提高工业窑炉的热效率,必须从提高 η_1 和 η_2 两方面入手.

1. 提高 η_1 的途径

由以上分析可以看出,η_1 与燃料的低位发热量 Q_L、空气过量系数、空气的预热温度(预热燃料时也要计算)t_a、排烟温度 t_g 以及不完全燃烧损失 Q_3,Q_4 有关.

几种不同燃料在不同的 t_g,t_a,α 时的 η_1 见表8-2-4. 由表中数据可以明显看出:

表 8-2-4 几种不同的燃料在不同 t_g,t_a,α 下的 η_1

t_g(℃)	α	燃料种类											
		烟煤 $Q_L=29300$ kJ/kg			焦炉煤气 $Q_L=16700$ kJ/kg			发生炉煤气 $Q_L=5600$ kJ/kg			重油 $Q_L=41800$ kJ/kg		
		空气预热温度 t_a(℃)											
		0	200	400	0	200	400	0	200	400	0	200	400
800	0.8	0.45	0.51	0.56	0.47	0.52	0.58	0.40	0.45	0.49	0.54	0.59	0.65
	1.0	0.67	0.74	0.81	0.66	0.72	0.79	0.57	0.62	0.67	0.68	0.75	0.81
	1.2	0.61	0.69	0.78	0.60	0.68	0.76	0.52	0.58	0.65	0.61	0.69	0.77
1200	0.8	0.30	0.35	0.41	0.31	0.36	0.41	0.18	0.23	0.27	0.40	0.45	0.51
	1.0	0.43	0.55	0.62	0.46	0.53	0.59	0.32	0.38	0.43	0.50	0.57	0.63
	1.2	0.40	0.48	0.56	0.38	0.46	0.54	0.25	0.31	0.38	0.40	0.48	0.56

续表

$t_g(℃)$	α	燃 料 种 类									
		烟 煤			焦炉煤气			发生炉煤气			重 油		
		$Q_L=29300$ kJ/kg			$Q_L=16700$ kJ/kg			$Q_L=5600$ kJ/kg			$Q_L=41800$ kJ/kg		
		空气预热温度 $t_a(℃)$											
		0	200	400	0	200	400	0	200	400	0	200	400
1600	0.8	0.13	0.18	0.34	0.14	0.19	0.24	—	—	—	0.25	0.30	0.36
	1.0	0.23	0.35	0.43	0.26	0.32	0.39	—	—	—	0.32	0.39	0.45
	1.2	0.16	0.25	0.33	0.15	0.22	0.30	—	—	—	0.18	0.26	0.34

（1）排烟温度越高，每升高同样数值的排烟温度，η_1 下降得越多，所以高温窑炉越要注意余热的利用．

（2）α 值等于 1.0 时，η_1 最高；$\alpha<1$（不完全燃烧）时，η_1 下降得更多．

（3）空气预热温度 t_a 增高，η_1 值增大，而且 t_g 越高，η_1 随 t_a 增加越多．

（4）燃料发热量越低，空气预热同样的温度，使 η_1 增加得更大．所以，燃料的发热量越低，越要注意空气的预热．

从以上分析可以看出，提高 η_1 就是尽可能让燃料燃烧放出的热量多留一些在炉膛里，具体措施为：

（1）严格控制燃烧空气过量系数 α．对于无特殊炉膛气氛要求的窑炉，希望燃料在尽可能接近 $\alpha=1$ 的条件下能完全燃烧．因此，首先要按燃料消耗量合理配给空气量，并采用雾化、混合、着火与燃烧条件良好的燃烧方式．最好能达到风、燃料自动比例调节．但是，现在绝大多数窑炉采用眼睛看火、人工调节的操作方法，这样，因 $\alpha<1$ 而造成炉门冒黑烟的现象容易发现，但因 α 过大而出现的火焰发白现象却常常被忽略．α 过大除了导致炉内严重氧化以外，为了维持一定的炉温，也要多耗燃料，排烟损失也要相应地增加，使窑炉的热效率降低．图 8-2-7 为燃烧重油时排烟热损失与过量空气系数的关系，可以看出排烟温度愈高，影响愈大．

（2）利用烟气余热或高温产品显热预热空气或燃料（通常指煤气）．有些炉子形式上也装有换热器，但不注意预热的实际效果．其一是造型、设计不合理，效率低；二是换热器维护保养不好，由于烟灰堵塞、器壁漏风等，使换热器的效率降低；三是热风管路保温不好，使热风入炉的温度大大低于换热器出口温度．还有些炉子虽装有热风管道和换热器，但又从炉膛与烧嘴间的缝隙吸进许多冷空气．

如果冷空气量达到助燃空气量的一半,那么实际助燃空气的平均温度只有预热空气的一半.

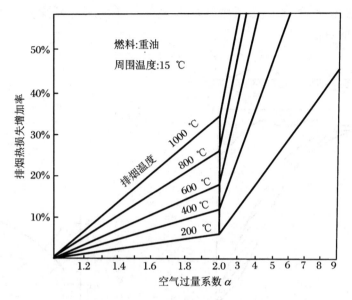

图 8-2-7 排烟热损失增加率与过量空气系数 α 的关系

(3) 炉膛内加设预热段,利用加热段的高温烟气预热入炉物料.图 8-2-8 所示为连续式加热炉,全炉区分为均热段、加热段和预热段.烟气自炉头流向炉尾,在加热段温度最高,在预热段中温度逐渐降低.钢坯自尾部进料口入炉,用机械方法将其沿水冷滑轨管连续移向炉头出料口.钢坯在预热段被加热到规定的温度,最后在均热段,表面温度与中心温度趋于一致.在预热段能将钢坯的温度加热到 700～900 ℃,同时将排烟温度由 1300 ℃ 以上降至 1000 ℃ 左右.与没有预热段的室状炉相比,仅这一项带来的燃料节约为一半以上.环形炉、隧道窑、轮窑等都装有预热段.

(4) 延长炉子的长度,相当于增加"逆流换热器"的传热面积,可进一步降低烟气的温度,减少排烟损失,炉子的热效率也随之提高,如图 8-2-9 所示.但是,随着排烟温度降低,烟气向单位表面积钢坯的传热量也急剧减小,使排烟温度降低的速度减慢.另一方面,延长炉子长度,就要增加水冷滑轨管的长度和炉壁表面积,使水冷损失和炉壁散热损失增加.总的结果是,热效率的提高随着炉子长度的增加而渐趋缓慢.

2. 提高 η_2 的途径

对于已有的窑炉,单位时间燃料燃烧留在炉内的热量,除了被物料吸收的热量外,其余为散热、水冷、蓄热等项热损失. 提高 η_2 的途径就是减少上述热损失,让物料得到更多的热量.

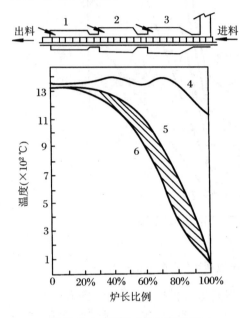

图 8-2-8　连续式钢坯加热炉

1—均热段；　2—加热段；　3—预热段；
4—烟气温度；　5—钢坯表面温度；
6—钢坯心部温度

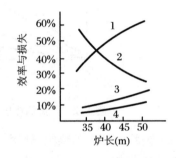

图 8-2-9　炉长与热效率的关系

1—热效率；　2—排烟损失；
3—水冷损失；　4—散热损失

(1) 创造好的炉膛传热条件

被加热物料,在工艺允许的升温速率下,总是升温越快越节约燃料. 炉膛内火焰或炉壁对工件的加热,有对流和辐射两种方式.

对流传热的基本公式为

$$Q_h = h \cdot \Delta t \cdot F, \tag{8-2-22}$$

式中:

Q_h——对流传热量(kJ/h);

h——对流换热系数(kJ/(m²·h·℃));

Δt——物料与气流的平均温度(℃);

F——对流换热面积(m²).

所以,增加对流传热的途径主要是提高气流速度和气流温度以及增大接触面积,利用高速烧嘴冲击加热金属就是一例.中低温炉对流传热占的比重大,可以采用强制烟气对流代替自然对流.如气体向固体表面喷射的对流传热,如图 8-2-10 所示,喷嘴下面驻点处的传热系数非常高,即使是壁射流区域,传热系数要稍小一些,但平均传热系数也比一般气流对流换热系数高很多.当 $\frac{H}{D}=8$, $v_0=42$ m/s 时,壁射流区离驻点 r 处的传热系数为

$$h_r = 244\left(\frac{r}{D}\right)^{-\frac{1}{3}} (\text{W}/(\text{m}^2 \cdot \text{K})). \tag{8-2-23}$$

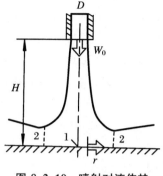

图 8-2-10　喷射对流传热
1—驻点；　2—壁射流区

当 $r=0$ 时,有

$$h_r = h_0 = 244(\text{W}/(\text{m}^2 \cdot \text{K})),$$

为驻点处的对流传热系数.

炉内辐射传热比较复杂,传热方式有两种,可借炉内烟气辐射给炉壁,再由炉壁辐射给被加热的物料,以及炉气直接辐射给被加热物料.辐射传热的基本公式为

$$Q_f = 20.43\varepsilon\left[\left(\frac{T_1}{100}\right)^4 - \left(\frac{T_2}{100}\right)^4\right]F(\text{kJ/h}), \tag{8-2-24}$$

式中:

T_1——高温热源温度(K);

T_2——低温受热面温度(K);

F——受热面积(m^2);

ε——辐射系数($\text{kJ}/(\text{m}^2 \cdot \text{K}^4 \cdot \text{h})$),与炉气的黑度与炉壁黑度等因素有关.

由(8-2-24)式可以看出,增强辐射传热的途径一是增高炉气与炉壁的温度,二是增大火焰与炉壁的黑度.火焰辐射能力取决于其中三原子气体(CO_2 和 H_2O)以及游离碳粒子(细粒燃料或碳氢化合物裂解)的含量.有些炉子人为地往煤气中掺入重油或煤粉,称为"火焰增碳",就是为了提高火焰黑度.提高炉壁黑度的方法有喷涂黑度高的耐火材料等.第三条途径是合理布料,以增大传热面积.步进式加热炉允许钢坯分开排放(同推钢式连续加热炉相比),由双面加热变为四面加热,生产率提高,单位燃料消耗量下降.

(2) 减少炉膛各项热损失

减少炉膛各项热损失的意义不但可以从炉子热平衡表中直接看出,更因为燃料燃烧后留在炉膛中的热量的价值远比燃料本身的热价值要高.例如,玻璃熔池的排烟温度为1600 ℃,空气预热为400 ℃,以 $\alpha=1.2$ 的条件燃烧重油,由表8-2-4查得 $\eta_1=0.34$.由(8-2-18)式得

$$\eta_1 = \frac{Q_H}{Q_L},$$

所以

$$Q_L = \frac{Q_H}{\eta_1} = \frac{Q_H}{0.34} \approx 3Q_H.$$

上式说明,熔池中得到 1 kJ 的热量,燃料就要放出 3 kJ 的燃烧热量.所以,减少炉膛的热损失,可以获得很好的节能效果.

① 减少孔洞辐射热损失.应从结构和操作两个方面来注意,如减少炉体的孔洞及其开启时间,砖缝严密并外包钢板,炉门、门框及窥视孔等构件关闭严密等.

② 采用合适的炉墙(顶)结构,减少炉墙散热及蓄热损失.

工业窑炉中,通过绝热层散失于环境中的热量占有相当的份额,个别炉子,例如间歇作业的锻造炉可达45%,间歇作业的电阻式热处理炉高达40%~60%.加强隔热保温,对工业窑炉来说是一项有力的节能措施,特别是对那些散热损失率较高的炉子,节能效果更为显著.

对于高温工业窑炉,通常以能耐高温的耐温砖作内层,以隔热性能好的轻质砖或隔热板作外层,即采用多层结构.

从节能角度看,耐火、隔热材料的性能指标有导热系数、密度和比热.耐火、隔热材料的品种很多,即使是同类产品,其性能指标也有差异,表8-2-5提供的指标为常用材料的平均数据.

表 8-2-5 几种常用耐火、隔热材料的性能

名 称	最高工作温度(℃)	ρ (kg/m³)	λ (W/(m·K))	c (kJ/(kg·℃))
硅藻土砖	900	550	$0.145+0.19\times10^{-3}t$	$0.71+0.23\times10^{-3}t$
轻质黏土砖	1300	800	$0.29+0.26\times10^{-3}t$	$0.84+0.26\times10^{-3}t$
耐火黏土砖	1450	2000	$0.84+0.5\times10^{-3}t$	$0.84+0.26\times10^{-3}t$
硅 砖	1700	1900	$0.93+0.7\times10^{-3}t$	$0.79+0.29\times10^{-3}t$
高 铝 砖	1400	2500	$1.54+1.3\times10^{-3}t$	$0.92+0.25\times10^{-3}t$

③ 增加炉壁的厚度.特别是那些隔热性能好的材料,增加厚度可以有效地减少炉壁的散热损失,如图 8-2-11 所示.

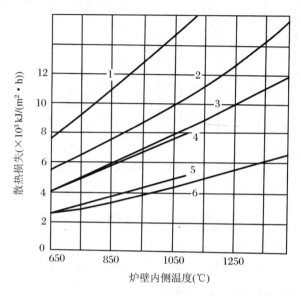

图 8-2-11　炉壁散热损失

1—黏土砖 230 mm；　2—黏土砖 340 mm；　3—黏土砖 460 mm；
4—黏土砖 113 mm＋轻质砖 65 mm；　5—黏土砖 113 mm＋轻质砖 113 mm；
6—黏土砖 230 mm＋轻质砖 113 mm(或绝热板 65 mm)

间歇作业的炉子的蓄热损失,由(8-2-13)式可知,当采用轻质薄层炉壁结构时可以大大降低.但为了不致在炉壁减薄的情况下增加散热损失,材料的导热系数应尽量小.近几年来开发的耐火纤维轻质材料是一种质轻、导热系数小、耐高温的新材料.

耐火纤维的最高工作温度随品种而异,硅酸铝纤维为 1200 ℃,氧化铝纤维为 1600 ℃,氧化锆纤维为 2000 ℃.

因耐火纤维材料的密度很小,应用耐火纤维可以使间歇作业的炉子的炉壁轻型化.与传统炉壁相比,理论和实践都说明,可使蓄热损失下降九成多.

图 8-2-12 和表 8-2-6 表示了一个采用耐火纤维的计算实例.按(8-2-11)式计算散热量,按(8-2-12)式计算蓄热量,环境温度为 25 ℃,有关耐火材料的数据取自表 8-2-5,图中所示的温度为操作终了时的温度.

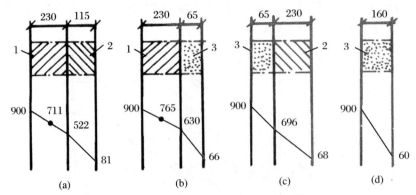

图 8-2-12 计算实例的几种炉壁结构
1—轻质黏土砖； 2—硅藻土砖； 3—耐火纤维

表 8-2-6 不同炉壁结构的散热量和蓄热量

炉壁结构	A	B	C	D
壁厚(mm)	345	295	295	160
散热量(kJ/(m²·h))	2826	2056	2165	1758
散热量百分比	100%	72.7%	76.6%	62.2%
蓄热量(kJ/(m²·周期))	149100	149330	45350	10300
其中：内层	134200	146300	6950	
外层	14900	3030	34840	
蓄热量百分比	100%	100.2%	30.5%	6.9%
炉壁重量(kg/m²)	247	194	137	26
炉壁重量百分比	100%	78.5%	55.5%	10.5%

表 8-2-6 中，A 为传统炉壁结构，作为对比，B、C、D 为采用耐火纤维的 3 种方案，散热量分别减少到 72.7%，76.6% 和 62.2%，有一定的效果．C 和 D 的蓄热量分别减少到 30.5% 和 6.9%，效果非常明显．B 虽然也采用了耐火纤维，但将其置于外层，致使内层轻质砖的平均温度反而比 A 还高，从而使蓄热量略高于 A，显然是一种错误的结构．

为了推钢方便，也为了减少摩擦力，推钢式连续加热炉炉底安装有推钢滑道，通常是水冷的，称为水冷滑道．当水冷滑道在炉内裸露时，冷却水带走的热量占全炉热收入的 20%～30%．更因为冷却水带走的热量并不都是从炉气中直接得到的,据计算约有一半来自炉内已加热的钢坯,因此水冷热损失的危害就更为严重. 片面提倡"余热利用",利用水冷管作为余热锅炉受热面的做法是极其错误的.减少水冷管根数与将水冷管包扎绝热,可以减少水冷热损失.图 8-2-13 给出了几种炉底滑道的结构形式.图中(a)为无绝热层的冷却滑道,这种结构对钢坯冷却作用强,被加热钢坯"黑印"大.用比较好的材料做滑道(例如 Cr38 耐热钢),并将高度加至 70~120 mm,同时用绝热材料包扎水管的结构叫热滑道或半热滑道,按其包扎层结构又可分为单层包扎(如图中(b))与双层包扎(如图中(c)).这种结构能将水冷损失减少约五分之四,滑道表面温度保持在 700~900 ℃,钢坯"黑印"显著减少.现在有一些单位正在进行热滑道材质、高度、包扎层结构等对钢坯加热质量及燃耗影响的综合研究工作,以选取最佳热滑道结构.对于一些小型加热炉,可以取消水冷滑道,而以陶瓷滑道代之,建成所谓"无水冷炉",这种滑道的结构如图中(d)所示. 此滑道砖用棕刚玉——碳化硅材质的耐火材料浇注,座砖采用高铝碳化硅材料.无水冷炉的钢坯温度均匀,热耗大幅度下降.

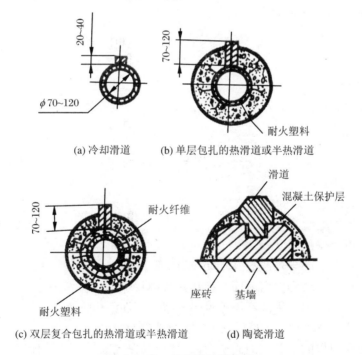

图 8-2-13 炉底滑道的种类

第三节 热工设备与热力管道保温

一、保温与节能

在热能转换、输送和使用过程中,都要进行隔热保温,以减少热能的损失.这不但可以节约大量的能源,而且可以保证生产工艺的需要.目前,不但各种输热管网进行隔热保温,而且有许多以前不保温的工业窑炉现都采取了很好的保温措施.

隔热保温的管道或设备,尽管形状各异,大小不一,但都可以归纳为圆筒壁或平壁的传热问题,所以其散热量可以运用平壁和圆筒壁的传热计算公式来计算.

1. 平壁

$1 m^2$ 表面的散热量为

$$q = \frac{t_i - t_a}{\frac{1}{\alpha_1} + \sum \frac{\delta_i}{\lambda_i} + \frac{1}{\alpha_2}} (kJ/(m^2 \cdot h)). \qquad (8\text{-}3\text{-}1)$$

2. 圆筒壁

1 m 长管子的散热量为

$$q = \frac{t_i - t_a}{\frac{1}{2\pi}\left(\frac{1}{r_1 \alpha_1} + \sum_{i=1}^{n} \frac{1}{\lambda_i} \ln \frac{r_{i+1}}{r_i} + \frac{1}{r_{n+1} \alpha_2}\right)} (kJ/(m^2 \cdot h)). \qquad (8\text{-}3\text{-}2)$$

上述两式中:

t_i——壁内热工质的温度(℃);

t_a——外界温度(℃);

δ_i——各层壁的厚度(m);

λ_i——各层壁的导热系数(kJ/(m·h·℃));

α_1——壁内工质和壁内表面的换热系数(kJ/(m²·h·℃));

α_2——壁外表面和周围环境的换热系数(kJ/(m²·h·℃));

r_i, r_{i+1}——分别为壁的第 i 层的内、外半径(m).

对装有保温层的平壁或圆筒壁,为了评价其保温效果,一般用保温效率 η 作为指标,其定义为

$$\eta = \frac{Q_0 - Q}{Q_0}. \qquad (8\text{-}3\text{-}3)$$

式中：

Q_0——保温前的散热量(kJ/h)；

Q——保温后的散热量(kJ/h).

由此可以得到平壁的保温效率为

$$\eta = 1 - \frac{\frac{1}{\alpha_1} + \sum_{i=1}^{n} \frac{\delta_i}{\lambda_i} + \frac{1}{\alpha_2'}}{\frac{1}{\alpha_1} + \sum \frac{\delta_i}{\lambda_i} + \frac{\delta}{\lambda} + \frac{1}{\alpha_2}}; \qquad (8\text{-}3\text{-}4)$$

圆筒壁的保温效率为

$$\eta = 1 - \frac{\frac{1}{r_1 \alpha_1} + \sum_{i=1}^{n} \frac{1}{\lambda_i} \ln \frac{r_{i+1}}{r_i} + \frac{1}{r_{n+1} \cdot \alpha_2'}}{\frac{1}{r_1 \alpha_1} + \sum_{i=1}^{n} \frac{1}{\lambda_i} \ln \frac{r_{i+1}}{r_i} + \frac{1}{\lambda} \ln \frac{r_{n+1} + \delta}{r_{n+1}} + \frac{1}{(r_{n+1} + \delta)\alpha_2}}. \qquad (8\text{-}3\text{-}5)$$

上两式中：

δ——保温层厚度(m)；

λ——保温层的导热系数(kJ/(m·h·℃))；

α_2'——保温后的外壁面和环境的换热系数(kJ/(m²·h·℃)).

保温的目的是尽量使散热损失减少，保温效率接近于 1. 对于圆筒壁来说，欲使保温效率 $\eta > 0$，必须满足下述条件：

$$\frac{1}{\lambda} \ln \frac{r_{n+1} + \delta}{r_{n+1}} > \frac{1}{r_{n+1} + \alpha_2'} - \frac{1}{(r_{n+1} + \delta)\alpha_2}.$$

如果 $\alpha_2' \approx \alpha_2$，即保温前后的外壁面和环境的换热系数很接近，则上式可以写成

$$\lambda < \frac{\alpha_2 r_{n+1}(r_{n+1} + \delta) \ln \frac{r_{n+1} + \delta}{r_{n+1}}}{(r_{n+1} + \delta) r_{n+1}}. \qquad (8\text{-}3\text{-}6)$$

上式说明，如果管道上所采用的保温材料的导热系数不满足(8-3-6)式，则保温效率会出现负值，这就意味着在此条件下的保温层不但达不到减少热损的目的，反而会增大热损. 这就是说，在一定的保温材料、一定的管径条件下，还存在着保温层的临界厚度问题. 出现这种情况时，要采取的措施一是换导热系数小的保温材料，二是增加保温层的厚度，直到满足(8-3-6)式为止.

二、保温层厚度的确定

在确定保温层厚度时，一般会遇到 3 个约束条件：

(1) 保证管道(或平壁)热损在规定的范围以内；

(2) 保证保温层表面温度在规定值以下；

(3) 使保温施工费用和保温后的热损失所折合的费用之和为最小，从而求得保温层的最佳经济厚度.

为了满足以上3个约束条件，保温层厚度的计算方法如下：

(1) 保证热损在规定的范围内

在规定热损 q 的情况下，如已知保温层的内表面温度（即热工设备或管道的外壁温度），壁内表面温度即为工质温度. 此外，环境温度 t_a 以及保温材料的导热系数 λ 和外表面换热系数 α_2 也为已知.

① 对于平壁

根据上述已知条件，则(8-3-1)式可以写为

$$q = \frac{t_i - t_a}{\sum \frac{\delta_i}{\lambda_i} + \frac{\delta}{\lambda} + \frac{1}{\alpha_2}}, \tag{8-3-7}$$

由上式可解得

$$\delta = \lambda \left(\frac{t_i - t_a}{q} - \sum \frac{\delta_i}{\lambda_i} - \frac{1}{\alpha_2} \right).$$

② 对于圆筒壁

因一般输热管道都为金属，且壁厚都较小，其热阻可以略去，这样管道外壁温度即为工质温度. 设管子外径为 r_{n+1}，保温层厚度为 δ，则保温层外径为 $r_{n+1} + \delta$. 这样，(6-3-2)式可以写为

$$q = \frac{t_i - t_a}{\frac{1}{2\pi} \left(\frac{1}{(r_{n+1} + \delta)\alpha_2} + \frac{1}{\lambda} \ln \frac{r_{n+1} + \delta}{r_{n+1}} \right)}.$$

如将上式分母中的 $\frac{1}{2\pi(r_{n+1} + \delta)\alpha_2}$ 作为相当的保温层厚度 $\Delta\delta$ 来考虑，则上式可以改写成

$$q = \frac{2\pi\lambda(t_i - t_a)}{\ln \frac{(r_{n+1} + \delta) + \Delta\delta}{r_{n+1}}},$$

于是

$$\ln \frac{r_{n+1} + \delta + \Delta\delta}{r_{n+1}} = \frac{2\pi\lambda(t_i - t_a)}{q},$$

即

$$r_{n+1} + \delta = r_{n+1} \cdot \exp\left(\frac{2\pi\lambda(t_i - t_a)}{q} \right) - \Delta\delta,$$

则保温层厚度为

$$\delta = r_{n+1}\left\{\exp\left[\frac{2\pi\lambda(t_i-t_a)}{q}\right]-1\right\}-\Delta\delta. \tag{8-3-8}$$

根据原先的假设条件,外表面换热热阻和附加在保温层外表面的一层厚度为 $\Delta\delta$ 的热阻相等,即

$$\frac{1}{2\pi(r_{n+1}+\delta)\alpha_2} = \frac{1}{2\pi\lambda}\ln\frac{r_{n+1}+\delta+\Delta\delta}{r_{n+1}+\delta},$$

即为

$$(r_{n+1}+\delta)\ln\left(1+\frac{\Delta\delta}{r_{n+1}+\delta}\right) = \frac{\lambda}{\alpha_2}. \tag{8-3-9}$$

当 $\frac{\Delta\delta}{r_{n+1}+\delta}$ 的值很小时,可以认为

$$\ln\left(1+\frac{\Delta\delta}{r_{n+1}+\delta}\right) \approx \frac{\Delta\delta}{r_{n+1}+\delta},$$

将上式代入(8-3-9)式中,可得

$$(r_{n+1}+\delta)\cdot\frac{\Delta\delta}{r_{n+1}+\delta} = \frac{\lambda}{\alpha_2},$$

所以

$$\Delta\delta = \frac{\lambda}{\alpha_2}.$$

将上式代入(8-3-8)式中,可得圆筒壁的保温层厚度为

$$\delta = r_{n+1}\left\{\exp\left[\frac{2\pi\lambda(t_i-t_a)}{q}\right]-1\right\}-\frac{\lambda}{\alpha_2}. \tag{8-3-10}$$

这里要强调的是,在使用(8-3-10)式计算圆筒壁的保温层厚度时,要注意假设条件.

(2) 保证保温层表面温度在规定值以下

如规定表面温度 t_s 必须低于某温度值,以保证作业环境,此时又要满足规定的热损失时,分别计算出两种情况下的保温层厚度,然后选取两者之中较大的.

① 对于平壁

由已知条件,(8-3-10)式可写成

$$q = \frac{t_i-t_s}{\sum\frac{\delta_i}{\lambda_i}+\frac{\delta}{\lambda}},$$

其中

$$t_s = t_a + \frac{q}{\alpha_2}.$$

解这两个联立方程,可得

$$\delta = \lambda\cdot\left(\frac{t_i-t_s}{(t_s-t_a)\alpha_2}-\sum\frac{\delta_i}{\lambda_i}\right). \tag{8-3-11}$$

② 对于圆筒壁

(6-3-2)式可以写成

$$q = \frac{t_i - t_s}{\frac{1}{2\pi\lambda}\ln\frac{r_{n+1}+\delta}{r_{n+1}}},$$

其中

$$t_s = t_a + \frac{q}{2\pi(r_{n+1}+\delta)\alpha_2}.$$

解以上联立方程,可得

$$(r_{n+1}+\delta)\ln\frac{r_{n+1}+\delta}{r_{n+1}} = \frac{\lambda}{\alpha_2} \cdot \frac{t_i - t_s}{t_s - t_a}. \tag{8-3-12}$$

上式要解成 δ 的简单函数是困难的,可以用作图法来加以解决. 将上式中的 r_{n+1} 作为参数,以 δ 作为纵坐标,$\frac{\lambda}{\alpha_2} \cdot \frac{t_i - t_s}{t_s - t_a}$ 为横坐标,作出线算图后求取,如图 8-3-1 所示.

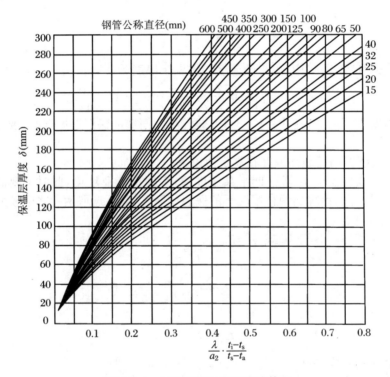

图 8-3-1 圆管壁保温层厚度线算图

(3) 经济保温层厚度的确定

前面已经提到了保温效率 η,如 $\eta=1$ 时,即完全绝热而无热损失.不管是平壁还是圆筒壁,在使用较好性能的保温材料后,如将保温层的厚度不断加大,则其保温效率会逐渐趋近于 1.但保温层越厚,其保温材料及施工费用就越大,而热损失的减少幅度却随保温层厚度的增加而逐渐减小.保温层外表面每年热损失折合的燃料费用随着保温层的厚度增加而减小,相反,保温材料及施工费用分摊到使用寿命内每年的费用随着保温层厚度的增加而增大.如图 8-3-2 中 A,B 曲线所示. A,B 两曲线之和为曲线 C,也就是说,C 为两种费用之和.所以,C 线最低点所对应的保温层厚度即为经济厚度.

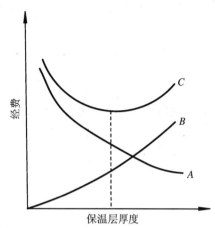

图 8-3-2 保温层经济厚度示意图

对平壁或圆筒壁的保温,使用不同的保温材料,都可以计算出一个经济厚度.将这些经济厚度下的费用进行比较,年费用最低的保温材料的经济厚度为最佳经济厚度.如果没有其他条件的约束,按此种保温材料的最佳经济厚度进行施工,则可获得最好的经济效益.

如果用计算方法求平壁及圆筒壁的保温层经济厚度,可按以下公式求取. 如已知:

a——保温层初投资价格(元/m^3);

b——热能价格(元/kJ);

δ——保温层厚度(m);

h——每年保温管道或设备的运行时数(时/年);

n——银行贷款复利利率;

m——偿还年限(年);

N——投资的每年偿还率,

设保温结构使用后每年所耗总费用为 F,则

$F=$(保温层结构的总投资转嫁到每年的费用)
　　$+$(保温后每年的热损失费用)(元/年).

① 对于平壁

略去(8-3-7)式中的 $\sum \dfrac{\delta_i}{\lambda_i}$ 项,则

$$F = a \cdot \delta \cdot N + \dfrac{\lambda \cdot b \cdot h(t_i - t_a)}{\delta + \Delta\delta} \quad (\text{元}/\text{年}),$$

式中：

$$\Delta\delta = \dfrac{\lambda}{\alpha_2}.$$

欲使每年所耗总费用最小,可将 F 对 δ 求导数,并令 $\dfrac{\mathrm{d}F}{\mathrm{d}\delta} = 0$,即

$$\dfrac{\mathrm{d}F}{\mathrm{d}\delta} = a \cdot N - \dfrac{\lambda \cdot b \cdot h(t_i - t_a)}{(\delta + \Delta\delta)^2} = 0.$$

则

$$\delta + \Delta\delta = \sqrt{\dfrac{b}{a} \cdot \dfrac{\lambda \cdot h(t_i - t_a)}{N}},$$

得

$$\delta = \sqrt{\dfrac{b}{a} \cdot \dfrac{\lambda h(t_i - t_a)}{N}} - \dfrac{\lambda}{\alpha_2} \quad (\text{m}). \tag{8-3-13}$$

② 对于圆筒壁

保温层结构中包括保温材料及保护层,它们的投资不同,通常可以分开计算. 如已知:

a_1——保温层材料价格(元/m³);

a_2——保护层价格(元/m²);

d_1——未保温时管道外径(m);

d_2——保温后管道外径(m),

则

$$F = \left[\dfrac{\pi}{4}(d_2{}^2 - d_1{}^2)a_1 + \pi d_2 a_2\right] \cdot N + \dfrac{bh(t_i - t_a)}{\dfrac{1}{2\pi}\left(\dfrac{1}{\lambda}\ln\dfrac{d_2}{d_1} + \dfrac{2}{d_2 \alpha_2}\right)}.$$

令

$$\dfrac{\mathrm{d}F}{\mathrm{d}d_2} = \dfrac{\pi}{2}(d_2 a_1 + a_2)N - \dfrac{2\pi \lambda bh(t_i - t_a)\left(\dfrac{1}{d_2} - \dfrac{2\lambda}{d_2{}^2 \alpha_2}\right)}{\left(\ln\dfrac{d_2}{d_1} + \dfrac{2\lambda}{d_2 \alpha_2}\right)^2} = 0,$$

则

$$\sqrt{\frac{\lambda bh(t_i - t_a)}{\left(a_1 + \frac{1}{d_2} \cdot a_2\right)N}} = \frac{\sqrt{d_2}}{2} \left(\frac{\ln\frac{d_2}{d_1} + \frac{2\lambda}{d_2 \alpha_2}}{\sqrt{\frac{1}{d_2} - \frac{2\lambda}{\alpha_2 d_2^2}}} \right),$$

即

$$\frac{\frac{d_2}{2}\ln\frac{d_2}{d_1} + \frac{\lambda}{\alpha_2}}{\sqrt{1 - \frac{2\lambda}{\alpha_2 d_2}}} = \sqrt{\frac{\lambda bh(t_i - t_a)}{\left(a_1 + \frac{2}{d_2}a_2\right)N}}. \tag{8-3-14}$$

由于

$$1 - \frac{2\lambda}{\alpha_2 d_2} = \frac{d_2 - \frac{2\lambda}{\alpha_2}}{d_2} \approx 1,$$

则(8-3-14)式可写成

$$\frac{d_2}{2}\ln\frac{d_2}{d_1} + \frac{\lambda}{\alpha_2} = \sqrt{\frac{\lambda bh(t_i - t_a)}{\left(a_1 + \frac{2}{d_2} \cdot a_2\right)N}}. \tag{8-3-15}$$

根据(8-3-15)式,可用线算图或试凑法求得 d_2,则经济保温层厚度 δ 为

$$\delta = \frac{d_2 - d_1}{2} \text{ (m)}.$$

③ 投资每年偿还率 N 的计算

设投资金额为 c 元,银行贷款利率为 n,每年收到的效益为 s 元. 如在 m 年能将初投资回收,则第一年未收回的余额为

$$c(1+n) - s;$$

第二年未收回的余额为

$$[c(1+n) - s](1+n) - s;$$

第三年未收回的余额为

$$\{[c(1+n)^2 - s(1+n)] - s\}(1+n) - s$$
$$= [c(1+n)^3 - s(1+n)^2 - s(1+n)] - s;$$

m 年后未收回的余额为

$$[c(1+n)^m - s(1+n)^{m-1} - s(1+n)^{m-2} - \cdots - s(1+n)] - s.$$

如果设 m 年后投资金额能全部收回,则上式为零,即得

$$c(1+n)^m = s[1 + (1+n) + (1+n)^2 + \cdots + (1+n)^{m-1}].$$

上式中,等号右边的第 2 个因子为一等比数列之和,其公比为 $1+n$,则

$$c(1+n)^m = s\left[\frac{(1+n)^m - 1}{n}\right].$$

所以

$$\frac{s}{c} = \frac{(1+n)^m n}{(1+n)^m - 1} = N,$$

式中，$\frac{s}{c}$ 即为投资每年偿还率 N.

三、保温材料及保温结构

供热管道的保温结构是由防锈层、保温层、保护层、防水层等几层材料组成的.

1. 防锈层

在敷设保温层前，必须先清理管子的表面，去除脏物及铁锈，再涂上防锈漆.

2. 保温层

保温层是保温结构的主要部分，其材料应满足以下要求：

(1) 导热系数要低，一般不应大于 0.84 kJ/(m·h·℃)；

(2) 有较高的耐热能力，不得低于使用温度；

(3) 密度要小，一般不应超过 600 kg/m³；

(4) 应具有一定的机械强度，抗拉强度应大于 3 kg/cm²；

(5) 可燃分小，吸水性低，对金属无腐蚀作用，易于制造成型.

供热管道上常用的保温材料及其制品的性能可参见表 8-3-1. 表中各类保温材料及其制品的特性为：

表 8-3-1 保温材料及其制品的性能

类别	材料及制品名称	使用温度 (℃)	密度 (kg/m³)	导热系数 (kJ/(m·h·℃))	耐压强度 (kg/cm²)
珍珠岩类	膨胀珍珠岩散料	-256~800	81~120	0.11~0.12	
	水泥珍珠岩管壳及板	<600	250~400	0.188+0.0013t	5~12
	水玻璃珍珠岩管壳及板	<650	200~300	0.22+0.005t	6~10
玻璃纤维类	淀粉玻璃棉管壳	-100~350	100~120	0.17+0.00054t	
	酚醛玻璃棉管壳	-20~250	120~150	0.15+0.00063t	
	玻璃布贴面及玻璃棉缝毡	-20~250	<90	0.15+0.00063t	
	沥青玻璃棉	-20~250	<80	0.15+0.00063t	
	有碱超细玻璃棉毡	-100~450	18~30	0.12+0.00083t	

续表

类别	材料及制品名称	使用温度（℃）	密度（kg/m³）	导热系数（kJ/(m·h·℃)）	耐压强度（kg/cm²）
硅石类	膨胀硅石	−20～1000	80～280	0.19～0.25	
	水泥硅石管壳	＜600	430～500	0.34+0.0009t	＞2.5
硅藻土类	硅藻土保温管和板	＜900	＜550	0.23+0.0005t	5
	石棉硅藻土胶泥		＜660	0.54+0.0005t	5
石棉类	石棉绳	＜500	500～730	0.25～0.75	
	石棉碳酸镁管壳	＜300	360～450	0.23+0.0012t	
	硅藻土石棉灰	＜900	280～380	0.24+0.00055t	
矿渣棉类	普通矿渣棉	＜650	110～130	0.15～0.19	
	沥青矿渣棉毡	＜250	100～125	0.13～0.18	
	酚醛树脂矿渣棉管壳	＜300	150～180	0.15～0.18	
泡沫混凝土类	水泥泡沫混凝土	＜300	＜500	0.46+0.0011t	
	粉煤灰泡沫混凝土	＜300	300～700	0.54～0.59	

(1) 珍珠岩类:密度小,导热系数小,化学稳定性强,不燃,无腐蚀性,无毒无味,价廉,资源丰富,但吸水率稍高.

(2) 玻璃纤维类:耐酸,抗腐,不烂,不蛀,吸水率小;化学稳定性强,无毒,无味,施工方便,寿命长,价廉,货源广,耐振,密度小,导热系数小,但刺人.无碱超细玻璃棉不刺人.

(3) 硅石类:密度小,适用于高温,强度大,价廉,施工方便,吸水率较高.

(4) 硅藻土类:密度较小,导热系数较大,强度大,耐高温,施工方便,但尘土大.

(5) 石棉类:耐火,耐酸碱,导热系数小.

(6) 矿渣棉类:密度小,导热系数小,耐高温,货源广,价廉,填充结构时易沉陷,刺人,灰尘大.

(7) 泡沫混凝土类:密度大,导热系数大,可自行制作.

供热管道的保温结构,按照保温材料的特点,有下列几种形式:

(1) 涂抹式.将保温材料(如石棉硅藻土等)加水制备成糊状,直接分层抹于管子外表面上.

(2) 预制式.将保温材料制成块状、扇形、半圆形等,然后捆扎于管子的外表面上.

(3) 填充式.将松散的或纤维状的保温材料充填在管道四周特制的套子或铁丝网中.

(4) 捆扎式.利用成型、柔软而具有弹性的保温织物(如矿渣棉或玻璃棉毡等)直接包裹在管道或附件上.

(5) 浇灌式.常常用于不通行地沟或无沟敷设管道时,浇灌材料大多用泡沫混凝土.为了保证管道在热胀冷缩时自由伸缩,应在管道上涂以重油或其他油脂.

3. 保护层

保护层敷设在保温层外面,它要求具有一定的机械强度和隔热保温性能.根据所使用的保温材料和使用要求,保护层可用金属薄板、玻璃布和石棉水泥等材料.

4. 防水层

主要作用是防水,架空地沟保温管道的保护层表面.

图 8-3-3 为供热管道保温结构示意图.用不同保温材料组成的各种保温结构形式详见《动力设施国家标准图集》.

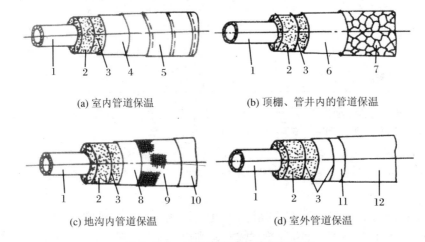

图 8-3-3 供热管道保温结构示意图

1—管子; 2—保温筒; 3—镀锌铁丝; 4—垫纸; 5—棉布(或玻璃丝布);
6—铝纸; 7—金属丝网; 8—沥青毡; 9—沥青麻布; 10—沥青底漆; 11—镀锌铁皮

在保温结构的施工中,要注意由于被保温设备或管道的热膨胀及有些保温材料的收缩,在运行中会出现缝隙,必须考虑防止间隙部分的热损失.例如,钢管的膨胀系数为 $11.5 \times 10^{-6} \sim 12.6 \times 10^{-6}/℃$,工作温度为 500 ℃时,每 1 m 长的钢管要伸长约 5.7 mm.保温材料一般在温度升高时会收缩(500 ℃时会收缩 0.5%左右),也就是 1 m 长的保温材料会收缩 5 mm,这样就出现了 10 mm 的间隙.于是,管子表面通过缝隙会直接向保护层辐射热量,除增加热损失外,还会使保护受到损坏.在施工时,可在接缝处填充保温纤维,以改善上述出现的问题,见图 8-3-4.在圆周方向上也会出现间隙,但由于很少,一般不会出现问题.

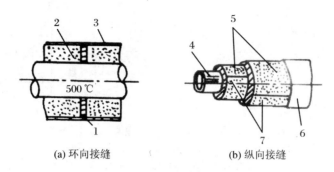

(a) 环向接缝　　　　　　　(b) 纵向接缝

图 8-3-4　接缝处保温示意图

1—留 10 mm 间隙,其中填充保温棉;　2—保温材料;　3—外保护层;
4—管道;　5—保温筒;　6—保护层;　7—保温筒接缝(各条缝要错开)

此外,管道的吊架、阀门和法兰的保温也应予以重视.未敷设保温材料的法兰和阀门,其散热损失量分别相当于长度为 0.5 m 和 1.0 m 的裸管的热损失.法兰不保温时,由于内外的温差,会使法兰螺栓产生热应力,造成法兰填料压不住而漏气.

对法兰及阀门的保温结构,要考虑检修工作的方便,其结构分别如图 8-3-5 和图 8-3-6 所示.

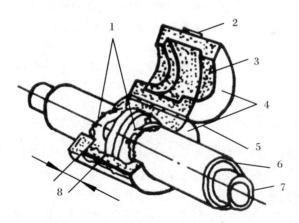

图 8-3-5　法兰的保温

1—外装铁皮保护层的折边;　2—用铁丝将上下固定;
3—法兰部分的保温材料;　4—镀锌铁皮;　5—合页;
6—管子保温材料;　7—管子;　8—法兰螺栓长度再加一定余量

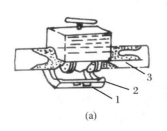 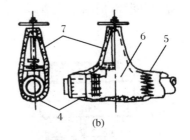

图 8-3-6 阀门的保温

1—镀锌铁皮； 2—保温纤维； 3—管道的保温； 4—铁丝；
5—铁丝圈； 6—阀门； 7—石棉垫褥

第四节　工业余热的动力利用

冶金、建材、化工等行业中,工业余热的数量多,能质高.如冶金行业的钢铁厂所具有的余热约为其总能耗的 8%～10%,而且大部分是以可燃气体、高温烟气等高品位能量的形式排出,如何有效地回收余热,是工业节能的一个重要课题.工业余热的回收有两类,一类是热利用,将余热通过热交换器或其他设备,用以预热空气,干燥产品,供热水,生产蒸汽以及制冷等.另一类是动力利用,将余热转换成电能或机械能.

一、余热动力利用的热力学分析

用㶲分析的方法,可以对余热源的动力回收的价值作出评价,也可以研讨有关因素对㶲效率的影响,寻求提高㶲效率的途径.

1. 余热流的㶲值

对于没有化学变化的稳定的余热流,如热的物料流,蒸汽流,冷凝液流及烟气流等,当忽略其动能和势能变化时,其㶲值的表达式(2-4-29)式即为

$$e = (h - h_0) - T_0(s - s_0), \tag{8-4-1}$$

式中:

h, s——分别为余热流的焓、熵；

h_0, s_0——分别为环境条件下的焓、熵.

所以,单位重量(或体积)余热流理论上所能回收的最大有用功为
$$W_{\max} = e. \tag{8-4-2}$$
如果余热流的流量为 G,理论上所能回收的最大有用功率为
$$N_{\max} = G \cdot W_{\max}$$
$$= G[(h - h_0) - T_0(s - s_0)]$$
$$= E. \tag{8-4-3}$$

在理想的状况下,余热流由初始温度 T_1 降至环境温度 T_0 时,其㶲 E 可从微小的卡诺循环积分求得:
$$E = \int_{T_0}^{T_1} dE = \int_{T_0}^{T_1} c_p G \frac{T - T_0}{T} dT.$$
当 c_p 可看成常数时,得
$$E = c_p \cdot G \cdot T_0 [X_0 - \ln(1 + X_0)], \tag{8-4-4}$$
式中:
$$X_0 = \frac{T_1 - T_0}{T_0}.$$

余热流由 T_1 降至 T_0 时所放出的热量,即理论回收热量为
$$Q_0 = c_p G(T_1 - T_0), \tag{8-4-5}$$
则余热流的可用能系数为
$$\lambda = \frac{E}{Q_0}.$$
将(8-4-4)式和(8-4-5)式代入上式,得
$$\lambda = 1 - \frac{1}{X_0} \ln(1 + X_0). \tag{8-4-6}$$

由上述推导可以看出,λ 代表了余热动力回收循环理论上所能达到的最高效率.与卡诺循环的热效率相比,如图 8-4-1 所示,前者的热效率差不多为后者的二分之一,当余热流的温度与环境温度的差值越小时,两效率的差也越小.因此,利用较低温度的余热流进行动力回收是较困难的.

2. 不同条件下余热流的㶲

利用余热源进行动力回收,因其温度不会太高,往往采用低沸点介质的朗肯循环.此时,可认为余热流在定压下降温放热,其㶲为:

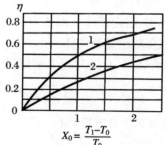

图 8-4-1 卡诺循环与理想余热回收循环的比较

1—卡诺循环; 2—理想余热回收循环

(1) 定压下降温放热的

㶲的表达式为
$$e = h - h_0 - T_0(s - s_0),$$

对上式求对温度 T 的偏微分,得

$$\left(\frac{\partial e}{\partial T}\right)_P = \left(\frac{\partial h}{\partial T}\right)_P - T_0\left(\frac{\partial s}{\partial T}\right)_P. \qquad (8\text{-}4\text{-}7)$$

由于定压比热
$$c_p = \left(\frac{\partial h}{\partial T}\right)_P = T\left(\frac{\partial s}{\partial T}\right)_P,$$

所以
$$\left(\frac{\partial s}{\partial T}\right)_P = \frac{c_p}{T}.$$

将上两式代入(8-4-7)式中,则可得
$$\left(\frac{\partial e}{\partial T}\right)_P = c_p - \frac{T_0}{T}c_p.$$

于是
$$e \xrightarrow{P = 常数} \int_{T_0}^{T} \left(\frac{\partial e}{\partial T}\right)_P \mathrm{d}T$$
$$= \int_{T_0}^{T} c_p \mathrm{d}T - T_0 \int_{T_0}^{T} \frac{c_p}{T} \mathrm{d}T$$
$$\xrightarrow{c_p = 常数} c_p(T - T_0)\left(1 - \frac{T_0}{T - T_0}\ln\frac{T}{T_0}\right),$$

与(8-4-4)式一样.

(2) 定温条件下的压力

① 对于任意气体

将(8-4-1)式对压力求偏微分,得

$$\left(\frac{\partial e}{\partial P}\right)_T \mathrm{d}P = \left(\frac{\partial h}{\partial P}\right)_T \mathrm{d}P - T_0\left(\frac{\partial s}{\partial P}\right)_T \mathrm{d}P. \qquad (8\text{-}4\text{-}8)$$

由热力学微分方程,得

$$\mathrm{d}q = c_p\mathrm{d}T - T\left(\frac{\partial V}{\partial T}\right)_P \mathrm{d}P \xrightarrow{T = 常数} -T\left(\frac{\partial V}{\partial T}\right)_P \mathrm{d}P,$$

$$\mathrm{d}s = \left(\frac{\partial s}{\partial T}\right)_P \mathrm{d}T + \left(\frac{\partial s}{\partial P}\right)_T \mathrm{d}P \xrightarrow{T = 常数} \left(\frac{\partial s}{\partial P}\right)_T \mathrm{d}P.$$

又有

$$\mathrm{d}s = \frac{\mathrm{d}q}{T} = -\left(\frac{\partial V}{\partial T}\right)_P \mathrm{d}P, \qquad (8\text{-}4\text{-}9)$$

所以

$$\left(\frac{\partial s}{\partial P}\right)_T \mathrm{d}P = -\left(\frac{\partial V}{\partial T}\right)_P \mathrm{d}P. \qquad (8\text{-}4\text{-}10)$$

又因为

$$\mathrm{d}h = \left(\frac{\partial h}{\partial P}\right)_T \mathrm{d}P + \left(\frac{\partial h}{\partial T}\right)_P \mathrm{d}T \xrightarrow{T=\text{常数}} \left(\frac{\partial h}{\partial p}\right)_T \mathrm{d}P, \qquad (8\text{-}4\text{-}11)$$

由热力学微分方程,得

$$\mathrm{d}s = \frac{1}{T}(\mathrm{d}h - V\mathrm{d}P),$$

所以

$$\mathrm{d}h = T\mathrm{d}s + V\mathrm{d}P.$$

将(8-4-9)式代入上式,则得

$$\mathrm{d}h = -T\left(\frac{\partial V}{\partial T}\right)_P \mathrm{d}P + V\mathrm{d}P.$$

将(8-4-11)式代入上式,得

$$\left(\frac{\partial h}{\partial P}\right)_T \mathrm{d}P = -T\left(\frac{\partial V}{\partial T}\right)_P \mathrm{d}P + V\mathrm{d}P. \qquad (8\text{-}4\text{-}12)$$

将(8-4-10)式和(8-4-12)式代入(8-4-8)式,则

$$\left(\frac{\partial e}{\partial P}\right)_T \mathrm{d}P = \left[V - (T - T_0)\left(\frac{\partial V}{\partial T}\right)_P\right]\mathrm{d}P, \qquad (8\text{-}4\text{-}13)$$

于是

$$e(P) = \int_{P_0}^{P} \left[V - (T - T_0)\left(\frac{\partial V}{\partial T}\right)_P\right]\mathrm{d}P. \qquad (8\text{-}4\text{-}14)$$

又因膨胀系数为

$$\beta = \left(\frac{\partial V}{\partial T}\right)_P \cdot \frac{1}{V},$$

所以

$$\left(\frac{\partial V}{\partial T}\right)_P = \beta V.$$

将上式代入(8-4-14)式中,则可得压力㶲为

$$e(P) = \int_{P_0}^{P} [V - (T - T_0)\beta V]\mathrm{d}P. \qquad (8\text{-}4\text{-}15)$$

② 对于理想气体(余热源是空气或烟气时)

对于理想气体,有

$$\beta = \frac{1}{T},$$

$$V = \frac{TR}{P},$$

所以

$$\left(\frac{\partial V}{\partial T}\right)_P = \frac{R}{P}.$$

将以上两个关系代入(8-4-14)式中,得

$$e(P) = \int_{P_0}^{P} \left[\frac{TR}{P} - (T - T_0) \cdot \frac{R}{P}\right] dP$$

$$= \int_{P_0}^{P} \frac{T_0 R}{P} dP$$

$$= RT_0 \ln \frac{P}{P_0}. \tag{8-4-16}$$

③ 对于不可压缩流体

余热源为物料或余热水等不可压缩的流体时,其膨胀系数 β 及体积 V 都与压力无关,于是(8-4-15)式为

$$e(P) = V[1 - (T - T_0)\beta] \cdot \int_{P_0}^{P} dP$$

$$= V[1 - (T - T_0)\beta](P - P_0). \tag{8-4-17}$$

不可压缩流体的温度为 T_0 时,(8-4-17)式可写为

$$e(P) = V(P - P_0). \tag{8-4-18}$$

3. 㶲效率

前已述及,㶲效率为

$$\eta_e = \frac{e_{\text{out}}}{e} = 1 - \frac{\sum e_{li}}{e}, \tag{8-4-19}$$

其中:

$$\sum e_{li} = e_{l.ex} + e_{l.t} + e_{l.cd} + e_{l.p} + e_{l.pi} + e_{l.m}. \tag{8-4-20}$$

上式中的右边各项分别为换热器、透平、冷凝器、泵、管路及机械部件的㶲损失。

二、余热动力利用的方式

1. 利用可燃废气驱动燃气轮机

以一个年产万吨化肥的小化肥厂为例,其排放的废气流量为 450 Nm^3/h,热值

为 14600 kJ/Nm³. 采取适当的稳压措施后,此种废气可作为 200 kW 的燃气轮机的燃料,燃气轮机的排气还可以用于废热锅炉,生产 3 kg/cm² 压力的饱和蒸汽. 据估算,3 年内可收回投资.

2. 高炉煤气膨胀涡轮发电装置

此种方式亦称为高炉炉顶涡轮发电,其经济效益显著. 如一座高炉合理地配置一台膨胀涡轮,其回收的能量可达高炉鼓风机所消耗能量的 $\frac{1}{2}$. 一套高炉煤气膨胀涡轮发电装置的所有投资费用,在 2 年左右的时间内即可全部收回.

高炉煤气膨胀作功的基本原理是利用高炉煤气具有一定的压力(2～3 kg/cm²),利用一台特殊设计的涡轮机,使其压力膨胀到 1～1.5 kg/cm² 就可获得能量或电力. 这项技术是国外 20 世纪 70 年代发展起来的一项节能新技术. 例如,苏联在 1969 年投入运行的一台 ТУБТ-8 型废气涡轮机,就是利用一台 2000 m³ 的大型高炉所排出的压力为 3 kg/cm² 的高炉煤气余压发电,其功率为 8000 kW. 苏联此后共建成 15 台同类型的装置. 日本近年来也建立了 7 套类似的装置,每套发电量为 8000～12000 kW. 我国也在这方面进行了大量的研究工作. 高炉煤气压差发电的装置系统如图 8-4-2 所示.

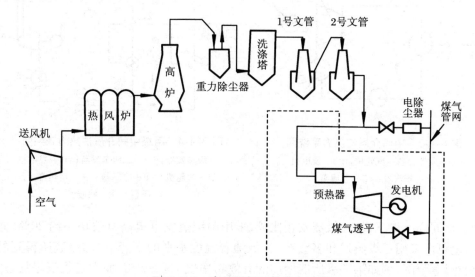

图 8-4-2 高炉煤气压差发电系统

高炉煤气膨胀涡轮发电装置也有以下若干问题有待进一步解决:

(1) 在设计时,为适应高炉煤气杂质多的特点,涡轮机通流部分的间隙较大,造成涡轮机效率较低.

(2) 高炉煤气在进入涡轮机前要经过电除尘或湿式净化，否则通流部分的磨损将更加严重．

(3) 设备年利用率受到高炉运行情况的限制．

3. 利用高温烟气或反应热产生蒸汽，驱动动力机械

利用高温烟气或化工工艺中的反应热产生蒸汽，驱动蒸汽动力机械，以满足工艺过程自身的蒸汽和电力需要．蒸汽机可以是背压式的，也可以是凝汽式的．根据余热品位和工艺要求确定蒸汽参数，蒸汽进汽压力最低达 1.5～2.0 atm，有关蒸汽动力循环系统和一般火力发电厂相同．

4. 低品位余热的动力利用

工业余热中有相当一部分为温度不高的烟气（低于 250 ℃）和低温热水（90 ℃以下）等品位较低的余热，目前对其利用的主要方法有：

(1) 中间介质法（双循环法）

采用某些低沸点物质作为工质进行朗肯循环来回收工业余热，其热力系统参见图 8-4-3 和图 8-4-4．

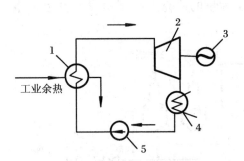
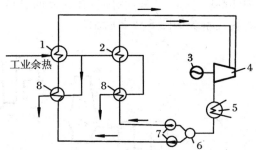

图 8-4-3 中间介质法热力系统图
1—蒸发器； 2—汽轮机； 3—发电机；
4—凝汽器； 5—工质泵

图 8-4-4 两级中间介质法热力系统图
1——级蒸发器； 2—二级蒸发器； 3—发电机；
4—汽轮机； 5—冷凝器； 6—预热器；
7—工质泵； 8—储液罐

在同样条件下，与一级蒸发相比较，采用两级蒸发可提高有效功率约 20%．同理，也可以采用三级蒸发和多级蒸发，但随着温度水平的下降，增加级数所得到的收益显著下降，例如第三级所能增加的有效功率仅 7%～8%，而设备投资增加，热力系统也更复杂化．因此，一般仅余热品位较高时才采用两级蒸发，而多级蒸发的实际应用很少．

可用于中间介质法系统的低沸点工质种类很多，除了氯乙烷（C_2H_5Cl）、正丁烷（$n\text{-}C_4H_{10}$）、异丁烷（$i\text{-}C_4H_{10}$）以外，各种氟利昂，大多数碳氢化合物以及其他低

沸点物质,如 CO_2,NH_3 等,均可作为工质.

对低沸点工质的基本要求是:

① 转换性能好;

② 传热性能好,即比热、导热系数、比重都要大;

③ 工质工作压力适中;

④ 来源丰富,价格低廉,易于运输,便于保存;

⑤ 化学稳定性好,不分解;对金属的腐蚀性小,毒性小,不易燃,不易爆.

工质的"转换性能好"即提取的功率高,要求预热段吸热量 q_y 占整个工质蒸发热量 q 的比例要大.如图 8-4-5 所示,为两种不同工质用于低温热水的余热回收的比较,低沸点工质 FC-318(C_4F_8) 的预热吸热量 q_y' 比氯乙烷 q_y 所占比例要大,其排出的热水温度为 44 ℃,比氯乙烷低 5 ℃,提取功率就大些.

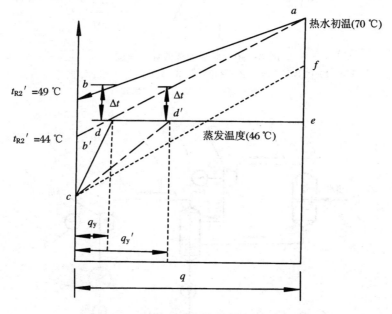

图 8-4-5　工质预热段吸热量对转换性能的影响

cde 线—氯乙烷吸热过程线；　$cd'e$ 线—FC-318 工质吸热过程线

若 $\dfrac{q_y}{q}=1$,即工质由液体变成蒸汽,无等温蒸发段($c-f$ 过程线),不吸收汽化潜热,即为超临界参数蒸汽循环.

(2) 闪蒸法

对低温热水或汽水混合物等工业余热,广泛采用闪蒸法进行动力利用,其循环系统见图 8-4-6 和图 8-4-7.

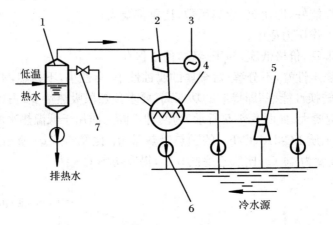

图 8-4-6 单级闪蒸循环系统图

1—闪蒸蒸发器; 2—汽轮机; 3—发电机; 4—凝汽器;
5—抽气器; 6—泵; 7—旁通阀

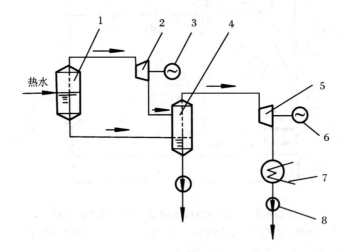

图 8-4-7 两级闪蒸循环系统图

1——级闪蒸蒸发器; 2—第一级汽轮机; 3—发电机;
4—二级闪蒸蒸发器; 5—第二级汽轮机; 6—发电机;
7—冷凝器; 8—工质泵

图 8-4-7 所示为两级闪蒸蒸发系统图,第一级闪蒸蒸发器中的热水流入压力更低的第二级闪蒸蒸发器进行第二次汽化,蒸发出来的蒸汽和第一级汽轮机的排汽会合后,经汽水分离进入第二级汽轮机作功.二级闪蒸器的压力低于大气压,需用泵将排水抽出.

一般来说,当工业余热热水温度较高(如 90 ℃左右)时,宜选择闪蒸法.当热水温度不高,或热水水质不好时,则宜选择中间介质法.

(3) 全流量法(两相膨胀机)

这是一种正在开发、研究中的高效转换系统.所谓"全流",是指来自余热源的两相混合物不经分离和闪蒸,就直接全部引进汽轮膨胀机作功的新型发电系统,如图 8-4-8 所示.从热力学角度分析,全流量系统抛弃了会造成较大不可逆损失的闪蒸器,使两相流在特制的长流路喷管中降压、膨胀、加速,形成夹带无数微小液滴的高速两相流,推动叶轮机作功,从而获得高效率.全流量系统用于低温余热流发电的优越性还在于造价低廉和系统十分简单,这种装置的关键性技术问题是研制高效两相流喷管和叶片.

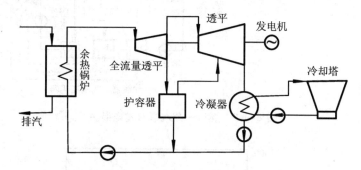

图 8-4-8 全流量透平余热动力回收系统

对以上介绍的低品位余热动力利用的方法,除技术上可行外,尚需进行经济分析,有关的因素为:

① 工作流体(废气、废液等)的温度;
② 废热的数量;
③ 当地冷却水温度;
④ 各种动力设备、动力机械的设备费用;
⑤ 电能价格与系统的运行费用.

根据国外文献介绍,废热量应大于 10.5×10^6 kJ/h,废热温度应高于 140 ℃,采用朗肯循环(包括低沸点工质)来回收余热,在经济上才是合理的.

5. 燃气透平—蒸汽透平联合循环

这就是一般的蒸汽—燃气联合循环电站.这种系统着眼于提高热利用率,按能位分级应用,回收余热,以达到节能的目的.现在一般火力发电的平均热效率只有33%左右,采用联合循环能把效率提高到40%以上.图8-4-9是联合循环的具体方案,联合循环的 $T—s$ 图示于图8-4-10中,它为朗肯循环和布雷顿循环的 $T—s$ 图的叠加.显然,由于加热平均温度上升,放热平均温度下降,循环的热效率大大地提高.

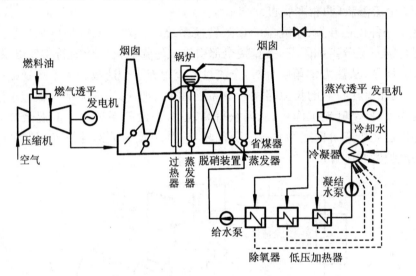

图 8-4-9 燃气—蒸汽联合发电装置

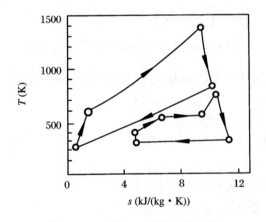

图 8-4-10 燃气—蒸汽联合循环

第五节 热泵的工作原理及其应用

对于能量的利用,要从能的量和质两个方面去考虑.既要重视能量的利用率,又要重视在利用中品位的合适,以免造成不恰当的能量贬值.据一些工业发达的国家统计,小于 100 ℃ 的热耗量约占总能耗的三分之一.民用热量的供应还普遍采用高品位的能源,其㶲损失太大,极不合理.另一方面,工业上有大量的低温余热,江河湖泊、大气、海洋都蕴藏着大量的热能,如果用人工的方法将它的温位提高,加以利用,将会节约大量的能源.

热泵正是以输入一部分高质能或高温位热能为代价,通过热力循环,实现热能由低温位物体转移到高温位物体,供采暖或其他工艺过程用热的一种设备.

一、热泵的工作原理

在热力学中,工质经过一系列状态变化后又回复到原来的状态的过程称为循环过程,或简称为循环.利用工质的状态变化,将热能转化为机械能的循环叫正向循环,所有的热力发动机都是按照这类循环工作的.通过工质的状态变化,使热量从低温物体传送至高温物体的循环叫逆向循环,制冷循环和热泵循环皆属于逆向循环.

二、压缩式热泵

1. 空气压缩式热泵

空气压缩式热泵如图 8-5-1 所示,它是利用气体作为工质,空气在冷藏室内,由于压力的降低,温度下降,吸收低温热源的热量后,被压缩机压缩提高压力和温度,然后在冷却器中被冷却放热.从原理上看,热泵是在两个热源之间工作,如图 8-5-2 所示,消耗了功 W,在低温热源供给热量 Q_2,高温热源获得热量 Q_1.

对于以制冷为目的的热泵,其制冷

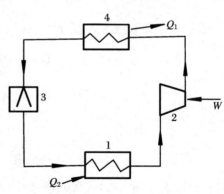

图 8-5-1 空气压缩式热泵
1—冷藏室; 2—压缩机; 3—膨胀阀;
4—冷却器

系数为
$$\varepsilon_c = \frac{Q_2}{W};$$

对于以供热为目的的热泵,其供热系数为
$$\varepsilon_h = \frac{Q_1}{W}.$$

热泵逆向卡诺循环的 T-s 图如图 8-5-3 所示,由两个等温过程和两个等熵过程组成.

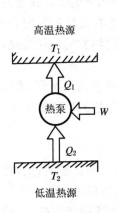

图 8-5-2 在两个热源之间工作的热泵

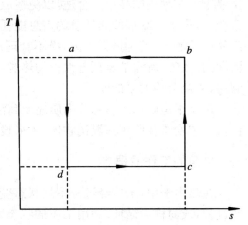

图 8-5-3 逆向卡诺循环的 T-s 图

我们把工质看成为理想气体,则
$$Q_1 = ART_1 \ln \frac{V_b}{V_a}, \qquad (8\text{-}5\text{-}1)$$

$$Q_2 = ART_2 \ln \frac{V_c}{V_d}, \qquad (8\text{-}5\text{-}2)$$

所以
$$\varepsilon_h = \frac{Q_1}{W} = \frac{Q_1}{Q_1 - Q_2}. \qquad (8\text{-}5\text{-}3)$$

将(8-5-1)式和(8-5-2)式代入(8-5-3)式中,得
$$\varepsilon_h = \frac{T_1 \ln \frac{V_b}{V_a}}{T_1 \ln \frac{V_b}{V_a} - T_2 \ln \frac{V_c}{V_d}}. \qquad (8\text{-}5\text{-}4)$$

$b-c$ 为绝热过程,所以
$$T_c V_c^{k-1} = T_b V_b^{k-1},$$
即
$$\frac{V_b}{V_c} = \left(\frac{T_c}{T_b}\right)^{\frac{1}{k-1}} = \left(\frac{T_2}{T_1}\right)^{\frac{1}{k-1}}. \tag{8-5-5}$$

同理
$$\frac{V_a}{V_d} = \left(\frac{T_d}{T_a}\right)^{\frac{1}{k-1}} = \left(\frac{T_2}{T_1}\right)^{\frac{1}{k-1}}. \tag{8-5-6}$$

式中,k 为绝热指数.

由(8-5-5)式和(8-5-6)式可以得到
$$\frac{V_b}{V_a} = \frac{V_c}{V_d}.$$

将以上关系式代入(8-5-4)式,得最大工作系数为
$$COP_{\text{h.p.max}} = \varepsilon_h = \frac{T_1}{T_1 - T_2}, \tag{8-5-7}$$

$$\begin{aligned} COP_{\text{c.p.max}} = \varepsilon_c &= \frac{Q_2}{W} \\ &= \frac{Q_1 - W}{W} \\ &= \frac{Q_1}{W} - 1 \\ &= \varepsilon_h - 1 \\ &= \frac{T_2}{T_1 - T_2}. \end{aligned} \tag{8-5-8}$$

从以上几个式子可以看出,工作系数的大小和两个热源温度有着直接的关系.

2. 蒸汽压缩式热泵

由于空气压缩式热泵难以实现两个等温过程,又因为空气制冷能力差,所以现在实际应用的绝大多数为蒸汽压缩式热泵.其循环原理图和热源工作原理图如图 8-5-1 和图 8-5-2 所示,只不过将冷藏室变成蒸发器,冷却器变为冷凝器.现常见的循环系统如图 8-5-4 所示.

系统内工质(如氨、氟利昂等)在系统内经历 4 个过程,即蒸发过程、压缩过程、冷凝过程和膨胀过程.在蒸发器 1 中,工质液体吸收热量蒸发后变成低压蒸汽,进入压缩机 2 后被压缩到冷凝压力,消耗了机械功 W,然后进入冷凝器 3 中,使工质蒸汽凝结成液体,凝结时压力不变,并放出热量 Q_1.由冷凝器出来的液体工质,经

膨胀阀(或节流阀)4 膨胀到压力 P_2,温度也下降到与压力相应的饱和温度 T_2. 此时工质已成为汽液两相混合物,然后再进入蒸发器 1 中,在其间吸收热量 Q_2 并蒸发,就这样周而复始地进行循环.

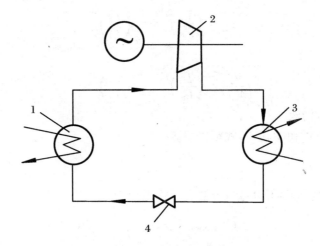

图 8-5-4 循环原理图

1—蒸发器; 2—压缩机; 3—冷凝器; 4—膨胀阀

其工作系数 COP 为

$$\varepsilon_c = \frac{Q_2}{W},$$

$$\varepsilon_h = \frac{Q_1}{W}.$$

在等熵和绝热的理想条件下,既没有外部损失,又没有内部损失,则热平衡为

$$Q_1 = Q_2 + W; \tag{8-5-9}$$

㶲平衡为

$$Q_1\left(1 - \frac{T_0}{T_1}\right) = Q_2\left(1 - \frac{T_0}{T_2}\right) + W. \tag{8-5-10}$$

以 $Q_2 = Q_1 - W$ 代入(8-5-10)式,并整理,得

$$Q_1\left(\frac{1}{T_2} - \frac{1}{T_1}\right) = W \cdot \frac{1}{T_2}.$$

所以

$$COP_{h.p.max} = \varepsilon_h = \frac{Q_1}{W} = \frac{T_1}{T_1 - T_2}. \tag{8-5-11}$$

上式可以改写为

$$\varepsilon_h = \frac{1}{1 - \frac{T_2}{T_1}}.$$

可见,当 $\frac{T_2}{T_1}$ 增大或 $T_2 - T_1$ 减少时,可使 $COP_{h.p.max}$ 增大,这说明压缩式热泵适宜于转移小温差热源之间的热量.图 8-5-5 表示了 $COP_{h.p.max}$ 随 $\frac{T_2}{T_1}$ 的变化关系.

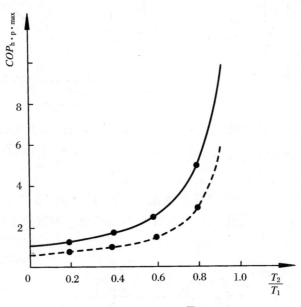

图 8-5-5 $COP_{h.p.max}$ 与 $\frac{T_2}{T_1}$ 的关系

热泵的实用循环与两个等温、等熵过程是有区别的.首先,由于要避免压缩液体,故工质在进入压缩机之前要有一定的过热度;其次,压缩和膨胀过程都并非等熵过程.所以,实际热泵循环的工作系数远低于逆向卡诺循环的工作系数,其不可逆损失可用有效系数 η_e 来估计. η_e 与热交换设备的传热温差、热力循环的方式、压缩机的各种性能等许多因素有关,按目前的技术水平,在 0.45~0.75 之间,一般压缩式热泵的 COP 为 2~7.

按以上所述,实际压缩式热泵的工作系数为

$$COP_{h.p} = \eta_e \cdot COP_{h.p.max}$$
$$= \eta_e \cdot \frac{T_1}{T_1 - T_2}. \tag{8-5-12}$$

为了提高热泵的性能,充分利用工作介质冷凝后的显热,应使压缩机的进汽处于过热状态,同时对冷凝液进行过冷,如图 8-5-6 所示.图 8-5-7 表示以 R114 及 R11 作为工作介质时进汽过热度或冷凝液过冷度与工作系数 COP 增加率的关系曲线.

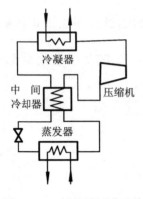

图 8-5-6 过热及过冷系统

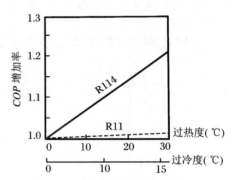

图 8-5-7 过热度及过冷度与 COP 增加率的关系

3. 压缩式热泵的余热利用

(1) 用煤气驱动热泵

用煤气驱动热泵,以利用废热水或废气余热.如图 8-5-8 所示,其工作过程为: 来自气源的煤气进入煤气机 1,驱动压缩机 2,生产排出的废热水进入蒸发器 3,在

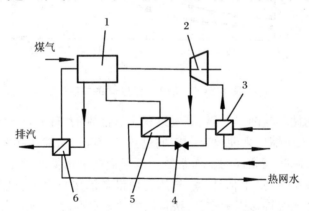

图 8-5-8 煤气机驱动热泵系统图
1—煤气机; 2—压缩机; 3—蒸发器; 4—节流阀;
5—冷凝器; 6—余热锅炉

蒸发器中放出热量,使热泵工质蒸发,工质的蒸汽在压缩机 2 中经压缩后进入冷凝器 5,并自冷凝器出来后经节流阀 4 降压膨胀后再重新回到蒸发器.在冷凝器中放出的热量加热来自热网的水,被加热的水又进入煤气机的冷却水套中被第二次加

热后,再进入余热锅炉中被煤气机的排气加热为高温水,供生产或生活用.这样,整个系统的吸热量与耗用燃料(煤气)热量之比为 1.5,也就是可节约能源 30% 以上.

(2) 背压式汽轮机与热泵联合系统

此系统如图 8-5-9 所示,用背压式汽轮机驱动热泵的压缩机,使热泵工作的温升减小,以提高热泵的工作系数.用来回收热量的进水在冷凝器中被加热送出后,再由汽轮机排出的背压蒸汽进一步加热.这样既满足了所要求的水温,又利用了余热.

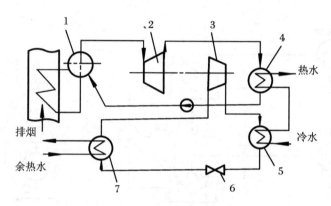

图 8-5-9 背压式汽轮机与热泵联合系统
1—蒸汽锅炉; 2—汽轮机; 3—压缩机; 4—加热器;
5—冷凝器; 6—膨胀阀; 7—蒸发器

三、吸收式热泵

吸收式热泵和吸收式制冷机一样,由发生器、冷凝器、膨胀阀、蒸发器、吸收器、溶液泵组成,其系统如图 8-5-10 所示.它以消耗高位热能为代价,通过吸收式热力循环装置把低温热源 T_0 的热能提高温位后供用户使用.

按热力学观点,吸收式热泵可认为是工作于两个热源(T_h 和 T_0)间的热机,是提供高质能(W)的没有压缩机的压缩式热泵装置.如图 8-5-11 所示,热机 HM 从热源(T_h)获得热量 Q_h,其中一部分转变为功,带动热泵 HP 从低温热源吸取热量 Q_0,并将排出的两部分热量,即热机和热泵排出的热量 Q_0' 和 Q_h' 供给用户.

在理想的状况下,按热力学原理,热平衡方程为
$$Q_1 = Q_h + Q_0,$$
㶲平衡方程为
$$Q_1\left(1 - \frac{T_0}{T_1}\right) = Q_h\left(1 - \frac{T_0}{T_h}\right) + Q_0\left(1 - \frac{T_0}{T_0}\right).$$

由以上关系式,可求得吸收式热泵的最大工作系数为

$$COP_{h.a.max} = \frac{Q_1}{Q_h}$$

$$= \frac{T_1}{T_1 - T_0} \cdot \frac{T_h - T_0}{T_h}$$

$$= COP_{h.p.max} \cdot \frac{T_h - T_0}{T_h}.$$

(8-5-13)

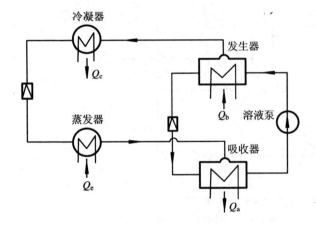

图 8-5-10　吸收式热泵

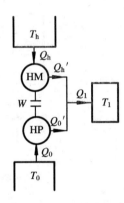

图 8-5-11　吸收式热泵工作示意图

由于 $T_h > T_0$,所以 $\dfrac{T_h - T_0}{T_h} < 1$,于是

$$COP_{h.p.max} > COP_{h.a.max}.$$

吸收式制冷装置运行时,不但在蒸发器获得冷量 Q_0,而且在吸收器和冷凝器放出热量 Q_a 和 Q_c.如果该装置的运行目的是为了获得热量而不是为了制取冷量,则其就为吸收式热泵.吸收式热泵有两种形式:

第一种吸收式热泵的流程如图 8-5-12 所示.此系统中,进入蒸发器的冷媒水温和系统的运行压力都比较高,这样有利于在冷凝器出口获得较高温度的热水.在图示的系统中,当用煤气加热发生器时,只要向蒸发器供给 30 ℃ 左右的废热水,在冷凝器出口即能获得 70~80 ℃ 的热水.

若发生器加热量为 Q_b,蒸发器吸收热量为 Q_e,吸收器放出的热量为 Q_a,冷凝器放出的热量为 Q_c,则吸收式热泵的热平衡方程为

$$Q_b + Q_e = Q_a + Q_c.$$

热泵系统放出的热量 Q_a 和 Q_c 与发生器所消耗的能量之比,称为第一种吸收式热泵的工作系数,即

$$COP_{h.a.1} = \frac{Q_a + Q_c}{Q_b}$$

$$= \frac{Q_b + Q_c}{Q_b}$$

$$= 1 + \frac{Q_c}{Q_b}. \tag{8-5-14}$$

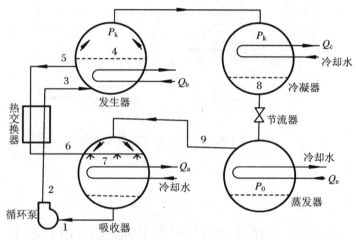

图 8-5-12　溴化锂吸收式制冷装置原理图

由(8-5-14)式可知,第一种吸收式热泵的工作系数大于 1.但必须指出,所得热量的温度低于发生器加热热源的温度.

第二种吸收式热泵的流程如图 8-5-13 所示,此种吸收式热泵和第一种吸收式热泵的不同点是发生器、冷凝器处于低压下,而蒸发器和吸收器处于高压下.即低压发生、冷凝,高压蒸发、吸收,恰好与第一种相反.它是供应数量较多的中低品位的热能去得到数量小于供给热量的温度较高的热能,故称"高温热泵".其工作系数为

$$(COP)_{h.a.2} = \frac{Q_a}{Q_b + Q_e}$$

$$= \frac{Q_b + Q_e - Q_c}{Q_b + Q_e}$$

$$= 1 - \frac{Q_c}{Q_b + Q_e}.$$

由上式可以看出,第二种吸收式热泵的工作系数小于1.由图中提供的各参数可以算出,在此条件下,热泵的工作系数为0.5.也就是说,当向系统供应70℃的热水时,能从系统获得100℃的热水,但获得的热量仅是向系统供热量的二分之一.

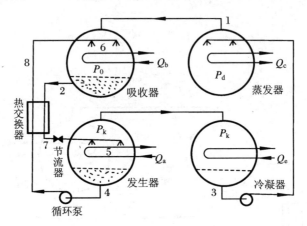

图 8-5-13　第二种吸收式热泵流程图

第六节　化工生产中热回收系统的设计

化学工业的能源消耗量占有很大比例,据统计,全世界化学工业能耗占工业总能耗的20%以上,我国也是如此.我国目前还有许多小型的化工厂,能源有效利用率很低,有的只有23%左右,因此,化工部门的节能潜力也很大.

化工生产中所消耗的能源,如燃料、蒸汽、电能及原料的化学能等,都是输送到工艺系统使用,因此,其能量使用是否合理,有效利用率如何是节能的主要领域.化工生产中,各种工艺过程都可看成为一台"锅炉",在这种"锅炉"中发生着更复杂和多样的变化.这些过程同样有着相当大的不可逆性,使能量贬值,造成㶲损失,最终以有形的外部能量损失表现出来.因此,减少各种工艺过程的㶲损失是实现工艺系统节能的根本途径.

回收利用化工生产过程中余热的技术很多,如热泵技术,余热锅炉,热交换系统以及动力回收系统等.本节将以简单的化工生产为例,用热力学分析的方法,讨论化工生产过程中热交换系统的按能质匹配,充分利用各种余热能,以达到节能的目的.

一、热㶲图

如图8-6-1所示,为某化工厂生产过程的示意图. C 表示原料物流,进入转化装置转化后得到 A,B 两种产品(流体).原料进入转化装置前需要加热到反应所要求的温度 T_C,A,B 两种产品离开转化装置时的温度分别为 T_A 和 T_B.在一般情况下,T_A 和 T_B 要小于 T_C,因转化过程中有不可逆损失,但却远高于环境温度.物料 C 利用热交换系统将 A,B 产品的热能回收一部分,用来加温 C 物流,以达到节能的目的.

下面利用热㶲图讨论热交换系统的节能方法.

如果某物流在压力及组分不变的情况下由状态1变化到状态2,则其㶲的变化量为

$$\Delta E_\mathrm{h} = \int_{Q_1}^{Q_2}\left(1 - \frac{T_0}{T}\right)\mathrm{d}Q, \tag{8-6-1}$$

式中:

Q——物流在过程中接受或放出的热量;

T——物流温度;

T_0——环境温度.

如果以 $1-\dfrac{T_0}{T}$ 为纵坐标,以 Q 为横坐标,以线图的形式将(8-6-1)式表示出来,见图8-6-2,则其热㶲的变化量 ΔE_h 即为曲线1—2和横坐标所包围的面积.这个线图就称为热㶲图,其曲线称为热㶲线.如果把工艺系统的放热物流和受热物流都按其状态变化画在热㶲图上,就可直观地掌握各股物流的㶲,很清楚地看到热量的供需关系,以便规划设计最佳的热交换系统,以最大限度地节约能源.

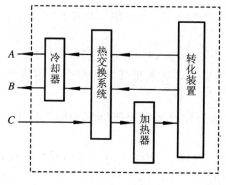

图 8-6-1 具有热回收装置的化工生产过程

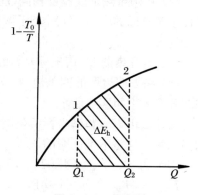

图 8-6-2 热㶲图

二、热㶲线的复合

在实际生产中的热交换器系统中,常常有多种物流参加换热,为了组成合理的生产工艺流程,要将多种物流的热㶲线复合成一条热㶲线.

复合热㶲线的原则是:给热物流和给热物流复合,受热物流和受热物流复合.

1. 两种物流的热㶲线复合

其步骤为:

(1) 将两条热㶲线首尾相衔画在热㶲图上,如图 8-6-3 中 A, B 两条热㶲线.

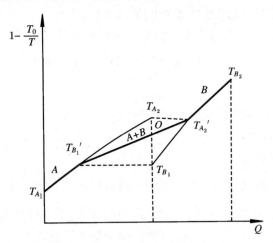

图 8-6-3　两种物流的热㶲线复合

(2) 在两条热㶲线温度相同(能量的品位相同)的部分的始端和终端各作一条平行于横坐标的直线,分别交于两热㶲线,组成一个四边形,如图中的 T_{B_1} $T_{B_1}{}'$ T_{A_2} $T_{A_2}{}'$.

(3) 向着热量 Q(横坐标)增加的方向作四边形的对角线 $T_{B_1}{}'T_{A_2}{}'$.

(4) 除去四边形的四条边,则 $T_{A_1} T_{B_1}{}' T_{A_2}{}' T_{B_2}$ 这条折线即为复合后的热㶲线,如图 8-6-3 中粗实线所示.

为什么用折线和横坐标所包围的面积能替代原来两条热㶲线和横坐标所包围的面积呢? 这是不难证明的.

因为线 $T_{A_2}{}'T_{A_2} /\!/ T_{B_1}T_{B_1}{}'$, $T_{B_1}{}'T_{A_2}$ 和 $T_{B_1}T_{A_2}{}'$ 两条线可以近似看成直线,则 $T_{B_1}{}'T_{A_2}T_{A_2}{}'T_{B_1}$ 就是一个梯形. 于是,三角形 $T_{B_1}{}'T_{A_2}T_{B_1}$ 和三角形 $T_{B_1}{}'T_{A_2}{}'T_{B_1}$ 为同底同高的三角形,其面积相等. 所以三角形 $T_{B_1}{}'T_{A_2}O$ 和三角形 $T_{B_1}OT_{A_2}{}'$ 的面积相等,见图 8-6-3. 复合过程中去掉了三角形 $T_{B_1}{}'T_{A_2}O$,又增加了三角形

$T_{B_1}OT_{A_2}'$,也就是说用后者替代了前者,基本保证了复合后的㶲值不变.即

$$\sum \Delta E_h = \Delta E_{h.A} + \Delta E_{h.B}$$

$$= \int_{T_{B_1}'}^{T_{A_2}} (m_A \cdot c_{p.A} + m_B \cdot c_{p.B})\left(1 - \frac{T_0}{T}\right)dT$$

$$+ \int_{T_{A_1}}^{T_{B_1}'} m_A \cdot c_{p.A}\left(1 - \frac{T_0}{T}\right)dT$$

$$+ \int_{T_{A_2}}^{T_{B_2}} m_B \cdot c_{p.B}\left(1 - \frac{T_0}{T}\right)dT, \tag{8-6-2}$$

式中,右边第一项积分值即表示同温区内复合热㶲线下的面积,它等于该温区内 A,B 两股物流热㶲线下的面积之和.

2. 三种物流的热㶲线复合

其复合步骤和两种物流的热㶲线复合相同.方法为:先 A 和 B 复合,B 和 C 复合;复合后如有温度(品位)相同的部分,则再进行 $A+B$ 和 $B+C$ 复合,如图 8-6-4 所示.图中,粗实线为进行复合后的热㶲线,它由 $A,A+B,A+B+C,B+C$ 和 C 共 5 段组成.

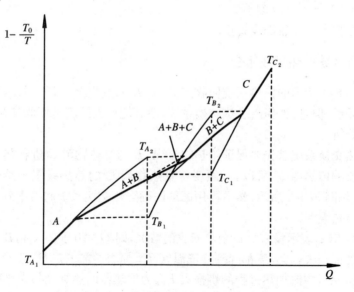

图 8-6-4 3 种物流的热㶲线复合

其㶲的表达式为

$$\sum \Delta E_h = \Delta E_{h.A} + \Delta E_{h.AB} + \Delta E_{h.ABC} + \Delta E_{h.BC} + \Delta E_{h.C}$$

$$= \int_{T_{A_1}}^{T_{B_1}} \left(1 - \frac{T_0}{T}\right) c_{p.A} \cdot m_A \, dT$$

$$+ \int_{T_{B_1}}^{T_{C_1}} (c_{p.A} \cdot m_A + c_{p.B} \cdot m_B) \left(1 - \frac{T_0}{T}\right) dT$$

$$+ \int_{T_{C_1}}^{T_{A_2}} (c_{p.A} \cdot m_A + c_{p.B} \cdot m_B + c_{p.C} \cdot m_C) \left(1 - \frac{T_0}{T}\right) dT$$

$$+ \int_{T_{A_2}}^{T_{B_2}} (c_{p.B} \cdot m_B + c_{p.C} \cdot m_C) \left(1 - \frac{T_0}{T}\right) dT$$

$$+ \int_{T_{B_2}}^{T_{C_2}} c_{p.C} \cdot m_C \left(1 - \frac{T_0}{T}\right) dT. \tag{8-6-3}$$

3. n 种物流的热㶲线复合

其复合的步骤和方法与前述相同，即：

(1) A 和 B, B 和 C, C 和 D, $\cdots$, m 和 n 复合；

(2) $A+B$ 和 $B+C$, $B+C$ 和 $C+D$, $\cdots$, $(m-1)+m$ 和 $m+n$ 复合；

(3) $A+B+C$ 和 $B+C+D$, $B+C+D$ 和 $C+D+E$, $\cdots$, $(m-2)+(m-1)+m$ 和 $(m-1)+m+n$ 复合；

直到复合为一条热㶲线为止.

三、热回收系统的热㶲线组合

用图 8-6-1 所示的换热系统回收产品 A, B 的过程余热，很明显，可以减少加热器的能耗量. 但是，如何组合热交换系统，使其能最大限度地回收能量，则需要进行热力学分析.

组合热交换系统首先要保证给热物流 A, B 与受热物流 C 进行热交换的整个流程有必要的传热温差，所以，必须要将受热物流 C 的热㶲线置于给热物流热㶲线的下方，如图 8-6-5 所示. 然后再用图解法确定热交换系统网络中各热交换器的热负荷和传热温差.

图 8-6-5(a) 表示没有进行余热回收的情况，即 $Q_r=0$. 此时，A, B 物流的余热全部变为外部损失，其温度都降到环境温度 T_0. 原料所需的热量 Q_c 全部由加热器供给. 此时，原料物流加热过程的㶲损失 $E_{l.h}$ 为加热器的热㶲线与受热物流 C 的热㶲线之间的面积. 产品物流冷却过程的㶲损失 $E_{l.c}$ 为给热物流 A, B 复合热㶲线与冷却介质热㶲线之间的面积. 这种情况下，整个系统的换热不可逆损失

$$E_l = E_{l.h} + E_{l.c},$$

为最大，外部热源提供的热源 Q_h 及冷却介质的热负荷 Q_c 都为最大，即生产过程

中没有进行热回收.

如果将物流 C 的热㶲线向左平移,如图 8-6-5(b)那样,两条热㶲线有重合部分,则重合部分相对应的那部分热量即为余热,利用余热来加热原料,这样外界供热量 Q_h 减少,取得了节能的效果,系统的㶲损失也相应地减少.同时,由图可以看出,传热温差很大,这部分余热回收过程中,㶲损失仍很大,且冷却介质带走的热量仍较大.

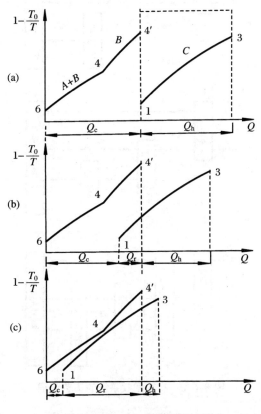

图 8-6-5 有热回收系统的组合

如图 8-6-5(c)所示,将物流 C 的热㶲线进一步向左移动,回收的热量 Q_r 不断增大.由于传热温差进一步减少,外界供热量也减少,介质带走的热量也减少,所以㶲损失也进一步减少.

当物流 C 的热㶲线移动到与复合热㶲线的折点相接触时,则此点的传热温差为零,称为节点.这是系统余热回收的极限,回收的热量 Q_{rc} 达到最大值,外界供热

量 Q_h 和冷却介质带走的热量 Q_c 都为最小,这时㶲损失也最小.

以上 3 种情况下,其生产过程的工艺流程简图分别如图 8-6-6(a),(b) 和 (c) 所示.

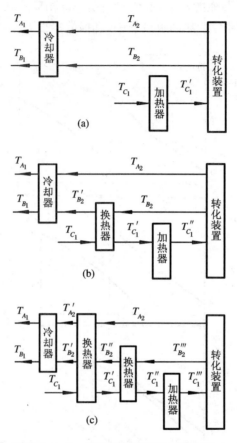

图 8-6-6 有热回收系统的工艺流程

倘若改变工艺条件,适当地改变 A,B 曲线的形状,设法消除 A,B 复合热㶲线的折点,则曲线 C 又可以进一步向左移动,直至出现新的节点,这时㶲损失进一步减少,回收的热量进一步增加.要调整 A,B 曲线的形状,只能在满足工艺要求的前提下进行调整,使系统回收的热量尽可能大.

从实际的工程应用来看,不仅因作为传热推动力要保证必要的传热温差,而且必须考虑设备的经济性和系统操作方便等因素.温差取得过小,传热面积增大,不但造价高,而且会导致系统复杂化.所以,要根据技术经济评价确定一个最佳最小的换热温差.

四、系统的㶲损失

系统总的㶲损失 $E_{l.tot}$ 包括化学转换过程的不可逆损失和换热过程中由传热温差所引起的不可逆损失 $E_{l.t}$.

1. 转化过程中的㶲损失

假设没有外部损失. 化学反应过程都要伴随着一定的不可逆损失, 所以物料流 C 带入系统的㶲必大于产品流 A,B 的总流出㶲. 在一般情况下, T_{A_2} 和 T_{B_2} 均小于 T_C. 将物流 C 的热㶲线置于 A,B 的复合热㶲线之上, 由于绝热, 所以两条线的终点和始点在横坐标上相重合, 如图 8-6-7 所示. 两线热㶲线之间所围成的一块面积即为转换过程的㶲损失, 即

$$E_{l.cv} = \Delta E_{h.C.3-1} - (\Delta E_{h.A.4-6} + \Delta E_{h.B.4'-6}). \tag{8-6-4}$$

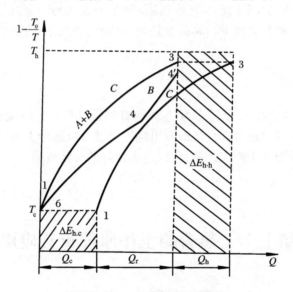

图 8-6-7 总㶲损失示意图

2. 热交换系统的㶲损失

热交换系统的㶲损失包括冷却器的㶲损失 $E_{l.c}$, 热交换器中的㶲损失 $E_{l.r}$, 加热器的㶲损失 $E_{l.h}$. 将物流 C 的热㶲线置于 A,B 物流的复合热㶲线之下, 如图 8-6-7 所示, 则热交换系统的㶲损失为

$$\begin{aligned} E_{l.t} &= E_{l.c} + E_{l.r} + E_{l.h} \\ &= \Delta E_{h.h} + \Delta E_{h.A.4-6} + \Delta E_{h.B.4'-6} \end{aligned}$$

$$-\Delta E_{h.c} - \Delta E_{h.c.1-3}, \qquad (8\text{-}6\text{-}5)$$

式中：

$\Delta E_{h.h}$——加热过程的㶲；

$\Delta E_{h.c}$——冷却介质带走的㶲。

这样，总的㶲损失为

$$E_{l.tot} = E_{l.cv} + E_{l.t}.$$

将(8-6-4)式和(8-6-5)式代入上式，则

$$\begin{aligned}E_{l.tot} &= \Delta E_{h.h} - \Delta E_{h.c} \\ &= Q_h\left(1 - \frac{T_0}{T_h}\right) - Q_c\left(1 - \frac{T_0}{T_c}\right).\end{aligned} \qquad (8\text{-}6\text{-}6)$$

由(8-6-6)式可以看出，在不考虑外部损失的条件下，化工生产过程中的㶲损失就是加热过程的热量㶲减去冷却介质所带走的㶲。

上述分析表明，寻求系统的有效利用，就是要设法减少系统各部分的㶲损失（包括不可逆损失和外部损失），其最终是减少热源（加热器）的供热量，以达到节能的目的。

五、热㶲图的作用

运用热㶲图线分析系统，不仅能直观地看到系统㶲损失的变化和系统供热量之间的直接关系，同时还可以具体地看出㶲损失是由哪部分引起的，以及所占比例的大小，可以帮助设计生产工艺流程，以达到最好的节能效果。

第七节 热管的工作原理及其应用

热管是一项传热新技术，是20世纪60年代出现的一种高效传热元件，它具有轻小、无运动部件、结构简单、运行可靠等优点。同时，它还具有很强的传热能力，有很高的等温性，有热流密度变换能力，以及具有很高的恒温性。所以，热管一出现，便很快地应用于航天、空间能源、火箭、核反应堆、电子器件、电机、电器、石油、化工、轻工、热工测量与控制、新能源开发、节能工程、医疗器械和低温工程等各种技术领域，一般是为了实现加热、冷却、均温、恒温等的需要。在一些特殊场合也经常应用到热管。

一、热管的工作原理及其种类

1. 原理

热管是借助密闭于体内的工作介质蒸发吸热、凝结放热的过程来传递热量的.

2. 种类

热管为了维持其正常工作,以达到传热的目的,凝结的液体需自动地返回蒸发区.按凝结液回流方式所利用的作用力的不同,分类如表 8-7-1 所示.

表 8-7-1 热管的分类

作用力名称	热 管 名 称
重 力	重力热管(两相闭式虹吸热管)
毛细力	吸液芯热管(经典的热管)
离心力	旋转热管
静电体积力	电流体动力热管
磁体积力	磁流体动力热管
渗透力	渗透热管
毛细力+重力	重力辅助热管

如果按热管的使用温度来分,则可以分为:

(1) 深冷热管

这些是被设计来运行于 0～200 K 温度范围内的热管.在此温度区域内运行的热管,其介质可采用单个元素形式的纯化学物质(氦、氩、氪、氮、氧)和化合物(乙烷、氟利昂).深冷热管所传递的热量相对比较小,因为介质的蒸发潜热小、黏度大及表面张力小.在加热段所能达到的热通量低也是一个限制因素,其值一般小于 10^4 W·m^{-2}.

(2) 低温热管

这些是运行于 200～550 K 温度范围的热管.在此温度区域内工作的工质有氟利昂、氨、酒精、丙酮、水和某些有机化合物.在这类热管中,最广泛使用的工质为水,它具有很好的热物理性能.低温热管比深冷热管能达到较大的轴向传热量.

(3) 中温热管

这类热管运行于 500～750 K 温度范围内.这类热管的工质可以为硫黄、水银、碱金属(如铯、铷等),也可以是某些化合物,例如导热姆换热剂.中温热管的轴向传热量比深冷热管和低温热管有进一步的增加.

(4) 高温热管

这些热管运行于 750 K 以上的温度区域内.钾、钠、锂、铝、银、铟和其他高熔点的金属均可用作工作介质,这些介质,尤其是锂,可以达到 1.5×10^8 W·m^{-2} 的轴向传热量.

二、热管的结构与形状

热管的结构多种多样,相互之间的差别很大.最简单的结构形式,如图 8-7-1 所示,它具有一个密闭的壳体,壳体内表面覆盖着有一层毛细结构的多孔物质,叫做吸液芯,它可以是各种丝网或绕结的多孔结构.吸液芯可由管壳内表面上的沟槽盖上带有孔眼的屏罩或其他某些依靠毛细力的作用能把液体从冷却段输送到加热段的结构组成.热管吸液芯的种类很多,常用的有图 8-7-2 所示的几种:

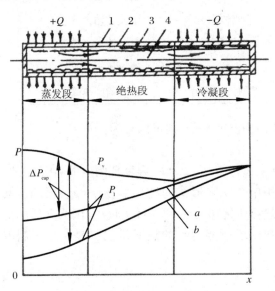

图 8-7-1 圆柱形热管及其蒸汽压力 P_v 和液体压力 P_l 的定性分布略图

1—壳体; 2—吸液芯; 3—液体; 4—蒸汽

(1) 丝网吸液芯,可用铜、青铜、黄铜、不锈钢的丝网或各种纤维织品卷成数层,紧压于管壳内壁(图 8-7-2(a)).

(2) 绕结金属粉末（或丝网），这种多孔结构的吸液芯有较低的传导热阻（图 8-7-2(b)）.

(3) 轴向槽道，管壳内壁拉制成轴向直槽，缝槽截面可以是矩形、梯形或三角形的（图 8-7-2(c)）.

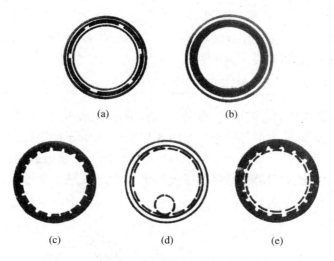

图 8-7-2　热管吸液芯的常用类型

(4) 干道吸液芯，如用丝网卷成多孔干道，以增加轴向传输能力，这时需要配合使用径向螺纹槽或其他多孔结构作为径向液体传输，干道吸液芯的形状可以是各式各样的（图 8-7-2(d)）.

(5) 丝网覆盖槽道的组合吸液芯，组合吸液芯可以有不同组合，以达到提高轴向传输能力和减小热管径向热阻的目的（图 8-7-2(e)）.

热管是利用工质的相变来进行传热的，没有输送工质的动力和设备．所以，要保证热管的正常工作，首先是它一定要保持完全密封，任何一点泄漏都会使热管失效．其次是管内不能有不凝性气体，如果有不凝性气体，会堵塞蒸汽到冷凝段，最终会导致热管失效，甚至被烧坏．再有是吸液芯必须保持清洁，否则会减小毛细吸力．另外，吸液芯必须紧贴壁面，如果不这样，凝结的液体和吸液芯不接触，也就无法回到蒸发段．还有，管内材料和管壳相互之间要有相溶性，否则会产生不凝性气体或被腐蚀，这样会使热管不能正常工作．常用的工作液和热管的组合方案如表 8-7-2 所示.

表 8-7-2　工作液与管材的组合

工 作 液	适 用 材 料	不 适 合 材 料
氨	铝、碳钢、镍、不锈钢	铜
丙酮	铜、硅	
甲醇	铜、不锈钢、硅	铝
水	铜、镍铜合金	不锈钢、铝、硅、镍、碳钢、镍铬铁合金
高沸点有机溶液	铜、硅	
液态钠、钾	不锈钢、镍铬铁合金	钛

　　热管有各种各样的几何形式：直的、弯的、圆柱的、矩形的、刚性的、挠性的、螺旋的、环状的，等等. 典型的热管形状如图 8-7-3 所示. 管子的轴线方向通常和气流方向一致. 如果管子的尺寸与管子的轴向长度属于同一个量级或超过轴向管长，则这种结构称为"蒸汽室". 蒸汽室能够做成盘状、并联管式或其他形式.

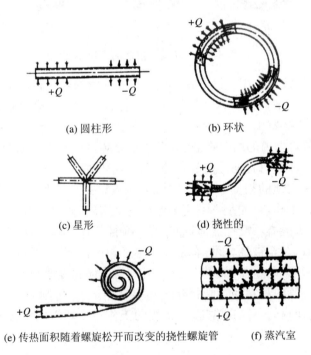

图 8-7-3　热管的结构形式

三、热管传输能量的限制条件

前已述及,热管的最大特点是传热能力强,有的热管可达 $1.5\times 10^8 \text{ W·m}^{-2}$. 但它在传热过程中受多种极限的限制,使得一定的热管只能传输一定的热量. 这些极限包括:

1. 毛细极限

吸液芯型热管,管内工作流体由冷凝段回到蒸发段,是靠毛细抽吸力来克服蒸汽、液体的流动阻力 ΔP_v 和 ΔP_l 的,有时还要克服因安装角度关系而带来的重力 ΔP_g. 为了维持热管的正常工作,必须有

$$\Delta P_{\text{cap.max}} \geqslant \Delta P_l + \Delta P_v + \Delta P_g, \tag{8-7-1}$$

式中,ΔP_{cap} 为毛细压头.

上式决定了吸液芯内最大的工作液体回流量,从而也就决定了加热区的最大蒸发量,这时热管所达到的最大传热速率称为"毛细极限". 在热管设计时,应当使其额定传热率低于毛细极限,否则蒸发段会因回流凝结液不足而干涸,壁面温度飞升,使热管不能正常工作.

如图 8-7-4 所示,毛细管内由于毛细力的作用,使管内的液面为一弯月面. 由表面科学中的拉普拉斯方程知道,作用在液体弯曲(球形)界面上的压差为

$$\Delta P = \frac{2\sigma_l}{R}, \tag{8-7-2}$$

式中:

R——弯曲面的曲率半径;
σ_l——液体的表面张力.

由图 8-7-4 可知

$$R\cos\theta = r,$$

此处,r 为吸液芯毛细孔的有效半径,θ 为接触角.

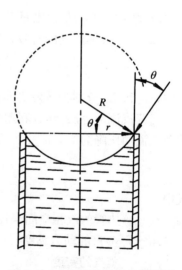

图 8-7-4 吸液芯的弯月形界面

由于蒸发段和冷凝段的毛细力方向相反,所以作用在回流液上的毛细抽力是两者之差. 又因在蒸发段弯月面退缩在毛细孔内,其接触角 θ_e 小,有较大的毛细压力;而在凝结段,因毛细孔内充满有液体,所以其弯月面接触角 θ_c 大,毛细压力较小. 这样,使凝结液回流的毛细抽力为

$$\Delta P_{\text{cap}} = P_{\text{cap.e}} - P_{\text{cap.c}}$$

$$= 2\sigma_1 \left(\frac{\cos\theta_e}{r_e} - \frac{\cos\theta_c}{r_c} \right). \tag{8-7-3}$$

当 $\theta_e = 0°$ 且 $\theta_c = 90°$ 时,其最大值为

$$\Delta P_{cap.max} = \frac{2\sigma_1}{r_e}. \tag{8-7-4}$$

对于均匀的吸液芯,常常用达西定律来计算吸液芯内的流体流动阻力:

$$\Delta P_1 = \mu_1 \cdot L_{eff} \cdot \frac{m}{\rho_1 \cdot k \cdot A_w}, \tag{8-7-5}$$

式中:

ρ_1——液体的密度;

μ_1——液体的动力黏度;

A_w——吸液芯的横截面积;

m——质量流率;

k——吸液芯的渗透率:

$$k = \frac{c \cdot \varepsilon^3}{F_s^2},$$

其中,ε 为空隙度,F_s 为比面积;

L_{eff}——液体流动的有效长度:

$$L_{eff} = L_a + \frac{L_e + L_c}{2},$$

其中,L_e 和 L_c 分别为蒸发段和冷凝段的长度.

当蒸汽流动为层流时,利用哈根-泊肖叶方程,蒸汽流动惯性压力完全回升时的蒸汽流动压降为

$$\Delta P_v = \frac{8\mu_v \cdot m}{\pi r_v^4 \rho_v} \cdot L_{eff}, \tag{8-7-6}$$

式中:

r_v——热管的汽相空间半径;

μ_v——蒸汽的动力黏度;

ρ_v——蒸汽的密度.

液体因蒸发段与凝结段的高度差而产生的静压力为

$$\Delta P_g = \rho_1 \cdot g \cdot L \cdot \sin\varphi, \tag{8-7-7}$$

式中:

g——重力加速度;

L——热管长度;

φ——热管与水平面的夹角. 当凝结端低于蒸发端时, φ 为正；反之, 则 φ 为负, 此工况下的热管为重力辅助热管.

当忽略去 ΔP_v 时, 将(8-7-4)式、(8-7-5)式和(8-7-7)式代入(8-7-1)式, 可得

$$\frac{2\sigma_l}{r_e} = \mu_l \cdot \frac{m_{\max}}{\rho_l \cdot k \cdot A_w} \cdot L_{\text{eff}} + \rho_l \cdot g \cdot L \cdot \sin\varphi.$$

所以, 毛细极限为

$$\begin{aligned} Q_{\max} &= m_{\max} \cdot h_r \\ &= \frac{\rho_l \cdot \sigma_l \cdot h_r}{\mu_l} \cdot \frac{k \cdot A_w}{L_{\text{eff}}} \cdot \left(\frac{2}{r_e} - \frac{L \cdot \rho_l \cdot g \cdot \sin\varphi}{\sigma_l}\right), \end{aligned}$$

(8-7-8)

式中, h_r 为工质的汽化潜热.

计及 ΔP_v 时, 毛细极限为

$$Q_{\max} = h_r \cdot \frac{2\sigma_l - L \cdot g \cdot \rho_l \cdot r_e \cdot \sin\varphi}{L_{\text{eff}} \cdot r_e \left(\dfrac{\mu_l}{k \cdot \rho_l \cdot A_w} + \dfrac{8\mu_v}{r_v^4 \cdot \rho_v \cdot \pi}\right)}.$$

(8-7-9)

由于吸液芯所使用的材料和加工方法各式各样, 所形成的毛细孔并不都是圆柱形, 所以其毛细压头的表达式各异. 其中包括：

(1) 矩形毛细孔

其弯月面半径在孔的长、宽方向上是不一样的, 产生的毛细力为

$$\Delta P_{\text{cap}} = \sigma_l\left(\frac{1}{R_1} + \frac{1}{R_2}\right),$$

式中, R_1 和 R_2 分别为长、宽方向上的弯月面半径.

(2) 圆柱形弯月面(如槽道吸液芯)

$$R_{\min} = \frac{w}{2},$$

$$\Delta P_{\text{cap.max}} = \frac{4\sigma_l}{w},$$

式中, w 为槽道的宽度.

(3) 不同结构的毛细吸液芯

① 单层正交丝网

$$R_{\min} = \frac{d+w}{2},$$

$$\Delta P_{\text{cap.max}} = \frac{4\sigma_l}{d+w},$$

式中, d 为丝的直径, w 为网眼宽度.

② 压制金属丝(无规则放置)

$$R_{\min} = \frac{d + 2r_{ex}}{2},$$

$$\Delta P_{cap.max} = \frac{4\sigma_l}{d + 2r_{ex}},$$

式中,r_{ex}为平均有效孔径.

③ 球状颗粒(如图 8-7-5 所示)

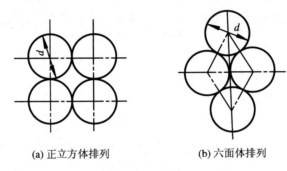

(a) 正立方体排列　　　(b) 六面体排列

图 8-7-5　球状颗粒

（a）正立方体排列：

$$R_{\min} = 0.205d,$$

$$\Delta P_{cap.max} = \frac{2\sigma_l}{0.205d};$$

（b）六面体排列：

$$R_{\min} = 0.0775d,$$

$$\Delta P_{cap.max} = \frac{2\sigma_l}{0.0775d}.$$

上两式中,d 为球状颗粒直径.

2. 声速极限

声速限制实际上是由于热管中的蒸汽流动出现了阻塞现象而造成的.蒸汽在热管的蒸发段中流动的特征是等截面、增量、吸热和加速,它类似于气动力学中的"拉伐尔喷管",以声速作为热管正常工作的极限.当蒸汽速度超过此极限时,会出现流动阻塞现象,沿热管的轴向方向的压力和温度变化很大,丧失了等温性,传输能力会很快降低.在声速极限下,热管最大的传热极限为

$$Q_{\max} = 0.474 A_v h_r \cdot \sqrt{\rho_0 P_0}; \tag{8-7-10}$$

蒸汽为双原子气体时

$$Q_{\max} = 0.559 A_v h_r \cdot \sqrt{\rho_0 P_0}. \tag{8-7-11}$$

上两式中,ρ_0,P_0 分别为热管蒸发段始端处的密度和压力.

3. 携带极限

因热管内蒸汽与工作液在流动时,两者流向相反而且相互是接触的,蒸汽对回流的液体产生一定的剪切力.随着蒸汽速度的增加到某一值时,此剪切力会激起回流液体波,蒸汽将波峰撕裂,并将液滴带回到冷凝段,使回流的液体不能满足蒸发段的需要,从而蒸发段会出现烧干现象,使热管不能正常工作.这种携带液滴所限制的热管最大传热率称为携带极限.对于未加覆盖的槽道或重力辅助热管,携带现象往往会影响热管的启动或正常工作.

(1) 有吸液芯的热管

对于有吸液芯的热管,利用韦伯数来进行判定.韦伯数为

$$W_e = \frac{2 \cdot \rho_v \cdot V_v^2 \cdot r_h}{\sigma_l},$$

式中:

r_h——毛细孔的水力半径;

V_v——蒸汽的流速.

当 $W_e = 1$ 时,达到携带极限.这时,流速为最大,即

$$V_{v.\max} = \left(\frac{\sigma_l}{2\rho_v \cdot r_h}\right)^{\frac{1}{2}}.$$

于是

$$\begin{aligned} m_{\max} &= A_v \cdot \rho_v \cdot V_{v.\max} \\ &= \left(\frac{\sigma_l \rho_v}{2 r_h}\right)^{\frac{1}{2}} \cdot A_v, \end{aligned}$$

所以携带极限为

$$\begin{aligned} Q_{\max} &= h_r \cdot m_{\max} \\ &= h_r \cdot A_v \cdot \left(\frac{\sigma_l \rho_v}{2 r_h}\right)^{\frac{1}{2}}, \end{aligned} \tag{8-7-12}$$

式中:

A_v——蒸汽流道的横截面积;

r_h——丝网间距的一半,对于槽道吸液芯,为槽道宽度.

(2) 重力辅助热管(凝结端高于蒸发端,但有吸液芯)

携带极限为

$$Q_{\max} = A_v \cdot h_r \cdot \left[\frac{\rho_v}{B}\left(\frac{2\pi\sigma_1}{r_h} + \rho_1 \cdot g \cdot D_v\right)\right]^{\frac{1}{2}}, \quad (8\text{-}7\text{-}13)$$

式中,B 为与绝热段蒸汽进出口压力比有关的系数. 对于层流,其值为 $1.11 \sim 1.234$;对于湍流,其值约为 2.2.

(3) 无吸液芯的重力热管

携带极限为

$$Q_{\max} = 8.2 A_v \cdot h_r \cdot \rho_v^{0.5} \cdot P_v^{-0.17} [(\rho_1 - \rho_v) \cdot g \cdot \sigma_1]^{0.335}. \quad (8\text{-}7\text{-}14)$$

4. 黏性极限

由于液态工质黏性大,其 ΔP_1 大,影响凝结的液体回流到蒸发段的速率,导致热管不能正常工作. 仅仅对长热管和在启动时蒸汽压力很低的液态金属热管才有意义.

其极限为

$$Q_{\max} = \frac{h_r \cdot r_v^2 \cdot \rho_0 \cdot P_0}{16\mu_v \cdot L_{\text{eff}}}. \quad (8\text{-}7\text{-}15)$$

5. 沸腾极限

热管多孔吸液芯内的沸腾和虹吸管下降液膜、液池内的沸腾,均存在有临界热流密度. 当蒸发段的热流密度达到此临界值时,加热区管内壁为蒸汽所覆盖,出现壁温迅速上升,甚至会出现烧毁的现象,此最大沸腾临界热流密度称为沸腾极限. 对这一现象虽然进行了很多的研究,但还没有公认的计算式. 对于热虹吸管,可以借用下降液膜蒸发(或沸腾)与池沸腾的数据和计算式;对于丝网吸液芯的沸腾极限,可以暂用实验得到的经验关系式:

$$\frac{\mu_1 \cdot q_{\text{boil.max}}}{\rho_v \cdot \sigma_1 \cdot h_r} = 5.54 \times 10^{-6} \cdot \left(\frac{\sigma_1}{g(\rho_1 - \rho_v)w^2}\right)^{0.027}$$

$$\cdot \left(\frac{gw^3}{V_1^2}\right)^{0.108} \cdot \left(\frac{\mu_1}{\mu_v}\right)^{1.155} \cdot \left(\frac{\delta}{w}\right)^{-0.58} \cdot \left(\frac{\rho_1}{\rho_v}\right)^{0.248}.$$

$$(8\text{-}7\text{-}16)$$

利用有关数据代入(8-7-16)式,解出 $q_{\text{boil.max}}$,即为沸腾极限. 式中,δ 为丝网层的宽度,w 为丝网的孔净宽度;各物性量均以流体的饱和温度为定性温度.

上式的适用范围为:

$$\frac{\sigma_1}{g(\rho_1 - \rho_v)w^2} = 4.24 \sim 444;$$

$$\frac{gw^3}{V_1^2} = 42 \sim 1.47 \times 10^4;$$

$$\frac{\mu_1}{\mu_v} = 2.08 \times 10^{-2} \sim 4.35 \times 10^{-2};$$

$$\frac{w}{\delta} = 6.91 \times 10^{-2} \sim 0.752;$$

$$\frac{\rho_1}{\rho_v} = 1.93 \times 10^2 \sim 1.65 \times 10^3;$$

压力为1个大气压左右.

总括以上所述的5种极限,可以定性地表示在图8-7-6中.从曲线分布中可知,随着热管的工作温度的增加,依次出现黏性极限(AB)、声速极限(BC)、携带极限(CD)、毛细极限(DE)和沸腾极限(EF).

四、热管的传热热阻

热管传输的热量不但受上述5种极限的限制,在一定的温差下,还要受传热热阻的制约.热管从蒸发端到冷凝端的传热热阻如表8-7-3所示.

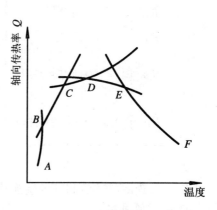

图 8-7-6 热管的传输极限

表 8-7-3 热管的各种热阻

热阻	热阻来源	热阻表达式	热阻量级 (m·℃/W)
R_1	热源与管外壁	$\dfrac{1}{h_e \cdot D_o \cdot \pi \cdot L_e}$	$10 \sim 10^3$
R_2	管壁导热阻	$\dfrac{\ln \dfrac{D_o}{D_i}}{2\pi \lambda_w \cdot L_e}$	10^{-1}
R_3	毛细芯传热热阻	$\dfrac{\ln \dfrac{D_i}{D_v}}{2\pi \lambda_{eff} \cdot L_e}$	10
R_4	汽—液界面热阻	$\dfrac{R' \cdot T_{ve}^2 \sqrt{2\pi R' \cdot T_{ve}}}{h_r^2 \cdot \rho_{ve} \cdot \pi \cdot D_v \cdot L_e}$	10^{-5}
R_5	蒸汽轴向流动热阻	$\dfrac{128 \mu_v \cdot T_v \cdot L_{eff}}{\pi \cdot D_v^4 \cdot \rho_v^2 \cdot h_r^2}$	10^{-8}
R_6	同 R_4	同 R_4	同 R_4

续表

热阻	热阻来源	热阻表达式	热阻量级 (m·℃/W)
R_7	同 R_3	同 R_3	同 R_3
R_8	同 R_2	同 R_2	同 R_2
R_9	同 R_1	同 R_1	同 R_1
R_{10}	管壁轴向传热热阻	$\dfrac{4L_{eff}}{\lambda_w \cdot \pi(D_o^2 - D_i^2)}$	10^3
R_{11}	毛细芯轴向传热热阻	$\dfrac{4L_{eff}}{\lambda_{eff} \cdot \pi(D_i^2 - D_v^2)}$	10^4

表中：

h_e——热源(热沉)和管外壁换热系数；

D_o——管外径；

D_i——管内径；

λ_w——管壁导热系数；

λ_{eff}——吸液芯有效导热系数；

R'——气体常数；

D_v——蒸汽流道直径，

其他符号所代表的参数同前.

热管中的热网络图如图 8-7-7 所示. 由热网络图可得热管的总热阻为

$$R_{tot} = R_1 + \dfrac{\left[R_2 + \dfrac{R_{11} \cdot \sum\limits_{n=3}^{7} R_n}{R_{11} + \sum\limits_{n=3}^{7} R_n} + R_8 \right] \cdot R_{10}}{\left[R_2 + \dfrac{R_{11} \cdot \sum\limits_{n=3}^{7} R_n}{R_{11} + \sum\limits_{n=3}^{7} R_n} + R_8 \right] + R_{10}} + R_9.$$

五、热管的应用

在余热回收中，采用热管换热器有以下优点：

（1）冷、热流体两侧均可肋化；

(2) 冷、热流体流动压力损失小，所消耗的动力少；

(3) 热管内传热介质依靠毛细力或重力自动进行循环，不需消耗动力；

(4) 冷、热流体隔开，即使有个别热管被损坏，也不影响换热器的正常运行；

(5) 换热器是由规格相同的单支热管组装而成的，便于制造、安装、拆换、维修，易于实现标准化和系列化；

(6) 冷、热流体均在管外流动，便于对传热表面的吹灰和清扫；

(7) 热管换热器的寿命较长．

热管换热器在各项技术指标方面同其他类型的换热器的比较见表 8-7-4 和表 8-7-5．这种比较是粗略的，用打分的方式进行，热管换热器的总分最高．同列管式换热器相比较，重量和尺寸都要小得多．同回转式换热器相比，在重量和尺寸上也要占优，而且回转式换热器的废烟和空气之间的泄漏是很严重的，而热管换热器没有泄漏．

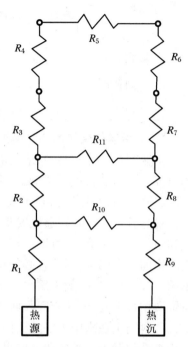

图 8-7-7　热管热网络图

表 8-7-4　各种换热器的技术经济指标比较

种　类	蓄热型	管壳型	中间载热介质型	板翅型	热管型
压力损失	普通 3	高 2	低 4	低 4	低 4
换热系数	高 4	高 4	低 2	普通 3	高 4
维修费	高 2	普通 3	高 2	普通 3	很低 5
价　格	高 2	普通 3	高 2	高 2	普通 3
辅助动力	要 0	不要 5	要 0	不要 5	不要 5
流体混合	有 0	无 5	无 5	无 5	无 5
单位容积传热面	高 4	低 2	普通 3	很高 5	很高 5
合　计	15	24	18	27	31

表 8-7-5　几种换热器的重量、价格、尺寸的比较

种　类	重　量	尺　寸	造　价	泄　漏
热管式	100%	100%	100%	无
列管式	3～4 倍	>3～4 倍	高	无
回转式	>3～4 倍	相近	低	严重

1. 利用烟气余热的热管换热器

工业窑炉、锅炉、高炉、熔化炉等的排烟温度都在 200 ℃以上，经常被利用来预热空气.目前，热管换热器被广泛用来作余热回收装置,此装置的结构简图如图 8-7-8 所示.该换热器由若干支规格相同的热管组成,中间用隔板将热管隔成两段,一段通以烟气,一段通以要预热的空气.热管的排列可以顺排,也可以错排;烟气和空气可以逆流,也可以顺流.如果采用重力热管,空气的流道一定要放置在烟气流道的上方.只有当热管必须接近水平放置时,才采用吸液芯热管.当烟气温度不超过 350 ℃时,一般采用水－低碳钢重力热管,这种热管制造简便,成本低廉,其投资费用可在 0.5～2 年间收回.使用此热管时,要注意水和碳钢之间的不相容性.现在已研制出在水中加一定比例的试剂,可以解决此问题.近年来我国在钢－水热管相容性问题上取得的研究成果,大大地推动了热管换热器的广泛使用,使热管余热回收的成本大幅度降低,从而进一步显示出热管这项传热新技术的强大生命力.

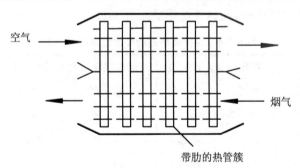

图 8-7-8　热管空气预热器简图

2. 热管省煤气

采用热管省煤气与肋管内水被直接加热的方式相比较,其优点为:烟侧管壁温度较高,易于避免含硫烟气冲刷造成的管壁酸腐蚀.在直接冷却中,因为水侧的换热系数高,管壁的温度接近水的温度,为保证壁温在露点以上而不被腐蚀,要求给水温度在 100 ℃以上.当将凝结水回送到工业炉时,给水温度在 50～70 ℃时很难

避开腐蚀区.实例计算表明,在给水由60℃加热到97℃,烟温由270℃降到170℃的条件下,直接冷却方式的最低壁温为65~70℃,低于酸露点;而采用热管换热器时,管壁温度为134℃,可以避免酸腐蚀.另一个优点是,热管外壁面上的积灰易于清除.实验结果表明,同时放入300℃烟道的热管和直接冷却式两种省煤气管,运行6个月后二者均积有大量的垢物.但直接冷却式管上的附着物十分牢固,必须用利器和铁锤才能除去,并对管子有一定的腐蚀.热管上的附着物是疏松的,很易清除,且管壁无任何腐蚀现象.计算和实验表明,热管换热器可以节省燃料6%左右.

3. 排烟脱硫装置用热管换热器

电站锅炉排烟脱硫现已成为环境保护的重要问题.排烟经吸收塔冷却后,温度降到约60℃,此时,烟气中的水分处于饱和状态,会在管道和烟筒内结露而损害内壁.目前常用的办法为二次燃烧升温,对于一个$2\times10^5 \text{ Nm}^3/\text{h}$的脱硫烟气,温升30℃每年需燃料费上百万元,不但浪费能源,而且二次燃烧还会使已清洁的废气再次受到污染.

图8-7-9为一日本的发电厂中采用热管来进行排烟脱硫的系统,烟气进入吸收塔前的温度为160℃,加热塔后得到温度为60℃的脱硫后的烟气.热管内面开槽,8.5 m长,水平略倾斜放置,为保证有很强的耐腐蚀能力,管外表面镀上特殊的铝合金.投产运行后取得了很好的效果,节省了大量二次燃烧的重油费,预计两年内可以收回投资.

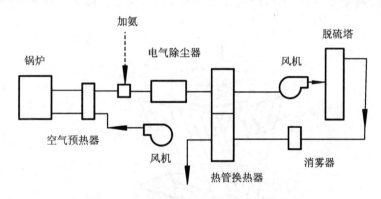

图8-7-9 脱硫装置中的热管换热器应用

4. 采暖通风和空气调节系统的热回收

需要冬季供暖、夏季降温的建筑物,在进行室内外空气交换时,要造成大量的能量损失.采用如图8-7-10所示的带热管换热器的通风系统,可以利用冬天排出的较热空气来预热进入室内的冷空气.在夏天,同一换热器可以利用室内排出的较冷空气来降低进入室内空气的温度,起到预冷的作用.这是因为水平放置的吸液芯热管,其加热段和冷凝段是可以互换的.当然,利用垂直放置的重力热管换热器也可以,只是要将冬、夏进气和出气的上、下位置倒换两次,即冬天进气从换热器上段流入,出气从下段流出;夏天则相反.

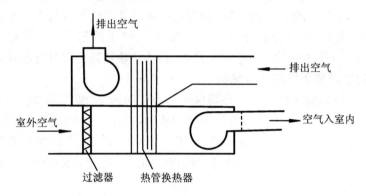

图 8-7-10　热管换热器在通风系统中的应用

5. 坑口电站热管冷凝器

对于坑口电站,在必须使用风冷冷凝器的情况下,采用热管冷凝器有其特殊意义,因此和其他换热器相比,有很多不可替代的优点.图 8-7-11 为美国研制的电站用热管风冷冷凝器,热管簇为两列 Y 型布置,热管簇凝结段有散热片,热管蒸发段为光管.

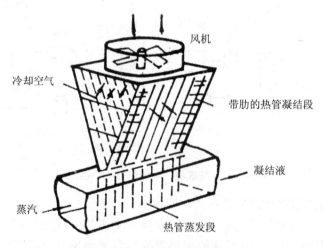

图 8-7-11　电站用热管风冷冷凝器

6. 热管的其他用途

(1) 电气设备与电子元件的冷却

① 大功率电子器件的冷却.例如大功率的硅整流器,一个 5000 W 的硅整流器,用热管进行散热冷却,比用其他手段可降低热阻 50%,增加容量 25%,并可降低整流器的重量.

② 半导体集成电路的组合散热.一般都将热管做成板型,也就是说,整个半导体电路下都可成为热管,元件的温度比用其他冷却手段时要低 20~40 ℃.

③ 晶体管的长距离散热.因目前大功率晶体管的体积小,散热量大,单靠自身的表面向外散热,温升高,影响性能.将其装在热管的蒸发段,将冷凝端伸出电子元件板之外,这样可大大降低晶体管的温度.

④ 电器设备的冷却.例如大功率变压器的散热,常规的方法是在变压器的两侧安装多根弯成"耳朵"状的空心管,利用自然对流的方式将变压器内产生的热量散失到空气中去.而我国从美国进口的大型变压器是利用热管进行冷却的.利用钢-水重力热管,一端装入变压器的冷却介质中,另一端立于空气中,并装有散热片,其冷却效果要比常规方法好得多.

(2) 等温热管

① 外延炉的等温热管.拉单晶硅时,外延炉的腔体周围为一腔体状热管,可使 $\varnothing 75 \text{ mm} \times 400 \text{ mm}$ 的空间等温精度达 $\pm 0.02 \sim 0.03$ ℃.

② 低温等温热管.其等温精度可达 0.1 ℃.

③ 热管黑体.主要用于温度标定设备或其他需要用高温等温空间的地方,其有效辐射率可达 0.9998 ± 0.00004.

④ 恒温热管.在 $\varnothing 200 \text{ mm} \times 500 \text{ mm}$ 的腔体内,其温度的稳定性可达 ± 0.005 ℃.

(3) 其他用法

① 热管型太阳能集热器.因采用低沸点介质作为工质,可解决寒冷地区的冬天冻结问题.

② 用于永久冻土层的稳定.这是世界上运用热管的最大工程,用以稳定 646 km 长的输油管线的支架,建在美国的阿拉斯加州.支架结构如图 8-7-12 所示,共用氨—钢重力热管 112000 支,长 $9.4 \sim 20.1$ m,插入地下 $7 \sim 15$ m,高出地面 $3 \sim 6$ m.冬天可将支架地基温度降至 -24 ℃,夏天可保持地基温度为 0 ℃ 以下.

③ 深冷手术刀.如图 8-7-13 所示,储箱内装有液氮,开刀时在上面,成为热管的冷凝端.刀尖部刺入人的肉体,人体温度高,为蒸发端,中间为绝热段.可使被开刀的人体部位的温度降至 -180 ℃,所以不用麻醉就可以进行手术,且无痛苦.这

种手术刀在日本采用较多.

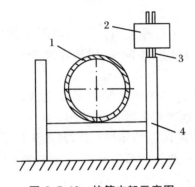

图 8-7-12　热管支架示意图

1—输油管；　2—散热肋片；　3—热管；　4—支架

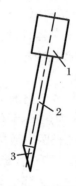

图 8-7-13　深冷手术刀

1—储箱；　2—热管；　3—刀部

④ 人造卫星的均温. 因在空间中无空气,向阳面的温度高,背阳面的温度低、因无重力,可用吸液芯热管将向阳面的热量传至背阳面.哪一端在向阳面,哪一端即为蒸发端,背阳面的一端为冷凝端.在卫星运行过程中,向阳面和背阳面会经常变换,则蒸发段和冷凝段也随之变换.在美国发射的 ATS-E 卫星上应用,可使向阳面的温度由 47 ℃ 降到 7.5 ℃.

⑤ 卫星上仪器设备的温控. 因仪器设备在工作时会产生热量,自身的温度会增高,如不及时散热降温,会使仪器仪表不能正常工作.通常将热管的蒸发段装在仪器仪表的位置,两端为冷凝段,伸入空间.也就是蒸发段在热管的中间,冷凝段在两头.在美国发射的 ATS-F 卫星上应用,要求温度为 20 ℃ ± 15 ℃,可控制在 0～30 ℃,完全满足需要.

⑥ 卫星上红外探测器的温控. 可在深冷温度下(150～190 K)保持温度的稳定性.

第八节　节能技术措施的经济评价方法

随着科学技术的进步,节能技术措施和方法越来越多.但应指出的是,无论哪一种方法,不仅受热力学基本定律的制约,还要受经济性的限制.谁也不可能无休止地去追求高效率,而不考虑经济效果.节能本身不是最终的目标,不能为节能而节能,节能的最终目的是为了取得最佳的经济效果.因此,采用任何一项节能措施,都必须考虑它的经济合理性.

技术经济问题不外乎有两大类:

第一类为是否符合国家规定.这不但有技术指标和经济指标,而且还有社会效益问题,比如环保等.

第二类为方案选择问题.也就是说,满足第一类的方案很多,怎样进行筛选.其先决条件为:一是满足需要,二是方案的可靠性.在满足这两个基本条件的各种方案中进行选择,最后找出最佳方案.比如对 400 ℃ 的蒸汽输热管道的隔热保温选择保温材料及方案.首先,保温材料的使用温度必须大于 400 ℃,长期使用的稳定性要好.然后进行技术经济分析,其程序大致为:

(1) 设计各种可能的技术方案;

(2) 分析方案在经济性方面的利弊,列举影响经济性的各种因素,找出这些因素和经济性指标之间的关系;

(3) 求解各项指标的最优值和找出经济性最佳的方案;

(4) 进行综合分析和评价,选出最科学合理的实施方案.

一、评价标准

经济效果用数学式可表示为

$$E = \frac{V}{C}, \tag{8-8-1}$$

式中:

E——经济效果;

V——有用价值;

C——劳动耗费.

有用价值就是生产活动中消耗和占有劳动后创造出来的劳动成果.劳动耗费包括劳动者进行生产所消耗的劳动量及生产中消耗和占用的设备、工具、材料、燃料和动力等.

经济效果的计算不仅要考虑技术方案实现以后的直接效果,还要考虑它所带来的间接效果.

由此可见,全面地评价节能方案的经济效果是一项十分复杂的工作,实际上不可能只用一个单项指标或用一个综合性指标加以衡量,而必须结合实际,列出有关的各项指标,通过综合比较和分析后才能得出符合实际的结论.

目前,对节能措施进行技术经济分析和评价还没有一个统一的方法和指标,最常用的主要指标包括：

1. 投资指标

投资是指实现某一节能方案所需的一次性支出资金，包括固定资产和流动资金。

(1) 设备投资额

设备投资额为

$$M_m = \sum_{i=1}^{n} K_{mi}(S_{mi} + I_{mi}), \tag{8-8-2}$$

式中：

M_m——机器设备的投资额；

K_{mi}——第 i 种设备的数量；

S_{mi}——第 i 种设备的单价；

I_{mi}——第 i 种设备的单位运输费和安装费。

(2) 厂房投资

厂房投资为

$$M_j = A_c S_c, \tag{8-8-3}$$

式中：

M_j——厂房建筑物总投资额；

A_c——厂房建筑物的面积；

S_c——单位面积造价。

计算上述两项直接投资时，还要加上与直接投资有关的项目投资，如工厂专用铁路线等。

2. 成本指标

即节约单位能源所需的费用，它是指生产过程中所消耗的以货币形式表现出来的工人工资、原材料耗费、维护管理和固定资产折旧等费用的总额。

3. 盈利指标

主要指单位投资的盈利和成本利润率指标。

4. 建设速度和发挥效益时间方面的指标

如实施工期和服务年限等指标。

5. 物资及资源消耗方面的指标

指节约单位能源所消耗的原料、材料等。

6. 能源节约率和能源利用率指标

指节能措施实施后，能源利用合理性和技术水平提高的程度。

二、投资经济效果的计算方法

评价经济效果的指标确定以后,还要进一步研究经济效果分析的计算方法.

1. 投资回收年限法

这种方法主要考虑节能技术投资和收益两个方面的因素.所谓投资回收年限,就是用每年由于实现该节能措施所得到的净利润来回收总投资所需要的年数 τ.如果节能措施的一次性投资为 M 元,每年的净收益为 M_y 元/年,则

$$\tau = \frac{M}{M_y}(年). \tag{8-8-4}$$

若 τ 小于或等于国家规定的标准偿还年限 τ,则认为该节能措施经济上是合理的.如果节能措施本身可以实现的年产值(或年收入)为 V_y,年成本为 C_y,则

$$M_y = V_y - C_y.$$

两种方案的比较:若有两个可行性方案 A 和 B,则投资之差为

$$\Delta M = M_A - M_B,$$

可以增加的净收益为

$$\Delta M_y = M_{y.A} - M_{y.B}.$$

利用附加投资偿还年限 $\tau = \frac{\Delta M}{\Delta M_y}$ 来决定取舍,如果 $\tau \leqslant \tau_0$,则采用比较经济的 A 方案;否则,采用 B 方案.

上述方法对于使用年限短、但效益较高的方案有利,而对于效益低、使用年限长的方案就显得不利,所以它不适用于不同利率、不同使用年限的投资方案比较.其次,它只能反映各方案之间的相对经济效益,所以此法又称简单回收年限法,一般只用于节能技术方案的初步设计阶段.

如果在本方法中把资金利息的因素考虑进去,就可以算出投资的精确回收年限.其计算式为

$$M = M_y \cdot \frac{(1+i)^n - 1}{i(1+i)^n}, \tag{8-8-5}$$

式中:

i——银行贷款利率;

n——投资回收年限.

由上式可以得出投资的精确回报年限 n 的计算式为

$$n = \frac{\lg\left(\frac{M_y}{M_y - i \cdot M}\right)}{\lg(1+i)}. \tag{8-8-6}$$

2. 服务期内经济效益的计算方法

服务期(使用寿命)内的经济效益,是指将其寿命期内的净收益相加,累计净收益 Y 大者为最佳.

(1) 经济效益分析计算表

如表 8-8-1 所示,表的格式为通用格式,表中所列数据的单位为万元,利率为 $i = 10\%$.

表 8-8-1 中,最后一个数 Y 即为节能技术措施实施后总的经济效益.由表也可以看出,当 NPN 项大于或等于零时,即已收回投资.

(2) 内部收益率

内部收益率表示在整个服务期内收益的比例,其值越大,即经济效益越好.但不能低于国家规定的标准.

n 为其服务期(寿命),内部收益率的计算式为

$$\sum_{t=0}^{n}(C - b_n) \cdot (1 + FIRR)^{-t} = 0, \qquad (8\text{-}8\text{-}7)$$

式中:

C——费用(投资、运行费);

b_n——收益;

$FIRR$——内部收益率;

t——年序.

由上式无法直接解出内部收益率,必须采用逐步试测法.因为在建设和运行开始时费用 C 较大,b_n 较小,随运行时间的增加,b_n 增加,而 C 减小,所以当 (8-8-7)式为负值时,减小内部收益率,反之则增大.最后,分别计算出净收益之和接近于零的一个正值贴现率和净收益之和接近于零的一个负值贴现率,然后代入内插公式,得

$$i_r = \frac{PN(i_2 - i_1)}{PN + NV} + i_1, \qquad (8\text{-}8\text{-}8)$$

或

$$i_r = \frac{NV(i_1 - i_2)}{PN + NV} + i_2,$$

式中:

i_1, i_2——净收益为正、负值时的贴现率;

PN——贴现率为 i_1 时的净收益绝对值;

NV——贴现率为 i_2 时的净收益绝对值;

i_r——内部收益率.

表 8-8-1 经济效益分析计算表

年序 (n)	投资 (C_n)	运行费 (C_0)	收益 (b_n)	净收益 $(b_n - C_n - C_0)$	折现分数 $((1+i)^n)$	成本现值 $\left(\dfrac{C_n + C_0}{(1+i)^n}\right)$	累计成本现值	收益现值 $\left(\dfrac{b_n}{(1+i)^n}\right)$	累计收益现值	净收益现值 $\left(\dfrac{b_n - C_n - C_0}{(1+i)^n}\right)$	累计净收益现值 (NPN)
0	10	0	0	-10	1	10	10	0	0	-10	-10
1	5	2	8	1	0.9091	6.36	16.36	7.27	7.27	0.91	-9.09
2	0	5	15	10	0.8264	4.13	20.49	12.40	19.67	8.27	-0.82
3	0	6	20	14	0.7510	4.51	25.00	15.02	34.69	10.51	9.69
…				…	…	…	…	…	…	…	…
n											Y

第九章　能源的环境污染与燃煤烟气治理技术

第一节　能源与环境污染

所谓环境污染,是指由于人类的活动而造成危及生物的生存或生命的副作用或有害的影响.

由此可以看出,减少环境污染,保护环境是世界上长远发展和全局性的问题.世界经济发展中一个严重的教训,就是许多经济发达国家走了一个严重浪费资源和"先污染后治理"的路子,结果造成了对世界资源和生存环境的严重损害.所以我们今天千万要注意,在加快发展时绝不能以浪费资源和牺牲环境为代价,任何地方的发展都要坚持以生态环境良性循环为基础.因此,我们在制定重大经济和社会发展政策、规划,重要资源开发和确定重要项目时,必须从促进发展和与环境保护相统一的角度去审议其利弊,并提出相应对策,这样才能从源头上防止环境污染和生态的破坏.

另外,我们必须认识到,保护环境的实质就是保护生产力,环境意识和环境质量如何,是衡量一个国家和民族文明程度的一个重要标准.现在,环境问题已涉及国际政治、经济、贸易和文化等众多领域,所以环境方面的许多问题需要依靠科技进步和人们素质的提高来解决.环境保护是一项崇高的事业,功在当代,利在千秋.

能源的开采、输送、转换、利用和消费都直接或间接地改变着地球上的物质平衡和能量平衡,对生态系统也有一定的破坏,所以能源的开发利用是环境污染的一个主要因素.

能源对环境的污染主要是通过以下几个方面：

一、热污染

1. 局部的热污染

在一切能源的转换过程中,都不可避免地伴随有损失,这些损失最终都要以低温热能的形式传给周围环境,造成局部性温度升高,从而使附近的动、植物的生长受到影响,甚至影响周围生物的生存.

局部热污染最严重的是用江河、湖泊的水作冷却水的火力发电厂,冷却水吸收热量后以高于原来温度 5~9 ℃ 的温度返回到自然水资源中去. 以一个 $2.0×10^6$ kW 的火力发电厂来说,我国到 2010 年估计 310 g 标准煤发 1 kWh 电,即发电效率为 39%,每发 1 kWh 电,损失的能量为 5560 kJ. 假设锅炉的燃烧效率为 95%,实际排放的余热为 4451 kJ(其中有部分被烟带走). 所以,$2.0×10^6$ kW 热发电厂每小时排放余热为 9556 kJ 的热量,可以将 $1.12×10^6$ t 水的温度升高 2 ℃. 如果排放到一个湖泊中去,不要很长时间,其湖水中的鱼类,甚至水草都会死去,最后会灭绝. 所以在建立一个火力发电厂时,热污染问题必须要加以考虑.

2. 全球性热污染

地球表面上的能量平衡可以用下面的式子表示：

$$Q_s + Q_h + Q_t = 4\pi r^2 \varepsilon \cdot \sigma \cdot T_s^4, \tag{9-1-1}$$

式中：

Q_s——地球得到的太阳辐射能；

Q_h——能源热污染传输给地球的热量；

Q_t——传到地球表面的地热能；

r——地球半径；

σ——斯蒂芬-玻尔兹曼常数；

ε——地球的热发射率；

T_s——地球表面的温度.

假设式中 $Q_s, Q_t, \varepsilon, \sigma$ 都不变,则地球表面的温度 T_s 为 Q_h 的函数,即随着 Q_h 的增加而有所增加. 而目前世界上所消费的能源逐年都在增加(不论何种能量,最终都以长波形式辐射到宇宙空间去),所以 Q_h 是逐年地在增加,T_s 也逐年地在升高. 当然,这种提高是非常有限的,再过 107 年地球温度会升高 1 ℃. 但就这 1 ℃,后果也会相当严重. 因地温升高,地球上冰雪覆盖区会减少,从而使地球的总反射率降低,更多的太阳能被地球表面所吸收,地球表面温度会升高,这样导致更多的冰雪融化,会产生连锁反应,最终将会影响生态平衡,造成全球的"热环境污染".

二、二氧化碳污染

地球表面的热能散失是以长波的形式向宇宙空间辐射,并以此来维持地球表面温度的基本衡定.黑体辐射的光谱分布规律由普朗克定律确定:

$$E_\lambda = \frac{2\pi c^2 h}{\lambda^5 (e^{\frac{ch}{\lambda kT}} - 1)},\tag{9-1-2}$$

式中:

E_λ——单位波长的辐射功率密度;

c——光速;

h——普朗克常数;

k——波尔兹曼常数.

因为太阳表面的温度和地球表面的温度相差很大,所以从上式可以看出,太阳辐射的光谱和地球辐射的光谱是很不一样的.太阳的最大辐射发生在 $0.5\ \mu m$ 附近,而地球表面的最大辐射发生在 $10\ \mu m$ 附近.所以 CO_2 对太阳的辐射是透明的,而对地球的辐射却有相当大的吸收能力.大气层中的 CO_2 吸收地球的辐射能后,又重新辐射,使一部分辐射能又回到地面.大气层中 CO_2 的含量越高,对地球辐射的吸收就越多,反过来辐射回到地球表面上就越多,其结果是使地球表面的温度升高.二氧化碳的这种作用被称作"温室效应".

由于世界上矿物燃料长期的被利用,而且用量越来越大,100 多年来大气层中 CO_2 的浓度有了明显的提高.如果 CO_2 的浓度再增加 25%,就足以使地球上的平均温度上升 $0.6\ ℃$.长此下去,后果是很严重的,所以要引起人们的足够重视.

三、硫化物污染

硫化物(如 SO_2)主要来自煤炭的燃烧,随着其他燃烧产物一起从烟囱中排向大气.烟气中 SO_2 的含量由煤的含硫量决定.煤含硫量随煤质的不同而不同,一般在 0.2%~7.0% 的范围内.全世界每年消耗煤炭 $3.8×10^9$ t 左右,因而进入大气中的 SO_2 量为 $1.4×10^7$~$4.9×10^8$ t,这个数值是相当大的.石油中也含有硫,但其比例较小,为 0.05%~2.0%.但现在全世界每年消耗石油约 $4×10^9$ t,在石油的炼制过程中,大部分硫留在重油中,重油燃烧后仍产生 SO_2.

SO_2 对环境的污染有两个方面.首先,SO_2 是毒气,过量的 SO_2 会导致人的呼吸道疾病,并对某些植物的生长有害.其次,排放到大气中的 SO_2 最后会以硫酸的形式随雨水返回地面,造成建筑物的腐蚀.

另外,地热流体中含有数量可观的 H_2S,它也是有毒气体,所以在开发利用地热资源时,也要采取措施,防止污染大气.

四、氮化物污染

任何高温下燃烧的矿物燃料均可能生成氮化物 NO_x,生成的 NO_x 随着火焰的温度增高和烟气在高温区滞留时间的增加而增加.由于卡诺循环的效率 $\eta = \dfrac{T-T_a}{T}$,于是 T 越高,其效率越高,为了获得高的有效利用率,现代锅炉,特别是火力发电厂的锅炉,燃烧温度越来越高,因而产生的氮化物也越来越多.

氮化物所造成的环境污染也有两个方面.首先,NO_x 气体对臭氧层十分敏感,浓度很低的 NO_x 就会破坏臭氧层,使大气中的臭氧层浓度降低.臭氧层可以吸收太阳辐射中对人体有害的紫外线部分,对宇宙的外来辐射起反溅作用,对人类所生存的环境起保护作用.如果臭氧层的浓度降低 1%,地面的紫外辐射就会增加 2%,就可能导致皮肤癌患者数量增加百分之几.其次,氮化物和碳化氢受紫外线照射能够生成有毒气体,直接损害人体健康,它可以引起人的眼睛变红、喉痛、咳嗽等疾病,严重时甚至造成死亡.

五、放射性污染

放射性污染是指在核燃料的开采、运输以及三废(废气、废渣、废水)的处理等过程中产生失误,或核反应堆发生泄漏,使人类环境造成严重的污染.放射性污染要比前几种污染严重得多(从局部污染来看),前苏联切尔诺贝利核电站的泄漏事故,造成很多人的伤亡,而且还要对周围环境影响很多年.

放射性污染及其防护措施如下:

1. 污染

放射性污染分为反应堆在正常运行情况下放射性物质的污染和在事故(如泄漏)情况下可能放射出的辐射量对周围环境的污染.

其伤害途径,一是外辐射,即周围环境受到放射性物质污染后,在此环境中生活、工作的人员受到放射性物质的辐射而受到伤害.二是内辐射,即人或动物吃了受污染的食物,喝了受污染的水,呼吸了受污染的空气,或通过皮肤的裂纹,导致放射性物质在体内产生辐射,伤害人体或其他动物.

伤害的结果,主要有两种效应:一为躯体效应,即受到放射性物质辐射的本人,其结果又分为远期的和急性的.远期的是指受到放射性污染的人会发生再生障碍性贫血、恶性肿瘤、白内障、甲状腺癌等疾病.急性污染随受到辐射剂量的不同而产生不同的结果,小于 300 rem(辐射剂量单位),人会感到严重不适;300~600 rem,

其死亡率为50%；受到600 rem以上的辐射,死亡率为100%.二为遗传效应,即受到放射性污染的人如果再生子女,其污染会影响到下一代的身心健康.

2. 防护

因放射性污染的后果是非常严重的,所以其防护措施也非常严密.特别是核反应堆,它建造有3层壳体,即燃料包壳、压力壳和安全包壳.其包壳在不同的部位采用不同的材料构筑,有的部位为普通混凝土,有的部位为重混凝土,即在混凝土中加入铁屑、重晶石、石墨、石蜡、铸铁块、硼钢、铝板等.

3. 三废处理

三废即废水、废气、废渣.废水和废气不直接接触放射性物质,好处理一些.废渣则需要非常严密地盛装,然后深埋于地下,或放入深海之中.

4. 辐射监测

为了保证工作人员的人身安全,必须定期对工作人员的身体进行监测,保证其受到的辐射剂量要小于5 rem/年.附近居民所受到的辐射剂量,国际上要求为工作人员的$\frac{1}{10}$,而我国则要求为工作人员的$\frac{1}{100}$,即50 mrem/年,小于地球自然本底的辐射量100～150 mrem/年.

六、其他污染

除上述污染以外,矿物燃料的开发、输送和转换所造成的污染还有许多种,如火力发电厂的粉尘、灰渣、煤矿开采时的废土、杂质、煤矸石,选煤厂的废物、废水等,海上采油的漏油问题等.

水力发电虽为清洁能源,但也有相应的环境污染问题.因开发水力,要拦河筑坝,建造水库,要开山辟岭,架桥修路,而这些对周围地区的生态平衡、土地盐碱化以及灌溉、森林植被都有影响.

第二节 燃煤烟气治理技术

燃煤烟气中的主要污染物为烟尘(或称灰尘、飞灰)、硫氧化物、氮氧化物,另外还有CO_2,CO和少量的氟化物、氯化物.

燃煤烟气治理是指清除燃烧产生的烟气中的有害物质(主要是烟尘、SO_2和

NO_x 等).控制大气污染的主要任务是减少烧煤的烟尘、SO_2 和 NO_x 的排放.

在未来相当长的时间内,我国以煤炭为主的能源格局不会改变,煤炭消耗量将持续增长.我国发电装机容量中火力发电占74%以上,其基本都是燃煤机组,是大气污染物的主要来源;燃煤产生的二氧化硫、氮氧化物在一定条件下可形成酸雨.有研究结果表明,酸雨污染给我国造成的损失每年超过1100亿元,大气污染所造成的损失每年占我国GDP的2%～3%.另外大气污染给人们的身体健康也带来了很大的危害.

一、电厂燃煤和烟气的特点

全国燃煤电厂燃煤的平均灰分为28%左右,燃煤灰分高,不仅增加了无效运输,加剧了锅炉及辅助机械的磨损,增大了厂用电率,而且不利于环境的保护.

燃煤电厂烟气的特点为:

1. 排烟量大

我国2010年工业烟气排放量为47.52万亿立方米,火力发电企业的烟气排放量占全国烟气排放总量的35%,位居世界第一.

2. 污染物主要是无机物

锅炉的燃烧温度一般都在1200 ℃以上,煤中的有机物一般都已分解,烟气中的污染物一类为飞灰,其主要成分为 SiO_2 和 Al_2O_3,两者之和大于70%.此外,还有 Fe_2O_3,CaO,MgO,K_2O,Na_2O,TiO_2 及少量未燃尽的碳等.另一类是气态物质,如 SO_x,NO_x,CO,CO_2 等,也基本上为无机物.

3. 气态污染物浓度较低

因煤的含硫量多在0.5%～2.5%范围内,含氮量也在0.5%～2.5%范围内,加之烟气量大,故气态污染物浓度一般较低,为几百至几千ppm数量级,远低于金属冶炼、化工厂烟气中气态污染物的浓度.因此,要在大量烟气中对这些气态物质进行回收利用,难度很大,回收利用的经济效益也不好.

4. 烟气有一定的温度和湿度

温度和湿度视煤种、锅炉及除尘器类型而异.对于常用的固态排渣煤粉炉,空气预热器出口的烟气湿度一般为3%～7%,高者如含水分较多的褐煤,可达15%.烟气温度一般为120～150 ℃,高者可达170～190 ℃.

5. 烟气抬升高、扩散远

随着经济的发展与技术的进步,近年来全国燃煤电厂采用高烟囱的比例明显增加.由于烟气量大,烟温一般高出环境温度较多,且高烟囱排放,因而烟气抬升高度大,扩散范围广,随风传输形成连续的烟流,距离可达几百甚至上千公里.烟气中

SO_2 和 NO_x 的转化与沉降是一个缓慢的过程,因此可传输较远的距离.

二、烟尘治理技术

1. 除尘新技术

为适应我国燃煤的特点,我国开发了许多除尘新技术,主要有:

(1) 电除尘器.近十年来,电除尘器每年以 4%～5% 的速度增加,200 MW 以上的大型机组绝大多数都配备了电除尘器,国内的除尘器及其技术有明显提高.在 2004～2010 年间投产的电除尘器,其除尘效率一般在 99.7% 以上,有的甚至高达 99.9%.

我国燃煤电厂的煤质偏差大,煤质不稳定,烟尘理化特性变化范围大,给电除尘器的选型、设计、运行增加了难度.根据我国的特点,开发出了以宽极距、辅助电极、横置槽型极板三大技术为特点的多种除尘器,并大量用于 50～300 MW 的发电锅炉上.实践证明,它们具有煤质适应范围广、性能稳定、节省钢材和投资少等优点.同时又研制和生产了多种与电除尘器配套的高压供电装置和低压控制系统,其性能已达到国际先进水平.

(2) 文丘里管、斜棒栅湿式除尘器.这是"六五"期间研制成功的,其除尘效率达 92%～94%,造价低.在 1994 年前曾大批量用于新建机组和改造低效率的水膜除尘器.但它消耗水较多,除尘效率无法达标,已被电除尘器逐渐代替.

(3) 水膜除尘器、旋风除尘器、多管除尘器.大多是"七五"之前投运的,现已被逐渐改造和淘汰.其中,多管除尘器的除尘效率只有 50%～80%.现已研制成功下倾螺旋进气、长锥体的 XCD 型多管除尘器.

(4) 试验过几台低气布比的玻璃纤维袋式除尘器,因滤袋破损率高,电厂难以承受换袋的费用,目前尚处于试验阶段.

2001～2009 年我国火力发电厂烟尘排放情况如表 9-2-1 所示.

表 9-2-1 2001～2009 年我国火力发电厂烟尘排放情况

年代	2001	2002	2003	2004	2005	2006	2007	2008	2009
烟尘排放总量(百万吨)	3.22	3.24	3.30	3.46	3.60	3.70	3.50	3.30	3.15
火力发电量万亿 kW·h	1.2	1.35	1.58	1.81	2.04	2.37	2.70	2.80	3.01
烟尘排放积效 g/kW·h	2.70	2.40	2.10	1.90	1.80	1.60	1.30	1.20	1.10

从表中可以看出,尽管发电量逐年增加,但是烟尘排放总量反而有所减少;这是因为除尘效率不断提高,已经达到 96% 以上.

2. 除尘技术的发展趋势

(1) 燃煤除尘以电除尘为主.电除尘技术不断发展,重点是致力于进一步提高除尘效率,尤其是降低振打二次扬尘损失,减少电除尘器的基建投资和现有设备的改造费用.在保证除尘效率的前提下,通过改进供电方式降低能耗,加强运行的维护监督,保证稳定、可靠、高效运行.

(2) 借鉴国外经验,转向开发新型高气布比袋式除尘器.从20世纪70年代起,随着烟尘和SO_2排放标准渐趋严格,国外一些燃用低硫煤的电厂转而采用袋式除尘器.美国已有99套袋式除尘器用于电厂锅炉,大多数为低气布比,相应的装机容量为21359 MW.由于低气布比袋式除尘器体积大,占地面积多,随着脉冲袋式除尘器技术的发展,现已有采用高气布比袋式除尘器的倾向.高气布比的脉冲袋式除尘器按喷吹压力与风量可分为3类:

① 高气压,小风量,喷吹压力为480～620 kPa;
② 中等气压,中等风量,喷吹压力为200～340 kPa;
③ 低气压,大风量,喷吹压力为70～80 kPa.

澳大利亚HOWDEN公司在试验装置上对这3种袋式除尘器进行了对比实验,其结果如表9-2-2所示.

表9-2-2 3种高气布比袋式除尘器性能对比试验

类　　型	③ (LPHV)	② (IPIV)	① (HPLV)
运行小时(h)	5530	3126	3126
压力损失(Pa)	996	996	1070
过滤速度(m/min)	1.20	1.23	1.13
平均清灰频率(次/h)	1.4	4.5	13.9
电耗(kW/MW)	0.58	2.19	2.98
排放浓度(磅/兆英热单位)	0.004	0.002	0.013

(3) 在高粉尘浓度的场合,需要使用干式旋风除尘器,可采用新型高效多管除尘器.例如XCD型多管除尘器,已经在燃煤电厂锅炉、钢铁厂烧结机机头、燃木屑锅炉、水泥厂烘干机等窑炉上应用.

(4) 文丘里管、斜棒栅或水膜等湿式除尘器目前仍有相当大的比例,急待将其除尘效率由90%～94%提高到97%～99%.最近已经在75 t/h锅炉上研制成功的加装在现有湿式除尘器后的半湿法立厢式除尘器,就是利用原有烟道改装而成的,烟气阻力小,不必改变原有吸风机,可明显提高现有湿式除尘器的性能,其脱硫效率 η_{SO_2} 为 10%～15%,是一项前景良好的新技术.

(5) 应先抓好 5 μm 以上烟尘的治理,进而专注于烟尘中 1 μm 以下的固体微粒(汞、砷、镉、铝等)及其氧化物和烟炱的排放控制,因为其危害远大于粗颗粒烟尘,除尘难度也大.

(6) 除尘技术的改进应和烟气脱硫、脱硝结合起来,以便发挥一机多功能作用.

三、烟气脱硫技术

我国因烧煤而排放的 SO_2 到目前已有 500～600 万 t,将成为世界上排放 SO_2 量最大的国家.

原煤燃烧前洗选脱硫,最大脱硫率约 20%.由于受资金等限制,全国原煤洗选量只有 280Mt,至 2000 年只能增加洗选 140 Mt,占总煤量 1.4Gt 的 30%,可减少燃煤的 SO_2 排放量 6%.只有解决燃煤的烟气脱硫技术,才能大幅降低 SO_2 的排放量.

1. 根据煤含硫量和环保的不同要求,开发多种脱硫工艺

目前脱硫工艺有 200 种以上,但技术上成熟,经济上可行,已用于工业生产的脱硫工艺有十余种.其中,喷雾干燥脱硫工艺约占 8.4%,吸收剂再生脱硫工艺约占 3.4%,炉内喷吸收剂脱硫占 1.9%,而大量的是湿法脱硫工艺,约占 86%(其中石灰石—石膏法占 36.7%,其他为 48.3%).湿法脱硫占比重大的国家是:德国 90%,日本 98%,美国 92%.

干法脱硫因脱硫效率不高,吸收剂利用率低,其应用发展受到限制.湿法脱硫虽投资大,但因其脱硫效率和吸收剂利用率高、运行可靠,故在美国的电厂脱硫中起主导作用.并已着手开发更先进的湿法脱硫工艺,其脱硫指标要求为:效率高于 95%,吸收剂利用率高于 90%,设备运转率高于 99%,能耗不超过该机组发电量的 2%.由于经济上的原因,近些年来我国一直在开发适合国情的燃煤脱硫技术,例如流化床石灰石脱硫、旋转喷雾干法脱硫、磷铵肥法、炉内喷钙以及活性炭催化回收硫酸等工艺,并开展综合利用,降低基建投资,减少运转费用等.

2. 制定脱硫工艺和方案应注意的问题

(1) 脱硫设施的投资和运行费用均很高,如要求取显著的环境效益,脱硫的投资一般占电厂投资的 10%～30%,脱硫成本占发电成本的 20% 左右.目前沿用的烟气脱硫方法,大多无直接经济效益或效益甚微.在经济实力尚不充足的条件下,要上脱硫设施,寻求、选择投资少而收益高的方法,尤其需要充分论证.

(2) 脱硫需要消耗吸收剂,并有副产物生成.在选择脱硫方法时,需考虑吸收剂的来源.对于副产物,需选择合适的处理方法,"抛弃"要有场所,"回收"要有用途和市场.

(3) 脱硫要适合电力工业的特点.因电力是时刻不能停供的,因此要求脱硫设施运行可靠性好,可用率高,能够配合电机组运行.至少要做到万一脱硫设施发生故障,可以甩开脱硫系统,而不致影响发电机组运行.

3. 低费用的烟气脱硫技术

主要脱硫方法的水平与应用前景见表 9-2-3.

四、NO_x 控制技术

NO_x 是有毒气体,有害生态环境.发达国家的 NO_x 70%以上来自汽车排放,而我国主要来自燃煤.目前我国燃煤电厂的燃烧设备绝大多数未采用低 NO_x 燃烧技术,其 NO_x 排放浓度大多为 800~1000 mg/m³.目前我国燃煤每年排放 NO_x 为 400~500 万吨,开发适合我国国情的低费用脱硝工艺势在必行.

燃煤电厂 NO_x 排放控制的方法主要有以下两类:

1. 炉内脱硝

这种方法是通过改变运行条件与改变燃烧来减少 NO_x 的形成.目前应用较多的是:

(1) 低 NO_x 燃烧器

改变空气与燃料的引入方法,减缓二者的混合速度,以减少 NO_x 主要形成区的氧量,和(或)减少火焰最高温度区的燃料量,NO_x 的排放浓度可以降低 50%左右.它需要精确的自动控制系统,否则会造成灭火现象增加和飞灰含碳量升高,影响发电的安全和经济性.

(2) 改进现有锅炉的燃烧

改进现有锅炉的燃烧,达到燃料分级、空气分级和火焰降温,以抑制 NO_x 的生成.主要措施包括:改变燃料分配,增加燃烬风,低过量空气燃烧,烟气再循环及再燃烧.几种措施适当配合,可降低 NO_x 的排放量 40%~70%.

(3) 流化床燃烧

FBC 锅炉的燃烧温度低(843~900 ℃),限制了 NO_x 的形成,其排放 NO_x 的浓度只是燃煤粉的 $\frac{1}{3}$ 以下.

2. 烟气脱硝

炉内脱硝效率不高,为提高效率,需采用烟气脱硝.经过验证、并有工业实用价值的烟气脱硝技术主要有:

表 9-2-3 主要脱硫方法的水平与应用前景

序号	方法名称	脱硫率(%)	投资(元/kW)	投资(元/t SO₂)	运行费(厘/kWh)	脱硫用电占发电量比值(%)	主要脱硫剂	能否再生利用	副产物处理方式(抛弃或回收)	二次污染程度	处理难易	能否同时脱除 NOₓ	技术成熟程度	应用前景评价
1	喷钙分段燃烧(LIMB)	50	122	100.9	10.0	≪1	石灰石	否	弃	大	难	能	国外示范	适用于老厂改造
2	喷钙加活化(LIFAC)	80	135	70.2	8.0	≪1	石灰石或石灰	否	弃	中	难	否	国外示范 国内小试	适用于老厂改造，脱硫效率和脱硫剂利用率都比喷钙燃烧法高
3	循环流化床(CFBC)	90	150	69.2	8.0	1~2*	石灰石	否	弃或部分用作建筑材料	中	难	能	国外应用	很有应用前景
4	增压流化床联合循环(PFBC-CC)	90	250	115.0	10.0	1~2*	石灰石	否	弃或部分用作建筑材料	中	难	能	国外示范 国内小试	应用前景很好，应列入开发计划
5	煤气化联合循环(LGCC)	95	300	109.2	15.0	<1	碱或氧化铁等	能	回收硫	小	易	可能	国外示范	应用前景很好，应列入开发计划
6	喷雾干燥(SDA)	85	168	110.4	6.0	1.20	石灰	否	弃或部分用作建筑材料	中	难	否	国外应用 国内中试	应用前景很好，建设示范工程

注：序号 1~5 为炉内脱硫。

续表

序号		方法名称	脱硫率(%)	投资(元/kW)	投资(元/t SO₂)	运行费(厘/kWh)	脱硫用电占发电量比值(%)	主要脱硫剂	脱硫剂能否再生利用	副产物处理方式(抛弃或回收)	二次污染程度	处理难易	能否同时脱除NO_x	技术成熟程度	应用前景评价
烟气脱硫	7	石灰石洗涤(LSTW)	90	286	177.1	18.2	1.41	石灰石	否	弃或回收石膏	中	难	否	国外应用	在国外是处于主导地位的方法,在我国由于废渣处理或石膏利用方面尚有问题,大量推广尚待论证
	8	石灰洗涤	95	281	164.7	18.6	1.31	石灰	否		中	难	否	国内中试及引进	
	9	双碱(DA)	95	325	196.0	20.2	0.70	可溶碱加石灰等	碱能,石灰等不能		中	易	否	国外应用	
	10	亚钠循环(W-L)	95	384	226.2	22.8	1.99	Na_2CO_3	能	回收液体SO_2等	小	易	否	国外应用	解决碱源后可应用
	11	氧化镁洗涤	95	391	230.2	24.3	1.60	NaOH MgO	能	回收硫酸	小	易	否	国内中试	除非引进,我国尚未提到应用日程
	12	氨洗涤	95	371	218.1	22.4	0.70	NH_3	否	回收硫铵肥料	小	易	否	国外应用	解决大量氨源后才有可能应用
	13	碱式硫酸铝(AA)	95	384	226.2	22.8	1.99	石灰石和硫酸铝	硫酸铝能石灰否	回收液体SO_2	小	易	否	国内外示范	可在电厂应用
	14	磷氨肥法(PAFP)	95	391	230.2	24.3	1.23	磷矿粉和氨	否	回收磷铵复合肥	中	易	否	国内首创中试	我国首创方法;有直接经济效益,应尽快示范应用

* 含流化床锅炉、煤粉燃烧锅炉厂用电的增加值.

(1) 选择性非催化还原(SNR)工艺

SNR 工艺又称为热力非催化还原工艺,是在烟气中喷入 NH_3、尿素(水溶液)或其他含氮化合物,将 NO_x 还原为水和氮.喷入点在空气预热器前,工作温度范围为 $871 \sim 1316\ ℃$.缺点是:如使用 NH_3,生成的盐类会引起预热器结垢和堵塞,尤其是使用高硫煤时;如使用尿素,会生成 N_2O,这是温室效应和臭氧层破坏的成因物质之一.近年来经过改进,脱硝效率可超过 80%,如与炉内改进燃烧措施相结合,可达到更好的综合脱硝效果.

(2) 选择性催化还原(SCR)工艺

SCR 工艺的目标与 SNR 相同,只是采用催化剂,使得反应能在较低的温度(一般为 $316 \sim 390\ ℃$)下进行.常用的催化剂是钡、铂或钛化合物,浸渍入金属或陶瓷基体内,构成平板或蜂窝状组件.通常以 5% 的 NH_3 喷入空气预热器前的烟气中.用于烧煤锅炉,脱硝率可达 90%.

SCR 工艺的主要缺点为:

① 目前尚不能用于高硫煤;

② 占地面积大,投资和运行费用高;

③ NH_3 测量仪器精度不够,NH_3 残余量不易控制;

④ 催化剂易污染;

⑤ 需提高空气预热器的排烟温度,故影响锅炉的效率.

最近发现用磺化煤作催化剂,其活性好,不易沾污,价格便宜.德国正在做 100 MW 机组的示范实验.另一项新技术是用分子筛,磺化煤的分子筛具有较大的工作温度范围,以及较小的 SO_2 变为 SO_3 的转化率,其微孔结构能存储 NH_3.

(3) 烟气处理(FGT)工艺

在现有的烟气脱硫系统中加入添加剂,如喷雾干燥脱硫工艺中加入 NaOH,可同时脱硝,其脱硝率可达 50%~60%.德国正在试验用于同时除 SO_2 和 NO_x 的新工艺.

3. 低 NO_x 控制技术

低 NO_x 燃烧器和改进现有锅炉燃烧技术,已被国外绝大部分燃煤锅炉所采用,其投资费用低廉,一般可降低 NO_x 排放量 20%~50%.我国已开发了几种低费用的低 NO_x 燃烧器,如船形体燃烧器适合于四角喷射切圆煤粉燃烧方式.一台 670 t/h 煤粉锅炉,改装费为 20 万元,只占整套锅炉投资的 0.18%,却可以降低 NO_x 排放量 30%~60%,而且不会增加飞灰不完全燃烧损失.

以上各种除尘、脱硫、脱硝工艺除在电厂燃煤中采用外,在其他类似的燃煤工业中同样可以采用.

附录 常用单位换算表

一、长度、面积、容积、重量、压强单位换算

1. 公制计量单位名称

长 度

单位 名 称	微米	忽米	丝米	毫米	厘米	分米	米	十米	百米	千米 （公里）
符 号	μm	cmm	dmm	mm	cm	dm	m	dam	hm	km
与基本单位的比	$\frac{1}{10^6}$	$\frac{1}{10^5}$	$\frac{1}{10^4}$	$\frac{1}{10^3}$	$\frac{1}{10^2}$	$\frac{1}{10}$	1	10	10^2	10^3

面 积

单位 名 称	毫米^2	厘米^2	分米^2	米^2	十米^2	百米^2	千米^2 （公里^2）
符 号	mm^2	cm^2	dm^2	m^2	dam^2	hm^2	km^2
与基本单位的比	$\frac{1}{10^6}$	$\frac{1}{10^4}$	$\frac{1}{10^2}$	1	10^2	10^4	10^6

容 积

单位 名 称	毫升	厘升	分升	升	十升	百升	千升 （米^3）
符 号	ml	cl	dl	l	dal	hl	kl
与基本单位的比	$\frac{1}{10^3}$	$\frac{1}{10^2}$	$\frac{1}{10}$	1	10	10^2	10^3

重量(质量)

单位 名 称	毫克	厘克	分克	克
符 号	mg	cg	dg	g
与基本单位的比	$\frac{1}{10^6}$	$\frac{1}{10^5}$	$\frac{1}{10^4}$	$\frac{1}{10^3}$

单位 名 称	十克	百克	千克 (公斤)	公担	吨
符 号	dag	hg	kg	q	t
与基本单位的比	$\frac{1}{10^2}$	$\frac{1}{10}$	1	10^2	10^3

压 强

单位 名 称	公斤/厘米²	公斤/分米²	公斤/米²
符 号	kg/cm²	kg/dm²	kg/m²
与基本单位的比	1	$\frac{1}{10^2}$	$\frac{1}{10^4}$

2. 长度单位换算

公 里	市 里	英 里	海 里	日 里
1	2	0.6214	0.5400	0.2546
0.5000	1	0.3107	0.2700	0.1273
1.6093	3.2187	1	0.8690	0.4098
1.8520	3.7040	1.1508	1	0.4718
3.9273	7.8545	2.4403	2.1207	1

米（公尺）	市 尺	码	英 尺	日 尺
1	3	1.0936	3.2808	3.3000
0.3333	1	0.3645	1.0936	1.1000
0.9144	2.7432	1	3	3.0175
0.3048	0.9144	0.3333	1	1.0058
0.3030	0.9091	0.3313	0.9939	1

厘 米	市 寸	英 寸	日 寸
1	0.3000	0.3937	0.3300
3.3333	1	1.3123	1.1000
2.5400	0.7620	1	0.8382
3.0303	0.9091	1.1930	1

3．面积单位换算

公里^2	公 顷	市 亩	英 亩	英里^2
1	100	1500.0000	247.1200	0.3861
0.01	1	15.0000	2.4712	0.0039
0.0007	0.0667	1	0.1647	0.0003
0.0040	0.4047	6.0716	1	0.0016
2.5900	259.0000	3885.00	640.00	1

米^2	市尺^2	码^2	英尺^2	日尺^2
1	9	1.1960	10.7636	10.8900
0.1111	1	0.1329	1.1960	1.2100
0.8361	7.5251	1	9	9.1075
0.0929	0.8361	0.1111	1	1.0120
0.0918	0.8264	0.1098	0.9881	1

厘米^2	市寸^2	英寸^2	日寸^2
1	0.0900	0.1550	0.1089
11.1110	1	1.7222	1.2100
6.4516	0.5806	1	0.7026
9.1827	0.8255	1.4233	1

4. 体积、容积单位换算

升	英制加仑	美制加仑	日升
1	0.2201	0.2642	0.5544
4.5435	1	1.2011	2.5201
3.7854	0.8325	1	2.0764
1.8039	0.3968	0.4816	1

米^3	市尺^3	英尺^3	日尺^3
1	27.0000	35.3147	35.9370
0.0370	1	1.3079	1.3310
0.0283	0.7646	1	1.0180
0.0278	0.7513	0.9827	1

厘米^3	市寸^3	英寸^3	日寸^3
1	0.0270	0.0610	0.0359
37.0370	1	2.2604	1.3310
16.3934	0.4426	1	0.5889
27.8552	0.7513	1.6981	1

5. 重量单位换算

吨	市担	英吨	美吨
1	20.0000	0.9842	1.1023
0.0500	1	0.0492	0.0551
1.0161	20.3210	1	1.1200
0.9072	18.1440	0.8929	1

公斤	市斤	磅	英两
1	2	2.2046	35.3000
0.5000	1	1.1023	17.6500
0.4536	0.9072	1	16.0000
0.0284	0.0563	0.0626	1

二、比重单位换算

公斤/米³	磅/英尺³	吨/米³	英吨/英尺³	公斤/升	磅/英加仑
1	0.0624	0.0010	0.000028	0.0010	0.0100
16.0184	1	0.0160	0.000449	0.0160	0.1627
1000.0000	62.5001	1	0.0280	1	10.0313
35881.0000	2227.1700	35.8810	1	35.8810	358.8100
1000.0000	62.5001	1	0.0280	1	10.0313
99.9001	6.2344	0.0997	0.002787	0.0997	1

三、比容单位换算

米³/公斤	英尺³/磅	米³/吨	英尺³/英吨	升/公斤	英加仑/磅
1	16.0186	1000.0000	35881.0000	1000.0000	99.9001
0.0624	1	62.5001	2227.1700	62.5001	6.2344
0.0010	0.0160	1	35.8810	1	0.0997
0.000028	0.00049	0.0280	1	0.0280	0.00278
0.0010	0.0160	1	35.8810	1	0.0997
0.0100	0.1620	10.0313	359.9331	10.0313	1

四、温度单位换算

温度	摄氏度 $t(℃)$	华氏度 $t_1(℉)$	列氏度 $t_2(°R)$	绝对温度 $t_3(K)$
$t(℃)$	t	$\frac{9}{5}t+32$	$\frac{4}{5}t$	$t+273$
$t_1(℉)$	$\frac{5}{9}(t_1-32)$	t_1	$\frac{4}{9}(t_1-32)$	$\frac{5}{9}(t_1-32)+273$
$t_2(°R)$	$\frac{5}{4}t_2$	$\frac{9}{4}t_2+32$	t_2	$\frac{5}{4}t_2+273$
$t_3(K)$	t_3-273	$\frac{9}{5}(t_3-273)+32$	$\frac{4}{5}(t_3-273)$	t_3
冰点	0	32	0	273
沸点	100	212	80	373

五、压强单位换算

公斤/米²	公斤/厘米²	大气压	水银柱子（毫米）	水柱高（米）	毫巴	磅/英寸²	英寸水柱
1×10^4	1	0.9678	735.4900	10.0000	980.6700	14.2230	393.7000
1.0333×10^4	1.0333	1	760.0000	10.3333	1013.3200	14.6960	407.5000
1.36×10	0.00136	0.00131	1	0.0136	1.3332	0.0193	0.5350
1×10^3	0.1	0.0968	73.5490	1	98.0700	1.4223	39.3700
1.02×10	0.00102	0.000987	0.7501	0.0102	1	0.01451	0.4020
7.03×10^2	0.0703	0.0680	57.7150	0.7030	68.9500	1	27.6300
2.54×10	0.00254	0.00246	1.8700	0.0254	2.4900	0.0361	1

六、功率单位换算

千瓦	公斤·米/秒	磅·英尺/秒	马力	英马力	千卡/秒
1	101.9716	737.5627	1.3596	1.3410	0.2391
0.0098	1	7.2330	0.0133	0.0132	0.002345
0.0014	0.1383	1	0.00184	0.0182	0.0003242
0.7355	75.0000	542.4765	1	0.9863	0.1758
0.7457	76.0402	550.0000	1.0139	1	0.1783
4.1820	426.4453	3084.4873	5.6859	5.6082	1

七、功、能、热单位换算

焦耳	公斤·米	磅·英尺	瓦·小时	卡
1	0.1020	0.7376	2.78×10^{-4}	0.2390
9.8067	1	7.2330	0.002724	2.3450
1.3558	0.1383	1	3.765×10^{-4}	0.3242
3600	367.0978	2655.2258	1	861.8321
4.1841	0.4264	3.0845	0.00116	1

马力·小时	千卡	英热单位(B.T.U)	公斤·米
1	632.9000	2512	2.699×10^5
0.0016	1	3.9680	426.4453
0.000393	0.2520	1	107.5000
3.705×10^{-6}	0.00234	0.0093	1

八、冷量单位换算

冷 吨	美国冷吨	日本冷吨	千卡/小时	英热单位（B.T.U）/小时
1	1.08127	1.02167	3300	13100
0.91636	1	0.9362	3024	12000
0.97879	1.0681	1	3230	12820
0.00030	0.00033	0.00031	1	3.9680
0.000076	0.000083	0.0000785	0.2520	1

九、热工单位换算

千卡/(米·小时·℃)	英热单位/(英尺·小时·℉)	卡/(厘米·秒·℃)
1	0.671799	0.002778
1.488165	1	0.004135
360	241.84764	1

十、速度单位换算

米/秒	英尺/秒	码/秒	英尺/分	公里/小时	英里/小时	海里/小时
1	3.2808	1.0936	196.8500	3.6000	2.2370	1.9440
0.3048	1	0.3333	61.1000	1.0973	0.6819	0.5925
0.9144	3	1	180	3.2919	2.0457	1.7775
0.0051	0.0164	0.0056	1	0.0123	0.0114	0.0099
0.2778	0.9114	0.3038	34.6800	1	0.6214	0.5400
0.4470	1.4667	0.4889	88	1.6093	1	0.8689
0.5144	1.6881	0.5627	101	1.8520	1.1508	1

十一、黏滞系数单位换算

克/(厘米·秒)	公斤/(米·秒)	公斤/(米·小时)	磅/(英尺·秒)	克·秒/厘米^2	公斤·秒/米^2
1	0.1000	3600×10^2	0.06720	0.0010	0.0100
10	1	3600×10^3	0.6720	0.0100	0.1000
2.778×10^{-3}	2.778×10^{-4}	1	1.8667×10^{-4}	2.778×10^{-6}	2.778×10^{-5}
14.8810	1.4881	5.357×10^3	1	1.4881×10^{-2}	1.4881×10^{-1}
10^3	10^2	3.60×10^5	67.2000	1	10
10^2	10	3.60×10^4	6.7200	0.1000	1

十二、运动黏滞系数单位换算

厘米^2/秒	米^2/小时	米^2/秒
1	0.3600	0.0001
2.7780	1	0.0002778
10000	3600	1

十三、阻力单位换算

毫米水柱/米	英寸水柱/100 英尺	磅/(英寸^2·100 英尺)	毫米水银柱/100 米
1	1.2000	0.04334	7.3500
0.8333	1	0.03612	6.1240
23.0700	27.6840	1	169.6000
0.1361	0.1633	0.005896	1

十四、比热、热容量单位换算

千卡/(米^3·℃)	英热单位/(英尺^3·℉)	英热单位/(加仑·℉)
1	0.06243	0.01003
16.0000	1	0.1603
99.7009	6.2264	1

十五、导热系数单位换算

瓦/(米·℃)	千卡/(小时·米·℃)	英热单位/(英尺·小时·℉)	英热单位/($\frac{英尺^2}{英寸}$·小时·℉)
1	0.8610	0.5784	6.9400
1.1618	1	0.6720	8.0628
1.7289	1.4882	1	12
0.1441	0.1240	0.0833	1